天文学中的概率统计

陈 黎 著

科 学 出 版 社

北 京

内 容 简 介

本书比较系统地介绍了天文学中常用的统计方法. 全书共分十章, 第1章为引言; 第2, 3章为概率论基础和分布函数; 第4章介绍数理统计基础; 第5, 6章是参数估计和假设检验; 第7章为贝叶斯统计; 第8章简要介绍了蒙特卡罗方法; 第9章为回归分析; 最后一章讲述了多元统计中常用的聚类分析、主成分分析和判别分析.

本书提供了许多天文实例, 并给出了相应的 MATLAB 计算程序, 可供天文及相关领域(如物理、气象、地质等)工作者参考, 亦可作为本科高年级学生和研究生的教材使用.

图书在版编目(CIP)数据

天文学中的概率统计/陈黎著. —北京：科学出版社, 2020.4

ISBN 978-7-03-064528-9

Ⅰ. ①天… Ⅱ. ①陈… Ⅲ. ①概率统计-应用-天文学 Ⅳ. ①P1

中国版本图书馆 CIP 数据核字(2020) 第034683号

责任编辑: 胡庆家 范培培 / 责任校对: 彭珍珍
责任印制: 吴兆东 / 封面设计: 无极书装

科学出版社 出版
北京东黄城根北街16号
邮政编码: 100717
http://www.sciencep.com
固安县铭成印刷有限公司印刷
科学出版社发行 各地新华书店经销
*
2020年4月第 一 版 开本: 720×1000 B5
2024年4月第五次印刷 印张: 18 3/4
字数: 378 000

定价: 128.00 元

前　　言

从 1999 年开始, 我在北京师范大学天文系为研究生开设了 "计算天文学". 就这门课的名字而言, 涵盖的内容太多了, 远不是我能够驾驭的, 而且好像也很难建立一个完整的教学体系. 事实上, 该系本科阶段的计算方法和天文数据处理两门课程, 讲解了数据的预处理、插值、拟合、数值微分、数值积分和方程数值求解的基本方法以及一些时间序列、谱分析的基础知识. 但我发现学生的统计学观念非常薄弱, 对模型的误差估计更是缺乏必要的重视. 因此, 统计学在天文学中的应用成为本书关注的重点.

在天文学研究中应用概率统计始于 16 世纪后期, 几百年来, 天文学家不仅利用统计学处理分析观测资料, 用严谨的参数估计限制模型, 而且对统计方法本身也做了大量开创性的工作. 尤其是在计算机、算法语言和网络高速发展的今天, 过去那些繁杂的数学运算都变得轻松有趣, 而且可视性良好. 这为我们比较快捷地学习和掌握各类统计方法提供了绝佳的条件.

尽管略去了概率统计理论方面的一些数学证明, 但本书仍力求维护整个体系的封闭性和自洽性, 叙述上注重前后呼应, 内容上既有解剖麻雀亦有删繁就简. 本书没有涉及数据的预处理, 而将主要精力于集中于对相对 "清洁的" 数据进行统计分析. 书中大量的案例来自天文科研实践, 并给出了详细的 MATLAB 程序, 具有较强的实操指导意义. 或许你有这样的经历：当阅读一篇科研文献时, 你会发现实际的统计工作是那么复杂甚至令人困惑. 当你面对一个天文科研中的具体问题无从下手时, 当你不知如何把它转化成一个概率统计问题时, 当你费尽周折对数据进行一番处理后却得到完全出乎意料的结果时, 不妨翻翻这本书, 或许会有所启迪. 在这个意义上, 本书可作为天文工作者的参考书, 当然, 也可以作为天文学本科高年级学生或研究生的教材.

感谢多年来研究生们在课堂上和我的互动, 他们为本书的写作提供了素材和灵感. 感谢国家重点研发计划 "HXMT 数据分析方法在规模型"(2016YFA0400801)、

国家自然科学基金 “X 射线双星 QPO 观测性质研究”(11673023) 和高校基础科研基金的资助.

谨以本书恭贺北京师范大学天文系建系 60 周年.

作　者
2019 年 12 月

目　　录

第1章 引　　言

1.1 统计学在天文学中的位置

天文学是研究天体和宇宙空间的性质及演化规律的科学，研究内容包括天体的几何结构、运动规律、物理性质、化学组成、能量来源以及演化规律等. 天文学家是怎样从距离遥远的天体中获得这些知识的呢？首先，我们必须能够得到天体的辐射信息，然后才能通过对光谱、时变和能谱等资料的分析，推断其化学成分、质量大小、绕转周期 (双星)、辐射机制以及天体结构等性质. 所以，现代天文学研究需要具备三个条件：一是现代天文望远镜技术；二是数理理论；三是适用于计算机的数值方法和统计学方法. 所谓统计学，是对观测数据进行收集、归纳、分析，基于某种模型 (分布) 假设，提取数据的关键信息，揭示数据潜在的变化规律，并做出决策. 统计学的优势在于有可能对那些存在不确定性的观测进行决策.

统计学应用于天文学的历史可以追溯到 16 世纪，这方面内容在文献 [1] 中有详尽的论述. 基于此，我们做个简要的介绍. 古天文学家非常关心观测误差，他们经常比对不同地区的观测误差，并试图分析误差的来源. 16 世纪后期，第谷和伽利略发现通过取不同的观测值的均值可以提高观测精度. 伽利略还给出了关于超新星距离的观测误差的初步讨论. 在 18 世纪中叶，哥廷根的天文台负责人梅耶在分析月球天平动时，创造出一种包含多元线性方程的参量估值的“平均方法”；英国天文学家米歇尔在均匀分布的基础上，使用显著性检验，说明昴星团是一个物理的而非偶然形成的星系团；伯努利和兰伯特提出了最大似然概念，并创立了误差理论. 到了 18 世纪 80 年代，当时最著名的法国科学家拉普拉斯和勒让德推广了受约束情况下多元参量方程组的解法，建立了最小二乘法. 19 世纪初，高斯创建了误差分布理论，并且把它和拉普拉斯的最小二乘法联系起来. 高斯还提出了方差不等测量的误差处理办法，发展了无偏最小方差估计. 20 世纪许多天文研究都使用了最小二乘法. 例如，卡普坦[2] 基于曲线拟合，推导出恒星光度函数，并由此推断出银河系结构. 哈勃和哈马逊对红移–星等关系做了最小二乘拟合，开创了星系研究的先河[3]. 尽管整个 19 世纪，人们并不知道什么是高斯分布，而是称之为“天文学的误差函数”，但基于正态误差定律的统计方法在涉及方位天文学和恒星计数的研究中得到了广泛的应用[4]. 计算机的发明更是极大地促进了最小二乘估计在天文学中的应用.

最大似然估计概念的完善是在 20 世纪由费希尔完成的，而将其应用于天文学又推迟了近半个世纪. 利用最大似然法，荣格[5] 从赫罗图中得到统计视差；克劳福德等[6] 计算出能谱幂律分布的斜率; 林登–拜耳[7] 对有流量限制的样本估计了光度函数; 露西[8] 使模糊图片得以恢复; 卡什[9] 拟合出了光子计数的参数, 不一而足. 在星系天文学中, 最大似然法在星系流参数估计[10] 和星系光度函数计算[11] 中也发挥了重要的作用.

贝叶斯和拉普拉斯的逆概率、贝叶斯定理在 18 世纪晚期取得了长足的发展, 但一直到 20 世纪后期才应用于天文学. 越来越多的天文学家意识到贝叶斯估计的潜力, 特别是在河外天文学和宇宙学领域. 他们用贝叶斯方法研究伽马暴、引力波、宇宙学常数、类星体以及超新星和星系分类等. 用于鉴别恒星和星系的贝叶斯分类器被用来构建大型自动巡天观测星表[12]; 最大熵图像恢复也吸引了人们的兴趣[13]. 一系列关于 "科学与工程中的贝叶斯推理与最大熵方法国际研讨会" 在世界各地召开, 詹姆斯 · 伯杰、威廉 · 杰弗瑞、托马斯 · 拉雷多和阿兰娜 · 康纳斯等都为贝叶斯估计在天文学中的应用作了开拓性的工作[14−18].

非参数或者未知分布的统计推断是在 20 世纪 70 年代后发展起来的. 1970 年, 非参数化双样本的科尔莫戈罗夫–斯米尔诺夫拟合优度检验 (详见 6.7.2 节) 第一次出现, 即被人们接受和使用. 事实上, 我们往往不清楚观测量的潜在分布, 特别当样本数量很小、无法反复观测的情况下, 非参数估计为我们提供了利器.

很多时候, 统计处理再现了原本模糊的天文图像; 统计预测很好地符合了我们的观测和理论预期的模型. 因此统计学已成为天文研究不可或缺的工具. 但我们需记住, 统计推断依赖数据质量和统计假设. 有时候, 在特定条件下给出的数学简化是合理的, 但这并不意味着经过一系列简化之后, 最终的推断仍然正确. 因此在应用统计学进行推断时, 我们需格外小心谨慎.

1.2 天文研究中统计决策的流程

搜狗百科上给出的决策定义[19] 是 "决策就是为了实现特定的目标, 根据客观的可能性, 在占有一定信息的经验基础上, 借助一定工具、技巧和方法, 对影响目标实现的诸因素进行准确的计算和判断选优后, 对未来行动做出决定". 一般认为决策流程应包括 "确定决策目标、拟定备选方案、方案评估和实施" 几个步骤, 可用表 1.1 的形式表示.

表 1.1 统计决策流程

流程	流程要求	实例(详见 8.4.1 节)
确定决策目标	明确、量化、可操作	观测信号显著性公式的检验
拟定备选方案	找出可能达到目标的途径	比对原来公式和李–马公式
方案评估	对几种待选方案进行评估	采取蒙特卡罗数值模拟的方法
方案实施	及时施行正确方案	普遍采用李–马公式

天文学研究中，统计决策建立在实际观测数据的基础上. 卢瑟福曾经说过 “如果你的实验需要做统计学，你就该做个更好的实验”. 遗憾的是，天文学家往往无法控制实验. 由于天体的距离遥远，观测技术有限，我们得到的数据是有 “污染”、不完备而且常常是无法反复观测的. 这些 “污染” 来源于背景噪声、仪器响应以及观测条件、环境的变化. 所以进行决策之前，须对数据进行预处理，去除诸如平场、暗场、死时间效应、标定等影响; 必要的时候，还要通过平滑等方法降低噪声，然后才能对数据实施统计分析. 但数据预处理技术不是本书讨论的内容，本书是基于已经 “清洁的” 数据来考虑如何进行统计分析的.

1.3 关于本书和主要参考书目

本书既不是一本统计理论的教材，也不是数值分析的指南，我希望它是天文工作者进行统计分析的参考和帮手. 事实上，把天文科研中的问题转化成一个统计问题常常是困难的. 当你阅读一篇科研文献时，你会发现实际的统计工作是那么复杂甚至令人困惑. 你会深深地感到书到用时方恨少! 显然，我们的内容不可能包罗万象，比如限于篇幅，我们没有选择时间序列分析和谱分析方面的内容，文献 [20, 21] 是国内最早介绍这方面内容的教材. 我最大的希望是读者能够建立起统计学的思维，习惯从统计学的观点来理解参数的精度和模型的选择. 在本书的内容安排上，做到符合逻辑，相对封闭完整，并深入浅出地用天文的实例让读者理解统计学的概念和用法. 鉴于应用的考虑，本书试图在交代清楚统计思想和方法的前提下，多用范例，尽可能少地进行数学推导. 目前常用的统计软件有很多，可以用 SAS, R, SPSS, Python 和 MATLAB 等. 本书选取应用广泛的 MATLAB 软件实现各类算法，我们假定读者具备 MATLAB 的基本编程和学习能力，也可以方便地从网络或者统计教材中查到那些复杂的定理证明，我们把关注点放在对统计概念和定理的理解及应用上. 本书的大部分例子和成图都给出了计算程序，并附加了详细的说明.

这本书是建立在多年开设的 “计算天文学” 课程基础之上的. 因此，与历届天文系研究生的讨论，都给我带来启迪和灵感，感谢他们! 在写作过程中，下面几本书对我帮助极大，之所以专门在这里列出，不是对书目的评价，而是因为几乎各章会把它们作为参考.

(1) 埃里克和巴布编著的 *Modern Statistical Methods for Astronomy With R Applications*，也就是本章的参考文献 [1]. 这本书每一章都提供了丰富的参考资料，其程序采用了目前统计学家推崇的 R 语言.

(2) 沃尔和詹金斯编著的 *Practical Statistics for Astronomers*，英国剑桥大学出版社，2012 年，第二版. 这一版增加了大尺度结构和宇宙学方面的许多新的统计应用，补充了统计学重要发现的年代表，这本书还提供了一系列练习，可以从以下网址按章节搜寻参考答案 http://www.astro.ubc.ca/people/jvw/ASTROSTATS/Answers/.

(3) 李惕碚撰写的《实验的数学处理》, 科学出版社出版. 这是一本 20 世纪 80 年代的书, 书中的许多实例来自作者的高能天体物理科研工作, 对我很有启发. 正是这本著作, 引领我进入天文学的统计方法研究领域.

(4) 谢中华编著的《MATLAB 统计分析与应用: 40 个案例分析》. 谢老师是国内 MATLAB 统计分析中的先导人物, 也是 MATLAB 中文论坛的大咖. 我曾参加过他主办的短训班, 受益匪浅. 我选择 MATLAB 语言一方面是因为它强大的功能, 良好的界面以及它提供的大量统计分布函数, 免除了我们附加一堆表格的麻烦; 另一方面也是因为 MATLAB 比较容易上手, 有大量的网上资源. 但是 MATLAB 有多种版本, 无法保证兼容性, 本书的程序全部适用 MATLAB2016B 版本.

(5)《多元统计分析讲义》是北京师范大学统计学院张淑梅教授的课程讲义. 在本书的写作过程中, 一旦遇到统计问题, 我就会向张老师请教. 她的讲义言简意赅, 一如她的授课.

参考文献

[1] Feigelson E D, Babu G J. Modern Statistical Methods for Astronomy With R Applications. New York: Cambridge University Press, 2012.

[2] Kapteyn J C, van Rhijn P J. On the distribution of the stars in space especially in the high Galactic latitudes. Astrophys. J., 1920, 52: 23–38.

[3] Hubble E, Humason M L. The velocity–distance relation among extra-galactic nebulae. Astrophys. J., 1931, 74: 43–80.

[4] Trumpler R J, Weaver H F. Statistical Astronomy. Dover Books on Astronomy and Space Topics. New York: Dover Publications, 1953.

[5] Jung J. The derivation of absolute magnitudes from proper motions and radial velocities and the calibration of the H.R. diagram II. Astron. Astrophys. J., 1970, 4: 53–69.

[6] Crawford D F, Jauncey D L, Murdoch H S. Maximum-likelihood estimation of the slope from number-flux counts of radio sources. Astrophys. J., 1970, 162: 405–410.

[7] Lynden-Bell D. A method of allowing for known observational selection in small samples applied to 3CR quasars. Mon. Not. Royal Astro. Soc., 1971, 155: 95–118.

[8] Lucy L B. An iterative technique for the rectification of observed distributions. Astron. J., 1974, 79: 745–754.

[9] Cash W. Parameter estimation in astronomy through application of the likelihood ratio. Astrophys. J., 1979, 228: 939–947.

[10] Lynden-Bell D, Faber S M, Burstein D, et al. Spectroscopy and photometry of elliptical galaxies. V–Galaxystreaming toward the new supergalactic center. Astrophys. J., 1988,

326: 19–49.

[11] Efstathiou G, Ellis R S, Peterson B A. Analysis of a complete galaxy redshift survey. II–The field-galaxy luminosity function. Mon. Not. Royal Astro. Soc., 1988, 232: 431–461.

[12] Valdes F. Resolution classifier. Instrumentation in Astronomy IV. SPIE, 1982, 331: 465–472.

[13] Narayan R, Nityananda R. Maximum entropy image restoration in astronomy. Ann. Rev. Astron. Astrophys., 1986, 24: 127–170.

[14] Jefferys W, Basso B. Bayesian selection of astrometric models. AAS/DDA Meeting, Bulletin of the AAS, 1997, (28): 1099–1104.

[15] Berger J O. Some recent developments in Bayesian analysis, with astronomical illustrations // Babu G J, Feigelson E D, ed. SCMA. CONF. Proceedings. Berlin: Springer-Verlag, 1997: 15–19.

[16] Loredo T. From Laplace to supernova SN 1987A: Bayesian inference in astrophysics. Thesis (PH.D.)-Univ.of Chicago, 1995.

[17] Connors A. Some recent developments in Bayesian analysis, with astronomical illustrations // Babu G J, Feigelson E D, ed. SCMA. CONF. Proceedings. Berlin: Springer-Verlag, 1997: 39–41.

[18] Loredo T J, Bayesian adaptive exploration. Bayesian inference and maximum entropy methods in science and engineering, 23rd international workshop on Bayesian inference and maximum entropy methods in science and engineering. AIP conference proceedings, 2004, 707: 330–346.

[19] https://baike.sogou.com/v59400103.htm?fromTitle= 统计决策.

[20] 丁月蓉, 郑大伟. 天文测量数据的处理方法. 南京: 南京大学出版社, 1990.

[21] 丁月蓉. 天文数据处理方法. 南京: 南京大学出版社, 1998.

第2章 概率论基础

2.1 观测科学的不确定性

科学研究的目的是从观测数据中得到结论，这些结论通常不是直接由观测数据得出，而是经过对数据的某种模型拟合，间接得出的. 拟合参数存在着不确定性. 一般来说，参数不确定性的来源有：测量过程的随机误差、系统误差和模型引入的模型误差. 例如，天文学家想通过测量球状星团中恒星的位置和运动，来了解星团的动力学状态. 即便有最好的望远镜，他也只能在两个维度的天球坐标上，测量出很少部分的恒星，而恒星的距离是无法测出的. 恒星的三维速度矢量中，只有径向速度可以通过摄谱仪测量，这也仅限于少数的星团成员. 此外，由于摄谱仪和观测条件的限制，会导致径向速度测量的不确定性. 于是，我们得到地对球状星团结构和动力学的了解将受到很大的限制，有很多的不确定性.

不过很多时候，不确定性会随着知识的积累而减小，例如，预测日食. 在古代社会中，对太阳系天体的运动缺乏认识，日食的发生被当作一个随机事件. 后来，天文学家注意到，日食只发生在新月的日子里. 进一步的定量预测，发现日食遵循 18 年的 "沙罗周期". 最后，牛顿天体力学基本上完全解释了日食现象，日食模型从一个随机模型变成一个确定性模型，可以被精确预测.

此外，微观层面出现的不确定性在宏观层面可能是确定性的. 例如，尽管球状星团内某个恒星的径向速度在测量之前是不确定的，我们仍可以基于以往对球状星团的研究，在一定置信度上，对之进行预测. 大数定理 (详见 2.16 节) 直接解决微观层面的不确定性行为和宏观层面的确定性行为之间的关系.

2.2 随机事件与样本空间

所谓随机现象，就是在一定条件下可能发生，也可能不发生的现象. 例如，掷一枚均匀的骰子，可能的点数有 1, 2, 3, 4, 5, 6 这六种. 我们把对随机现象的观测称为随机试验. 随机试验具有如下特征：① 在相同的条件下，试验可以重复地进行. ② 每次试验的结果不止一个，但事先知道有哪些可能的结果. 我们把试验的每个结果称为一个随机事件，分别用 $E_1, E_2, E_3, \cdots$ 字母表示. ③ 在进行某次试验前，不能确定哪个结果会产生. 如果一个事件在一定条件下必然发生，就称为必然事件，记作 U; 相反，如果一个事件在一定条件下不可能发生，则称为不可能事件，记作 $\varnothing$.

必然事件和不可能事件是随机事件的特例. 不能进一步分割的随机事件叫作基本事件. 例如, 随机试验是 "掷一次均匀的骰子得到的点数", 其结果只可能是 6 个基本事件之一, 也就是点数 1 到 6. 然而 "结果为偶数点" 这个随机事件就不是一个基本事件, 而是由 3 个基本事件 "点数 2" "点数 4" 和 "点数 6" 的合集构成的. 随机试验的全体基本事件所组成的集合称为试验的样本空间, 记作 Ω.

在天文观测中, 结果会有随机变化. 随机性产生的原因既有 "客观性" 也有 "主观性". "客观性" 是指由环境、仪器精度或观测者水平等原因造成的试验结果的随机波动. 这类随机性有可能通过技术的提高而改善. 而 "主观性" 来自物理现象本身的固有随机性质. 例如, 处于平衡状态的一个宏观物体, 其热力学量 (T,ρ,p)(温度、密度、压强) 并不是一个数值, 而是一种统计平均值, 准确地来说, 满足一种 "分布". 因此, 测量结果的离散程度远大于观测误差造成的随机波动. 这种随机性是物理量的内禀性质, 无法用提高测量技术的办法改进.

2.3 事件之间的相互关系及运算

随机事件的关系包括:

包含 若事件 A 发生可以推出事件 B 必发生, 则说事件 A 包含于事件 B, 记作 $A\subset B$.

相等 如果 $A\subset B$ 且 $B\subset A$, 则说事件 A 与事件 B 相等, 记为 $A=B$.

互斥 如事件 A 与事件 B 不可能同时发生, 即 $A\bigcap B=\varnothing$, 则称 A,B 为互斥事件 (或互不相容事件).

互逆 如果在任何一次试验中, 事件 A 与事件 B 有且仅有一个发生, 即 $A\bigcup B=\Omega, A\bigcap B=\varnothing$, 则称 A 与 B 互逆, 记作 $A=\bar{B}$ 或 $B=\bar{A}$. A 与 B 互逆可以推出 A,B 互斥, 反之不然.

随机事件的运算包括:

和 事件 $A_1,A_2,\cdots,A_n,\cdots$ 中至少有一个发生的事件称为事件的和, 记为 $\bigcup\limits_{i=1}^{n}A_i\left(\text{或}\bigcup\limits_{i=1}^{\infty}A_i\right)$.

积 事件 $A_1,A_2,\cdots,A_n,\cdots$ 同时发生称为事件的积, 记作: $\bigcap\limits_{i=1}^{n}A_i\left(\text{或}\bigcap\limits_{i=1}^{\infty}A_i\right)$. $A\bigcap B$ 可以简单地写为 AB.

差 事件 A 发生而事件 B 不发生, 称为 A 与 B 的差, 记作 $A-B$.

事件的运算规则满足一般集合的运算规则, 如吸收律: $A\subset B\Rightarrow A\bigcup B=B, AB=A$; 对偶律: $\overline{\bigcup A_k}=\bigcap\bar{A}_k$; $\overline{\bigcap A_k}=\bigcup\bar{A}_k$, 以及加法和乘法的交换律、结合律、分配律等等.

例 2.3.1　设 A,B,C 表示 3 个随机事件, 试用 A,B,C 的运算关系表示下列事件.

解

(1) 仅 A 发生——$A\bar{B}\bar{C}$;

(2) A,B,C 都发生——ABC;

(3) A,B,C 都不发生——$\bar{A}\bar{B}\bar{C}$;

(4) A,B,C 不同时发生——$\overline{ABC}=\bar{A}\bigcup\bar{B}\bigcup\bar{C}$;

(5) A 不发生, 但 B,C 中至少有一个事件发生——$\bar{A}(B\bigcup C)$;

(6) A,B,C 中至少有一个事件发生——$A\bigcup B\bigcup C$;

(7) A,B,C 中恰有一个事件发生——$A\bar{B}\bar{C}\bigcup\bar{A}B\bar{C}\bigcup\bar{A}\bar{B}C$;

(8) A,B,C 中至少有两个事件发生——$AB\bigcup BC\bigcup AC$;

(9) A,B,C 至多有一个事件发生——$A\bar{B}\bar{C}\bigcup\bar{A}B\bar{C}\bigcup\bar{A}\bar{B}C\bigcup\bar{A}\bar{B}\bar{C}$. □

2.4　概率的一般定义与性质

为了定量地描述随机试验中, 随机事件 A 发生的可能性大小, 引入了概率 $P(A)$ 这个数. 不难理解, 假如我们在同一条件下反复做同样的随机试验, 则产生事件 A 的频数 (亦即 n 次试验中, 事件 A 发生的次数 k 所占的比例 k/n) 会逐渐稳定在某个数值上. 特别对于所谓 "古典概型" 试验——其样本空间 Ω 由 n 个基本事件组成, 且每个基本事件发生的可能性均相同——若随机事件 A 含 k 个基本事件, 则有 $P(A)=k/n$.

概率三公理　概率 $P(A)$ 满足

(1) 非负性:

$$0\leqslant P(A)\leqslant 1. \tag{2.1}$$

(2) 规范性:

$$P(\Omega)=1. \tag{2.2}$$

(3) 可列可加性: 若 $A_1,A_2,\cdots,A_n,\cdots$ 两两互斥, 则 $P(\bigcup A_k)=\sum P(A_k)$.

概率的主要性质有:

(1) 不可能事件的概率为零:

$$P(\varnothing)=0. \tag{2.3}$$

(2) 逆事件的概率:

$$P(\bar{A})=1-P(A). \tag{2.4}$$

(3) 加法公式:

$$P(A\bigcup B)=P(A)+P(B)-P(AB). \tag{2.5}$$

(4) 对于大于两个事件的概率之和, 有以下 "多退少补公式":

$$P\left(\bigcup_{k=1}^{n} A_k\right)=\sum_{k=1}^{n} P(A_k)-\sum_{1\leqslant i<j\leqslant n} P(A_iA_j)+\sum_{1\leqslant i<j<k\leqslant n} P(A_iA_jA_k)-\cdots+(-1)^{n-1}P(A_1\cdots A_n). \tag{2.6}$$

(5) 单调性: $A\subset B\Rightarrow P(A)\leqslant P(B)$.

我们举几个典型的例子说明古典概型概率的计算.

例 2.4.1 将 15 名新生 (其中有 3 名女生) 随机地分配到 3 个组里, 其中一组 4 名、二组 5 名、三组 6 名, 求: ① 每组分到 1 名女生的概率; ② 3 名女生分到同组的概率.

解 分别将 ① 和 ② 描述的事件设为事件 A 和事件 B.

15 人分给一组 4 人, 二组 5 人, 三组 6 人的分法总数为

$$\mathrm{C}_{15}^{4}\mathrm{C}_{11}^{5}=\frac{15!}{4!11!}\cdot\frac{11!}{5!6!}=\frac{15!}{4!5!6!}\,(\text{种}).$$

① 将 3 名女生分给每组各 1 名的分法共有: $3\times2=3!$ (种), 将其余 12 名分给一组 3 人, 二组 4 人, 三组 5 人的分法为 $\dfrac{12!}{3!4!5!}$(种), 故

$$P(A)=\frac{12!}{3!4!5!}\cdot 3!\bigg/\frac{15!}{4!5!6!}=\frac{12!6!}{15!}=\frac{24}{91}.$$

② 记 3 名女生全部分到第 i 组的概率为 $P(A_i), i=1,2,3$, 则有

$$P(A_1)=\frac{12!}{1!5!6!}\bigg/\frac{15!}{4!5!6!}=\frac{24}{2730},$$
$$P(A_2)=\frac{12!}{4!2!6!}\bigg/\frac{15!}{4!5!6!}=\frac{60}{2730},$$
$$P(A_3)=\frac{12!}{4!5!3!}\bigg/\frac{15!}{4!5!6!}=\frac{120}{2730},$$

所以

$$P(B)=P(A_1)+P(A_2)+P(A_3)=\frac{204}{2730}.$$ □

例 2.4.2 将 n 个同样的盒子和 n 个同样的球分别编号为 $1,\cdots,n$, 把 n 个球分别投入 n 个盒子, 每盒一个球, 问至少有一个球的编号与盒子的编号相同的概率是多少?

解 记事件 A_i: 第 i 号球投入第 i 号盒子, $i=1,\cdots,n$. 所求为 $P\left(\bigcup\limits_{i=1}^{n} A_i\right)$, 故

$$P(A_i)=\frac{1}{n}\Rightarrow\sum_{i=1}^{n}P(A_i)=1,\quad \sum_{i<j}P(A_iA_j)=\mathrm{C}_n^2\cdot\frac{1}{n(n-1)}=\frac{1}{2!},$$

类似地,

$$\sum_{i<j<k} P(A_iA_jA_k) = \frac{1}{3!}, \cdots, P(A_1\cdots A_n) = \frac{1}{n!}.$$

故 $P\left(\bigcup_{i=1}^{n} A_i\right) = 1 - \frac{1}{2!} + \frac{1}{3!} - \cdots + (-1)^{n-1}\frac{1}{n!} \sim \frac{1}{e}$. □

2.5　条件概率及与之有关的三个公式

条件概率　设 A, B 为同一随机试验的两个事件, $P(A) > 0$, 定义

$$P(B|A) = P(AB)/P(A) \tag{2.7}$$

为在事件 A 发生的条件下事件 B 发生的条件概率.

例 2.5.1　5 个球 (3 个新、2 个旧), 每次取一个, 无放回地抽取 2 次, 求

(1) 第一次取到的是新球的概率;

(2) 第二次取到的是新球的概率;

(3) 在第一次取到新球的条件下, 第二次取到的是新球的概率.

解　令事件 A: 第一次取新球, 事件 B: 第二次取新球,

$$\left.\begin{array}{l}(1)\ P(A)=3/5,\\ (2)\ P(B)=3/5\times 2/4+2/5\times 3/4=3/5=P(A),\\ (3)\text{条件概率 } P(B|A)=2/4.\end{array}\right\}\text{可见抓阄法则是很公平的.}$$

□

1) 乘法公式

$$P(AB) = P(A)P(B|A). \tag{2.8}$$

由上面的乘法公式容易推广为

$$\left\{\begin{array}{l}P(ABC) = P(A)P(B|A)P(C|AB),\\ P(A_1\cdots A_n) = P(A_1)P(A_2|A_1)P(A_3|A_1A_2)\cdots P(A_n|A_1\cdots A_{n-1}).\end{array}\right. \tag{2.9}$$

例 2.5.2　在天文学中, 我们可能观测到这样的现象: 两个天体彼此靠得很近, 红移却相差很大, 比如一个是星系, 另一个是类星体. 我们希望求出两个不同类型的天体 (比如星系与类星体), 在给定的角距离 r 内的概率.

解　观测某个特定的立体角 Ω, 假设单位立体角内星系和类星体的发现概率分别为 ς_{G} 和 ς_{Q}, 星系 G 属于该立体角范围, 在 G 周围, 与之角距离 r 内发现类星体 Q 的概率为

$$P\left(\mathrm{G}\in\Omega\text{且G, Q的角矩}\leqslant r\right) = P\left(\mathrm{G, Q}\text{的角矩}\leqslant r|\mathrm{G}\in\Omega\right)P\left(\mathrm{G}\in\Omega\right).$$

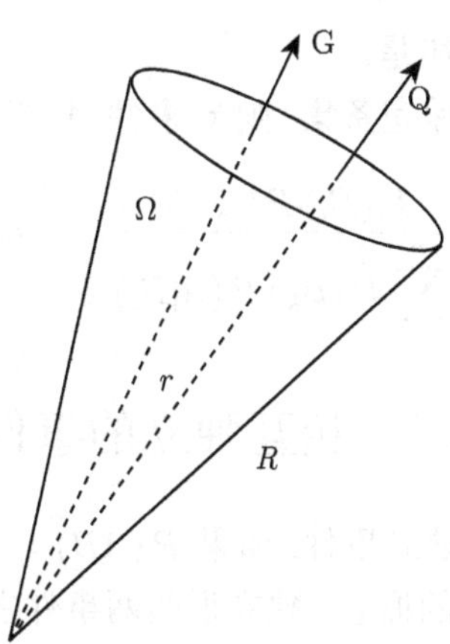

当 Ω 和 r 都很小时, 这个立体角方向的 ς_{G} 和 ς_{Q} 都可以看作常数.

$$P\left(\mathrm{G}\in\Omega\right)=\varsigma_{\mathrm{G}}\Omega,\quad P\left(\mathrm{G},\mathrm{Q}\text{的角矩}\leqslant r|\mathrm{G}\in\Omega\right)=\frac{\pi\left(Rr\right)^{2}}{R^{2}}\varsigma_{\mathrm{Q}}=\pi r^{2}\varsigma_{\mathrm{Q}},$$

所以, $P\left(\mathrm{G}\in\Omega\text{且}\mathrm{G},\mathrm{Q}\text{的角矩}\leqslant r\right)=\varsigma_{\mathrm{G}}\varsigma_{\mathrm{Q}}\pi r^{2}\Omega$. 这个结果对于星系和类星体来说是对称的. 也就是说, 无论我们先搜索星系还是类星体, 只要立体角 Ω 的方向、大小不变, 其概率值也不变. 但要注意, 面密度 ς_{G} 和 ς_{Q} 与具体 Ω 的方向有关, 即概率的大小强烈依赖于搜索区域. □

2) 全概率公式

如果事件 $B_1,\cdots,B_n$ 满足互斥完备集条件, 即 ① 两两互斥, $P\left(B_k\right)>0$, ② $\bigcup\limits_{k=1}^{n}B_k=\Omega$, 则

$$\forall A,\quad P\left(A\right)=\sum_{k=1}^{n}P\left(B_k\right)P\left(A|B_k\right).\tag{2.10}$$

3) 贝叶斯公式

因为 $P\left(AB\right)=P\left(BA\right)$, 利用乘法公式, 很容易得出贝叶斯 (Bayes) 公式

$$P\left(B|A\right)=\frac{P\left(A|B\right)P\left(B\right)}{P\left(A\right)}.\tag{2.11}$$

贝叶斯公式将条件概率的 “正” 问题转为 “逆” 问题, 而在实际数据处理中往往相反的条件概率比较容易获得.

如果把 A 理解为观测数据, B 理解为某种理论模型, $P\left(B\right)$ 是根据以往经验模型正确的概率, 即所谓 “先验概率”. $P\left(A|B\right)$ 是在模型 B 正确的条件下, 取得观测数据 A 的概率, 那么贝叶斯公式就给出了 $P\left(B|A\right)$, 即所谓 “后验概率”, 它是观测结果对原先理论模型概率的修正.

贝叶斯公式更完整的表述是：

设 $B_1, B_2, \cdots, B_n$ 为互斥完备集, 则 $\forall$ 事件 A, 当 $P(A) > 0$ 时, 有

$$P(B_i|A) = \frac{P(B_i)P(A|B_i)}{\sum_{k=1}^{n} P(B_k)P(A|B_i)}, \quad i = 1, 2, \cdots, n. \tag{2.12}$$

2.6 相互独立的事件

独立 称 A, B 为相互独立事件, 如果 $P(AB) = P(A) \cdot P(B)$.

要注意区别独立与互斥的概念. 独立说明两事件之间没关系, 互斥说明两事件不能同时发生. 若 A, B 相互独立, 则 A 发生与否与 B 是否发生没关系. 当然与 $\bar{B}$ 是否发生也没关系. 所以如果 A, B 相互独立, 则 A 与 $\bar{B}$, $\bar{A}$ 与 B, $\bar{A}$ 与 $\bar{B}$ 之间也相互独立. 独立的两个事件完全可能同时发生.

例 2.6.1 甲、乙 2 人同时独立地对同一目标射击一次, 命中概率分别是 0.6 和 0.5. 现已知目标被打中, 求甲射中的概率.

解 设事件 A_1: 甲命中, 事件 A_2: 乙命中, 事件 A: 目标被击中, 题目求的是 $P(A_1|A)$.

解法 1: 直接应用贝叶斯公式, 有

$$P(A_1|A) = \frac{P(A_1)P(A|A_1)}{P(A_1)P(A|A_1) + P(A_2)P(A|A_2)} = \frac{0.6}{1.1} = 0.545.$$

解法 2: 因为 $A = A_1 \bigcup A_2 = \overline{\bar{A}_1 \bar{A}_2}$, 所以

$$P(A) = 1 - P\left(\bar{A}_1 \bar{A}_2\right) = 1 - P\left(\bar{A}_1\right) P\left(\bar{A}_2\right) = 1 - (1 - 0.6)(1 - 0.5) = 0.8,$$

$$P(AA_1) = P((A_1 \bigcup A_2) A_1) = P(A_1) = 0.6,$$

故 $P(A_1|A) = \dfrac{P(AA_1)}{P(A)} = \dfrac{0.6}{0.8} = 0.75.$

两种解法的结果不同, 哪一个是对的呢？本题中, $A = A_1 \bigcup A_2$, A_1, A_2 相互独立, 但二者并不互斥, 故不构成互斥完备集, 因此, 不能用贝叶斯公式, 所以解法 2 是正确的. □

2.7 随机变量的分布函数

设随机试验的样本空间为 Ω, 可以把样本空间内的任一事件 E 看作一个样本点, 建立一个 E 到实数 X 的映射 $E \to X(E): \forall E \in \Omega, X(E) \in R$. 由于随机

试验的结果是随机的，它们对应的实数也是随机变化的，称之为随机变量，简记为 r.v.X(或 X). 于是，对随机事件的研究就转化为对随机变量的研究.

比如，盒中 5 球，2 白 3 黑，随机取 3 个球，则 X：抽得的白球数是一个随机变量，X 可为 0, 1, 2，且概率 $P(X=0)=\dfrac{\mathrm{C}_3^3}{\mathrm{C}_5^3}=\dfrac{1}{10}$，$P(X=1)=\dfrac{\mathrm{C}_3^2\mathrm{C}_2^1}{\mathrm{C}_5^3}=\dfrac{6}{10}$，$P(X=2)=\dfrac{3}{10}$.

严格地说，r.v.X 要求：$\forall X\in R$，事件 $(X\leqslant x)$ 有确定的概率.

分布函数 定义非负函数 $F(x)=P(X\leqslant x)$ 为 r.v.X 的分布函数.

于是，$\forall a,b,a<b$，有 $P(a<X\leqslant b)=F(b)-F(a)$.

分布函数有如下性质：

(1) $F(x)$ 单调递增;

(2) $F(-\infty)=0,F(+\infty)=1$;

(3) $F(x)$ 右连续，即有 $F(x+0)=F(x)$.

若 r.v.X 的分布函数是 $F(x)$，我们就说 X 服从分布 $F(x)$，记作 $X\sim F(x)$.

在研究随机变量时要清楚：① r.v.X 所有可能的取值; ② 各取值的概率; ③ 会用随机变量表示事件.

2.8 离散分布和连续分布

随机变量分为离散型随机变量 (只能取有限个值或可列个值) 和连续型随机变量. 例如，某射手中靶率为 0.8，现在连续射靶，直到第一次击中为止，则射击次数 X 可取一切自然数，为离散型随机变量; 而弹着点距靶心的距离 ρ 则为连续型随机变量.

分布律 离散型 r.v.X 的完整描述是分布律 (分布列). 设 X 所有可能的取值为 $x_k,k=1,2,\cdots$，相应的概率为 $p_k,k=1,2,\cdots$，称 $P(X=x_k)=p_k(k=1,2,\cdots)$ 为 r.v.X 的分布律. p_k 满足

(1) $0\leqslant p_k\leqslant 1$;

(2) $\sum\limits_k p_k=1$;

(3) $F(x)=\sum\limits_{x_k\leqslant x}p_k$，$p_k=F(x_k)-F(x_{k-1})$.

分布律可以由分布律表、矩阵或者分布图 (图 2.1) 的形式表示.

离散 r.v.X 的分布律表：

X	x_1	x_2	$\cdots$	x_k	$\cdots$
p_i	p_1	p_2	$\cdots$	p_k	$\cdots$

离散型 r.v.X 的分布律矩阵：

$$\begin{pmatrix} x_1 \cdots x_k \cdots \\ p_1 \cdots p_k \cdots \end{pmatrix}.$$

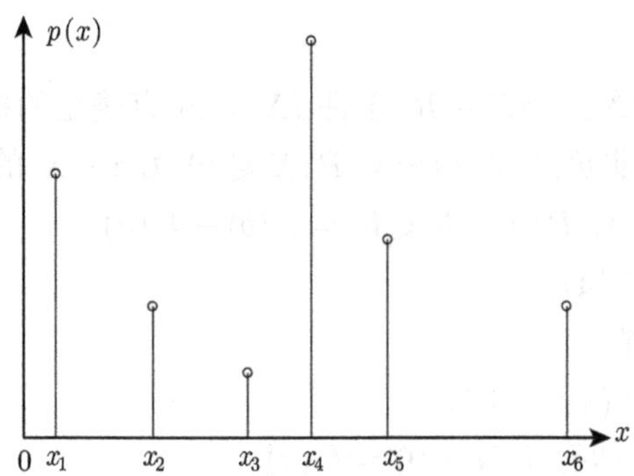

图 2.1　离散型随机变量的分布密度

密度函数　连续型 r.v.X 的完整描述是通过概率分布密度函数实现的. 考虑连续型 r.v.X 落在区间 $[x, x+\Delta x)$ 内的概率 $P(x \leqslant X < x+\Delta x)$, 如果极限 $\lim\limits_{\Delta x \to 0} \dfrac{P(x \leqslant X < x+\Delta x)}{\Delta x} = p(x)$ 存在, 则函数 $p(x)$ 描写了 X 在点 x 的 "概率密度". 称 $p(x)$ 为随机变量 X 的概率分布密度, 简称分布密度或密度函数. 当 $p(x)$ 为 $(-\infty, +\infty)$ 上的非负可积函数时, r.v.X 落在 $[a, b]$ 内的概率 $P(a \leqslant X \leqslant b)$ 可写为 $P(a \leqslant X \leqslant b) = \int_a^b p(x)\,\mathrm{d}x$, $p(x)$ 满足

(1) $p(x) \geqslant 0$,

(2) $\int_{-\infty}^{+\infty} p(x)\,\mathrm{d}x = 1$,

(3) 在 $p(x)$ 的连续点 x 处, 有 $F'(x) = p(x)$.

显然, 分布函数是分布密度函数的原函数: $F(x) = \int_{-\infty}^{x} p(t)\,\mathrm{d}t \ (-\infty < x < +\infty)$, 且 $\forall a < b$,

$$\begin{aligned} P(a < X \leqslant b) &= F(b) - F(a) = \int_a^b p(x)\,\mathrm{d}x \\ &= P(a \leqslant X < b) = P(a \leqslant X \leqslant b) = P(a < X < b). \end{aligned}$$

注意, 对于连续型 r.v.X, 在任何一点 x, 有 $P(X = x) = 0$, 所以概率为 0 的事件未必是不可能事件.

还可以画出随机变量的累积分布函数的图像 (图 2.2).

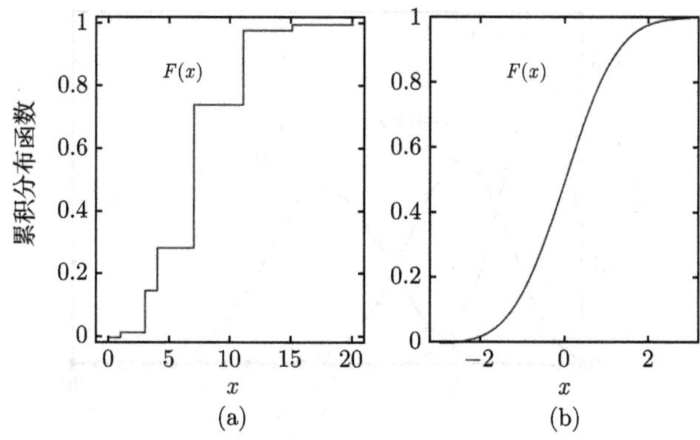

图 2.2 (a) 离散型和 (b) 连续型累积分布函数

下面给出几个常用分布的定义, 它们的一些性质将在第 4 章作详细的讨论.

1) 伯努利分布 (0-1 分布)

0-1 分布是离散分布, r.v.X 的分布律为

X	1	0
p_k	p	$1-p$

典型的例子就是投硬币, 设 "正面" 对应 1, "反面" 对应 0, 取 1 的概率为 p. 这个分布与天文学关系密切, 例如, 我们经常将天体按不同属性分成两类: 例如, 按射电辐射状态分为射电宁静活动星系和射电噪活动行星系; 按金属丰度分为富金属球状星团和贫金属球状星团; 按演化状态分为红序星系和蓝序星系; 按来源不同分为信号光子和背景光子; 等等. 将所有天体分入这些分类中的一个或另一个, 这种情形与投硬币是等价的.

2) 二项分布 $X \sim B(n,p)$ (或 $X \sim B(k;n,p)$)

$$X=k, \quad k=0,1,\cdots,n, \quad P(X=k)=\mathrm{C}_n^k p^k (1-p)^{n-k}, \quad 0<p<1. \tag{2.13}$$

如果独立事件 $X_k \sim B(0,1), k=1,\cdots,n$, $Y=\sum_{k=1}^{n} X_k$, 则 $Y \sim B(n,p)$.

3) 泊松分布 $X \sim \Pi(\lambda)$ (或 $X \sim \Pi(x;\lambda)$, $\lambda>0$ 是分布中的参数)

泊松分布的分布律为

$$X=k, \quad k=0,1,2,3,\cdots, \quad P(X=k)=\frac{\lambda^k}{k!}e^{-\lambda}. \tag{2.14}$$

图 2.3 给出了 $n=20$, p 分别取 0.1, 0.25 和 0.5 的二项分布轮廓曲线. 图 2.4 显示了参数 λ 分别取 2, 5 和 10 时的泊松分布轮廓曲线 (我们特意取了 $\lambda=np$).

比较两个图, 不难发现泊松分布和二项分布的相似之处. 事实上, 二项分布的极限情况就是泊松分布. 因为我们有如下的泊松定理.

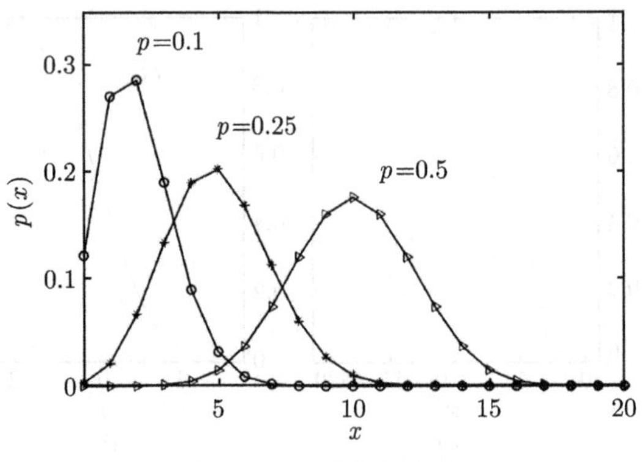

图 2.3　二项分布密度

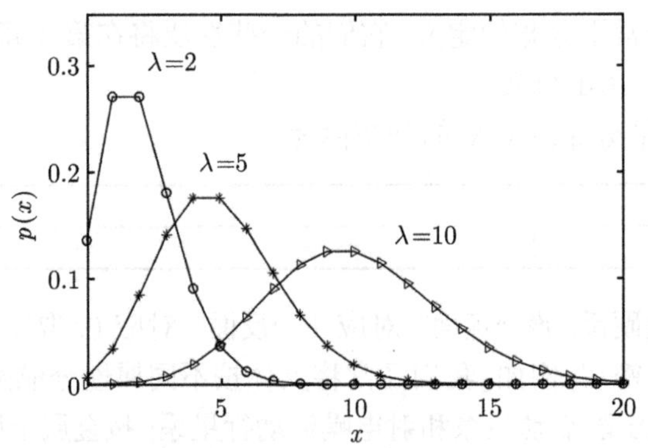

图 2.4　泊松分布密度

定理 2.8.1　设有一个二项分布序列 $\{B(n,p_n), n=1,2,\cdots\}$, 其中参数列 $\{p_n\}$ 满足 $\lim\limits_{n\to\infty} np_n=\lambda$, λ 为一个有限正数, 则对任意 k, 有

$$\lim_{n\to\infty} \mathrm{C}_n^k p_n^k (1-p_n)^{n-k} = \frac{\lambda^k}{k!}e^{-\lambda}.$$

证　由题设, $np_n-\lambda=o(1)$, 故 $p_n=\lambda/n+o(1)/n$, $1-p_n=1-\lambda/n-o(1/n)$. 代入二项分布有

$$\begin{aligned}P(X=k)=\mathrm{C}_n^k p_n^k (1-p_n)^{n-k} &= \frac{n!}{k!(n-k)!}[\lambda/n+o(1)/n]^k[1-\lambda/n-o(1/n)]^{n-k}\\ &= \frac{(\lambda+o(1))^k}{k!}\frac{n!}{n^k}\frac{1}{(n-k)!}\frac{(1-\lambda/n-o(1/n))^n}{(1-\lambda/n-o(1/n))^k}.\end{aligned}$$

因为

$$\lim_{n\to\infty}(\lambda+o(1))^k/k!=\lambda^k/k!,\quad \lim_{n\to\infty}(1-\lambda/n-o(1/n))^{-k}=1,$$
$$\lim_{n\to\infty}(1-\lambda/n-o(1/n))^n=e^{-\lambda},$$

$$\lim_{n\to\infty}\frac{n!}{n^k}\frac{1}{(n-k)!}=\lim_{n\to\infty}\frac{n}{n}\frac{n-1}{n}\frac{n-2}{n}\cdots\frac{n-k+1}{n}=1,$$

所以

$$\lim_{n\to\infty}\mathrm{C}_n^k p_n^k(1-p_n)^{n-k}=\frac{\lambda^k}{k!}e^{-\lambda}.$$ □

4) 均匀分布 $X\sim U(a,b)$ (或 $X\sim U(x;a,b)$)

均匀分布的概率密度为

$$p(x)=\begin{cases}\dfrac{1}{b-a}, & a<x<b,\\ 0, & \text{其他}.\end{cases} \tag{2.15}$$

其分布函数 (图 2.5) 为

$$U(x;a,b)=\int_{-\infty}^{x}p(x)\,\mathrm{d}x=\begin{cases}0, & x<a,\\ \dfrac{x-a}{b-a}, & a\leqslant x<b,\\ 1, & x\geqslant b.\end{cases} \tag{2.16}$$

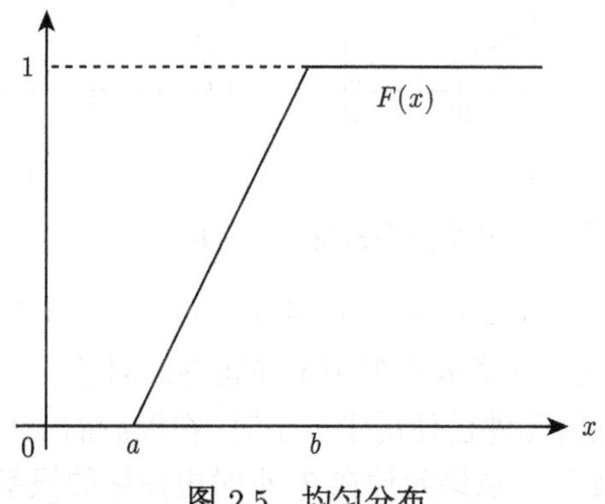

图 2.5 均匀分布

均匀分布是一种信息量最少的分布, 在我们对随机变量 X 没有其他经验性的了解时, 往往把 X 先当作一个均匀分布. 有时候, 我们甚至无法确定区间 $[a,b]$, 这时, 就定义一个广义的均匀分布, 认为密度函数 $p(x)$ 在 $(-\infty,+\infty)$ 处处相等, 且满足 $\int_{-\infty}^{+\infty}p(x)\mathrm{d}x=1$. 可以把广义均匀分布的密度函数理解为 $p_n(x)$ 的极限, 其中

$$p_n(x)=\begin{cases}\dfrac{1}{2n}, & -n\leqslant x\leqslant n,\\ 0, & \text{其他}\end{cases}\quad (n=1,2,\cdots). \tag{2.17}$$

在后面的贝叶斯估计中, 将进一步看到 (广义) 均匀分布的作用.

5) 指数分布 $X \sim E(\lambda)$ (或 $X \sim E(x;\lambda)$)

指数分布的概率密度 $p(x)$ 和分布函数 $F(x)$ 分别是

$$p(x)=\begin{cases}\lambda e^{-\lambda x}, & x \geqslant 0,\\ 0, & x<0\end{cases} \tag{2.18}$$

和

$$F(x)=\begin{cases}1-e^{-\lambda x}, & x \geqslant 0,\\ 0, & x<0.\end{cases} \tag{2.19}$$

其密度和累积分布如图 2.6 所示.

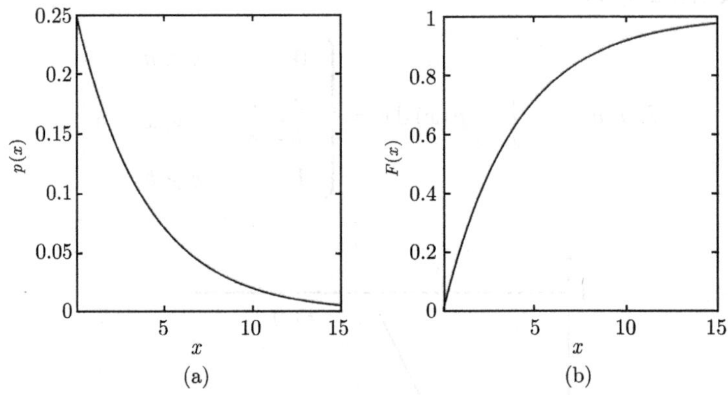

图 2.6　指数分布密度 (a) 和其累积分布 (b)

指数密度的最大值在 $x=0$, 也就是说 $x=0$ 是 “最可几值”. 随着 x 增大, 可能性变得越来越小. 所以, 这类分布多用于描述寿命问题.

例 2.8.1　设某电器元件已使用了 t 小时, 在以后的 Δt 时段内损坏的概率为 $\lambda\Delta t+o(\Delta t)$, λ 不依赖于 t, 求该元件在 T 小时内损坏的概率.

解　设 X 为元件寿命, 对成批元件而言, 它是一个随机变量. 题目欲求概率 $P(X \leqslant T)=F(T)$. 根据条件概率公式,

$$\begin{aligned}P(t<X \leqslant t+\Delta t|X>t)&=\frac{P(\{t<X \leqslant t+\Delta t\}\bigcap\{X>t\})}{P(X>t)}=\frac{P(t<X \leqslant t+\Delta t)}{P(X>t)}\\&=\frac{F(t+\Delta t)-F(t)}{1-F(t)}.\end{aligned}$$

由题设, $P(t<X \leqslant t+\Delta t|X>t)=\lambda\Delta t+o(\Delta t)$, 故 $\dfrac{F(t+\Delta t)-F(t)}{1-F(t)}=\lambda\Delta t+o(\Delta t)$, 由此推出 $\dfrac{F(t+\Delta t)-F(t)}{\Delta t}=[1-F(t)]\left[\lambda+\dfrac{o(\Delta t)}{\Delta t}\right]$, 令 $\Delta t \to 0$ 可得微

分方程 $F'(t)=\lambda[1-F(t)]$. 解微分方程 $F'(t)=\lambda[1-F(t)]$, $F(0)=0$ 可得 $F(t)=1-e^{-\lambda t}$, $p(t)=F'(t)=\lambda e^{-\lambda t}\ (t\geqslant 0)$, 说明 $X\sim E(\lambda)$. □

6) 正态分布 $X\sim N(\mu,\sigma^2)$ (或$X\sim N(x;\mu,\sigma^2)$)

正态分布的概率密度是

$$p(x)=\frac{1}{\sqrt{2\pi}\sigma}\exp\left\{-\frac{(x-\mu)^2}{2\sigma^2}\right\},\quad -\infty<x<+\infty. \tag{2.20}$$

分布函数是 $F(x)=N(x;\mu,\sigma^2)=\int_{-\infty}^{x}p(t)\,\mathrm{d}t$.

正态分布密度曲线 (又称高斯曲线) 是关于 $x=\mu$ 对称的"钟形"曲线. σ 越小, 分布越向对称轴 $x=\mu$ 集中; 反之, σ 越大, 分布越扁平. 由 $p(x)$ 的对称性易得 $F(x)=1-F(-x)$. 所以, $P(|X|\leqslant x)=F(x)-F(-x)=2F(x)-1$, 代入分布函数的具体公式 (2.20) 计算可得

$$P(|X|\leqslant\sigma)=0.683,\quad P(|X|\leqslant 2\sigma)=0.956,\quad P(|X|\leqslant 3\sigma)=0.997.$$

说明正态分布中, 随机变量 X 以极高的概率 (99.7%) 处于 $[-3\sigma,3\sigma]$ 之内.

图 2.7 给出了 $\mu=0,\sigma$ 分别取 1, 2, 5 时的正态分布密度.

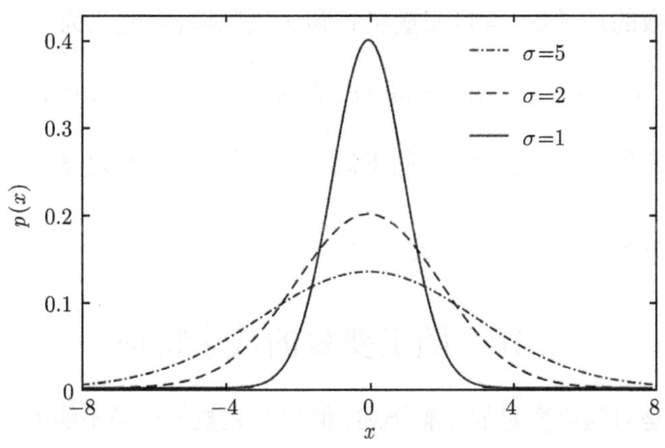

图 2.7 正态分布密度

当参数 $\mu=0,\sigma=1$ 时, 称 X 服从标准正态分布, 即 $X\sim N(0,1)$. 此时的概率密度和分布函数分别用 $\varphi(x)$ 和 $\Phi(x)$ 表示

$$\begin{cases}\varphi(x)=\dfrac{1}{\sqrt{2\pi}}\exp\left(-\dfrac{x^2}{2}\right),\\ \Phi(x)=\displaystyle\int_{-\infty}^{x}\varphi(t)\mathrm{d}t,\quad -\infty<x<+\infty.\end{cases} \tag{2.21}$$

一般正态分布 $X\sim N(x;\mu,\sigma^2)$ 和标准正态分布 $\Phi(x)$ 之间可以简单地变换.

事实上, 如果 $X \sim N\left(x;\mu,\sigma^2\right)$, 则 $\dfrac{X-\mu}{\sigma} \sim N(0,1)$.

所以, $F(x) = N\left(x;\mu,\sigma^2\right) = \Phi\left(\dfrac{x-\mu}{\sigma}\right)$. 可通过查标准正态分布表来计算一般的正态分布值.

某些分布既不离散也不连续. 例如, 设分布函数

$$F(x) = \begin{cases} 0, & x < 0, \\ x + 1/2, & 0 \leqslant x < 1, \\ 1, & x \geqslant 1, \end{cases}$$

则易验证 $F(x)$ 满足分布函数的所有性质, 但 $F(x)$ 既非阶梯函数, 亦非连续函数.

2.9　分位数函数

分布函数 $F(x)$ 告诉我们在给定 x 处随机变量 $X \leqslant x$ 的概率. 但天文学家经常问相反的问题: “对应给定的 $F(x)$ 值, x 是多少?” 例如, “在什么年龄有 95%的恒星失去了其原行星盘?” 这就需要估计随机变量 X 的分位数函数. 分位数函数是概率分布函数的反函数, 其自变量在 0 到 1 之间取值, 定义为

$$Q(u) = F^{-1}(u) = \inf\{y : F(y) \geqslant u\}, \quad 0 < u < 1, \tag{2.22}$$

其中 inf 表示集合 $\{y : F(y) \geqslant u\}$ 的下确界, 可以理解为满足 $F(y) \geqslant u$ 的最小的 y 值.

典型的分位数常取 $u = 5\%, 25\%, 50\%, 75\%$和 95%.

2.10　随机变量的数字特征

概率分布是对随机变量的完整描述, 但仅有完整描述是不够的, 我们需要抓住表征随机变量的某些特征, 比如随机变量的平均水平、集中程度、两个随机变量之间的相关程度等等. 它们在数据处理中至关重要. 引进数字特征的另一个原因是, 在实际问题中, 往往很难给出精确的分布函数, 而只能估计其平均值等特征量.

1) 数学期望

随机变量的各种数字特征都是以数学期望为基础导出的, 其定义为

$$E(X) = \begin{cases} \displaystyle\sum_k x_k p_k, & \text{前提是} \displaystyle\sum_k |x_k| p_k < \infty, \text{离散型}, \\ \displaystyle\int_{-\infty}^{+\infty} x p(x)\,\mathrm{d}x, & \text{前提是} \displaystyle\int_{-\infty}^{+\infty} |x|\, p(x)\,\mathrm{d}x < \infty, \text{连续型}. \end{cases} \tag{2.23}$$

$E(X)$ 也简写作 EX 或者 $\langle X\rangle$. 由离散型随机变量的数学期望定义知, $E(X)$ 是以概率 p_k 为权重得到的加权平均值. 不妨和力学中质点系重心的概念做一个比对: 将 x_k 看作第 k 个质点的坐标, p_k 为第 k 个质点的归一化质量 $\left(\sum\limits_k p_k = 1\right)$, 则其重心的坐标恰为 $E(X)$.

数学期望的基本运算性质有:

(1) 设 c 为任意常数,

$$E(c) = c. \tag{2.24}$$

(2) 线性性质: 设 a, b 为任意常数, 则对于任意 r.v.X 和 r.v.Y, 有

$$E(aX + bY) = a \cdot E(X) + b \cdot E(Y). \tag{2.25}$$

(3) 如果 r.v.X 和 r.v.Y 独立, 则有

$$E(X \cdot Y) = E(X) \cdot E(Y). \tag{2.26}$$

(4) 设 $y = g(x)$, 满足对求和或者积分的绝对收敛条件, 则

$$E(Y) = E[g(X)] = \begin{cases} \sum\limits_k g(x_k)\, p_k, & \text{离散型}, \\ \int_{-\infty}^{+\infty} g(x)\, p(x)\, \mathrm{d}x, & \text{连续型}. \end{cases} \tag{2.27}$$

取不同的 $g(x)$, 可以得到各种数字特征.

2) 方差、标准差和矩

令 $g(x) = [x - E(X)]^2$, 称 $E[X - E(X)]^2$ 为 X 的**方差**, 记为 $D(x)$. 方差描述了 X 对于其平均值 $E(X)$ 的离散程度, 也就是 $[X - E(X)]^2$ 的平均值. 这是个平方量, 所以 $D(x)$ 亦记作 σ^2.

标准差 $\sigma = \sqrt{D(X)}$ 叫作标准差. 生活中我们有这样的经验, "平均值" 可能会有欺骗性, 比如 "平均工资""平均分数" 等等, 只有在离散程度很小的情况下, 平均值才有说服力.

k 阶中心矩 设 X 是一个随机变量, k 是正整数, 如果 $E(X - EX)^k$ 存在, 则称其为随机变量 X 的 k 阶中心矩, 记作 μ_k.

k 阶原点矩 如果 $E\left(X^k\right)$ 存在, 则称其为随机变量 X 的 k 阶原点矩, 记作 ν_k.

由定义立知, X 的数学期望就是 X 的一阶原点矩, X 的方差就是 X 的二阶中心矩. μ_k 存在的充要条件是 ν_k 存在. 二者之间存在关系,

$$\mu_k = E(X - \nu_1)^k = \sum_{i=0}^{k} \mathrm{C}_k^i \nu_i (-\nu_1)^{k-i}. \tag{2.28}$$

例如, 方差 $\mu_2 = \nu_0(-\nu_1)^2 + 2\nu_1(-\nu_1) + \nu_2(-\nu_1)^0 = \nu_2 - \nu_1^2$, 也就是 $D(X) = E(X^2) - [E(X)]^2$.

利用数学期望的运算性质, 容易得出方差的运算性质:

(1) 设 c 为常数, 则 $D(c) = 0$;

(2) 设 c 为常数, 则 $D(cX) = c^2 D(X)$;

(3) 对于任意随机变量 X 和 Y, 有

$$D(X+Y) = D(X) + D(Y) + 2E[(X - E(X))(Y - E(Y))],$$

如果 X 和 Y 相互独立, 则有 $D(X+Y) = D(X) + D(Y)$.

表 2.1 列出了前面介绍的六种分布的数学期望和方差.

表 2.1 六种常用的概率分布的数学期望和方差

名称	数学期望	方差
$B(1,p)$	p	$p(1-p)$
$B(n,p)$	np	$np(1-p)$
$\Pi(\lambda)$	λ	λ
$U(a,b)$	$(a+b)/2$	$(b-a)^2/12$
$E(\lambda)$	$1/\lambda$	$1/\lambda^2$
$N(\mu,\sigma^2)$	μ	σ^2

例 2.10.1 求正态分布 $N(0,\sigma^2)$ 的 n 阶原点矩 $E(X^n)$.

解 因为 $Y = \dfrac{X}{\sigma} \sim N(0,1)$, 并且 $X = \sigma Y$, 所以 $E(X^n) = \sigma^n E(Y^n) = \dfrac{\sigma^n}{\sqrt{2\pi}}\displaystyle\int_{-\infty}^{+\infty} y^n e^{-\frac{y^2}{2}}\mathrm{d}y$. 如果 n 是奇数, 则由于被积函数是奇函数, 可知 $E(X^n) = 0$; 如果 n 是偶数, 则由于被积函数是偶函数, 可知

$$E(X^n) = \frac{2\sigma^n}{\sqrt{2\pi}}\int_0^{+\infty} y^n e^{-\frac{y^2}{2}}\mathrm{d}y \xlongequal{y=\sqrt{2u}} \frac{2^{\frac{n}{2}}\sigma^n}{\sqrt{\pi}}\int_0^{+\infty} u^{\frac{n+1}{2}-1}e^{-u}\mathrm{d}u = \frac{2^{\frac{n}{2}}\sigma^n}{\sqrt{\pi}}\Gamma\left(\frac{n+1}{2}\right).$$

利用 Γ 函数的性质 $\Gamma(r+1) = r\Gamma(r)$ 推出

$$\begin{aligned} E(X^n) &= \frac{2^{\frac{n}{2}}\sigma^n}{\sqrt{\pi}}\Gamma\left(\frac{n-1}{2}+1\right) = \frac{2^{\frac{n}{2}}\sigma^n}{\sqrt{\pi}}\frac{n-1}{2}\Gamma\left(\frac{n-1}{2}\right) \\ &= \frac{2^{\frac{n}{2}}\sigma^n}{\sqrt{\pi}}\frac{n-1}{2}\frac{n-3}{2}\Gamma\left(\frac{n-3}{2}\right) \\ &= \cdots = \frac{2^{\frac{n}{2}}\sigma^n}{\sqrt{\pi}}\frac{n-1}{2}\frac{n-3}{2}\cdots\frac{1}{2}\Gamma\left(\frac{1}{2}\right) = \sigma^n(n-1)!!. \end{aligned}$$

综上所述, 有 $E(X^n)=\begin{cases}\sigma^n(n-1)!!, & n\text{为偶数},\\ 0, & n\text{为奇数}.\end{cases}$ 特别对于标准正态分布 $N(0,1)$, 有 $E(X^4)=3$. □

3) 条件数学期望

设事件 A 的概率 $P(A)>0$, 称 $\dfrac{P(X\leqslant x)}{P(A)}$ 为在事件 A 下 X 的条件分布函数, 记作 $F(x|A)$. 在积分 $\displaystyle\int_{-\infty}^{+\infty}x\mathrm{d}F(x|A)$ 绝对收敛的前提下, 称这个积分为在事件 A 下的条件数学期望, 并记作 $E(X|A)$.

2.11 随机变量的函数的分布

如果 X 为随机变量, 则 X 的连续函数 $Y=g(X)$ 也是随机变量. 如何求 $g(X)$ 的分布呢?

设 X 为离散型随机变量, 其分布律为 $\begin{pmatrix}x_1 & x_2 & \cdots & x_k & \cdots\\ p_1 & p_2 & \cdots & p_k & \cdots\end{pmatrix}$, 则 $g(X)$ 的分布律就是 $\begin{pmatrix}g(x_1) & g(x_2) & \cdots & g(x_k) & \cdots\\ p_1 & p_2 & \cdots & p_k & \cdots\end{pmatrix}$. 如果 $g(x_i)$ 中有相同者, 则应只标出一个, 且把相应的概率相加, 必要时, 重新排序, 便得到 $g(X)$ 的分布律.

例 2.11.1 已知 X 的分布律为: $\begin{pmatrix}0 & 1 & 2 & 3 & 4 & 5\\ \frac{1}{12} & \frac{1}{6} & \frac{1}{3} & \frac{1}{12} & \frac{2}{9} & \frac{1}{9}\end{pmatrix}$, 求 $Y=(X-2)^2$ 的分布律.

解 根据对应关系 $Y=(X-2)^2$ 有

X	2	1, 3	0, 4	5
Y	0	1	4	9

故 Y 的分布律为: $\begin{pmatrix}0 & 1 & 4 & 9\\ \frac{1}{3} & \frac{1}{6}+\frac{1}{12} & \frac{1}{12}+\frac{2}{9} & \frac{1}{9}\end{pmatrix}$. □

如果 X 为一连续型随机变量, 分布密度为 $p_X(x)$, $Y=g(X)$, 可以通过下面两种办法来求 Y 的密度 $p_Y(y)$.

(1) 分布密度法, 这个方法的关键是求出 $F_Y(y)$ 的表达式.

因为 $F_Y(y)=P(Y\leqslant y)=P(g(X)\leqslant y)$, 所以 $f_Y(y)=\mathrm{d}F_Y(y)/\mathrm{d}y$.

例 2.11.2 设 $p_X(x)=\dfrac{1}{\pi(1+x^2)}$, $-\infty<x<+\infty$, 求 $Y=X^2$ 的概率密度.

解 $F_Y(y)=P(Y\leqslant y)=P\left(X^2\leqslant y\right)$, 当 $y\leqslant 0$ 时, $F_Y(y)=0$; 当 $y>0$ 时,

$$F_Y(y)=P\left(-\sqrt{y}\leqslant X\leqslant\sqrt{y}\right)=F_X(\sqrt{y})-F_X(-\sqrt{y}),$$

$$p_Y(y)=F_Y'(y)=\frac{1}{2\sqrt{y}}\left[F_X'(\sqrt{y})+F_X'(-\sqrt{y})\right]=\frac{1}{2\sqrt{y}}\left[p_X(\sqrt{y})+p_X(-\sqrt{y})\right],$$

故 $p_Y(y)=\begin{cases}\dfrac{1}{2\sqrt{y}}\left[\dfrac{1}{\pi(1+y)}+\dfrac{1}{\pi(1+y)}\right]=\dfrac{1}{\pi(1+y)\sqrt{y}}, & y>0,\\ 0, & y\leqslant 0.\end{cases}$ □

(2) 公式法.

如果函数 $Y=g(X)$ 可以确定出唯一的反函数, 则当 $X\in(x,x+\mathrm{d}x)$ 时, 必有 $Y\in(y,y+\mathrm{d}y)$. 而

$$\begin{aligned}&P(x<X<x+\mathrm{d}x)\\=&P(y<Y<y+\mathrm{d}y)\Leftrightarrow p_X(x)\,\mathrm{d}x=p_Y(y)\,\mathrm{d}y\\ \Rightarrow& p_Y(y)=\begin{cases}p_X(x)\left|\dfrac{\mathrm{d}x}{\mathrm{d}y}\right|=p_X[x(y)]\,|x'(y)|, & \alpha<x<\beta,\\ 0, & \text{其他},\end{cases}\end{aligned}\tag{2.29}$$

其中

$$\alpha=\min\{g(-\infty),g(+\infty)\},\quad \beta=\max\{g(-\infty),g(+\infty)\}.$$

如果 $Y=g(X)$ 不是严格单调函数, 则对应一个 y 值可能有不止一个 x 与之对应, 这时有

$$p_Y(y)=\sum_i p_X(x_i(y))\left|\frac{\mathrm{d}x_i}{\mathrm{d}y}\right|,\quad y=g(x_i),\quad i=1,2,\cdots,k.\tag{2.30}$$

例 2.11.3 已知 $p_X(x)=\dfrac{1}{\sqrt{2\pi}}\exp\left(-\dfrac{x^2}{2}\right)$, 求 $Y=X^2$ 的分布密度.

解 解出反函数 $x=\pm\sqrt{y}$, 所以

$$\begin{aligned}p_Y(y)&=\begin{cases}\left|\dfrac{\mathrm{d}(-\sqrt{y})}{\mathrm{d}y}\right|p_X(-\sqrt{y})+\left|\dfrac{\mathrm{d}(\sqrt{y})}{\mathrm{d}y}\right|p_X\left(\sqrt{y}\right), & y\geqslant 0,\\ 0, & y<0.\end{cases}\\&=\begin{cases}\dfrac{1}{2\sqrt{y}}\left(\dfrac{1}{\sqrt{2\pi}}e^{-\frac{y}{2}}+\dfrac{1}{\sqrt{2\pi}}e^{-\frac{y}{2}}\right)=\dfrac{1}{\sqrt{2\pi y}}e^{-\frac{y}{2}}, & y\geqslant 0,\\ 0, & y<0.\end{cases}\end{aligned}$$

□

2.12 多维随机变量及其分布

设 Ω 为样本空间,$X_1,\cdots,X_n$ 是定义在 Ω 上的 n 个随机变量, 则 $X(E)=(X_1(E),\cdots,X_n(E)), E\in\Omega$ 构成一个 n 维随机向量. 由于 n 维随机向量之间往往不是相互独立的, 所以不能简单地把每个分量当作一维随机变量单独研究.

联合分布函数 对于任意 n 个实数 $x_1,\cdots,x_n$, 记集合 $\bigcap\limits_{i=1}^{n}(X_i\leqslant x_i)=(X_1\leqslant x_1,\cdots,X_n\leqslant x_n)$, 称 n 元函数 $F(x_1,\cdots,x_n)=P(X_1\leqslant x_1,\cdots,X_n\leqslant x_n)$ 为 $X(E)$ 的联合分布函数, 简称分布函数. 分布函数 $F(x_1,\cdots,x_n)$ 具有如下性质.

(1) 对任意分量 x_i 是单调不减的.

(2) 对任意分量 x_i 是右连续的.

(3) 若某个分量 $x_i\to-\infty$, 则 $F(x_1,\cdots,x_n)\to0$.

(4) $\lim\limits_{x_1\to+\infty,\cdots,x_n\to+\infty}F(x_1,\cdots,x_n)\equiv F(+\infty,\cdots,+\infty)=1$.

(5) 设 $x_i\leqslant y_i, i=1,\cdots,n$, 则

$$F(y_1,\cdots,y_n)-\sum_{i=1}^{n}F_i+\sum_{i<j}F_{ij}-\cdots+(-1)^nF(x_1,\cdots,x_n)\geqslant0,$$

其中 $F_{ij\cdots k}$ 是按如下规律取分布函数 F 的值: 当分量下标为 $i,j,\cdots,k$ 时取 $x_i,x_j,\cdots,x_k$, 其余的取 y_l.

若 X 只能选取有限个或可列个离散点集 $\{a_i|a_i$ 的坐标为 $(a_{i1},a_{i2},\cdots,a_{in})\}$ 上的值, 则 $F(x_1,\cdots,x_n)$ 为离散型的. 令 $p_i=P(X=a_i)$, 则 $p_i\geqslant0,\sum\limits_i p_i=1, F(x_1,\cdots,x_n)=\sum\limits_{x_1\leqslant a_1,\cdots,x_n\leqslant a_n}p_i$.

联合分布密度 若存在非负函数 $p(x_1,\cdots,x_n)$, 使得

$$F(x_1,\cdots,x_n)=\int_{-\infty}^{+\infty}\cdots\int_{-\infty}^{+\infty}p(y_1,\cdots,y_n)\mathrm{d}y_n\cdots\mathrm{d}y_1,$$

则 $p(x_1,\cdots,x_n)$ 为 $F(x_1,\cdots,x_n)$ 的联合分布密度函数.

在连续点 $(x_1,\cdots,x_n)$, $\dfrac{\partial^nF(x_1,\cdots,x_n)}{\partial x_1\cdots\partial x_n}=p(x_1,\cdots,x_n)$, 且

$$P\{(X_1,\cdots,X_n)\in G\}=\int\cdots\int_G p(x_1,\cdots,x_n)\mathrm{d}x_1\cdots\mathrm{d}x_n.$$

边缘分布 在分布函数 $F(x_1,\cdots,x_n)$ 中保留 $k\,(1\leqslant k<n)$ 个分量, 令其余的分量 $\to+\infty$, 则得到一个 k 元函数, 称为 k 维边缘分布. 显然对于分布函数 $F(x_1,\cdots,x_n)$, 有 C_n^k 个 k 维边缘分布. 特别对于二维分布, 我们有离散型随机变量的分布律 (表 2.2). 满足:

(1) $p_{ij} \geqslant 0$;

(2) $\sum p_{\cdot j} = \sum p_{i\cdot} = \sum p_{ij} = 1$.

表 2.2 离散型随机变量的分布律

X \ Y	y_1	$\cdots$	y_j	$\cdots$	边缘概率
x_1	p_{11}	$\cdots$	p_{1j}	$\cdots$	$p_{1\cdot}$
$\vdots$	$\vdots$		$\vdots$		$\vdots$
x_i	p_{i1}	$\cdots$	p_{ij}	$\cdots$	$p_{i\cdot}$
$\vdots$	$\vdots$		$\vdots$		$\vdots$
边缘概率	$p_{\cdot 1}$	$\cdots$	$p_{\cdot j}$	$\cdots$	$\sum = 1$

连续型随机变量的边缘分布和分布密度为

$$F_X(x) = F(x, +\infty), \quad F_Y(y) = F(+\infty, y),$$

$$p_X(x) = \int_{-\infty}^{+\infty} p(x, y)\,\mathrm{d}y, \quad p_Y(y) = \int_{-\infty}^{+\infty} p(x, y)\,\mathrm{d}x.$$

2.13 随机变量的独立性和条件分布

我们仅以二维分布为例, 多维分布可以类似推广.

1) 随机变量的独立性

根据事件独立性的定义, 说事件 A 和 B 相互独立, 如果 $P(AB) = P(A)P(B)$. 类似地, 说 r.v.X 和 r.v.Y 相互独立, 如果 $P(X \in A, Y \in B) = P(X \in A)P(Y \in B)$. 随机变量的独立性也可以用分布函数来描述: r.v.X 和 r.v.Y 相互独立 $\Leftrightarrow F(x, y) = F_X(x) \cdot F_Y(y)$. 考虑到离散型和连续型随机变量, 还可以利用概率密度,

$$\text{r.v.}X \text{ 和 r.v.}Y \text{ 独立} \Leftrightarrow \begin{cases} p_{ij} = p_{i\cdot} \cdot p_{\cdot j}, & i, j = 1, 2, \cdots, \text{离散型}, \\ p(x, y) = p_X(x) \cdot p_Y(y), & \text{连续型}. \end{cases}$$

例 2.13.1 某离散二维 r.v. (X, Y), 设 r.v.X 从 1, 2, 3, 4 四个数中等可能地取值, 又设 r.v.Y 从 X 中等可能地取值. 问 X, Y 是否独立?

解 先做分析, 假如 $X = 1$, 则 Y 只能取 1; 假如 $X = 2$, 则 Y 以 0.5 的概率可能取 1 或者 2, 余类推. 于是得到 (X, Y) 的分布律及边缘分布律为

	1	2	3	4	$p_{\cdot j}$
1	1/4	1/8	1/12	1/16	25/48
2	0	1/8	1/12	1/16	13/48
3	0	0	1/12	1/16	7/48
4	0	0	0	1/16	3/48
$p_{i\cdot}$	1/4	1/4	1/4	1/4	

因为 $P(X=1,Y=1)=\dfrac{1}{4}\neq P(X=1)\cdot P(Y=1)=\dfrac{1}{4}\cdot\dfrac{25}{48}$, 所以, X,Y 不独立. □

2) 条件分布

随机变量 X 在已知 $Y=y$ 的条件下的分布称为 X 的条件分布. 类似地, 有 Y 在 $X=x$ 的条件下的条件分布.

离散型: $p_{i|j}=p_{ij}/p_{\cdot j}(i=1,2,\cdots)$ 为 X 在 $Y=y_j$ 条件下的条件分布律, 也可表示为矩阵形式

$$\begin{pmatrix} x_1 & x_2 & \cdots & x_i & \cdots \\ p_{1j}/p_{\cdot j} & p_{2j}/p_{\cdot j} & \cdots & p_{ij}/p_{\cdot j} & \cdots \end{pmatrix}_{\Sigma=1};$$

类似地, 有 Y 在 $X=x_i$ 条件下的条件分布律

$$\begin{pmatrix} y_1 & y_2 & \cdots & y_i & \cdots \\ p_{i1}/p_{i\cdot} & p_{i2}/p_{i\cdot} & \cdots & p_{ij}/p_{i\cdot} & \cdots \end{pmatrix}_{\Sigma=1}.$$

由于连续函数在一个点上的概率为 0, 所以不能用 $\dfrac{P(X\leqslant x,Y=y)}{P(Y=y)}$ 来定义条件概率 $P(X\leqslant x|Y=y)$. 因为

$$\begin{aligned}
&P(X\leqslant x|y<Y\leqslant y+\varepsilon)\\
=&\frac{P(X\leqslant x,y<Y\leqslant y+\varepsilon)}{P(y<Y\leqslant y+\varepsilon)}\\
=&\frac{\displaystyle\int_{-\infty}^{x}\int_{y}^{y+\varepsilon}p(u,v)\,\mathrm{d}v\mathrm{d}u}{\displaystyle\int_{y}^{y+\varepsilon}p_Y(y)\,\mathrm{d}y}\xlongequal{\text{(积分中值定理)}}\frac{\varepsilon\displaystyle\int_{-\infty}^{x}p(u,y_\varepsilon)\,\mathrm{d}u}{\varepsilon p_Y(\tilde{y}_\varepsilon)}\\
\to&\int_{-\infty}^{x}\frac{p(u,y)}{p_Y(y)}\mathrm{d}u\quad(\varepsilon\to 0),
\end{aligned}$$

故 X 在 $Y=y_j$ 条件下的概率密度为

$$p_{X|Y}(x|y)=\frac{p(x,y)}{p_Y(y)},\quad -\infty<x<+\infty.$$

类似地, Y 在 $X=x_i$ 条件下的概率密度为

$$p_{Y|X}(y|x)=\frac{p(x,y)}{p_X(x)},\quad -\infty<y<+\infty.$$

2.14　多维随机变量的数字特征

1) 期望值

定义 $Z=g(X,Y)$ 的期望值为 (假设下面的求和或者积分都是绝对收敛的)

$$E(Z)=\begin{cases}\displaystyle\sum_i\sum_j g(x_i,y_j)\,p_{ij}, & \text{离散型},\\ \displaystyle\int_{-\infty}^{+\infty}\int_{-\infty}^{+\infty} g(x,y)\,p(x,y)\,\mathrm{d}x\mathrm{d}y, & \text{连续型}.\end{cases} \tag{2.31}$$

对于多元分布, 可以定义边缘分布的期望值.

离散型:

$$E(X)=\sum_i x_ip_{i\cdot}=\sum_{ij}x_ip_{ij},\quad E(Y)=\sum_j y_jp_{\cdot j}=\sum_{ij}y_jp_{ij}. \tag{2.32}$$

连续型:

$$\begin{aligned}E(X)&=\int_{-\infty}^{+\infty}xp_X(x)\,\mathrm{d}x=\int_{-\infty}^{+\infty}\int_{-\infty}^{+\infty}xp(x,y)\,\mathrm{d}x\mathrm{d}y,\\ E(Y)&=\int_{-\infty}^{+\infty}yp_Y(y)\,\mathrm{d}y=\int_{-\infty}^{+\infty}\int_{-\infty}^{+\infty}yp(x,y)\,\mathrm{d}x\mathrm{d}y.\end{aligned} \tag{2.33}$$

2) 协方差和相关系数

随机变量 X 和 Y 的协方差定义为 [若$E(X)$, $E(Y)$存在]

$$\operatorname{cov}(X,Y)\equiv E\left[(X-E(X))(Y-E(Y))\right]. \tag{2.34}$$

随机变量 X 和 Y 的相关系数定义为

$$r_{XY}\equiv\frac{\operatorname{cov}(X,Y)}{\sqrt{D(X)}\sqrt{D(Y)}},\quad 若D(X)\neq 0,\ D(Y)\neq 0. \tag{2.35}$$

如果对随机变量进行标准化, 即令 $X_1=\dfrac{X-E(X)}{\sqrt{D(X)}},Y_1=\dfrac{Y-E(Y)}{\sqrt{D(Y)}}$, 则

$$\operatorname{cov}(X_1,Y_1)=r_{XY}.$$

所以相关系数又称为标准协方差.

协方差具有下列性质:

(1) 若 X,Y 相互独立, 则 $\operatorname{cov}(X,Y)=r_{XY}=0$;

(2) $\operatorname{cov}(X,Y)=\operatorname{cov}(Y,X)$;

(3) $D(X)=E(X-E(X))^2=\operatorname{cov}(X,X)$;

(4) $D(X\pm Y)=D(X)+D(Y)\pm 2\operatorname{cov}(X,Y)$;

(5) $\operatorname{cov}(X,Y)=E(XY)-E(X)E(Y)$;

(6) 对于任意常数 $a,b,\operatorname{cov}(aX,bY)=ab\cdot\operatorname{cov}(X,Y)$;

(7) $\operatorname{cov}(X_1+X_2,Y)=\operatorname{cov}(X_1,Y)+\operatorname{cov}(X_2,Y)$.

性质 (1) 给出了 X,Y 相互独立的必要条件——协方差 (或相关系数) 为 0. 但是反过来的结论却不一定成立.

例 2.14.1 设随机变量 X,Y 服从二维均匀分布 $p(x,y)=\begin{cases}1/\pi, & x^2+y^2\leqslant 1,\\ 0, & 其他.\end{cases}$ 求 r_{XY}, 并判断 X,Y 是否独立?

解

$$p_X(x)=\int_{-\infty}^{+\infty}p(x,y)\mathrm{d}y=\begin{cases}\displaystyle\int_{-\sqrt{1-x^2}}^{\sqrt{1-x^2}}\frac{1}{\pi}\mathrm{d}y, & -1\leqslant x\leqslant 1\\ 0, & 其他\end{cases}$$

$$=\begin{cases}\dfrac{2}{\pi}\sqrt{1-x^2}, & -1\leqslant x\leqslant 1,\\ 0, & 其他.\end{cases}$$

同理, $p_Y(y)=\begin{cases}\dfrac{2}{\pi}\sqrt{1-y^2}, & -1\leqslant y\leqslant 1,\\ 0, & 其他.\end{cases}$

易推出 $E(X)=E(Y)=E(XY)=0$. 所以 $r_{XY}=0$, 但 $p_X(x)p_Y(y)\neq p(x,y)$, 故 X 和 Y 不独立. □

相关系数有如下性质:

(1) $|r_{XY}|\leqslant 1$;

(2) $|r_{XY}|=1\Leftrightarrow P(Y=a+bX)=1, a,b$ 为常数.

因此, 相关系数描述了随机变量 X 和 Y 之间的线性相关程度. $|r_{XY}|$ 越接近 1, 则 X 和 Y 的取值越集中在一条直线上. 相反, $|r_{XY}|$ 越接近 0, 则 X 和 Y 的线性近似程度越低.

以下几个结论彼此等价:

(1) $r_{XY}=0$;

(2) $\operatorname{cov}(X,Y)=0$;

(3) $E(XY)=EX\cdot EY$;

(4) $D(X\pm Y)=DX+DY$.

关于相关系数, 需要强调的是: 这里的相关是指 “线性” 相关. 例如, $Y=X^2$, 说明 Y 和 X 存在函数关系, 但它们之间并不存在线性关系.

3) 矩

对于随机变量 X 和 Y, 还有下列数字特征.

$k+l$ 阶混合矩: $E\left(X^kY^l\right)(k,l=1,2,\cdots)$.

$k+l$ 阶混合中心矩: $E\left[(X-E(X))^k(Y-E(Y))^l\right](k,l=1,2,\cdots)$.

2.15 多维随机变量函数的分布

设有二维连续函数 $z=g(x,y)$, 对于离散型随机变量 (X,Y), $Z=g(X,Y)$ 也是一个离散型随机变量, 其分布律的求法是:

(1) 先求出 Z 的全部可能取值 $\{z_l:l=1,2,\cdots\}=\{g(x_i,y_j),i,j=1,2,\cdots\}$.

(2) $P(Z=z_l)=\sum\limits_{g(x_i,y_j)=z_l}p_{ij},\ l=1,2,\cdots$.

若 (X,Y) 为连续型随机变量, 则其分布函数和分布密度分别为

$$F_Z(z)=P(Z\leqslant z)=P(g(X,Y)\leqslant z)=\iint\limits_{g(x,y)\leqslant z}p(x,y)\,\mathrm{d}x\mathrm{d}y \quad 和 \quad p_Z(z)=\frac{\mathrm{d}F_Z(z)}{\mathrm{d}z}.$$

例如, 当 $Z=X+Y$ 时,

$$F_Z(z)=\iint\limits_{x+y\leqslant z}p(x,y)\,\mathrm{d}x\mathrm{d}y=\int_{-\infty}^{+\infty}\mathrm{d}x\int_{-\infty}^{z-x}p(x,y)\,\mathrm{d}y,$$

$$\begin{aligned}p_Z(z)&=\frac{\mathrm{d}}{\mathrm{d}z}\left[\int_{-\infty}^{+\infty}\mathrm{d}x\int_{-\infty}^{z-x}p(x,y)\,\mathrm{d}y\right]=\int_{-\infty}^{+\infty}\frac{\mathrm{d}}{\mathrm{d}z}\left[\int_{-\infty}^{z-x}p(x,y)\,\mathrm{d}y\right]\mathrm{d}x\\&=\int_{-\infty}^{+\infty}p(x,z-x)\,\mathrm{d}x.\end{aligned}$$

同理, $p_Z(z)=\int_{-\infty}^{+\infty}p(z-y,y)\,\mathrm{d}y$. 特别当 X,Y 相互独立时, $Z=X+Y$ 的分布密度可按卷积公式求出,

$$p_Z(z)=\int_{-\infty}^{+\infty}p(x,z-x)\,\mathrm{d}x=\int_{-\infty}^{+\infty}p_X(x)\,p_Y(z-x)\,\mathrm{d}x=\int_{-\infty}^{+\infty}p_X(z-y)\,p_Y(y)\,\mathrm{d}y.$$

两个独立泊松随机分布变量 $X\sim\Pi(\lambda)$ 和 $Y\sim\Pi(\mu)$ 的和, 服从强度为 $\lambda+\mu$ 的泊松分布 $X+Y\sim\Pi(\lambda+\mu)$. 这一性质可以表示为

$$P(X+Y=n)=\frac{(\lambda+\mu)^n\,e^{-(\lambda+\mu)}}{n!},$$

$$\sum p_\lambda(j)p_\mu(x-j)\equiv p_\lambda*p_\mu(x)=p_{\lambda+\mu}(x).$$

例 2.15.1 设 r.v.X 和 r.v.Y 相互独立, 试求 $Z=\max(X,Y)$ 和 $Z=\min(X,Y)$ 的分布.

解 设 $X\sim F_X(x)$, $Y\sim F_Y(y)$, 则

$$F_{\max}(z)=P(\max(X,Y)\leqslant z)=P(X\leqslant z,Y\leqslant z),$$

由 r.v.X 和 r.v.Y 的独立性, 有

$$F_{\max}(z)=P(X\leqslant z)\cdot P(Y\leqslant z)=F_X(z)\cdot F_Y(z).$$

$$\begin{aligned}F_{\min}(z)&=P(\min(X,Y)\leqslant z)=1-P(\min(X,Y)>z)=1-P(X>z,Y>z)\\&=1-P(X>z)\cdot P(Y>z)=1-[1-P(X\leqslant z)]\cdot[1-P(Y\leqslant z)]\\&=1-[1-F_X(z)]\cdot[1-F_Y(z)].\end{aligned}$$

□

本例的直接推论是: 如果 $X_i\sim F_{X_i}(x)$, $i=1,2,\cdots,n$, 且 $X_1,X_2,\cdots,X_n$ 相互独立, 则

$$F_{\max}(z)=P(\max(X_1,X_2,\cdots,X_n)\leqslant z)=F_{X_1}(z)F_{X_2}(z)\cdots F_{X_n}(z);$$

$$F_{\min}(z)=P(\min(X_1,X_2,\cdots,X_n)\leqslant z)=1-\prod_{i=1}^{n}[1-F_{X_i}(z)].$$

特别当 $X_1,X_2,\cdots,X_n$ 独立同分布于 $F(x)$ 时, 有

$$F_{\max}(z)=F^n(z),\quad F_{\min}(z)=1-[1-F(z)]^n.$$

如果 n 维随机向量 Y 和 X 之间有可逆的变换关系

$$\begin{pmatrix}y_1\\y_2\\\vdots\\y_n\end{pmatrix}=\begin{pmatrix}\varphi_1(x_1,\cdots,x_n)\\\varphi_2(x_1,\cdots,x_n)\\\vdots\\\varphi_n(x_1,\cdots,x_n)\end{pmatrix},\quad\begin{pmatrix}x_1\\x_2\\\vdots\\x_n\end{pmatrix}=\begin{pmatrix}\psi_1(y_1,\cdots,y_n)\\\psi_2(y_1,\cdots,y_n)\\\vdots\\\psi_n(y_1,\cdots,y_n)\end{pmatrix},$$

则 Y 和 X 的密度函数满足 $p_Y(y_1,\cdots,y_n)=|J|p_X(x_1,\cdots,x_n)$, 其中 J 为变换的雅可比行列式. 例如. 我们可以求出两个独立的随机变量的商的分布. 设随机变量 X 和 Y 独立, 密度分别为 $p_X(x)$ 和 $p_Y(y)$, 则 $U=X/Y$ 的密度为 $p_U(u)=\int_{-\infty}^{\infty}|v|\,p_X(uv)\,p_Y(v)\,\mathrm{d}v$. 事实上, 令 $V=y$, 则可以建立可逆的变换关系 $\begin{cases}u=x/y\\v=y\end{cases}$ $\Leftrightarrow\begin{cases}x=uv,\\y=v.\end{cases}$ $J=\begin{vmatrix}v&u\\0&1\end{vmatrix}=v$, $p(u,v)=p_X(x)\,p_Y(y)\,|J|$, 因此, $p_U(u)=\int_{-\infty}^{\infty}p(u,v)\mathrm{d}v=\int_{-\infty}^{\infty}p_X(uv)\,p_Y(v)\,|v|\mathrm{d}v$.

2.16 大数定理和中心极限定理

1) 3σ 原则

我们知道, 如果随机变量 $X \sim N(\mu, \sigma^2)$, 则 $P(|X-\mu|<3\sigma)=0.9974$, 说明 X 以很大的概率在 $(\mu-3\sigma, \mu+3\sigma)$ 内取值. 那么对一般分布的随机变量 X, 概率 $P(|X-E(X)|<3\sigma)$ 有多大呢? 切比雪夫不等式给出了估计这一概率的根据.

定理 2.16.1 (切比雪夫不等式) 设随机变量 X 的期望值 μ 和方差 σ^2 都存在, 则对任意正数 $\varepsilon>0$,

$$P(|X-\mu| \geqslant \varepsilon) \leqslant \frac{\sigma^2}{\varepsilon^2}.$$

证 (仅对连续型随机变量进行证明) 事实上,

$$\begin{aligned} P(|X-\mu| \geqslant \varepsilon) &= \int\limits_{|x-\mu| \geqslant \varepsilon} p(x)\,\mathrm{d}x \leqslant \int\limits_{|x-\mu| \geqslant \varepsilon} \frac{|x-\mu|^2}{\varepsilon^2} p(x)\,\mathrm{d}x \\ &\leqslant \frac{1}{\varepsilon^2}\int_{-\infty}^{+\infty} |x-\mu|^2 p(x)\,\mathrm{d}x = \frac{\sigma^2}{\varepsilon^2}. \end{aligned}$$

□

根据切比雪夫不等式, $P(|X-\mu|<\varepsilon) \geqslant 1-\dfrac{\sigma^2}{\varepsilon^2}$, 分别取 $\varepsilon = 3\sigma, 4\sigma$, 则有

$$P(|X-\mu|<3\sigma) \geqslant 1-\frac{1}{9} = 88.90\%, \quad P(|X-\mu|<4\sigma) \geqslant 1-\frac{1}{16} = 93.75\%.$$

可见, 无论随机变量的分布是怎样的, $P(|X-\mu|<3\sigma)$ 均可达九成左右. 这就是所谓 3σ 原则.

2) 大数定理

下面给出的几个大数定理均略去了证明.

定理 2.16.2 (切比雪夫大数定理) 设 $\{X_n\}$ 是独立的随机变量序列, $E(X_n)$ 存在, 且 $\forall$ 正整数 n, $D\left(\sum\limits_{k=1}^{n} X_k\right) < \infty$, 则 $\forall \varepsilon > 0$,

$$\lim_{n\to\infty} P\left(\left|\frac{1}{n}\sum_{i=1}^{n}(X_i - E(X_i))\right| \geqslant \varepsilon\right) = 0.$$

切比雪夫大数定理说明, 对于满足条件的随机变量序列, 观测数据的平均值逼近理论平均值.

定理 2.16.3 (伯努利大数定理) 设伯努利试验中, n_A 是 n 次独立重复试验中事件 A 发生的次数, 且 $P(A)=p$, 则 $\forall \varepsilon>0$, $\lim\limits_{n\to\infty} P\left(\left|\dfrac{n_A}{n}-p\right| \geqslant \varepsilon\right)=0$.

伯努利大数定理说明, 频率具有稳定性. 大量重复试验中, 可以用某个时间发生的频率来近似其概率.

例 2.16.1 设平面内有一矩形区域 G, 不妨设 G 的面积等于 1. 在 G 的内部任画一封闭曲线 L (图 2.8), 求 L 围成的不规则图形 D 的面积 $|D|$.

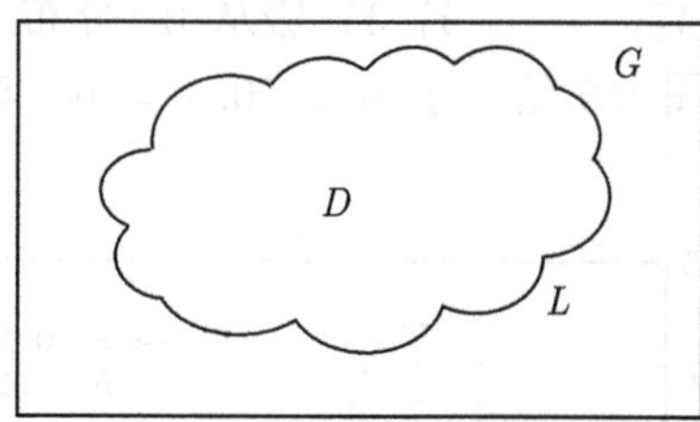

图 2.8 求平面矩形 G 中的不规则简单封闭曲线 L 所包含的面积

解 用计算机产生 n 对相互独立、均服从 G 上均匀分布的随机点 (X_1,Y_1), $(X_2,Y_2),\cdots,(X_n,Y_n)$. 令事件 A 表示 "产生的随机点落入 D 中", n_A 为 (X_1,Y_1), $(X_2,Y_2),\cdots,(X_n,Y_n)$ 落入 D 中的点的个数.

由伯努利大数定理, $\forall\varepsilon>0$, $\lim\limits_{n\to\infty} P\left(\left|\dfrac{n_A}{n}-P(A)\right|\geqslant\varepsilon\right)=0$. 所以, $\dfrac{n_A}{n}\to\dfrac{D\text{的面积}}{G\text{的面积}}=|D|$. 故当 n 充分大时, D 的面积 $|D|\approx\dfrac{n_A}{n}$. □

定理 2.16.4 (辛钦大数定理) 设 $\{X_n\}$ 独立, 同分布, $E(X_n)=\mu$, 则 $\forall\varepsilon>0$, $\lim\limits_{n\to\infty} P\left(\left|\dfrac{1}{n}\sum\limits_{k=1}^{n}X_k-\mu\right|<\varepsilon\right)=1$.

辛钦大数定理是物理测量的理论依据. 我们之所以要在相同的条件下, 反复测量一个物理量, 就是因为它们的平均值以物理量的真值为极限.

在不引起误解的前提下, 我们对二者不加区分.

3) 中心极限定理 (证明略)

定理 2.16.5 (中心极限定理) 设 $X_1,X_2,\cdots$ 独立且分布相同 (常记作 i.d.d), $E(X_k)=\mu, D(X_k)=\sigma^2$, $0<\sigma^2<\infty$, $k=1,2,\cdots$, 则 $Y_n=\dfrac{\sum X_k-E\left(\sum X_k\right)}{\sqrt{D\left(\sum X_k\right)}}=\dfrac{\sum X_k-n\mu}{\sqrt{n}\sigma}\to N(0,1), n\to\infty$, 即

$$\lim_{n\to\infty} P(Y_n\leqslant x)=\Phi(x)=\frac{1}{\sqrt{2\pi}}\int_{-\infty}^{x}e^{-\frac{t^2}{2}}\mathrm{d}t.$$

根据中心极限定理, 对于均值为 μ 方差为 σ^2 的独立同分布的随机变量序列 $X_1,X_2,\cdots$, 当 n 较大时, $\dfrac{\bar{X}-\mu}{\sigma/\sqrt{n}}$ 近似地服从标准正态分布 $N(0,1)$, 或者, 近似有 $\sum\limits_{i=1}^{n}X_i\sim N\left(n\mu,n\sigma^2\right)$.

中心极限定理的一个直接应用是计算二项分布的概率.

设 $X_1, X_2, \cdots$ 独立, 同为二项分布 $X_n \sim B(n,p)$, 则 X_n 可以分解成 n 个 0-1分布之和, $X_n = Y_1 + Y_2 + \cdots + Y_n, Y_k$ 服从 0-1分布, 当 n 充分大时, 近似有 $X_n \sim N(np, np(1-p))$, 图 2.9 给出了 $n = 20$, $p = 0.2$ 时, 二项分布和正态分布 $N(4, 3.2)$ 的比对.

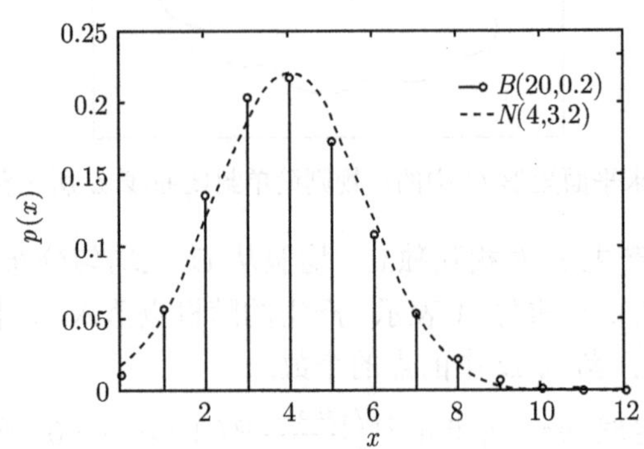

图 2.9 二项分布和正态分布的比对

于是, 应用中心极限定理, 我们可以按如下原则计算二项分布.

(1) $n \leqslant 10$ 时, 直接由公式计算概率值: $P(X=k) = \mathrm{C}_n^k p^k (1-p)^{n-k}$.

(2) n 较大, 但 np 很小时, 根据泊松定理, 二项分布以泊松分布为极限: $X \overset{\text{近似}}{\sim} \Pi(np)$, 故 $P(X=k) = \dfrac{(np)^k}{k!} e^{-np}$.

(3) 当 n 较大且 $np = \lambda$ 较大时, 有可能 $\exp(-np)$ 无法计算. 应用中心极限定理, 这时近似地有 $X_n \sim N(np, np(1-p))$, 故可按正态分布来计算概率.

第 3 章　概率分布函数

前面我们已经给出了一些分布的定义, 如离散型随机变量的伯努利分布、二项分布、泊松分布, 以及连续型随机变量的均匀分布、指数分布、正态分布等.

在本章中, 将深入讨论几种常用的分布函数族, 尤其是与天文研究密切相关的分布.

3.1　多项分布族

多项分布产生于以下的 n 次独立重复试验模型.

设每次试验有 k 个可能结局 $X_1, \cdots, X_k$, 它们的概率分别是 $p_1, \cdots, p_k, \sum_{i=1}^{k} p_i = 1$. 那么在 n 次采样的总结果中, 事件 "X_1 出现 n_1 次, X_2 出现 n_2 次, $\cdots$, X_k 出现 n_k 次" 的概率 P 为

$$P\left(X_1 = n_1, \cdots, X_k = n_k\right) = \frac{n!}{n_1! \cdots n_k!} p_1^{n_1} \cdots p_k^{n_k}, \quad \sum_{i=1}^{k} n_i = n. \tag{3.1}$$

二项分布是多项分布中 $k = 1$ 的特例, 记随机事件 X 发生的概率为 p, 则有

$$P\left(X = m\right) = \frac{n!}{m!\left(n-m\right)!} p^m \left(1-p\right)^{n-m}, \quad m = 0, 1, \cdots, n, \quad 0 < p < 1. \tag{3.2}$$

天文学中服从二项分布的例子很多. 例如, 我们利用自动类型识别技术选择出 100 个星系团为样本, 已知其中 10 个星系团包含一个主导的中央星系. 我们打算检验一下不同的样品是否具有同样的概率. 现在选择 30 个具有 X 辐射的星系团, 若仍假设样本中包含中央主导星系的概率为 0.1, 则得到 N 个含主导中央星系的星系团的概率 $P\left(N\right)$ 服从二项分布,

$$P\left(N\right) = \mathrm{C}_{30}^{N} 0.1^N 0.9^{30-N}.$$

假如我们观测得到 10 个含主导中央星系的星系团, 则可计算出 $P\left(10\right) \approx 1\%$. 这个概率很小, 几乎是不可能发生的. 故我们有理由怀疑, X 射线星团中含主导中心星系的星系团占有率不同于 (很可能远高于) 一般的星系团.

二项分布的偏度为 $(1-2p)/\sqrt{np\left(1-p\right)}$, 一般它是非对称的, 除非 $p = 0.5$. 但对足够大的 n, 近似地有 $X \sim N\left(np, np\left(1-p\right)\right)$. 根据 De Moivre-Laplace 定理[1],

可以构造如下标准化的随机变量 X_{std}，渐近服从正态分布：

$$X_{\text{std}} = \frac{X + 0.5 - np}{\sqrt{np(1-p)}} \to N(0.5, 1) \quad (n \to \infty). \tag{3.3}$$

这里 0.5 是一个连续性修正，以提高在 n 较小的情形下 X_{std} 渐近服从正态分布的正确性.

当 $np(1-p) > 9$ 时，二项分布的随机变量可以通过下述变换，变成近似服从正态变量的随机变量 Y[2]，

$$Y = \arcsin\sqrt{\frac{X + 3/8}{n + 3/4}} \overset{\text{近似}}{\sim} N\left(\sqrt{p}, \frac{1}{4n}\right). \tag{3.4}$$

我们回顾与二项分布有关的结论有伯努利大数定理 (定理 2.16.3)，如果 $X \sim B(n,p)$，对于任意给定的正数 ε，总有 $\lim\limits_{n\to\infty} P(|X/n - p| < \varepsilon) = 1$. 此定理说明了频率的稳定性，即 n 充分大时，频率在概率 p 附近摆动，这也是用频率作为概率的理论依据.

多项分布在天文学中的应用也很广泛，一般是涉及某类天体分为若干子类的问题，假设属于子类 X_i 的概率为 p_i. 比如：Ia, Ib, Ic 以及 II 型超新星；0, I, II, III 类前主序恒星；花神星族、司理星族以及其他小行星族等等.

定理 3.1.1　多项分布的任一边缘分布仍是多项分布.

例如，$P(X_1 = n_1) = \sum\limits_{n_2+\cdots+n_k=n-n_1}\cdots\sum \frac{n!}{n_1!\cdots n_k!} p_1^{n_1}\cdots p_k^{n_k}$.

证　记 $q_2 = \frac{p_2}{1-p_1}, \cdots, q_k = \frac{p_k}{1-p_1}$，显然有 $\sum\limits_{i=2}^{k} q_k = 1$，于是

$$P(X_1 = n_1) = \left[\sum_{n_2+\cdots+n_k=n-n_1}\cdots\sum \frac{(n-n_1)!}{n_1!\cdots n_k!} q_2^{n_1}\cdots q_k^{n_k}\right]\cdot\left[\frac{n!}{n_1!(n-n_1)!} p_1^{n_1}(1-p_1)^{n-n_1}\right],$$

其中前面的括号是 $(q_2 + \cdots + q_n)^{n-n_1}$ 的展开式，故等于 1，而后面的括号恰为二项分布. □

3.2　泊松分布

3.2.1　泊松分布的天文背景

泊松分布是天文观测中非常重要的一种分布. 我们将发现，许多和粒子计数有关的问题，比如观测到的背景计数、源的光子计数等，都服从泊松分布.

例 3.2.1　说明放射性物质在某一时间内放射的 α 粒子数 X 的分布为泊松分布.

解 首先, 将体积为 V 的放射物质 n 等分, 记 $\Delta V = V/n$, 并假定

(1) 在 ΔV 内, 在 T 秒内发射出两个以上 α 粒子的概率为 0 (这个概率实际上应是远小于 1 的数, 在考虑实际问题时可以忽略). 发射出 1 个 α 粒子的概率 p_n 与小体元 ΔV 的体积成正比, $p_n \propto \Delta V$, 于是有 $p_n = \mu \cdot \Delta V = \mu \cdot V/n \overset{\text{记作}}{\equiv} \lambda/n, \lambda = \mu V$.

(2) 各小体元 ΔV 中放射粒子是否是相互独立的.

在以上假设下, T 秒内, 体积为 V 的物质放射出 k 个 α 粒子的概率服从二项分布 $B(n, p_n)$, 其中 $p_n = \lambda/n$. 因此,

$$P(X = k) = \mathrm{C}_n^k p_n^k q_n^{n-k}, \quad q_n = 1 - p_n.$$

将 V 无限细分 $(n \to \infty)$, 由泊松定理, 有 $P(X = k) \to \dfrac{\lambda^k}{k!} e^{-\lambda}$. □

从上述分析可以总结出 r.v.X 服从泊松分布的条件是:

(1) X 可看作 n 个 (n 很大) 独立试验的总的结果;

(2) 在 n 个试验的总结果中, 事件发生的数目有一个有限的 "平均值" λ (例 3.2.1 中, $\lambda = np_n = \mu V$);

(3) 在每个独立试验中, 事件有相同的概率 p_n, p_n 很小, $n \to \infty$ 时 $p_n \to 0$, 但 $np_n \to \lambda$.

因此, 泊松分布中的参数 λ 实际对应着计数的 "平均值".

例 3.2.2 若每个离子在盖革计数管中碰撞的次数平均为 $\lambda = 5.5$ 次, 则计数管探测到该种粒子的最大效率 η 是多少?

解 所谓探测的最大效率是指计数器至少探测到一个粒子的概率. 将盖革计数管的总长度 L 等分为 n 段, 假设每段内粒子与气体分子碰撞两次的概率为 0, 碰撞一次的概率为 $p_n = \lambda/n$, 则探测到的粒子数服从泊松分布. 由泊松分布 $P(X = k) = \dfrac{\lambda^k}{k!} e^{-\lambda}$ 推出, "至少探测到一个粒子" 的逆事件为 "探测到 0 个粒子", 其概率为

$$\eta = 1 - P(k = 0) = 1 - e^{-4.5} = 99\%.$$

□

类似的情形在天文观测中比比皆是, 例如:

(1) 遥远的类星体在 X 射线波段, 每秒约发射出 10^{64} 个光子. 但光子到达 X 射线望远镜的计数率可能只有约 $10^{-3}\mathrm{s}^{-1}$. 一个典型的 $10^4\mathrm{s}$ 的观测时段所获取的光子, 大约只有 10 个光子, 而类星体在该时段中发射的光子总数 $n \approx 10^{68}$, 因此以 $10^4\mathrm{s}$ 为单位时间的话, 有 $p \approx 10^{-67}$ 及 $\lambda \approx 10^1$.

(2) 银河系包含 $n \approx 10^9$ 个类太阳恒星, 但其中只有 $\lambda \approx 10$ 个恰巧在离太阳 5pc 以内的区域. 如果太阳的近邻样本对整个星系来说是 "无偏的", 则我们可以用泊松分布来推测所有类太阳型恒星的性质.

(3) 探测器不仅可以接收到信号光子, 还会接收到宇宙线, 产生噪声. 假设探测器面积与对应地球表面积的比为 $p \approx 10^{-18}$, 宇宙线应该随机地到达并穿过探测器. 我们可用泊松分布来表征仪器噪声, 从而利用统计方法消除噪声的影响.

3.2.2　泊松分布的数学性质

由例 3.2.1 知, 泊松分布的随机变量 $X \sim \Pi(\lambda)$, 当 $X = k(k = 0, 1, \cdots)$ 时, 有如下的概率

$$P(X = k) \equiv P_\lambda(k) = \frac{e^{-\lambda}\lambda^k}{x!}. \tag{3.5}$$

泊松分布的期望值和方差是相等的, 均为 λ. 图 3.1 给出了参数 $\lambda = 5, 10, 15, 20$ 和 25 这 5 个值的概率分布. 随着 k 值的增大, 概率先是增大, 在 $\lambda - 1$ 与 λ 之间的某个整数值上达到峰值, 然后, 根据 $\dfrac{P(X = k+1)}{P(X = k)} = \dfrac{\lambda}{k+1}$, 概率像 $1/\lambda$ 一样在 $x \to \infty$ 时迅速下降.

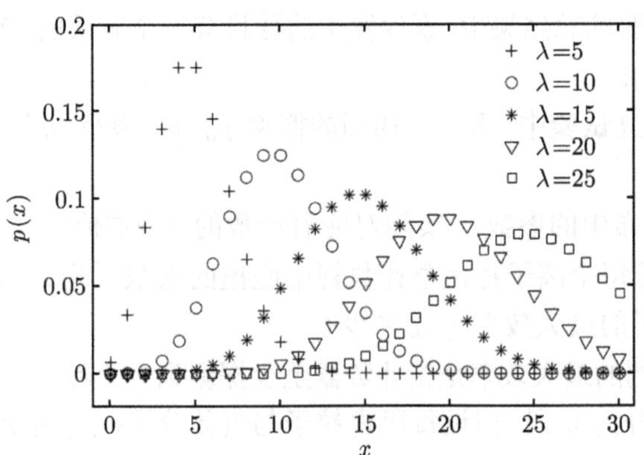

图 3.1　不同参数的泊松概率密度分布

大多数泊松分布表, 都是对已知的 λ, 给出概率 $p_\lambda(x)$ 或 $P(X > x)$. 但是, 天文学家通常更想通过对 $p_\lambda(x)$ 的观测来估计 λ; 另一个令天文学家感兴趣的量是所谓 "残存概率"$Q(\lambda)$, 它表示测量值大于 x 的概率, 由下式给出

$$Q(\lambda) \equiv \sum_{i=x+1}^{\infty} p_\lambda(i). \tag{3.6}$$

2.15 节告诉我们, 两个独立泊松随机分布变量 $X \sim \Pi(\lambda)$ 和 $Y \sim \Pi(\mu)$ 的和 $X + Y$, 服从强度为 $\lambda + \mu$ 的泊松分布 $X + Y \sim \Pi(\lambda + \mu)$. 这一性质的反命题 (莱克夫 (Raikov) 定理[3]) 也成立, 即如果独立随机变量的和是泊松分布, 那每一个随机变量都服从泊松分布.

但是, 两个独立泊松变量的差却不服从泊松分布, 因为差可能出现负值. 这个量在天文中很重要, 天体源的探测就是这类问题. 我们知道探测器收集到的光子计数包括源信号和背景噪声两部分, 而光子总计数和背景噪声是两个独立的泊松变量, 二者的差给出了信号的估计. 两个独立泊松变量的差满足斯克拉姆 (Skellam) 分布[4].

设有两个独立的泊松随机变量 $X \sim \Pi(\lambda)$ 和 $Y \sim \Pi(\mu)$, 斯克拉姆分布可以表示为

$$P(X-Y=k) = p_{\mathrm{Skellam}}(k) = e^{-(\lambda+\mu)}(\lambda/\mu) I_{|k|}(2\sqrt{\lambda\mu}), \tag{3.7}$$

这里 $I(x)$ 是改进的第一类贝塞尔函数. 斯克拉姆分布的期望值和方差分别为 $\lambda-\mu$ 和 $\lambda+\mu$. 如果 $\lambda=\mu$ 且 $X-Y=k$ 很大时, 分布渐近于正态分布 $N(0,2\lambda)$, 其密度函数

$$p_{\mathrm{Skellam}}(k) \sim \frac{e^{-k^2/4\lambda}}{\sqrt{4\pi\lambda}}. \tag{3.8}$$

天文研究关注的一个重要的物理量是所谓 "硬度比" S/H, 也就是较低能段上的光子计数 S 与较高能段上的光子计数 H 之比, 实质上是两个泊松变量的比. 但泊松比的统计分布到现在并不清楚.

3.2.3 泊松过程

泊松过程在天文学中最普遍的情形是计数过程, 这是一种随机过程:

$$X_T = \{N(t), t \in T = [0,\infty)\},$$

其中 $N(t)$ 是取非负整数值的随机变量, 且满足当 $s<t$ 时, $N(s)<N(t)$. 若用 $N(t)$ 表示在时段 $[0,t]$ 内探测器记录的光子数, 则 $N(t)-N(s)\,(t>s)$ 就是时段 $[s,t]$ 内获得的光子数. 严格来说, 泊松过程是满足下列四个条件的计数过程.

(1) 是独立增量过程, 即对任意选定的正整数 n 和任意选定的 $0 \leqslant t_0 < t_1 < \cdots < t_n$, n 个增量 $N(t_1)-N(t_0), N(t_2)-N(t_1), \cdots, N(t_n)-N(t_{n-1})$ 相互独立.

(2) $N(0)=0$.

(3) 对于充分小的 Δt,

$$P(N(t,t+\Delta t)=1) = \lambda\Delta t + o(\Delta t),$$

其中 $N(t,t+\Delta t) \equiv N(t+\Delta t)-N(t)$, 常数 $\lambda>0$, 称为过程 $N(t)$ 的强度 (亦即在充分小的时间间隔 Δt 内, 事件出现一次的概率与时间间隔的长度成正比).

(4) 对于充分小的 Δt, $\displaystyle\sum_{j=2}^{\infty} P(N(t,t+\Delta t)=j) = o(\Delta t)$, 也就是说, 在充分小的时间间隔 Δt 内, 发生两次以上事件的概率与发生一次事件的概率相比, 可以忽略不计.

由上述定义可知, 泊松过程有如下两个特性: 一是时间和空间上的均匀性, 二是未来的变化与过去的变化没有关系.

容易证明, 泊松过程的增量的分布为泊松分布, 即

$$P\left(N\left(t_0,t\right)=k\right)=\frac{\left[\lambda\left(t-t_0\right)\right]^k}{k!}e^{-\lambda(t-t_0)},\quad t>t_0,\quad k=0,1,2,\cdots. \tag{3.9}$$

我们可以反过来看, 证明满足 (3.9) 式的独立增量过程, 在 $N(0)=0$ 的假设下满足泊松过程的定义 (3) 和 (4). 事实上,

$$\begin{aligned}P\left(N\left(t+h\right)-N\left(t\right)=1\right)&=P\left(N\left(h\right)-N\left(0\right)=1\right)=e^{-\lambda h}\frac{\lambda h}{1!}\\&=\lambda h\sum_{n=0}^{\infty}\frac{\left(-\lambda h\right)^n}{n!}=\lambda h\left[1-\lambda h+o\left(h\right)\right]=\lambda h+o\left(h\right).\end{aligned}$$

$$\begin{aligned}P\left(N\left(t+h\right)-N\left(t\right)\geqslant 2\right)&=P\left(N\left(h\right)-N\left(0\right)\geqslant 2\right)\\&=\sum_{n=2}^{\infty}P\left(N\left(h\right)-N\left(0\right)=n\right)=\sum_{n=2}^{\infty}e^{-\lambda h}\frac{\left(\lambda h\right)^n}{n!}=o\left(h\right).\end{aligned}$$

(3.9) 式告诉我们, 泊松分布具有平稳的增量, 也就是说, 只要时段长度一样, 增量的分布就一样. 由泊松分布的数学特征知

$$E\left[N\left(t\right)-N\left(t_0\right)\right]=D\left[N\left(t\right)-N\left(t_0\right)\right]=\lambda\left(t-t_0\right).$$

特别取 $t_0=0$, 由泊松过程的假设 $N(0)=0$ 可得泊松过程的期望值函数和方差函数 $E\left[N\left(t\right)\right]=D\left[N\left(t\right)\right]=\lambda t$. 所以, $\lambda E\left[N\left(t\right)/t\right]$, 即泊松过程的强度 λ 等于单位长时间间隔内出现的事件数目的期望值.

泊松过程的主要数字特征除了期望值和方差之外, 还有相关函数和协方差函数.

相关函数 $R_N(s,t)$

不妨设 $t>s>0$, 注意到 $\{N(s)-N(0)\}$ 和 $\{N(t)-N(s)\}$ 这两个事件的独立性, 以及方差的运算关系 $D(A)=[E(A)]^2-E\left(A^2\right)$, 有

$$\begin{aligned}R_N(s,t)&=E\left[N(s)\,N(t)\right]=E\left\{N(s)\left[N(t)-N(s)+N(s)\right]\right\}\\&=E\left\{\left[N(s)-N(0)\right]\left[N(t)-N(s)\right]\right\}+E\left\{\left[N(s)\right]^2\right\}\\&=E\left[N(s)-N(0)\right]E\left[N(t)-N(s)\right]+D\left[N(s)\right]+\left\{E\left[N(s)\right]\right\}^2\\&=\lambda s\lambda\left(t-s\right)+\lambda s+\left(\lambda s\right)^2=\lambda s\left(\lambda t+1\right)=\lambda^2st+\lambda\min\left(s,t\right).\end{aligned}$$

协方差函数 $\mathrm{cov}_N(s,t)$

$$\mathrm{cov}_N(s,t)=R_N(s,t)-E\left[N(s)\right]E\left[N(t)\right]=\lambda s=\lambda\min(s,t).$$

总结上面的讨论, 我们得到如下定理.

定理 3.2.1 设 $\{N(t), t \geqslant 0\}$ 是强度为 λ 的泊松过程, 则有

$$\begin{aligned} E[N(t)] = D[N(t)] &= \lambda t, \\ \mathrm{cov}_N(s,t) &= \lambda \min(s,t), \\ R_N(s,t) &= \lambda^2 st + \lambda \min(s,t). \end{aligned} \tag{3.10}$$

与泊松过程密切相关的两个随机变量是到达时间间隔与等待时间.

设泊松过程 $\{N(t), t \geqslant 0\}$ 表示 $[0,t]$ 内探测器接收到的光子数. 令 T_1 表示第一个光子到达的时刻, $T_n(n>1)$ 表示第 n 个光子与第 $n+1$ 个光子到达的时间间隔, $\{T_n, n=1,2,\cdots\}$ 称为到达时间间隔序列.

定理 3.2.2 强度为 λ 的泊松过程 $\{N(t), t \geqslant 0\}$ 的到达时间间隔序列 $\{T_n, n=1,2,\cdots\}$ 是相互独立的随机变量序列, 并且具有相同的期望值为 $1/\lambda$ 的指数分布.

证 首先我们注意到, 事件 $\{T_1 > t\}$ 发生当且仅当在区间 $[0,t]$ 内没有事件发生. 因此, $P(T_1>t) = P(N(t)=0) = e^{-\lambda t}$, 于是 $F_{T_1}(t) = P(T_1<t) = 1-e^{-\lambda t}$. 因此 T_1 是期望值为 $1/\lambda$ 的指数分布. 再根据独立增量和平稳增量的条件,

$$\begin{aligned} P(T_2>t|T_1=s) &= P\left(\text{在时间 } (s,s+t) \text{ 内没有事件发生} | T_1=s\right) \\ &= P(\text{在时间 } (s,s+t) \text{ 内没有事件发生}) = e^{-\lambda t}. \end{aligned}$$

于是 T_2 也是一个具有期望值 $1/\lambda$ 的指数随机变量, 且 T_2 独立于 T_1, 重复上面的推导, 可得到定理 3.2.2. □

平稳独立增量的假定等价于在概率意义上, 随机过程在任何时刻都重新开始, 即从任何时刻其过程独立于先前已发生的一切, 且有与原过程完全一样的分布, 即过程无记忆, 因此指数间隔是意料之中的.

关于等待时间, 我们有如下定理.

定理 3.2.3 设 $\{W_n(n \geqslant 1)\}$ 是与泊松过程 $\{N(t), t \geqslant 0\}$ 对应的一个等待时间序列, 则 W_n 服从参数为 n 和 λ 的 Γ 分布 (又称爱尔兰分布), 其概率密度为

$$p_{W_n}(t) = \begin{cases} \lambda e^{-\lambda t} \dfrac{(\lambda t)^{n-1}}{(n-1)!}, & t \geqslant 0, \\ 0, & t < 0. \end{cases} \tag{3.11}$$

证 略. □

例 3.2.3 设 $\{N_1(t), t \geqslant 0\}$ 和 $\{N_2(t), t \geqslant 0\}$ 是两个相互独立的泊松过程 (如源光子计数和背景噪声光子计数), 它们在单位时间内平均出现的事件数分别为 λ_1 和 λ_2, 记 $W_k^{(i)}(i=1,2)$ 为过程 $N_i(t)(i=1,2)$ 的第 k 次事件到达时间, 求

$P\left(W_k^{(1)} < W_1^{(2)}\right)$, 即第一个泊松过程的第 k 次事件发生比第二个泊松过程第 1 次事件发生早的概率.

解　设 $W_k^{(1)}$ 的取值为 x, $W_1^{(2)}$ 的取值为 y, 由 (3.11) 式可得

$$p_{W_k^{(1)}}(x)=\begin{cases}\lambda_1 e^{-\lambda_1 x}\dfrac{(\lambda_1 x)^{k-1}}{(k-1)!}, & x\geqslant 0,\\ 0, & x<0,\end{cases}\quad p_{W_1^{(2)}}(y)=\begin{cases}\lambda_2 e^{-\lambda_2 y}, & y\geqslant 0,\\ 0, & y<0.\end{cases}$$

所以

$$\begin{aligned}P\left(W_k^{(1)}<W_1^{(2)}\right)&=\iint_D p(x,y)\,\mathrm{d}x\mathrm{d}y\\&=\int_0^\infty\int_x^\infty \lambda_1 e^{-\lambda_1 x}\frac{(\lambda_1 x)^{k-1}}{(k-1)!}\cdot\lambda_2 e^{-\lambda_2 y}\mathrm{d}y\mathrm{d}x=\left(\frac{\lambda_1}{\lambda_1+\lambda_2}\right)^k.\end{aligned}$$ □

下面讨论到达时间的条件分布. 假设在 $[0,t]$ 内, 事件 A 已经发生一次, 我们要确定 A 的到达时间 W_1 的分布. 因为泊松过程有平稳独立增量, 所以有理由认为 $[0,t]$ 内长度相等的区间包含事件 A 的概率应该相同, 即事件 A 的到达时间应在 $[0,t]$ 上服从均匀分布. 事实上, 对于 $s<t$, 有

$$P(W_1\leqslant s|N(t)=1)=\frac{P(W_1\leqslant s,N(t)=1)}{P(N(t)=1)}$$

(分子表示在 $[0,t]$ 发生了一个事件, 且发生的时刻 $W_1\leqslant s<t$.)

$$\begin{aligned}&=\frac{P(N(s)=1,N(t)-N(s)=0)}{P(N(t)=1)}=\frac{P(N(s)=1)\cdot P(N(t)-N(s)=0)}{P(N(t)=1)}\\&=\frac{\lambda s e^{-5t}e^{-\lambda(t-s)}}{\lambda e^{-\lambda t}}=\frac{s}{t}.\end{aligned}$$

分布函数为: $F_{W_1|N(t)=1}(s)=\begin{cases}0, & s<0,\\ s/t, & 0\leqslant s<t,\\ 1, & s\geqslant t.\end{cases}$ 分布密度为

$$f_{W_1|N(t)=1}(s)=\begin{cases}1/t, & 0\leqslant s<t,\\ 0, & \text{其他}.\end{cases}$$

将此结果推广到一般情况.

定理 3.2.4　设 $\{N(t),t\geqslant 0\}$ 是泊松过程, 已知在 $[0,t]$ 上事件 A 发生了 n 次, 则 n 次到达时间 $W_i(i=1,\cdots,n)$ 都在 $(0,t)$ 上服从均匀分布, 且 $W_1,\cdots,W_n$ 的顺序统计量的联合分布密度为

$$p(t_1,t_2,\cdots,t_n|N(t)=n)=\begin{cases}\dfrac{n!}{t^n}, & 0<t_1<t_2<\cdots<t_n<t,\\ 0, & \text{其他}.\end{cases}\tag{3.12}$$

例 3.2.4 设 $\{N(t), t \geqslant 0\}$ 是泊松过程, 在 $[0,t]$ 内事件 A 已经发生了 n 次, 且 $0<s<t$, 对于 $0<k<n$, 求在 $[0,s]$ 内事件 A 发生 k 次的概率.

解 本例意在求解如下条件分布

$$
\begin{aligned}
&P(N(s)=k|N(t)=n)\\
=&\frac{P(N(s)=k, N(t)=n)}{P(N(t)=n)}=\frac{P(N(s)=k, N(t)-N(s)=n-k)}{P(N(t)=n)}\\
=&\frac{\dfrac{(\lambda s)^k e^{-\lambda s}}{k!}\cdot\dfrac{[\lambda(t-s)]^{n-k}e^{-\lambda(t-s)}}{(n-k)!}}{\dfrac{(\lambda t)^n e^{-\lambda t}}{n!}}=\frac{n!}{k!(n-k)!}\cdot\frac{s^k(t-s)^{n-k}}{t^n}\\
=&\mathrm{C}_n^k\left(\frac{s}{t}\right)^k\left(1-\frac{s}{t}\right)^{n-k}.
\end{aligned}
$$

这是参数为 n 和 s/t 的二项分布. □

剩余寿命与年龄的分布 设 $N(t)$ 表示在 $(0,t]$ 内事件 A 发生的次数, W_n 表示第 n 个事件发生的时刻, $W_{N(t)}$ 表示在 t 时刻前 (含 t) 最后一个事件发生的时刻, $W_{N(t)+1}$ 表示在 t 时刻后首次发生事件 A 的时刻, 称 $S(t)=W_{N(t)+1}-t$ 为剩余寿命或剩余时间, $V(t)=t-W_{N(t)}$ 为年龄. 显然 $\forall t\geqslant 0, S(t)\geqslant 0,\ 0\leqslant V(t)\leqslant t$. 因为变量较多, 用一个具体的例子说明以上各量. 假设 $t=10(\mathrm{s})$, 在 $(0,10]$ 时段内事件 A 发生了 3 次, 时间分别是在第 1, 5 和 9s, 下一个事件 A 发生的时刻是第 13s, 则有 $N(10)=3, W_1=1, W_2=5, W_3=9, W_{N(10)}=W_3=9, W_{N(10)+1}=W_4=13$, 剩余寿命或剩余时间 $S(10)=W_4-10=3$, 年龄 $V(10)=10-W_3=1$.

定理 3.2.5 设 $\{N(t), t\geqslant 0\}$ 是强度为 λ 的泊松过程, $\{T_n, n\geqslant 1\}$ 是到达时间间隔序列, 则有

(1) $S(t)$ 与 $\{T_n, n\geqslant 1\}$ 同分布, 即 $P(S(t)\leqslant x)=1-e^{-\lambda x}, x\geqslant 0$;

(2) $V(t)$ 的分布为 “截尾” 的指数分布, 即 $P(V(t)\leqslant x)=\begin{cases}1-e^{-\lambda x}, & 0\leqslant x<t,\\ 1, & t\leqslant x.\end{cases}$

证 因为 $\{S(t)>x\}=\{N(t+x)-N(t)=0\}$(即在 $[t,t+x], x\geqslant 0$ 内没有事件发生), 注意到 $N(t+x)-N(t)$, 即 $[t,t+x], x\geqslant 0$ 中事件 A 发生的次数, 应服从泊松分布 $\Pi(\lambda x)$, 故 $F_{S(t)}=1-P(S(t)>x)=1-P(N(t+x)-N(t)=0)=1-e^{-\lambda x}$. 因为

$$
\{V(t)\geqslant x\}=\begin{cases}\{N(t)-N(t-x)=0\}, & t>x,\\ \varnothing, & t\leqslant x.\end{cases}
$$

故当 $t>x$ 时, $P(V(t)<x)=1-P(V(t)\geqslant x)=1-P(N(t)-N(t-x)=0)=1-e^{-\lambda x}$; 当 $t\leqslant x$ 时, $P(V(t)<x)=1$. □

例 3.2.5 设某个中子计数器对到达计数器的粒子只是每隔一个记录一次, 假设粒子是按平均计数率为每分钟 4 个的泊松过程到达, 令 T 是两个相继被记录的粒子之间的时间间隔 (以分钟为单位), 试求: (1) T 的概率密度函数; (2) $P(T \geqslant 1)$.

解 设 $T_1, T_2, \cdots$ 为被记录的粒子之间的时间间隔, 则它们是相互独立且同分布的. 只要求出 T_1 的分布, 即为 T 的分布. 由于 $\{T_1 > t\}$ 等价于在时间 $[0, t]$ 内至多到达一个粒子, 故有

$$P(T_1 > t) = P(N(t) \leqslant 1) = P(N(t) = 0) + P(N(t) = 1) = e^{-4t} + 4te^{-4t}.$$

$$F_{T_1(t)} = P(T_1 \leqslant t) = 1 - P(T_1 > t) = 1 - e^{-4t} - 4te^{-4t},$$

$$f_{T(t)} = f_{T_1(t)} = 16te^{-4t}, \quad t > 0.$$

$$P(T \geqslant 1) = \int_1^{\infty} f_T(t)\,\mathrm{d}t = \int_1^{\infty} 16te^{-4t}\mathrm{d}t = 5e^{-4}. \qquad \square$$

天文学家关注各类复杂的泊松过程, 例如在 CCD 图像噪声特性研究和噪声抑制方面, 常采用两个泊松加高斯分布的混合模型[5]:

$$r(j) = s(j) + n(j) + g(j), \quad j = 1, \cdots, J,$$

式中 $s(j)$, $n(j)$ 和 $g(j)$ 相互独立, $r(j)$ 是从 CCD 阵列中读出的第 j 个像素值,J 是 CCD 摄像头的点阵数目. $s(j)$ 是物体成像产生的信号, $n(j)$ 是背景信号 (无信号探测时的探测器响应), 二者服从泊松分布, $g(j) \sim N(\mu, \sigma^2)$ 是读出噪声.

此外复杂的泊松过程还有, 由于探测器限制产生的截断泊松过程, 由计数器在每次激发后的死时间造成的不连贯的泊松过程, 由若干种泊松过程加权叠加构成的复合泊松过程以及强度 λ 发生变化的非齐次泊松过程, 由其他分布的混合泊松过程等. 利用混合泊松过程可以对高能吸积盘发射机制的运行建模.

3.3 正态分布和对数正态分布

3.3.1 一元正态分布

第 2 章已经给出了正态分布的概率密度 $p(x)$ 和分布函数 $F(x)$,

$$p(x) = \frac{1}{\sqrt{2\pi}\sigma} \exp\left\{-\frac{(x-\mu)^2}{2\sigma^2}\right\}, \quad -\infty < x < +\infty.$$

$$F(x) = N(x; \mu, \sigma^2) = \int_{-\infty}^{x} f(t)\,\mathrm{d}t,$$

其中参数 μ 和 σ^2 分别为正态分布的期望值和方差.

正态分布是所有分布中最重要的分布. 通常, 在观测条件不变的前提下, 观测量的误差 E 可以看作是服从正态分布的, 如果仪器校正了系统误差, 则 E 表现为观测中的偶然误差, 它应服从 $\mu = 0$ 的正态分布. 一般来讲, 如果随机变量 X 是许多微小的、独立的随机因素的总和的结果, 则可以认为它是服从正态分布的. 中心极限定理体现了正态分布的重要性.

关于正态分布我们有如下重要定理.

定理 3.3.1 (1) 如果 $X \sim N\left(\mu, \sigma^2\right)$, 则对任意常数 $a, b, Y = aX + b \sim N\left(a\mu + b, a^2\sigma^2\right)$; 特别有 $Y = \dfrac{X-\mu}{\sigma} \sim N(0,1)$.

(2) 设 X, Y 相互独立, 且 $X \sim N\left(\mu_1, \sigma_1^2\right), Y \sim N\left(\mu_2, \sigma_2^2\right)$. 则对于任意常数 a, b, c, 有

$$Z = aX + bY + c \sim N\left(a\mu_1 + b\mu_2 + c, a^2\sigma_1^2 + b^2\sigma_2^2\right).$$

证 略. □

3.3.2 多元正态分布族

先来看二维正态分布, 记作 $(X,Y) \sim N\left(x, y; \mu_1, \sigma_1^2, \mu_2, \sigma_2^2, \rho\right)$, 分布密度函数为

$$\begin{aligned} p(x,y) =& \frac{1}{2\pi\sigma_1\sigma_2\sqrt{1-\rho^2}} \exp\left\{-\frac{1}{2\left(1-\rho^2\right)}\left[\left(\frac{x-\mu_1}{\sigma_1}\right)^2\right.\right. \\ &\left.\left. - 2\rho\frac{x-\mu_1}{\sigma_1}\frac{y-\mu_2}{\sigma_2} + \left(\frac{y-\mu_2}{\sigma_2}\right)^2\right]\right\}, \\ & -1 < \rho < 1, \quad -\infty < x, y < +\infty. \end{aligned} \tag{3.13}$$

二维正态分布的图形是一个钟形曲面 (图 3.2), 其顶点在 (μ_1, μ_2).

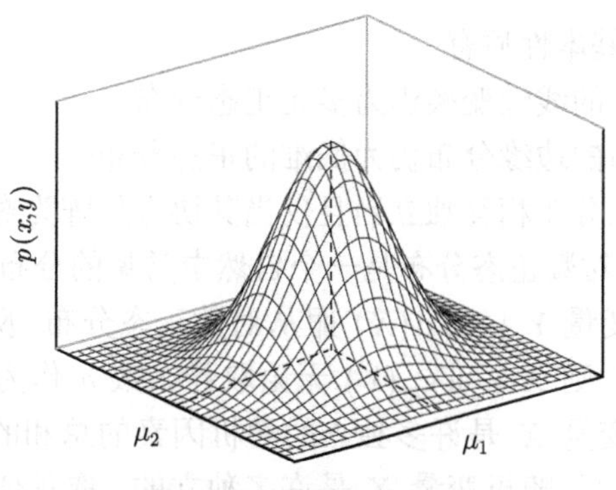

图 3.2 二维正态分布

固定 $x = x_0$, 则 $z(x_0, y)$ 的曲线呈钟形; 同样, 固定 $y = y_0$, 则 $z(x, y_0)$ 的曲线也呈钟形.

事实上, 我们有如下定理.

定理 3.3.2　如果 $(X,Y)\sim N\left(\mu_1,\mu_2,\sigma_1^2,\sigma_2^2,\rho\right)$, 则其边缘分布为正态分布, 即有

$$X\sim N\left(\mu_1,\sigma_1^2\right),\quad Y\sim N\left(\mu_2,\sigma_2^2\right).$$

证　略. □

但是, 即使边缘分布均为正态分布的随机变量, 其联合分布也不一定是二维正态分布. 例如, 令 (X,Y) 的联合分布密度函数为 $p(x,y)=\dfrac{1}{2\pi}e^{-\frac{x^2+y^2}{2}}(1+\sin x\cdot\sin y)$, 则它显然不是二维正态分布, 但其边缘分布 $p_X(x)=\dfrac{1}{\sqrt{2\pi}}e^{\frac{-x^2}{2}}$ 和 $p_Y(y)=\dfrac{1}{\sqrt{2\pi}}e^{\frac{-y^2}{2}}$ 都是正态分布.

定理 3.3.3　如果 $(X,Y)\sim N\left(\mu_1,\mu_2,\sigma_1^2,\sigma_2^2,\rho\right)$, 则

(1) $E(X)=\mu_1, E(Y)=\mu_2, D(X)=\sigma_1^2, D(Y)=\sigma_2^2, r_{XY}=\rho, \operatorname{cov}(X,Y)=\rho\sigma_1\sigma_2$.

(2) X,Y 相互独立 $\Leftrightarrow \rho=0$.

(3) 对任意常数 $a,b,c=aX+bY+c\sim N\left(aEX+bEY+c,a^2DX+b^2DY\right)$.

证　略. □

前面我们已经举例说明, 定理中的第 2 条一般是不成立的, 但对于二维正态分布 $N\left(\mu_1,\mu_2,\sigma_1^2,\sigma_2^2,\rho\right)$, 独立和不相关互为充要条件.

更一般地, 设随机向量 x 服从期望向量为 $\mu=(\mu_1,\cdots,\mu_n)^{\mathrm{T}}$, 协方差阵为 $n\times n$ 的正定阵 Σ 的多元正态分布, 记为 $x\sim N(\mu,\Sigma)$. 则多元正态分布的密度函数为

$$p(x)=(2\pi)^{-n/2}|\Sigma|^{-1/2}\exp\left(-\frac{1}{2}(x-\mu)^{\mathrm{T}}\Sigma^{-1}(x-\mu)\right),\quad x\in R^n. \tag{3.14}$$

多元正态分布的基本性质有:

(1) 多元正态分布的线性变换仍为多元正态分布;

(2) 多元正态分布的边缘分布仍为低维的正态分布;

(3) 两个多元正态分布相互独立当且仅当其协方差阵为对角阵.

对数正态分布　对数正态分布是一个自然中常见的分布. 如果随机变量 X 服从正态分布, 则随机变量 $Y=\exp(X)$ 服从对数正态分布. 反过来, 如果随机变量 Y 服从对数正态分布, 则 $X=\log_a(Y)$ 无论取什么数 a 作为基底, 都是正态分布. 前面说过, 如果随机变量 X 是许多独立的随机因素的总和的结果, 则可以认为它是服从正态分布的. 假如随机变量 X 是许多独立的、取正值的随机因素 X_i 的相乘的结果 $X=\prod\limits_{i=1}^{N}X_i$, 则可以认为它是服从对数正态分布的. 一个典型的例子是股票投资的长期收益率, 它可以看作是每天收益率的乘积. 天文观测中, 太阳风和

行星际场 (IMF) 的大部分波动参数的分布用对数正态分布比用其他分布拟合得更好[6]. 一般单变量的对数正态分布密度是 3 个参数的函数

$$p(x;\tau,\mu,\sigma)=\frac{1}{\sigma\sqrt{2\pi}(x-\tau)}\exp\frac{-[\ln(x-\tau)-\mu]}{2\sigma^2}, \tag{3.15}$$

其中 τ 是一个 "阈值参数", 代表随机变量 X 的下限; 两个参数的对数分布密度函数为

$$p(x;\mu,\sigma)=\frac{1}{\sigma\sqrt{2\pi}x}\exp\frac{-(\ln x-\mu)}{2\sigma^2},\quad x>0. \tag{3.16}$$

分布的期望值和方差分别为 $\exp\left(\mu+\sigma^2/2\right)$ 和 $\left[\exp\left(\sigma^2\right)-1\right]\exp\left(2\mu+\sigma^2\right)$.

3.4 帕累托分布及其推广

3.4.1 帕累托分布

帕累托 (Pareto) 分布 (亦称幂律分布) 是意大利经济学家帕累托将其作为一种收入分布介绍的. 帕累托发现, 现代市场经济收入分配在大量的穷人与少数的富人之间严重扭曲, 典型的情况是, 20% 的人占有 80% 的社会财富. 收入分布可以用如下帕累托分布表示

$$P(X>x)=\left(\frac{x}{x_{\min}}\right)^{-\alpha},\quad 0<x_{\min}<x,\quad \alpha>0. \tag{3.17}$$

帕累托密度为

$$p(x)=\begin{cases}0, & x\leqslant x_{\min},\\ \dfrac{\alpha x_{\min}^{\alpha}}{x^{\alpha+1}}, & x>x_{\min}.\end{cases} \tag{3.18}$$

不仅现代工业资本主义时期财富在个人之间的分布遵循帕累托分布, 许多情况都可以看作服从帕累托分布：比如人类居住区的大小; 对维基百科条目的访问; 在互联网流量中文件尺寸的分布; 油田的石油储备数量; 龙卷风带来的灾难的数量; 等等. 天文学中一个典型的帕累托分布是恒星初始质量函数, 其曲线可以由帕累托分布 $P(X>x)=\dfrac{\text{形状}}{\text{位置}}\left(\dfrac{\text{位置}}{x}\right)^{\text{形状}+1}$ 进行拟合. 其他天文学中帕累托分布的例子还有：月球陨石坑尺寸大小分布、太阳耀斑强度分布、宇宙线质子能量分布、同步回旋辐射能量分布、较大质量恒星的质量分布、低质量星系的光度分布、河外星系 X 射线源和射电源的亮度分布、伽马射线暴余晖的亮度延迟分布、星际云的湍动结构分布和星际尘埃颗粒的尺寸大小分布, 等等.

帕累托分布的期望值、方差和偏度分别为

$$E(X)=\frac{\alpha x_{\min}}{\alpha-1},\quad \alpha>1,\quad \alpha\leqslant 1\text{时},\ E(X)=\infty;$$

$$D(X)=\left(\frac{x_{\min}}{\alpha-1}\right)^2\frac{\alpha}{\alpha-2},\quad \alpha>2,\quad \alpha\leqslant 2\text{时, 方差不存在};$$

$$\operatorname{Skew}(X)=2\frac{\alpha+1}{\alpha-3}\sqrt{\frac{\alpha-2}{\alpha}},\quad \alpha>3.$$

其实期望值和方差对于理解帕累托分布作用不大, 因为它们严重依赖 $x_{\min}$, 而偏度只依赖参数 α. 天文学家更重视对斜率参数 $\alpha+1$ 的研究. 其他被研究者常用到的帕累托分布的特征量还有：几何平均 $x_{\min}\cdot\exp(1/\alpha)$; 中位数 $2^{1/\alpha}x_{\min}$; 基尼系数 $1/(2\alpha-1)$; 超过特定数值 x_0 的比例 $(x_0/x_{\min})^{1-\alpha}$ 和超过特定值 x_0 的积分值 $(x_0/x_{\min})^{2-\alpha}$.

广义帕累托分布的密度函数为

$$p(x|\alpha,x_{\min},\theta)=\begin{cases}\dfrac{1}{x_{\min}}\left[1+\alpha\left(\dfrac{x-\theta}{x_{\min}}\right)\right]^{-1-\frac{1}{\alpha}}, & \alpha\neq 0,\\ \dfrac{1}{x_{\min}}\exp\left(-\dfrac{x-\theta}{x_{\min}}\right), & \alpha=0.\end{cases}\tag{3.19}$$

当 $\alpha=0$ 且 $\theta=0$ 时, 广义帕累托分布等价于指数分布; 当 $\alpha>0$, $\theta=x_{\min}/\alpha$ 时, 广义帕累托分布退化为帕累托分布.

广义帕累托分布和指数分布一样, 经常被用来模拟分布的尾部. 例如, 生产螺钉时, 其直径的大小有随机涨落. 如果用正态分布, 对螺钉直径的中心部分进行描述也许非常合适, 但在两端可能并不好, 尾部有时需要更复杂的模型来描述. 若对超出螺钉直径均值较大 (或较小) 的这部分数据单独进行研究时, 可以对尾部数据单给出一个模型. 广义帕累托分布为复杂的尾部数据提供了良好的拟合模型. 如果尾部下降的趋势是指数形式的, 比如正态分布, 将会产生 $\alpha=0$ 的帕累托分布; 如果尾部按多项式方式下降 (比如学生氏 T 分布), 则会产生 $\alpha>0$ 的帕累托分布; 如果尾端是有限的 (比如 Beta 分布), 则会产生 $\alpha<0$ 的帕累托分布.

3.4.2 帕累托分布的推广

虽然大多数天文研究只用考虑单变量帕累托问题, 例如, 质量大于 $0.5M_\odot$ 的主序星其质量 M 和光度 L 之间服从帕累托分布 $L\propto M^{3.5}$; 但在天文中更常见的是双帕累托或折断帕累托分布, 分布中具有两个或多个不同斜率的帕累托分布成分. 著名的例子包括具有三段帕累托分布的恒星初始质量函数、高能天体 X 射线源的能谱和 γ 暴余晖光变曲线 (有两个拐点). 统计学家给出了灵活多变的广义帕累托分布, 包括双帕累托分布, 具有一个帕累托分布和一个对数正态分布的分布, 具有两个帕累托分布和一个对数正态分布的分布, 以及具有一个帕累托分布和一个拉普拉斯分布的分布, 等等.

设有两个独立的, 服从帕累托分布的随机变量 $X_i \sim \text{Pareto}(\lambda_i, \theta_i), i = 1, 2$. 其密度函数为 $p_i(x) = \theta_i \lambda_i^{\theta_i} (\lambda_i + x)^{-(\theta_i+1)}, i = 1, 2$. 混合分布 $X = \omega X_1 + (1-\omega) X_2$ 的密度可以表示为

$$p(x) = \omega p_1(x) + (1-\omega) p_2(x),$$

其中 ω 为权重因子.

混合帕累托分布具有下列主要性质:

(1) 数学期望 $E(X) = \omega \dfrac{2\lambda_1}{\theta_1} + (1-\omega) \dfrac{2\lambda_2}{\theta_2}$;

(2) 方差 $D(X) = \omega \dfrac{6\lambda_1^2}{\theta_1(\theta_1 - 1)} + (1-\omega) \dfrac{6\lambda_2^2}{\theta_2(\theta_2 - 1)} - \omega^2 \dfrac{4\lambda_1^2}{\theta_1^2} - 8\omega(1-\omega) \dfrac{\lambda_1 \lambda_2}{\theta_1 \theta_2} - (1-\omega)^2 \dfrac{4\lambda_2^2}{\theta_2^2}$.

3.5 伽马分布族

伽马 (Gamma) 分布族含有两个正参量, 即形状参数 λ 和尺度参数 α, 其密度函数形式为 (图 3.3)

$$p(x; \alpha, \lambda) = \frac{\lambda^\alpha}{\Gamma(\alpha)} x^{\alpha-1} \exp(-\lambda x), \tag{3.20}$$

其中伽马函数 $\Gamma(\alpha) = \int_0^\infty e^{-t} t^{\alpha-1} \mathrm{d}t$, 伽马随机变量记为 $X \sim \text{Ga}(\alpha, \lambda)$. 其累积分布函数是一个不完整的伽马函数的常数倍: $F_{\text{Gamma}}(\lambda x) = \dfrac{1}{\Gamma(\alpha)} \int_0^{x/\lambda} t^{\alpha-1} e^{-t} \mathrm{d}t$.

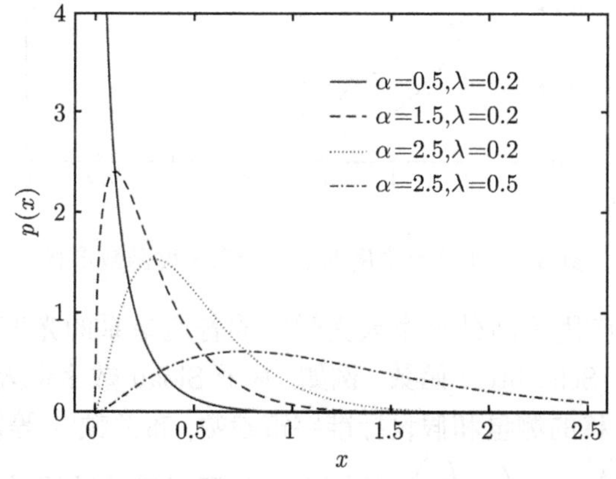

图 3.3 取不同参数时伽马分布密度函数的变化曲线

伽马变量 X 的主要性质有

(1) $E\left(X^{k}\right)=\dfrac{\Gamma(\alpha+k)}{\lambda^{k}\Gamma(\alpha)}$, 特别有 $E(X)=\dfrac{\alpha}{\lambda}, D(X)=\dfrac{\alpha}{\lambda^{2}}$;

(2) 尺度参数相同且相互独立的伽马变量具有 "可加性", 即

$$X_1+\cdots+X_n\sim \mathrm{Ga}\left(\sum_{i=1}^{n}\alpha_i,\lambda\right),\quad X_i\sim \mathrm{Ga}(\alpha_i,\lambda),\quad i=1,\cdots,n;$$

(3) 在伽马分布族中, 令 $\alpha=1$, 即得指数分布 $\mathrm{Exp}(\lambda)$;

(4) 在伽马分布族中, 令 $\alpha=\dfrac{n}{2},\lambda=\dfrac{1}{2}$, 即得自由度为 n 的卡方分布, 记为 $\chi^2(n)$, 其密度函数为

$$p(x;n)=\frac{1}{2^{n/2}\Gamma(n/2)}x^{n/2-1}e^{-x/2},\quad x>0. \tag{3.21}$$

根据伽马分布的分布性质可知, $\chi^2(n)$ 分布的数学期望和方差分别为 n 和 $2n$.

卡方分布具有可加性: 设 $\chi_i^2\sim\chi^2(n_i), i=1,2,\cdots,k$, 且 $\chi_1^2,\chi_2^2,\cdots,\chi_k^2$ 相互独立, 则

$$\chi_1^2+\chi_2^2+\cdots+\chi_k^2\sim\chi^2(n_1+n_2+\cdots+n_k). \tag{3.22}$$

卡方分布密度函数形状如图 3.4 所示, 随着自由度的增加曲线重心向右下方移动.

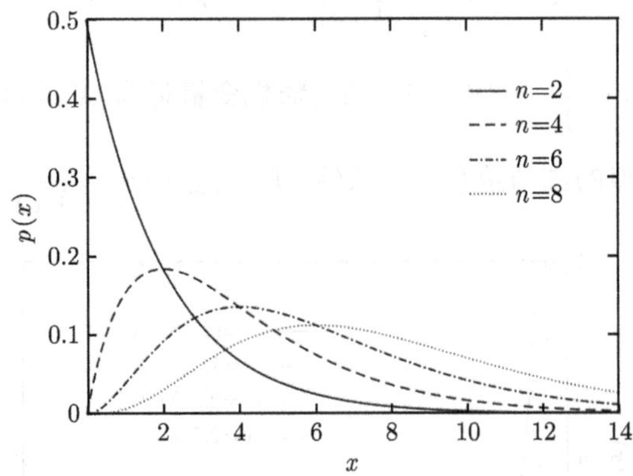

图 3.4　不同自由度的卡方分布密度函数形状

伽马分布广泛应用于河外星系天文学中的普通星系的光度分布上, 其中较为著名的是舍希特尔 (Schechter) 函数. 例如, 基于 Sloan 数字巡天数据对 150000 个星系的光度 L 及红移的测量和假设标准宇宙参数, 布兰顿[7] 等发现舍希特尔函数 $f_{\text{Schecher}}(L)\propto\left(\dfrac{L}{L_*}\right)^{\alpha}\exp\left(-\dfrac{L}{L_*}\right)$. 特别取 g 波段星等的数据时, $\alpha=-0.89\pm0.03$,

舍希特尔函数表现为伽马分布.

在天文学中, 还可能涉及多元伽马函数. 例如, 在研究两个光谱波段中的行星光度函数时, 就可能涉及双伽马分布, 双伽马分布的密度函数形式为

$$(X,Y)\sim p(x,y;\alpha,\beta,\lambda)=\frac{\lambda^{\alpha+\beta}x^{\alpha-1}(y-x)^{\beta-1}\exp(-\lambda y)}{\Gamma(\alpha)\Gamma(\beta)},0<x<y<\infty,\lambda>0, \tag{3.23}$$

它的两个边缘密度仍为伽马分布：$X\sim\mathrm{Ga}(x;\alpha,\lambda),Y\sim\mathrm{Ga}(y:\alpha+\beta,\lambda)$.

3.6 贝塔分布族

贝塔 (Beta) 分布族含有两个正参量 a 和 b, 贝塔随机变量记为 $X\sim\mathrm{Be}(a,b)$, 其密度函数形式为

$$p(x;a,b)=\frac{\Gamma(a+b)}{\Gamma(a)\Gamma(b)}x^{a-1}(1-x)^{b-1},\quad x\in(0,1). \tag{3.24}$$

当 $a=b=1$ 时, 贝塔分布为 $(0,1)$ 上的均匀分布. 若取不同的参数, 密度曲线的形状有很大的区别. 图 3.5 展示了不同参数的贝塔分布密度. 其中图 (a) 是 a 和 b 均大于 1 的情形; 图 (b) 则是其中一个取参数为 1 的情形.

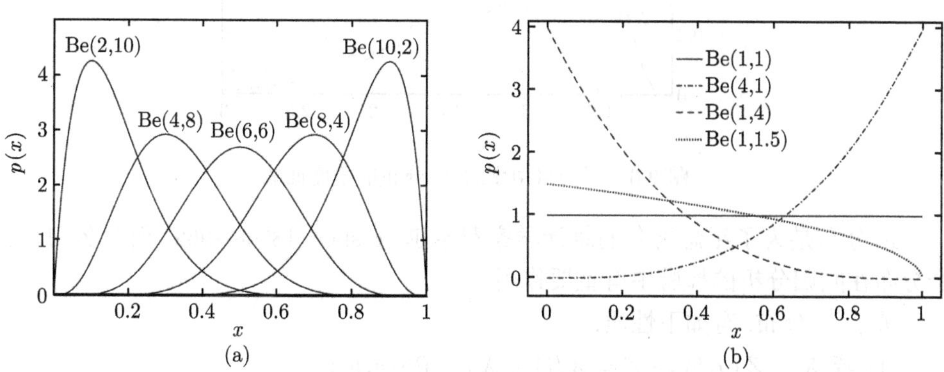

图 3.5 取不同参数的贝塔分布密度

贝塔分布的期望值和方差分别为 $EX=\dfrac{a}{a+b},\mathrm{var}(X)=\dfrac{ab}{(a+b)^2(a+b+1)}$, k 阶矩为 $E\left(X^k\right)=\dfrac{\Gamma(a+k)\Gamma(a+b)}{\Gamma(a)\Gamma(a+b+k)}$.

3.7 Z 分布族

Z 分布族含有两个正参量 a 和 b, Z 随机变量记为 $X\sim Z(a,b)$, 其密度函数形式为

$$p(x;a,b)=\frac{\Gamma(a+b)}{\Gamma(a)\Gamma(b)}\frac{x^{a-1}}{(1+x)^{a+b}},\quad x>0. \tag{3.25}$$

Z 分布与贝塔分布和 F 分布这两个重要的统计分布有密切关系. 其中 F 分布的定义为: 设 $U\sim\chi^2(n)$, $V\sim\chi^2(m)$, 且 U,V 相互独立, 令 $F=\dfrac{U/n}{V/m}$, 称 F 所满足的分布为 F 分布, 计作 $X\sim F(n,m)$. $F(n,m)$ 的分布密度为

$$p(x;m,n)=\frac{\Gamma[(n+m)/2]}{\Gamma(n/2)\Gamma(m/2)}n^{n/2}m^{m/2}\frac{x^{\frac{n}{2}-1}}{(nx+m)^{\frac{n+m}{2}}},\quad x>0. \tag{3.26}$$

图 3.6 给出了不同自由度的 F 分布的密度曲线. 从 F 分布的定义知, 如果 $F=\dfrac{U/n}{V/m}\sim F(n,m)$, 则 $\dfrac{1}{F}=\dfrac{V/m}{U/n}\sim F(m,n)$.

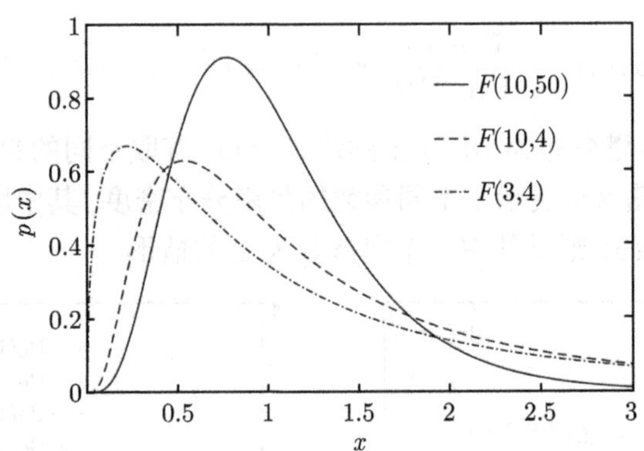

图 3.6　不同自由度的 F 分布的密度曲线

F 分布是为了纪念著名的统计学家费希尔 (Fisher, 1890~1962) 而命名的. 这个分布在回归分析的检验中有重要作用.

关于 Z 分布, 有如下性质:

(1) 若 $X\sim Z(a,b)\Rightarrow Y=X/(1+X)\sim \mathrm{Be}(a,b)$;

若 $X\sim \mathrm{Be}(a,b)\Rightarrow Y=X/(1-X)\sim Z(a,b)$.

(2) 若 $X\sim Z(m/2,n/2)\Rightarrow Y=\dfrac{m}{n}X\sim F(m,n)$.

(3) 若 $X\sim Z(a,b)$, 则 $E(X)=\dfrac{a}{b-1}, b>1, \mathrm{var}(X)=\dfrac{a(a+b-1)}{(b-1)^2(b-2)}$, $b>2$.

3.8　t 分布族

t 分布族含有一个正参量 α, t 随机变量记为 $X\sim t(\alpha)$, 其密度函数形式为

$$p(x;\alpha) = \frac{\Gamma\left[(\alpha+1)/2\right]}{\sqrt{\alpha\pi}\,\Gamma(\alpha/2)}\left(1+\frac{x^2}{\alpha}\right)^{-\frac{\alpha+1}{2}}, \quad x \in R. \tag{3.27}$$

其期望值和方差分别为 $E(X) = 0, \operatorname{var}(X) = \dfrac{\alpha}{\alpha-2}, \alpha > 2$.

我们特别感兴趣的是 $\alpha = n(n = 1, 2, \cdots)$ 的 t 分布族 $t(n)$. 如果 $n = 1$, $t(1)$ 称为柯西 (Cauchy) 分布, 其密度为

$$p(x) = \frac{1}{\pi(1+x^2)}, \quad x \in R. \tag{3.28}$$

这个分布最著名的特性就是其期望值和方差均不存在!

当 $n \geqslant 2$ 时, 根据密度表达式, $t(n)$ 分布的曲线具有对称性, 期望值为零. 进一步, 由基本极限 $\lim\limits_{n\to\infty}\left(1+x^2/n\right)^{-\frac{n+1}{2}} = \exp\left(-x^2/2\right)$, 再利用斯特林公式有

$$\lim_{n\to\infty}\Gamma\left(\frac{n+1}{2}\right)\Big/\left[\sqrt{n}\,\Gamma\left(\frac{n}{2}\right)\right] = \frac{1}{\sqrt{2}},$$

可知当 $n \to \infty$ 时, $t(n)$ 服从标准正态分布 (图 3.7). 但 $t(n)$ 分布比正态分布要宽, $t(n)$ 分布的方差等于 $\dfrac{n}{n-2}\,(n > 2)$.

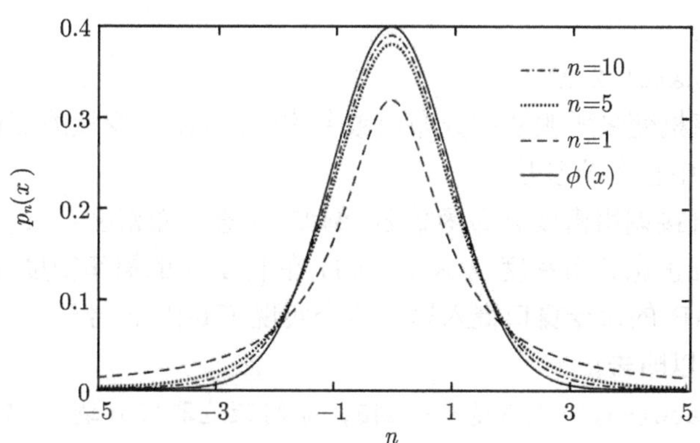

图 3.7 不同自由度的 t 分布与标准正态分布的比对

对于 t 分布我们有如下定理.

定理 3.8.1 设 $X \sim N(0,1), Y \sim \chi^2(n)$, 且 X, Y 相互独立, 令 $T = \dfrac{X}{\sqrt{Y/n}}$, 则 T 服从自由度是 n 的 t 分布.

证 由题设, $p_X(x) = \dfrac{1}{\sqrt{2\pi}}\exp\left(-x^2/2\right), p_Y(y) = \dfrac{1}{2^{n/2}\Gamma(n/2)}y^{n/2-1}e^{-y/2}$, $y > 0$.

令 $Z=\sqrt{Y/n}$, 亦即 $Y=nZ^2$, 则

$$p_Z(z)=p_Y(y(z))\left|\frac{\mathrm{d}y}{\mathrm{d}z}\right|=\frac{2nz\left(nz^2\right)^{n/2-1}e^{-nz^2/2}}{2^{n/2}\Gamma(n/2)}$$
$$=\frac{\sqrt{2n}}{\Gamma(n/2)}\left(\frac{z\sqrt{n}}{\sqrt{2}}\right)^{n-1}e^{-nz^2/2}.$$

再令 $u=\dfrac{ny^2\left(1+x^2/n\right)}{2}$, 推出

$$\frac{y\sqrt{n}}{\sqrt{2}}=\left(\frac{u}{1+x^2/n}\right)^{1/2},\quad \mathrm{d}u=ny\left(1+x^2/n\right)\mathrm{d}y,$$

所以

$$p_{X/\sqrt{Y/n}}(x)=\frac{\left(1+x^2/n\right)^{-\frac{n+1}{2}}}{\sqrt{n\pi}\,\Gamma(n/2)}\int_0^{\infty}u^{\frac{n-1}{2}}e^{-u}\mathrm{d}u=\frac{\Gamma[(n+1)/2]}{\sqrt{n\pi}\,\Gamma(n/2)}\left(1+x^2/n\right)^{-\frac{n+1}{2}}. \quad \square$$

定理 3.8.1 也用来作为 t 分布的定义: 设 $X\sim N(0,1), Y\sim\chi^2(n)$, 且 X,Y 相互独立, 令 $T=\dfrac{X}{\sqrt{Y/n}}$, 则称 T 服从的分布为自由度是 n 的 t 分布, 记作 $T\sim t(n)$.

3.8.1 一维连续型随机变量的分布密度图

MATLAB 有两种途径给出随机变量的分布, 一种是用函数 pdf 实现, 调用格式为

```
Y = pdf('name',X,A)
```

其中 name 为随机变量所服从的分布函数名称; X 为随机变量的变化范围, 是一个向量, A 为分布中包含的参数.

另一种是直接调用密度分布函数名, 例如, 正态分布密度是 normpdf.

欲画出标准正态分布密度 $X\sim N(0,1)$ 在 $[-3,3]$ 的概率密度曲线 $\varphi(x)$, 可以通过在 MATLAB 的命令窗口键入以下命令实现 (其中, 符号%后面的部分是注释部分, 键入时可以略去).

```
X = linspace(-3,3);% X是从-3到3, 等间距地取100(缺省)个值得到的向量
Y = pdf('norm',X,0,1);  % Y是正态分布密度值, 'norm'是正态分布函数名
plot(X,Y,'k');          % 画图, 'k'表示曲线选择黑色(缺省值为蓝色)
```

语句中的第二句也可以改用函数

```
Y = normpdf(X,0,1);
```

图 3.8 是一个非常简略的密度图, 而 MATLAB 提供了极为强大的画图功能, 使我们可以按照需求对图形做各种加工. 下例中, MATLAB 作图的灵活性可见一斑. 运行这段代码可以得到图 3.9.

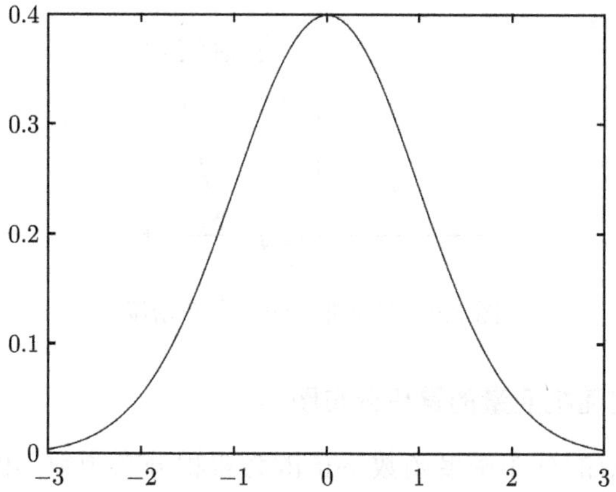

图 3.8　标准正态分布密度

```
x=linspace(-3,3,120);                  % [-3,3]等间距取120个点
y=normpdf(x,0,1);
figure('color','w');                   % 曲线底色颜色为白色
plot(x,y,'k','Linewidth',1);     % 画曲线, 黑色, 线宽为1(缺省值是0.5)
hold on;        % 保持图形, 这样后面画的新的图形将重叠在老的曲线之上
fill([x(90:end) x(end) x(90)],[y(90:end) 0 0],[.8 .8 .8]);
% 为指定的区域 x =[1.7879,3],y=p(x)填色,颜色为灰色
ylim([-.1,.6])                         % 图形y轴的范围
line([-3.5 3.5],[0 0],'color','k','Linewidth',1);
% 画一条黑色水平线, 线粗1
plot(3.5,0,'k>','markerfacecolor','k') %在指定坐标(3.5,0)画一个黑三角
line([0 0],[0 .5],'color','k','Linewidth',1);
plot(0,.5,'k^','markerfacecolor','k')
axis off                                     % 无图形边框
text(0.4,-.06,'$x-\mu$','interpreter','latex','fontsize',15)
                                        % 在指定坐标处加上注释(Latex格式).
text(2.5,.4,'$\left[1-\Phi\left(\frac{x-\mu}{\sigma}\right)\right]$',
  'interpreter','latex','fontsize',15,'horizontalAlignment','center')
annotation('doublearrow',[.52 .69],[.2.2],'head1style',
  'plain','head2style','plain');
annotation('arrow',[.8 .71],[.63 .24],'headstyle','plain');
                                              % 在指定图形位置加箭头标记.
```

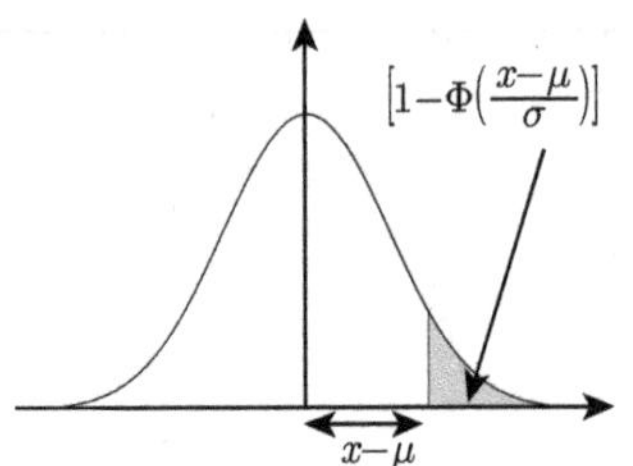

图 3.9　带标注的正态分布密度

3.8.2　一维连续型随机变量的累积分布图

只要将 3.8.1 节的分布密度函数 pdf 改为累积分布函数 cdf, 就可以方便地画出随机变量的累积分布图. 当然, 也可以直接调用 MATLAB 中具体的累积分布函数, 如正态分布就可直接调用 normcdf. 我们列出 MATLAB 中的分布密度函数 (表 3.1) 和累积分布函数 (表 3.2) 的名称, 具体调用的格式可参考 MATLAB 的帮助文件.

表 3.1　MATLAB 密度函数

函数名	说明	基本调用格式
betapdf	β 分布概率密度函数	Y=betapdf(X,A,B)
binopdf	二项分布概率密度函数	Y=binopdf(X,N,P)
chi2pdf	χ^2 分布概率密度函数	Y=chi2pdf(X,V)
exppdf	指数分布概率密度函数	Y=exppdf(X,MU)
fpdf	F 分布概率密度函数	Y=fpdf(X,Vl,V2)
gampdf	伽马分布概率密度函数	Y=gampdf(X,A,B)
geopdf	几何分布概率密度函数	Y=geopdf(X,P)
hygepdf	超几何分布概率密度函数	Y=hygepdf(X,M,K,N)
normpdf	正态分布概率密度函数	Y=normpdf(X,MU,SIGMA)
lognpdf	对数正态分布概率密度函数	Y=lognpdf(X,MU,SIGMA)
nbinpdf	负二项分布概率密度函数	Y=nbinpdf(X,R,P)
ncfpdf	非中心 F 分布概率密度函数	Y=ncfpdf(X,NUl,NU2,DELTA)
nctpdf	非中心 t 分布	Y=nctpdf(X,V,DELTA)
ncx2pdf	非中心 χ^2 分布概率密度函数	Y=ncx2pdf(X,V,DELTA)
poisspdf	泊松分布概率密度函数	Y=poisspdf(X,LAMBDA)
raylpdf	瑞利分布概率密度函数	Y=raylpdf(X,B)
tpdf	t 分布概率密度函数	Y=tpdf(X,V)
unidpdf	离散均匀分布概率密度函数	Y=unidpdf(X,N)
unifpdf	连续均匀分布概率密度函数	Y=unifpdf(X,A,B)
wblpdf	韦布尔分布概率密度函数	Y=wblpdf(X,A,B)
pdf	指定分布的概率密度函数	Y=pdf('name',X,Al,A2,A3)

表 3.2 MATLAB 累积分布密度函数

函数名	说明	基本调用格式
betacdf	β 分布的累积分布函数	P=betacdf(X,A,B)
binocdf	二项分布的累积分布函数	Y=binocdf(X,N,P)
chi2cdf	χ^2 分布的累积分布函数	P=chi2cdf(X,V)
expcdf	指数分布的累积分布函数	P=expcdf(X,MU)
fcdf	F 分布的累积分布函数	P=fcdf(X,Vl,V2)
gamcdf	伽马分布的累积分布函数	P=gamcdf(X,A,B)
geocdf	几何分布的累积分布函数	Y=geocdf(X,P)
hygecdf	超几何分布的累积分布函数	P=hygecdf(X,M,K,N)
normcdf	正态分布的累积分布函数	P=normcdf(X,MU,SIGMA)
logncdf	对数正态分布的累积分布函数	P=logncdf(X,MU,SIGMA)
nbincdf	负二项分布的累积分布函数	Y=nbincdf(X,R,P)
ncfcdf	非中心 F 分布的累积分布函数	P=ncfcdf(X,NUl,NU2,DELTA)
nctcdf	非中心 f 分布的累积分布函数	P=nctcdf(X,V,DELTA)
ncx2cdf	非中心 χ^2 分布的累积分布函数	P=ncx2cdf(X,V,DELTA)
poisscdf	泊松分布的累积分布函数	P=poisscdf(X,LAMBDA)
raylcdf	瑞利分布的累积分布函数	P=raylcdf(X,B)
tcdf	t 分布的累积分布函数	P=tcdf(X,V)
unidcdf	离散均匀分布的累积分布函数	P=unidcdf(X,N)
unifcdf	连续均匀分布的累积分布函数	P=unifcdf(X,A,B)
wblcdf	韦布尔分布的累积分布函数	P=wblcdf(X,A,B)
cdf	指定分布的累积分布函数	P=cdf('name',X,Al,A2,A3)

表 3.1 和表 3.2 中 pdf 和 cdf 在调用时要把 'name' 换成具体的分布函数名. 这些函数名列于表 3.3.

表 3.3 分布函数名

函数名	说明	函数名	说明
'Beta'	β 分布	'Logistic'	逻辑斯谛分布
'Binomial'	二项分布	'LogLogistic'	对数逻辑斯谛分布
'BirnbaumSaunders'	疲劳寿命分布	'Lognormal'	对数正态分布
'Chisquare'	χ^2 分布	'Negative Binomial'	逆二项分布
'Exponential'	指数分布	'Noncentral F'	非中心 F 分布
'Extreme Value'	极值分布	'Noncentral t'	非中心 t 分布
'F'	F 分布	'Noncentral Chi-square'	非中心 χ^2 分布
'Gamma'	伽马分布	'Normal'	正态分布
'Generalized Extreme Value'	广义极值分布	'Poisson'	泊松分布
'Generalized Pareto'	广义帕累托分布	'Rayleigh'	瑞利分布
'Geometric'	几何分布	'T'	t 分布
'HalfNormal'	半正态分布	'Uniform'	连续均匀分布
'Hypergeometric'	超几何分布	'Discrete Uniform'	离散均匀分布
'InverseGaussian'	逆高斯分布	'Weibull'	韦布尔分布

3.8.3　二维连续型随机变量的分布图

我们以二维正态分布 $N\left(\mu_1,\mu_2,\sigma_1^2,\sigma_2^2,\rho\right)$ 为例, 这里需要调用二维正态分布密度函数 mvnpdf. 不妨假设 $\mu_1=\mu_2=0,\sigma_1=2,\sigma_2=3,\rho=0.6$, 于是有协方差阵

$$C=\begin{pmatrix} 4 & 0.6 \\ 0.6 & 9 \end{pmatrix}.$$

下面的程序中, 到 mesh 这一行的代码是显示二维正态分布密度函数必须的. 后面的语句是为了同时显示二维正态分布密度函数的等高线和其他的附加图形显示设定, 可以略去 (图 3.10).

```
mu = [0, 0];                                  % 对期望向量值赋值
C = [4 0.6;0.6 9];                            % 定义协方差阵
mu1 = mu(1); mu2 = mu(2);
si1 = sqrt(C(1,1));                           % 计算标准差sigma1
si2 = sqrt(C(2,2)); d1 = linspace(mu1-3*si1, mu1+3*si1,50);
                          % 选取3sigma1范围作为X的范围,等间隔取了50个点
d2 = linspace(mu2-3*si2, mu2+3*si2,50);  % 选取3sigma2范围作为Y的范围
[X,Y] = meshgrid(d1,d2);             % 产生格点矩阵, X和Y都是50*50的矩阵
xy = [X(:) Y(:)];                    % 把(X, Y)按列拉长成一个2500*2的矩阵
p = mvnpdf(xy,mu,C);
% 计算(X, Y)对应的分布密度值, 这时p是一个2500*1的列向量
p = reshape(p,size(X));                       % 再将p重新排成50*50的矩阵
mesh(X,Y,p)                                   % 以网格的形式画图
axis([-7 7 -10 10 -0.015 0.03])               % 规定坐标显示范围
hold on                            % 保持图形, 使以后的图形重叠在一个画面
meshc(X,Y,p)                                  % 在曲面下面同时画等高线
contour3(X,Y,p)                               % 在曲面上画等高线
colormap([0.1 0.1 0.1])                       % 颜色为黑色
xlabel('x','FontS',16); ylabel('y','FontS',16);
zlabel('p(x,y)','FontS',16)
                                              % 给坐标轴加标签
set(gca,'FontS',16)                           % 坐标上字号大小为16
hold off                                      % 取消图形保持
```

如果是其他分布密度, 就要在 “p = mvnpdf(xy, mu, C);” 中把右端改为相应的密度函数计算.

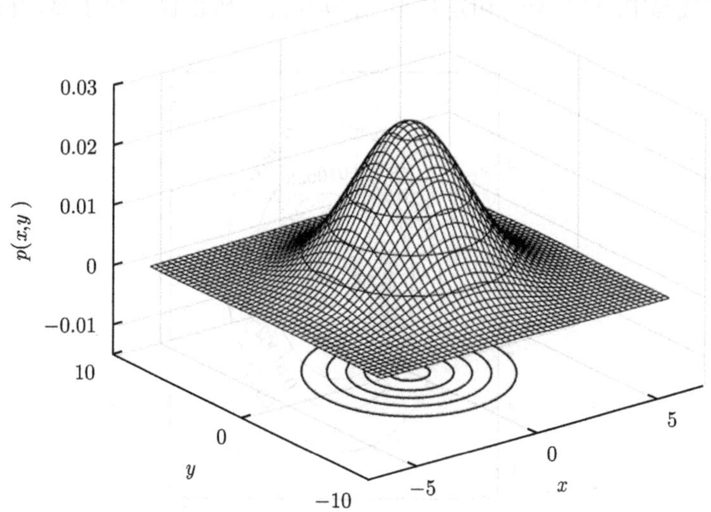

图 3.10 带等高线投影的二维正态分布

还可以调用 contour 函数方便地画出正态分布密度的等高线. 由二维正态分布密度函数的表达式

$$p(x,y)=\frac{1}{2\pi\sigma_1\sigma_2\sqrt{1-\rho^2}}\exp\left\{-\frac{1}{2(1-\rho^2)}\left[\left(\frac{x-\mu_1}{\sigma_1}\right)^2-2\rho\frac{x-\mu_1}{\sigma_1}\frac{y-\mu_2}{\sigma_2}+\left(\frac{y-\mu_2}{\sigma_2}\right)^2\right]\right\},\quad -1<\rho<1,\quad -\infty<x,y<+\infty$$

知, $p(x,y)=h$, 意味着 $\dfrac{1}{(1-\rho^2)}\left[\left(\dfrac{x-\mu_1}{\sigma_1}\right)^2-2\rho\dfrac{x-\mu_1}{\sigma_1}\dfrac{y-\mu_2}{\sigma_2}+\left(\dfrac{y-\mu_2}{\sigma_2}\right)^2\right]=b^2$, b 是一个常数. 因此等高线的形状为椭圆, 又称为等密度椭圆. 运行完上面的正态分布画图程序后, 已经有了变量 X, Y 和密度值 p. 这时直接键入下面代码, 就可生成等密度椭圆的图 (图 3.11).

```
[c,h] = contour(X, Y,p,4);
                                  %  自动计算并画出4条等高线c, 将其高度h记录下来
clabel(c,h,'FontSize',14)         %  在等高线上标出高度
axis equal                        %  X轴Y轴坐标单位长度一致
grid on                           %  加上网格
xlim([-5.5, 5.5]);                %  X轴坐标范围
ylim([-7, 7]);                    %  Y坐标范围
xlabel('\itx'); ylabel('\ity'); %  给坐标轴加标签
set(gca,'FontSize',18)
```

上面的代码中, 只有第一句是必须的, 其他的代码仅仅是为了显示得更美观.

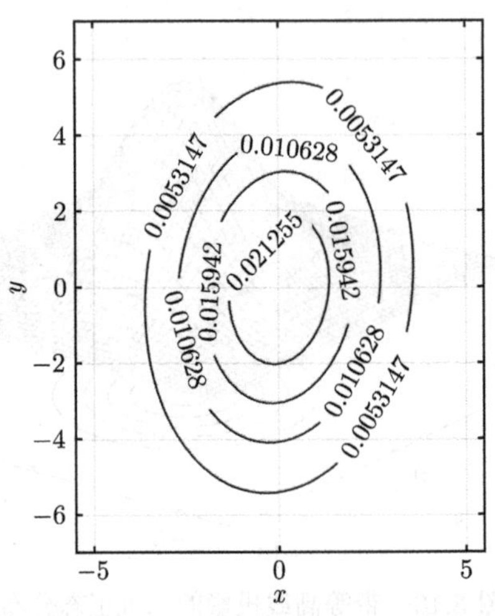

图 3.11　加标注的等密度椭圆

也可以画出指定高度的等高线, 例如, 欲画出密度值为 0.01, 0.015 和 0.02 的等密度椭圆 (图 3.12), 只需写

```
v=[0.01,0.015, 0.02];              % 定义欲画出的等高线的高度
[c,h] = contour(X,Y,p,v);          % 计算并画图(图3.12)
xlim([-4,4]);ylim ([-5,5])         % 显示的范围
xlabel('x'); ylabel('y');          % 坐标轴加注
```

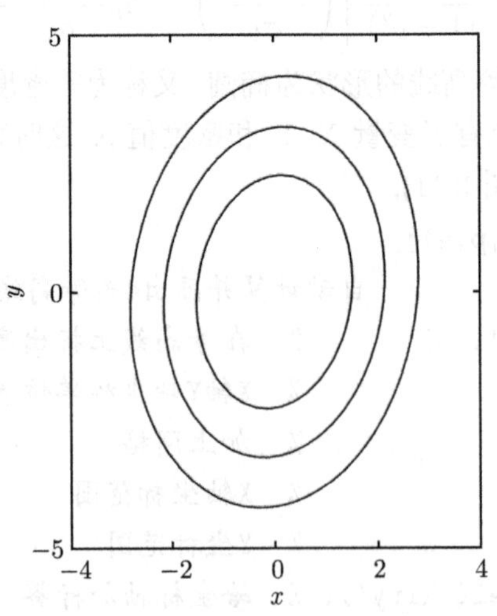

图 3.12　按要求画出等密度椭圆

参考文献

[1] https://link.springer.com/article/10.1007%2Fs10959-007-0061-6.

[2] Anscombe F J. The transformation of Poisson, binomial and negative-binomial data. Biometrika, 1948, 35(3/4): 246–254.

[3] Raikov D. On the decomposition of Gauss and Poisson laws. lzv. Akad. Nauk SSSR Ser. Mat., 1938, 2(1): 91–124.

[4] http://en.wikipedia.org/wiki/Skellam_distribution, 2019 年 3 月 20 日.

[5] Snyder D L. Compensation for readout noise in CCD images. Journal of the Optical Society of America A, 1995, 12(2): 272–283.

[6] Veselovsky I S, Dmitriev A V, Suvorova A V. Lognormal, normal and other distributions produced by algebraic operations in the Solar wind. Twelfth International Solar Wind Conference. AIP Conference Proceedings, 2010，1216：152–155.

[7] Blanton M R, Lupton R H, Schlegel J, et al. The properties and luminosity function of extremely low luminosity galaxies. The Astrophysical Journal, 2005, 631(1): 208–230.

第 4 章　数理统计基础和描述统计

数理统计是以概率论为理论基础, 合理地做出 "试验设计", 再对数据进行收集、整理、分析、推断的一门学科. 所谓 "试验设计" 就是提出合理的抽样方案, 以便更有效地获取观测数据. 而统计推断的内容则包括参数估计、区间估计、参数假设检验、非参数假设检验、方差分析和回归分析等. 本章介绍数理统计的基本概念和描述统计量的手段.

4.1　基本概念

4.1.1　总体和样本

先给出总体和个体的概念.

总体　总体 X 是一个随机变量, 是研究对象的全体.

个体　构成总体的基本单元.

比如考虑我们研究的问题:

总体	个体	特征
一批伽马暴	某个伽马暴	暴的谱指数
一群小行星	某个小行星	行星质量
一组变星	某个变星	光变周期

人们感兴趣的是总体的某一个或几个数量指标的分布情况. 每个个体所取的值不同, 但遵循一定规律的分布. 以随机变量 X 代表总体的特征, 于是建立了如下概念.

样本　n 个相互独立, 且 X 与有同样分布的随机变量 $X_1, \cdots, X_n$ 称为来自总体 X 的一个样本.

样本容量　样本的个数 n 称为样本容量.

抽样　样本 $X_1, \cdots, X_n$ 的一次具体观测值 $x_1, \cdots, x_n$ 称为抽样.

我们看到样本具有二重性: 观测前, $X_1, \cdots, X_n$ 是相互独立与总体同分布的随机变量; 观测后, 样本值 $x_1, \cdots, x_n$ 为 n 个具体的观测数据.

不妨比较一下物理学和统计学的术语:

物理学	一个测得值	数据	试验	作 n 次测量	测定
统计学	一个随机数	样本	取样本	取容量为 n 的样本	估计

4.1.2 统计量和样本的数字特征

样本的连续函数称为统计量. 显然, 统计量是随机变量. 例如, 下列样本的数字特征都是统计量.

样本均值

$$\bar{X}=\sum_{i=1}^{n}X_i. \tag{4.1}$$

样本方差(var)

$$S^2=\frac{1}{n-1}\sum_{i=1}^{n}\left(X_i-\bar{X}\right)^2. \tag{4.2}$$

样本方差反映了全体试验数据的离散程度.

样本标准差(std)

$$S=\sqrt{S^2}. \tag{4.3}$$

样本标准差常用来描述测量误差的大小.

样本偏度

$$\hat{\beta}_1=\frac{1}{n}\left[\sum_{i=1}^{n}\left(X_i-\bar{X}\right)^3\right]\Big/\left[\sum_{i=1}^{n}\left(X_i-\bar{X}\right)^2\right]^{3/2}. \tag{4.4}$$

样本偏度是描述统计数据分布非对称程度的数字特征, 常用它来检验总体分布的正态性. 正态分布是左右对称的, 因此它的偏度为零.

样本峰度

$$\hat{\beta}_2=\left[n\sum_{i=1}^{n}\left(X_i-\bar{X}\right)^4\right]\Big/\left[\sum_{i=1}^{n}\left(X_i-\bar{X}\right)^2\right]^2-3. \tag{4.5}$$

样本峰度是描述分布形态陡缓程度的统计量. 峰度为 3 表示与正态分布相同, 峰度大于 3 表示比正态分布陡峭, 小于 3 表示比正态分布平坦.

样本共差 (样本共差与协方差的含义相仿)

$$S_{X,Y}=\frac{1}{n-1}\sum_{i=1}^{n}\left(X_i-\bar{X}\right)\left(Y_i-\bar{Y}\right). \tag{4.6}$$

样本 k 阶原点矩

$$M_k=\frac{1}{n}\sum_{i=1}^{n}X_i^k. \tag{4.7}$$

样本 k 阶中心矩

$$N_k=\frac{1}{n}\sum_{i=1}^{n}\left(X_i-\bar{X}\right)^k. \tag{4.8}$$

样本相关系数

$$\rho_{XY} \equiv \frac{S_{X,Y}}{S_X \cdot S_Y} = \frac{\sum_{i=1}^{n}(X_i-\bar{X})(Y_i-\bar{Y})}{\sqrt{\sum_{i=1}^{n}(X_i-\bar{X})^2(Y_i-\bar{Y})^2}}. \tag{4.9}$$

样本相关系数描述了样本 X 与 Y 的线性相关性 (图 4.1), 具体如下

$$\begin{cases} \rho_{XY} > 0, & \text{正相关}, \\ \rho_{XY} < 0, & \text{负相关}, \\ \rho_{XY} = 0, & \text{不相关}. \end{cases}$$

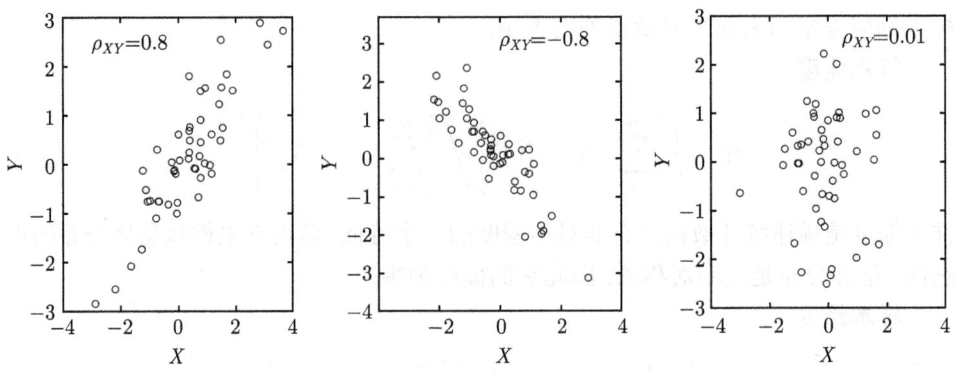

图 4.1　样本相关系数的几何意义

注意, 这里 “不相关” 的含义是随机变量 X 和 Y 之间没有线性关系. 而且, 不能仅以相关系数 $|\rho_{XY}|$ 的大小来刻画随机变量 X 和 Y 的线性相关程度. 因为 X,Y 取的点数多少会影响相关系数的值. 最极端的情况是只有两个数据点, 计算出来的样本相关系数的绝对值一定是 1. 原则上来讲, 同样的相关系数值, 数据点越多, 说明线性相关程度越高.

4.1.3　样本数字特征的分布

不难发现样本的数字特征与随机变量的数字特征有相似的定义. 但是, 样本的数字特征是随着抽样不同而变化的, 是随机变量. 我们需要通过样本的数字特征来推断随机变量的数字特征, 因此, 必须研究样本数字特征的分布.

定理 4.1.1　设 $X_1, X_2, \cdots, X_n$ 是来自总体 X 的样本, 则

(1) $E\left(\bar{X}\right) = \mu$;

(2) $D\left(\bar{X}\right)=\dfrac{D\left(X\right)}{n}$;

(3) $E\left(S^2\right)=D\left(X\right)$;

(4) $\sqrt{D\left(S^2\right)}=\sqrt{\dfrac{2}{n-1}}D\left(X\right)$;

(5) 对于大样本, $D\left(S\right)\approx D\left(X\right)/2n$;

(6) $ES_{X,Y}=\operatorname{cov}\left(X,Y\right)$;

(7) $D\left(S_{X,Y}\right)\to 0, n\to\infty$.

证 略. □

定理 4.1.1 告诉我们:

(1) 样本平均值 $\bar{X}$ 和总体 X 有同样的数学期望, 其分布的标准差仅为 X 标准差的 $1/\sqrt{n}$, 说明 $\bar{X}$ 比个体更向期望值集中. 实际中期望值往往就是待测的物理量, n 次测量的平均值的误差仅为原来的 $1/\sqrt{n}$, 这也就是为什么我们在测量一个物理量时, 要反复多次测量, 最后取测量均值的原因.

(2) S^2 的期望值正是方差 $D\left(X\right)$, 故用 S^2 作为方差的估计是合理的; 随着样本容量的增大, S^2 对方差的近似越来越好.

(3) 如果用样本标准差 S 来估计误差 σ, 估计的相对误差约为 $\dfrac{\sqrt{D(S)}}{\sigma}\approx\dfrac{1}{\sqrt{2n}}$. 例如, 当 $n=10$ 时, 相对误差近似于 0.22, 若想让相对误差 $\dfrac{1}{\sqrt{2n}}<0.1$, 要求 $n>50$.

(4) 样本共差 $S_{X,Y}$ 以协方差 $\operatorname{cov}(X,Y)$ 为期望值, 且随着样本容量的增加, $S_{X,Y}$ 的分布越来越向协方差 $\operatorname{cov}(X,Y)$ 集中.

定理 4.1.2 设 $X_1,X_2,\cdots,X_n$ 是来自总体 X 的样本, 假设样本的各阶中心矩 $M_k=\dfrac{1}{n}\sum\limits_{i=1}^{n}X_i^k$ 存在, 则有 $\lim\limits_{n\to\infty}P\left(M_k-\mu_k\right)=0$.

证 略. □

定理 4.1.2 是辛钦大数定律的直接推论. 它告诉我们, 可以由样本中心矩来估计总体的中心矩.

定理 4.1.3 设 $X_1,X_2,\cdots,X_n$ 是来自总体 $X\sim N(\mu,\sigma^2)$ 的样本, $\bar{X},S^2$ 分别为样本均值和样本方差, 则有:

(1) $\bar{X}\sim N\left(\mu,\sigma^2/n\right)$;

(2) $\bar{X},S^2$ 相互独立.

证 在第 2 章我们已知, 独立正态分布的线性组合仍为正态分布, 再由定理 4.1.1 的 (1) 和 (2) 立即可得定理 4.1.3 的 (1). 结论 (1) 也可以等价地写作 $\dfrac{\bar{X}-\mu}{\sigma/\sqrt{n}}\sim N\left(0,1\right)$. (2) 的证明稍显繁复, 在此略去. □

次序统计量 将样本 $X_1,\cdots,X_n$ 的每个抽样 $x_1,\cdots,x_n$ 从小到大排列, 得到 $x_{(1)}\leqslant x_{(2)}\leqslant\cdots\leqslant x_{(n)}$, 其中 $x_{(k)}$ 即第 k 个次序统计量 $X_{(k)}$ 的观测值. 称 $\left(X_{(1)},\cdots,X_{(n)}\right)$ 为样本 $X_1,\cdots,X_n$ 的次序统计量, $X_{(1)}$ 和 $X_{(n)}$ 分别称为该样本的最小和最大次序统计量.

α-分位点 设随机变量 X 的密度函数为 $p(x)$, 若对于任意 $(0,1)$ 中的正数 α, 总能找到 f_α, 满足 $P(X>f_\alpha)=\displaystyle\int_{f_\alpha}^{\infty}p(x)\,\mathrm{d}x=\alpha$, 则称 f_α 为分布密度 $p(x)$ 的上 α 分位点. 其几何意义见图 4.2.

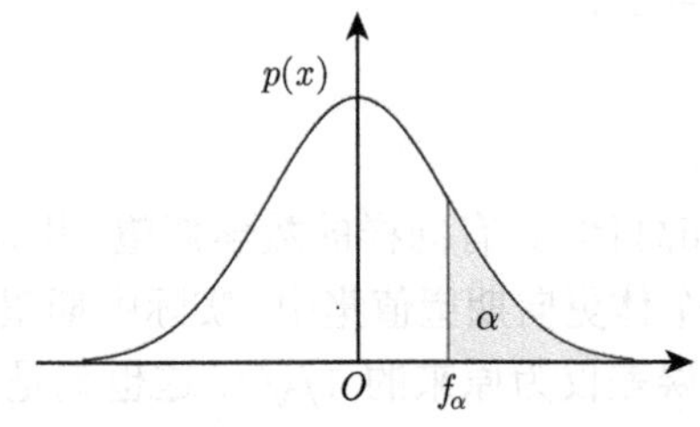

图 4.2 上 α 分位点的几何意义

正态分布和 $t(n)$ 的上 α 分位点分别记作 z_α 和 $t_\alpha(n)$. 由它们分布的对称性, 有

$$z_\alpha=-z_{1-\alpha},\quad t_\alpha(n)=-t_{1-\alpha}(n). \tag{4.10}$$

$\chi^2(n)$ 的上 α 分位点记作 $\chi^2_\alpha(n)$. 费希尔曾证明: 当 n 充分大时有

$$\chi^2_\alpha(n)\approx\frac{1}{2}\left(z_\alpha+\sqrt{2n-1}\right)^2. \tag{4.11}$$

$F(m,n)$ 的上 α 分位点记作 $F_\alpha(m,n)$, 满足 “三反公式”,

$$F_\alpha(m,n)=\frac{1}{F_{1-\alpha}(n,m)}. \tag{4.12}$$

事实上, 若 $X\sim F(n,m)$, 则 $\dfrac{1}{X}\sim F(m,n)$. 一方面,

$$1-\alpha=P(X>F_{1-\alpha}(n,m))=P\left(\frac{1}{X}<\frac{1}{F_{1-\alpha}(n,m)}\right),$$

即有

$$\alpha=1-P\left(\frac{1}{X}<\frac{1}{F_{1-\alpha}(n,m)}\right)=P\left(\frac{1}{X}>\frac{1}{F_{1-\alpha}(n,m)}\right);$$

另一方面, $P\left(\dfrac{1}{X}>F_\alpha(m,n)\right)=\alpha$, 因此

$$P\left(\frac{1}{X}>\frac{1}{F_{1-\alpha}(n,m)}\right)=P\left(\frac{1}{X}>F_\alpha(m,n)\right),$$

即 $F_\alpha(m,n) = \dfrac{1}{F_{1-\alpha}(n,m)}$. 图 4.3 是 "三反公式" 的图解. 图中的两条曲线分别是 $F(20,3)$(实线) 和 $F(3,20)$(虚线). 取 $\alpha=0.2$, 得到 $F_{0.2}(3,20)=1.6958, F_{0.8}(20,3)=1/F_{0.2}(3,20)=0.58968$. 图中阴影部分的面积为 0.2.

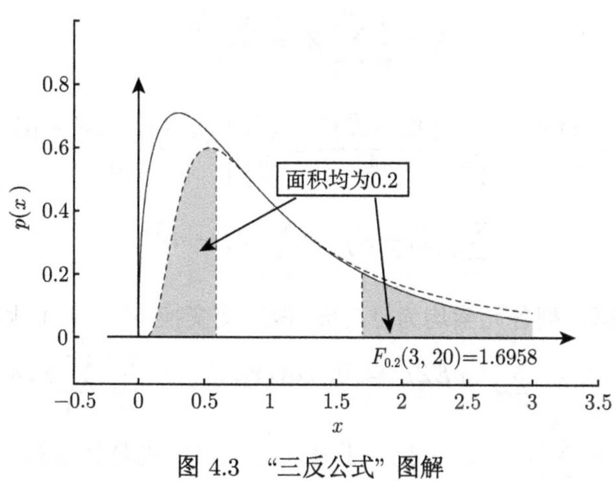

图 4.3 "三反公式" 图解

4.2 抽样定理

这一节我们将集中给出几个抽样定理, 限于篇幅, 不一一证明, 读者可以从数理统计教材中找到证明.

定理 4.2.1 设 $X_1,\cdots,X_n$ 是来自标准正态总体 $X\sim N(0,1)$ 的样本, 令 $\chi^2 = X_1^2+X_2^2+\cdots+X_n^2$, 则 χ^2 服从自由度为 n 的 χ^2 分布: $\chi^2\sim\chi^2(n)$.

证 略. □

根据定理 4.2.1, 可以方便地算出 $\chi^2(n)$ 的期望值和方差. 设 $X_1,\cdots,X_n$ 是来自标准正态总体 $X\sim N(0,1)$ 的样本, 则有

$$
\begin{aligned}
E\left[\chi^2(n)\right] &= E\left(\sum_{i=1}^n X_i^2\right) = \sum_{i=1}^n E\left(X_i^2\right) = \sum_{i=1}^n D\left(X_i\right) = \sum_{i=1}^n 1 = n,\\
D\left[\chi^2(n)\right] &= \sum_{i=1}^n D\left(X_i^2\right) = nD\left(X_1^2\right) = n\left\{E\left(X_1^4\right) - \left[E\left(X_1^2\right)\right]^2\right\}\\
&= n\left(\int_{-\infty}^{\infty} x^4 \frac{1}{\sqrt{2\pi}} e^{-\frac{x^2}{2}}\mathrm{d}x - 1\right) = n(3-1) = 2n.
\end{aligned}
$$

定理 4.2.2 设 $X_1,\cdots,X_n$ 是来自总体 $X\sim N\left(\mu,\sigma^2\right)$ 的样本, $\bar{X}, S^2$ 分别为

样本均值和样本方差, 则有:

(1) $\dfrac{(n-1)S^2}{\sigma^2} \sim \chi^2(n-1)$;

(2) S^2 与 $\bar{X}$ 相互独立.

证 令 $Z_i = \dfrac{X_i - \mu}{\sigma}$, 则 $Z_1, \cdots, Z_n$ 独立同分布, 且 $Z_i \sim N(0,1)$.

$$\bar{Z} = \frac{1}{n}\sum_{i=1}^{n} Z_i = \frac{\bar{X} - \mu}{\sigma}, \tag{4.13}$$

$$\begin{aligned}\frac{(n-1)S^2}{\sigma^2} &= \sum_{i=1}^{n} \frac{\left(X_i - \bar{X}\right)^2}{\sigma^2} = \sum_{i=1}^{n}\left[\frac{X_i - \mu - \left(\bar{X} - \mu\right)}{\sigma}\right]^2 \\ &= \sum_{i=1}^{n}\left(Z_i - \bar{Z}\right)^2 = \sum_{i=1}^{n} Z_i^2 - n\bar{Z}^2.\end{aligned} \tag{4.14}$$

取正交阵 A 的第一列各元素均为 $1/\sqrt{n}$, 做正交变换 $Y = ZA$, 则 $Y_1, \cdots, Y_n$ 是正态分布的. $EY_i = \sum\limits_{k=1}^{n} a_{ik} EZ_k = 0$, $\operatorname{cov}(Y_i, Y_j) = \sum\limits_{k=1}^{n}\sum\limits_{l=1}^{n} a_{ik}a_{jl}\operatorname{cov}(Z_k, Z_l) = \sum\limits_{k=1}^{n}\sum\limits_{l=1}^{n} a_{ik}a_{jl}\delta_{kl} = \sum\limits_{k=1}^{n} a_{ik}a_{jk} = \delta_{ij}$. 于是 $Y_1, \cdots, Y_n$ 也是独立的, 方差等于 1, 即 $Y_i \sim N(0,1)$. $\sum\limits_{i=1}^{n} Y_i^2 = (ZA)(ZA)^{\mathrm{T}} = ZAA^{\mathrm{T}}Z^{\mathrm{T}} = ZZ^{\mathrm{T}} = \sum\limits_{i=1}^{n} Z_i^2$, 故

$$\frac{(n-1)S^2}{\sigma^2} = \sum_{i=1}^{n} Y_i^2 - n\bar{Z}^2. \tag{4.15}$$

因为 A 的第一列各元素均为 $1/\sqrt{n}$, 所以

$$Y_1 = \sum_{k=1}^{n} a_{k1} Z_k = \frac{1}{\sqrt{n}}\sum_{k=1}^{n} Z_k = \sqrt{n}\,\bar{Z}, \tag{4.16}$$

将 (4.16) 式代入 (4.15) 式得

$$\frac{(n-1)S^2}{\sigma^2} = \sum_{i=2}^{n} Y_i^2, \tag{4.17}$$

综合 (4.17) 式, (4.16) 式和 (1) 知 $\dfrac{(n-1)S^2}{\sigma^2}$ 与 Y_1 进而 $\bar{Z}$ 进而 $\bar{X}$ 相互独立. 又因$\dfrac{(n-1)S^2}{\sigma^2}$ 是 $n-1$ 独立的正态分布的平方和, 由定理 4.2.1 知 $\dfrac{(n-1)S^2}{\sigma^2} \sim \chi^2(n-1)$. □

由 $\dfrac{(n-1)S^2}{\sigma^2} \sim \chi^2(n-1)$ 可知 $E\left[\dfrac{(n-1)S^2}{\sigma^2}\right] = n-1, D\left[\dfrac{(n-1)S^2}{\sigma^2}\right] = 2(n-1)$, 从而 $E\left(S^2\right) = \sigma^2, D\left(S^2\right) = \dfrac{2\sigma^4}{n-1}$. 这恰为特殊情形下定理 4.1.1 中的 (3)

和 (4). 即 "平均", S^2 与 σ^2 是一致的, 随着样本容量 n 的增加, S^2 分布越来越向 σ^2 集中.

定理 4.2.3 设 $X_1,\cdots,X_n$ 是来自总体 $X\sim N\left(\mu,\sigma^2\right)$ 的样本, $\bar{X},S^2$ 分别为样本均值和样本方差, 则有 $\dfrac{\bar{X}-\mu}{S/\sqrt{n}}\sim t\left(n-1\right)$.

证 由定理 4.1.3 和定理 4.2.2, 有

$$Y=\frac{\bar{X}-\mu}{\sigma/\sqrt{n}}\sim N\left(0,1\right),\quad Z=\frac{\left(n-1\right)S^2}{\sigma^2}\sim\chi^2\left(n-1\right),$$

且 Y 与 Z 独立, 根据 t 分布的定义 (或者定理 3.8.1 的结论) 知 $\dfrac{Y}{\sqrt{Z/(n-1)}}\sim t\left(n-1\right)$, 从而 $\dfrac{Y}{\sqrt{Z/(n-1)}}=\dfrac{\bar{X}-\mu}{S/\sqrt{n}}$. □

定理 4.2.4 设 $X_1,\cdots,X_n$ 是来自总体 $X\sim N\left(\mu_1,\sigma_1^2\right)$ 的样本, $Y_1,\cdots,Y_m$ 是来自总体 $Y\sim N\left(\mu_2,\sigma_2^2\right)$ 的样本, 且两样本相互独立, 两样本均值和样本方差分别为 $\bar{X},\bar{Y},S_1^2,S_2^2$, 则

$$\frac{S_1^2/\sigma_1^2}{S_2^2/\sigma_2^2}\sim F\left(n-1,m-1\right).$$

证 由定理 4.2.2, 有

$$\frac{\left(n-1\right)S_1^2}{\sigma_1^2}\sim\chi^2\left(n-1\right),\quad\frac{\left(m-1\right)S_2^2}{\sigma_2^2}\sim\chi^2\left(m-1\right),$$

因两样本独立, 故 S_1^2,S_2^2 独立. 根据 F 分布的定义, 有

$$\frac{S_1^2/\sigma_1^2}{S_2^2/\sigma_2^2}=\frac{\dfrac{\left(n-1\right)S_1^2}{\sigma_1^2}\Big/\left(n-1\right)}{\dfrac{\left(m-1\right)S_2^2}{\sigma_2^2}\Big/\left(m-1\right)}\sim F\left(n-1,m-1\right).$$

□

定理 4.2.5 设 $X_1,\cdots,X_n$ 是来自总体 $X\sim N\left(\mu_1,\sigma^2\right)$ 的样本, $Y_1,\cdots,Y_m$ 是来自总体 $Y\sim N\left(\mu_2,\sigma^2\right)$ 的样本 (注意: 两个总体的方差是相同的), 且两样本相互独立, 两个样本的样本均值和样本方差分别为 $\bar{X},\bar{Y},S_1^2,S_2^2$, 则

$$\frac{\left(\bar{X}-\bar{Y}\right)-\left(\mu_1-\mu_2\right)}{S_\omega\sqrt{1/n+1/m}}\sim t\left(n+m-2\right),$$

其中

$$S_\omega^2=\frac{\left(n-1\right)S_1^2+\left(m-1\right)S_2^2}{n+m-2}.$$

证 因为 $\bar{X}\sim N\left(\mu_1,\sigma^2/n\right),\bar{Y}\sim N\left(\mu_2,\sigma^2/m\right)$, 且 $\bar{X},\bar{Y}$ 相互独立, 由正态分布的线性性质可得

$$\bar{X}-\bar{Y}\sim N\left(\mu_1-\mu_2,\sigma^2\left(\frac{1}{n}+\frac{1}{m}\right)\right)\Rightarrow\frac{(\bar{X}-\bar{Y})-(\mu_1-\mu_2)}{\sigma\sqrt{1/n+1/m}}\equiv U\sim N(0,1),$$

又根据定理 4.2.2, 有

$$\frac{(n-1)S_1^2}{\sigma^2}\sim\chi^2(n-1),\quad \frac{(m-1)S_2^2}{\sigma^2}\sim\chi^2(m-1).$$

由 S_1^2,S_2^2 的独立性及 χ^2 分布的可加性, 有

$$\frac{(n-1)S_1^2}{\sigma^2}+\frac{(m-1)S_2^2}{\sigma^2}=\frac{(n+m-2)S_\omega^2}{\sigma^2}\equiv V\sim\chi^2(n+m-2),$$

且 U 和 V 相互独立, 根据 t 分布的定义,

$$\frac{U}{\sqrt{V/(m+n-2)}}\sim t(m+n-2),$$

亦即

$$\frac{(\bar{X}-\bar{Y})-(\mu_1-\mu_2)}{S_\omega\sqrt{1/n+1/m}}\sim t(n+m-2).$$ □

定理 4.2.6 (正态变量二次型的分布) 若随机向量 $\boldsymbol{x}=(x_1,\cdots,x_n)^{\mathrm{T}}$ 服从 n 维正态分布 $n(\boldsymbol{x};\boldsymbol{\mu},\Sigma)$, 其中 $\boldsymbol{\mu}=(\mu_1,\cdots,\mu_n)^{\mathrm{T}}$ 是期望值构成的列向量, Σ 是协方差阵. 记 $(w_{ij})=\Sigma^{-1}$, 则其二次型为

$$Q(x_1,\cdots,x_n)=(\boldsymbol{x}-\boldsymbol{\mu})^{\mathrm{T}}\Sigma^{-1}(\boldsymbol{x}-\boldsymbol{\mu})=\sum_{i,j=1}^{n}w_{ij}(x_i-\mu_i)(x_j-\mu_j)\sim\chi^2(n).$$

特别当 $n=1$ 时, 一维正态分布的二次型 $Q(x)=\left(\dfrac{x-\mu}{\sigma}\right)^2\sim\chi^2(1)$.

令 $\left(\dfrac{x-\mu}{\sigma}\right)^2=z_{\alpha/2}^2, z_{\alpha/2}$ 是标准正态分布的上 $\alpha/2$ 分位点, 则因 $\dfrac{x-\mu}{\sigma}\sim N(0,1)$, 有

$$P\left(-z_{\alpha/2}<\frac{x-\mu}{\sigma}<z_{\alpha/2}\right)=P\left(\mu-z_{\alpha/2}\sigma<x<\mu+z_{\alpha/2}\sigma\right)=1-\alpha.$$

而

$$P\left\{\left(\frac{x-\mu}{\sigma}\right)^2<z_{\alpha/2}^2\right\}\Leftrightarrow P\left(-z_{\alpha/2}<\frac{x-\mu}{\sigma}<z_{\alpha/2}\right),$$

又因为 $\left(\dfrac{x-\mu}{\sigma}\right)^2\sim\chi^2(1)$, 因此

$$1-\alpha=P\left(-z_{\alpha/2}<\frac{x-\mu}{\sigma}<z_{\alpha/2}\right)=P\left\{\left(\frac{x-\mu}{\sigma}\right)^2<z_{\alpha/2}^2\right\}=P\left(\chi^2<\chi_{1-\alpha}^2(1)\right),$$

即

$$z_{\alpha/2}^2 = \chi_{1-\alpha}^2(1). \tag{4.18}$$

证 略. □

定理 4.2.7 设总体 X 的分布函数为 $F(x)$, 密度函数为 $p(x)$, 次序统计量 $X_{(k)}(1 \leqslant k \leqslant n)$ 的密度函数为 $g(y_k)$, 其中 $y_k = x_{(k)}$ 为 $X_{(k)}$ 的观测值, 则 $X_{(k)}$ 的密度为

$$g(y_k) = \frac{n!}{(k-1)!(n-k)!}[F(y_k)]^{k-1}[1-F(y_k)]^{n-k}p(y_k), \tag{4.19}$$

特别有

$$\begin{aligned} g(y_1) &= n[1-F(y_1)]^{n-1}p(y_1), \\ g(y_n) &= n[F(y_n)]^{n-1}p(y_n). \end{aligned} \tag{4.20}$$

证 设 $X_{(n)} = \max\{X_1, \cdots, X_n\}, X_{(1)} = \min\{X_1, \cdots, X_n\}$, 则 $F_{X_{(n)}}(x) = [F(x)]^n, F_{X_{(1)}}(x) = 1-[1-F(x)]^n$. 设 $G_k(x)$ 为 $X_{(k)}(k=1, \cdots, n)$ 的分布函数, 则

$$\begin{aligned} G_k(x) =& P\left(X_{(k)} \leqslant x\right) = P\left(X_1, \cdots, X_n\text{中至少有 } k \text{ 个} \leqslant x\right) \\ =& P\left(X_1, \cdots, X_n\text{中恰有 } k \text{ 个} \leqslant x\right) \\ &+ P\left(X_1, \cdots, X_n\text{中恰有 } k+1 \text{ 个} \leqslant x\right) + \cdots + P\left(X_1, \cdots, X_n\text{中恰有 } n \text{ 个} \leqslant x\right) \\ =& \mathrm{C}_n^k[F(x)]^k[1-F(x)]^{n-k} + \mathrm{C}_n^{k+1}[F(x)]^{k+1}[1-F(x)]^{n-(k+1)} + \cdots + [F(x)]^n \cdot 1 \\ =& \frac{n!}{(k-1)!(n-k)!}\int_0^{F(x)} t^{k-1}(1-t)^{n-k}\,\mathrm{d}t \quad \text{(利用分部积分时)}, \end{aligned}$$

两边对 x 求导数可得密度函数

$$g_k(x) = \frac{n!}{(k-1)!(n-k)!}[F(x)]^{k-1}[1-F(x)]^{n-k}p(x). \qquad \square$$

进一步还可以得到前 k 个次序统计量 $X_{(1)}, \cdots, X_{(k)}$ 的联合密度函数为

$$g(y_1, \cdots, y_k) = \frac{n!}{(n-k)!}[1-F(y_k)]^{n-k}\prod_{i=1}^k p(y_i), \quad y_1 \leqslant \cdots \leqslant y_k. \tag{4.21}$$

以上抽样定理是我们进行统计推断的理论依据.

4.3 描述统计

4.3.1 MATLAB 中的数字特征函数

1) 描述离散大小的特征函数

(1) iqr (半极差): 计算样本 75%与 25%分位数之差. 它是比方差更加稳健的离散度度量.

例如, 抽样值 $x(1), \cdots, x(100)$ 是 100 个标准正态分布的随机数, 从小到大排序后, iqr=x(75)-x(25)(图 4.4).

(2) max (最大值).

(3) min (最小值).

(4) std (标准差).

(5) var (方差).

(6) range (样本极差 max-min).

(7) mad (平均绝对偏差, 其定义为 $\dfrac{1}{n}\sum_{i=1}^{n}|x_i - \bar{x}|$).

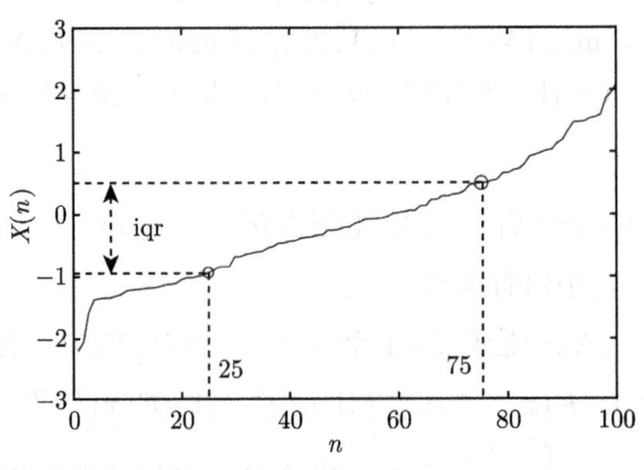

图 4.4　iqr 函数的意义

2) 描述位置的特征函数

(1) geomean (几何平均值).

(2) harmean (调和平均值).

(3) mean (算数平均值).

(4) median (中位数).

(5) trimmean (修正的样本均值).

例如, 在 MATLAB 命令窗口键入下面的编码以求样本数据的 "效率".

```
x = normrnd(0, 1,100,100);  % 产生一个100×100的正态分布的随机数矩阵x
m = mean(x);                % 按列计算出每列的平均值m, m为一个1×100的向量
trim = trimmean(x, 10);     % 去掉x中10%的极端数据, 即排序后两端各5%的数据,
                            % 再算均值
sm = std(m);                % 计算样本均值m的标准差sm
strim = std(trim);          % 计算剔除极端数据后样本均值的标准差strim
efficiency = (sm/strim).^2  % 将两个平均值比值的平方(sm/strim)2作为效率
```

运行结果 (由于 x 的随机性, 结果会有所不同):

```
efficiency =
     0.9471
```

3) 其他数字特征

(1) corrcoef (样本相关系数).

如果 X 是个 $m \times n$ 的矩阵, 行表示 n 个不同的物理量, 比如温度、密度、压力等, 列表示对一个物理量的 m 个观测值, 语句

```
R = corrcoef(X);
```

将给出相关系数矩阵, 在命令窗口键入下面的编码:

```
x = randn(30,4);         % 产生一个30×4的标准正态分布的随机矩阵(显然互不相关)
x(:,4) = sum(x(:,1:2),2); % 令第4列为前两列之和, 于是第4列与前2列有了相关性
[r,p] = corrcoef(x);        % 计算样本的相关系数和p值, p值越小, 相关性越高
[i,j] = find(p<0.05);      % 找出显著相关的变量的下标
```

运行结果 (由于 x 的随机性, 结果会有所不同):

```
>> r
r =
    1.0000   -0.2406    0.0894    0.5047
   -0.2406    1.0000    0.1893    0.4826
    0.0894    0.1893    1.0000    0.6028
0.5047    0.4826    0.6028    1.0000

>> p
p =
          1.0000    0.2004    0.6386    0.0000
          0.2004    1.0000    0.3163    0.0040
          0.6386    0.3163    1.0000    0.2515
          0.0000    0.0040    0.2515    1.0000
>> [i,j]
ans =
     4     1
     4     2
     1     4
     2     4
```

说明第 4 列与第 1 列和第 2 列都存在相关性, 且第 1 列和第 4 列间相关系数最大. 不妨把这些结果画出来 (图 4.5):

```
plot(x(:,4),x(:,1),'k*',x(:,4),x(:,2),'kd',x(:,4),x(:,3),'ko','
    MarkerSize',8)
legend('X_1 vs X_4','X_2 vs X_4','X_3 vs X_4','Location','NorthWest')
```

```
xlabel('$X_{4}$','FontSize',20, 'Interpreter','latex')
ylabel('$X_{1,2,3}$','FontSize',20, 'Interpreter','latex')
```

图 4.5 给出了前 3 列相对第 4 列的变化, 我们对第 1 列和第 4 列进行了线性拟合.

如果 X, Y 是两个向量, 则 R = corrcoef(X,Y) 计算它们的相关系数. 例如, 计算上面随机矩阵的第 1, 2 列的相关系数.

```
>> R = corrcoef(x(:,1),x(:,2))
R =
    1.0000   -0.2406
   -0.2406    1.0000
```

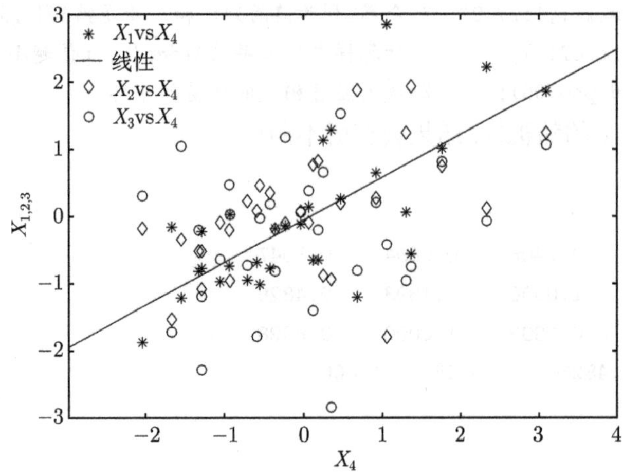

图 4.5 变量的样本相关系数

(2) cov (样本协方差);

(3) moment (任意阶中心矩), moment(x,order);

(4) prctile (样本的经验分位数), prctile(x,p);

(5) kurtosis (样本峭度), 描述样本在均值附近的陡峭程度, 正态分布的峭度 =3;

(6) skewness (样本偏度), 描述数据的不对称程度, 用以度量数据分布偏斜的方向和程度. 其值取负数时, 称为左偏态, 意味着概率密度函数左侧的尾部比右侧的长, 取正值时情况相反. 如果取 0, 说明数据的分布比较对称.

以上函数的具体调用方式可查阅 MATLAB 的帮助手册.

4.3.2 统计图

1. 经验分布函数图

经验分布函数图表征随机变量的累积分布.

设 $x_1,\cdots,x_n$ 为抽样, 将其从小到大排序: $x_{(1)}\leqslant x_{(2)}\leqslant\cdots\leqslant x_{(n)}$, 称

$$F_n(x)=\frac{x_1,\cdots,x_n\text{中不大于}x\text{的样本值个数}}{n}=\begin{cases}0, & x<x_{(1)},\\ k/n, & x_{(k)}\leqslant x_{(k+1)},\\ 1, & x\geqslant x_{(n)}\end{cases}\tag{4.22}$$

为经验累积分布函数. 当 n 充分大时, $F_n(x)$ 与随机变量的累积分布 $F(x)$ 很接近.

MATLAB 统计工具箱中用 ecdf 和 cdfplot 两个函数绘制经验累积分布函数图. 其中 ecdf 用来计算经验累积分布函数, cdfplot 用来绘制分布图.

例 4.3.1 编写代码产生 50 个正态分布的随机数, $X\sim N(2,1)$, 画出其累积分布曲线, 并与理论分布作比对. 图 4.6 的代码如下.

```
R=normrnd(2,1,50,1);                    % 产生50个正态分布的随机数, x～N(2,1)
cdfplot(R)                              % 画出经验累积分布函数
hold on                                 % 保持图形
x = -1:0.05:5;                          % 指定x的范围
f = normcdf(x,2,1);                     % 计算x～N(2,1)在指定x上的理论分布
plot(x,f,'k_')                          % 画出理论分布, 黑色虚线
legend('经验分布','理论分布','Location','NW')  % 给曲线加注释
```

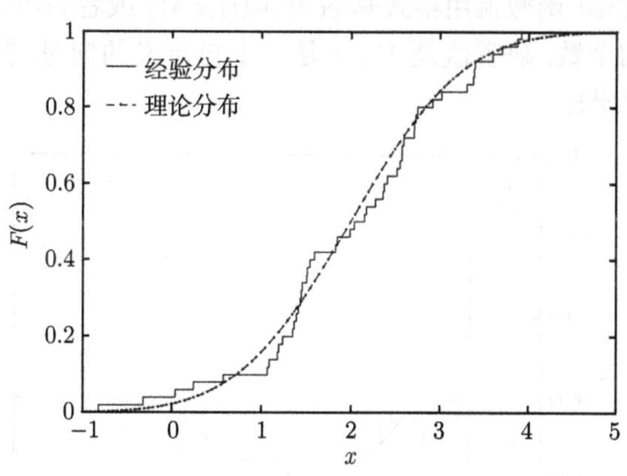

图 4.6 经验积累分布函数图

□

2. 频率直方图

频率直方图表征随机变量的分布密度. 具体做法是: 设 n 个样本观测值 $x_1,\cdots,x_n$ 的最小值和最大值分别为 $x_{\min}$ 和 $x_{\max}$, 取区间 $[a,b]\supset[x_{\min},x_{\max}]$, 将 $[a,b]$ 划分为 k 个区间: $a=a_0<a_1<\cdots<a_k=b$, 记录样本观测值落入各区间的个数 $n_1,n_2,\cdots,n_k$, 在 x 轴上以 $[a_i,a_{i+1}]$ 为底, n_i 为高作矩形 $(i=0,\cdots,k-1)$, 就得

到频数直方图. 如果进一步归一化, 记 $h_i = a_i - a_{i-1}$, 以 $f_i = \dfrac{n_i}{h_i \cdot n}$ 为小矩形的高, 则得出的便是频率直方图.

MATLAB 统计工具箱中用 ecdf 和 ecdfhist 两个函数绘制频率直方图, ecdf 用来计算经验累积分布函数, ecdfhist 利用 ecdf 计算的结果, 并根据划分的要求绘制频率直方图.

例 4.3.2　产生 50 个服从指数分布 $E(10)$ 的随机数, 并比较经验分布密度与已知的理论分布密度, 图 4.7 的代码如下.

```
y = exprnd(10,50,1);                    % 产生50个服从指数分布E(10)的随机数
[f,x] = ecdf(y);                        % 计算累积分布
ecdfhist(f,x);                          % 画出频率直方图
h = findobj(gca,'Type','patch');        % 得出句柄
h.FaceColor = [.9 .9 .9];               % 将直方图表面颜色设为浅灰色
hold on;                                % 重叠画出已知的理论寿命分布
xx = 0:.1:x(end);                       % 从0至x的最大值, 间隔0.1取xx
yy = exp(-xx/10)/10;                    % 计算xx上的理论分布
plot(xx,yy,'k');                        % 画理论分布图
hold off;
```

更一般的 ecdfhist 函数调用格式是 ecdfhist(f,x,M) 或者 ecdfhist(f,x,v). 其中 M 指直方图小矩形的个数, 缺省值是 10; v 是一个自定义的向量, 其分量表示直方图小矩形的中心位置坐标.

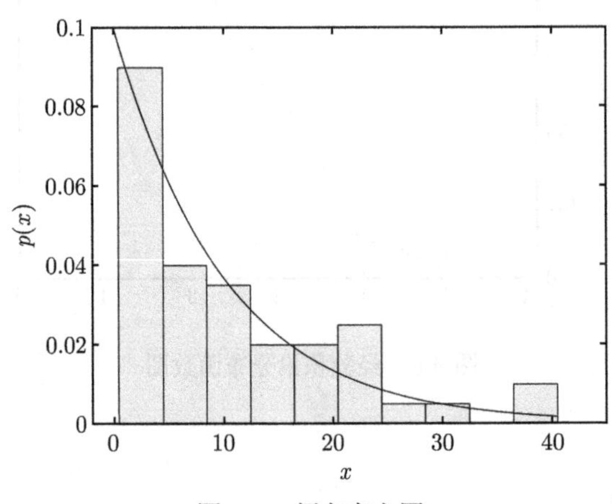

图 4.7　频率直方图

□

例 4.3.3　二元正态分布的频数直方图

设二元正态分布的参数为 $\boldsymbol{\mu} = \begin{pmatrix} 10 \\ 20 \end{pmatrix}, \Sigma = \begin{pmatrix} 1 & 4 \\ 4 & 20 \end{pmatrix}$.

利用 mvnrnd 生成 20000 组服从此二元正态分布的随机数, 并画出直方图 (图 4.8), 代码如下.

```
mu = [10,20];                              % 期望值μ的赋值
sigma=[1 4;4 20];                          % 协方差阵赋值
xy=mvnrnd(mu,sigma,20000);             % 产生随机数(xi, yi), i=1,⋯,20000
hist3(xy,[20,20]);                         % 画频数直方图
xlabel('X');ylabel('Y');zlabel('频数')    % 给坐标轴加标签
```

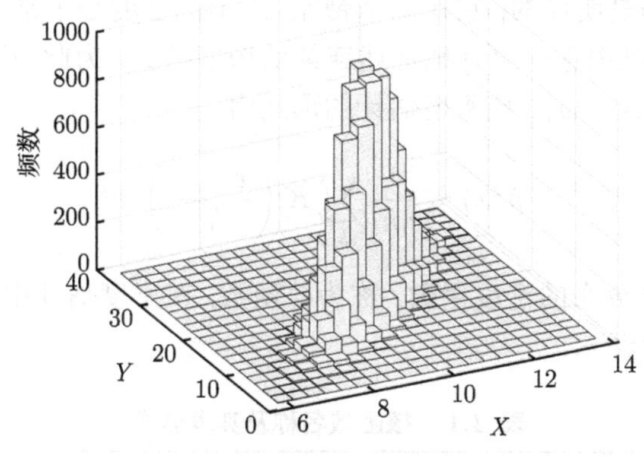

图 4.8 二元正态分布频数直方图

□

4.4 核密度估计

4.4.1 核密度函数

由观测数据求其分布密度函数是统计学的基本问题之一. 通常有参数估计和非参数估计两种途径. 所谓参数估计, 是对观测数据遵从的函数形式或者分布做出假定, 然后依据最小二乘原理或者最大似然估计, 求出函数中的参数. 然而, 参数模型的这种基本假定与实际的物理模型之间常常存在较大的差距, 这些方法并非总能取得令人满意的结果. 于是, 罗森布拉特 (Rosenblatt) 和帕尔森 (Parzen) 提出了核密度估计方法. 核密度估计方法是一种从数据样本本身出发研究数据分布特征的方法, 不需要利用有关数据分布的先验知识, 对数据分布不附加任何假定, 因而, 具有很强的应用性.

频率直方图就是一种密度函数估计的方法. 频率直方图描述的密度函数估计 $\hat{p}(x)$(用加 "^" 的符号表示对某个量的估计值) 可以写为

$$\hat{p}\left(x\right)=\frac{1}{nh_i}\sum_{i=1}^{n}H\left(\frac{x-x_i}{h_i}\right). \tag{4.23}$$

其中函数 $H\left(x\right)$ 称为帕尔森窗函数, 满足 $H\left(x\right)=\begin{cases}1, & \left|u\right|\leqslant 1/2,\\ 0, & 其他,\end{cases}$ h_i 称为窗宽或者带宽. 显然, 当样本点 x 落入区间 $[x_i-h_i/2,\ x_i+h_i/2]$ 时, $H\left(\dfrac{x-x_i}{h_i}\right)=1$, 否则 $K\left(\dfrac{x-x_i}{h_i}\right)=0$.

直方图的缺陷是明显的, 它在每个带宽 h_i 上的密度是个常数, 密度是个不连续的阶梯函数, 很难用它来更好地描述连续的密度函数. 为此, 引出如下的核密度估计. 对于数据 $x_1,\cdots,x_n$, 核密度估计的形式为

$$\hat{p}\left(x\right)=\frac{1}{nh_i}\sum_{i=1}^{n}K\left(\frac{x-x_i}{h_i}\right). \tag{4.24}$$

其中 $K\left(x\right)$ 是某个分布的密度函数, 称为核函数, 在密度估计中起权函数的作用. 常用的核函数列于表 4.1.

表 4.1 核函数名称及其表达式

核函数名称	核函数表达式
Uniform	$I\left(\left\vert u\right\vert\leqslant 1\right)^*/2$
Triangle	$\left(1-\left\vert u\right\vert\right)I\left(\left\vert u\right\vert\leqslant 1\right)$
Epanechikov	$\frac{3}{4}\left(1-u^2\right)I\left(\left\vert u\right\vert\leqslant 1\right)$
Quaritic (Biweight)	$\frac{15}{16}\left(1-u^2\right)^2I\left(\left\vert u\right\vert\leqslant 1\right)$
Triweight	$\frac{35}{32}\left(1-u^2\right)^3I\left(\left\vert u\right\vert\leqslant 1\right)$
Gaussian	$\frac{1}{\sqrt{2\pi}}\exp\left(-u^2/2\right)$
Cosinus	$\frac{\pi}{4}\cos\left(\frac{\pi}{2}u\right)I\left(\left\vert u\right\vert\leqslant 1\right)$

注: $I\left(\left|u\right|\leqslant 1\right)^*$ 为示性函数, 当 $\left|u\right|\leqslant 1$ 时, $I\left(\left|u\right|\leqslant 1\right)=1$, 否则 $I\left(\left|u\right|\leqslant 1\right)=0$.

我们看到, 除了高斯核函数外, 其余核函数均有截断 (即离 x 的距离大于带宽 Δ 的点不起作用), 并且除了均匀分布核函数之外, 起作用的数据点的权重也随着与 x 的距离的增大而变小. 大小为 n 的一组样本在每个观测样本点都计算核密度估计需要对核函数 K 进行 $O\left(n^2\right)$ 量级的计算. 因此, 核密度的计算量随 n 的增加而迅速增加. 对于 n 很大的情况, 不必在每个点上计算估计, 只需将 x 轴等分为 k 个小区间, $k=100\sim 200$, 在格点 x_k 上计算 $\hat{f}_h(x_k)$, 然后在格点间作线性内插, 即

可得到足够光滑的分布密度曲线.

在文献中使用较多的是高斯核函数和 Epanechikov 核函数, 但一般说来, 核函数的选取对密度估计的影响远小于带宽的选取. 因为如果 h 太小, 则密度估计仅限于观测数据附近的几个值, 使得估计密度函数嘈杂多峰; 如果 h 太大, 则相当于在很大的范围内求平均, 会因过分平滑而损失密度的细节特征.

4.4.2 带宽的选取

理论上, 用均方误差 $\mathrm{MSE}\,(\hat{p}_h(x))$, 积分均方误差 (mean integrated square error) $\mathrm{MISE}\,(h)$, 或者积分平方误差 (integrated square error)$\mathrm{ISE}\,(h)$ 来评价密度估计量的性质. 它们的定义分别是

$$\mathrm{MSE}\,(\hat{p}_h(x)) = \mathrm{var}\,(\hat{p}_h(x)) + [\mathrm{bias}\,(\hat{p}_h(x))]^2\,, \tag{4.25}$$

其中 $\mathrm{bias}\,(\hat{p}_h(x)) = E\,(\hat{p}_h(x)) - p\,(x)$.

$$\mathrm{MISE}\,(h) = \int \mathrm{MSE}\,(\hat{p}_h(x))\mathrm{d}x \tag{4.26}$$

和

$$\mathrm{ISE}\,(h) = \int [\hat{p}_h(x) - p(x)]^2 \mathrm{d}x. \tag{4.27}$$

上述各误差的最小值, 对应着最佳窗宽. 显然, MSE 是逐点估计的, 后面两种则是整体估计的. 但这些准则中都要求分布密度函数已知, 所以无法直接应用. 但数理统计理论告诉我们, 当 $h \to 0, nh \to \infty$ 时, $\mathrm{MISE}\,(h)$ 的最佳窗宽为

$$\hat{h} = \left\{ \frac{\displaystyle\int [K\,(x)]^2\,\mathrm{d}x}{\sigma_K^4 \displaystyle\int [f''\,(x)]^2\,\mathrm{d}x} \right\} n^{-1/5}, \tag{4.28}$$

这里 σ_K^2 是核函数的方差. 特别当总体服从正态分布 $N\left(0, \sigma^2\right)$, K 为高斯密度核函数时, 若使用样本标准差 S 替代 σ_K, 可得到最佳窗宽的希尔弗曼 (Silverman) 拇指法则:

$$\hat{h} = \left(\frac{4}{3n}\right)^{\frac{1}{5}} S. \tag{4.29}$$

考虑到半极差 iqr 是比方差更稳健的离散度度量, 希尔弗曼建议在上式中用

$$\min\left[S, \mathrm{iqr}/\left(\Phi^{-1}\,(0.75) - \Phi^{-1}\,(0.25)\right)\right] \approx \min\,[S, \mathrm{iqr}/1.35]$$

替换 S.

4.4.3　多维核密度估计

设 $\boldsymbol{x}_1,\cdots,\boldsymbol{x}_n$ 为 R^m 空间的 m 维独立同分布随机变量 $\boldsymbol{x}_i=(x_{i1},\cdots,x_{im})^{\mathrm{T}},i=1,\cdots,n$, 其密度 $p(\boldsymbol{x})$ 可使用多元核函数估计:

$$\hat{p}_H(\boldsymbol{x})=\frac{1}{n}\sum_{i=1}^{n}\frac{1}{\det H}K(H^{-1}(\boldsymbol{x}-\boldsymbol{x}_i)). \tag{4.30}$$

其中核函数 K 是多维密度分布, 在各分量独立的条件下, K 可以写成 m 个边缘分布 $K_j(j=1,\cdots,m)$ 的乘积. H 是一个 $m\times m$ 的矩阵, 通常采用简单的对角形带宽阵: $H=\mathrm{diag}\,(h_1,\cdots,h_m)$, 这时多元核函数估计有着简单的形式,

$$\hat{p}_H(\boldsymbol{x})=\frac{1}{nh_1\cdots h_m}\sum_{i=1}^{n}\prod_{j=1}^{m}K_j\left(\frac{\boldsymbol{x}-\boldsymbol{x}_i}{h_j}\right). \tag{4.31}$$

设 $G\in R^m$, G 是互不相交子集 $G_1,\cdots,G_k$ 的并集 $G=\bigcup\limits_{i=1}^{k}G_i$, G_i 的样本容量为 $n_i,i=1,\cdots,k$, 可以如下形式来估计 G_i 上的密度:

$$\hat{p}_i(\boldsymbol{x})=\frac{1}{n_i}\sum_{y\in G_i}K(\boldsymbol{x}-\boldsymbol{y}), \tag{4.32}$$

其中

$$K_i\left(\boldsymbol{z}\right)=\begin{cases}1/v_r\left(i\right), & \boldsymbol{z}^{\mathrm{T}}V_i^{-1}\boldsymbol{z}<r^2, v_r(i)\text{为椭球 } \boldsymbol{z}^{\mathrm{T}}V_i^{-1}\boldsymbol{z}<r^2 \text{ 的体积},\\ 0, & \text{其他}.\end{cases} \tag{4.33}$$

椭球体积 $v_r\left(i\right)=r^m\sqrt{\det V_i}\gamma_0$, $\gamma_0=\pi^{m/2}/\Gamma\left(m/2+1\right)$ 是 m 维单位球体的体积, V_i 的取法有多种选择,

$$V_i=\begin{cases}S_m, & \text{各 } G_i \text{ 的合并协方差阵},\\ \mathrm{diag}(S_m), & \text{合并协方差阵的对角阵},\\ S_i, & G_i \text{ 的协方差阵},\\ \mathrm{diag}\left(S_i\right), & \\ I_m, & m \text{ 维单位阵}.\end{cases} \tag{4.34}$$

若 $G_i\sim N\left(\boldsymbol{\mu}_i,V_i\right)$, r 的取法也有不同的选择,

$$r=\sqrt[m+4]{A\left(K_i\right)/n_i},$$

$$A\left(K_i\right)=\begin{cases}\dfrac{1}{m}2^{m+1}\left(m+2\right)\Gamma\left(\dfrac{m}{2}\right) \text{——} \text{均匀核},\\ \dfrac{4}{2m+1} \text{——} \text{正态核},\\ \dfrac{2^{m+2}m^2\left(m+2\right)\left(m+4\right)}{2m+1}\Gamma\left(\dfrac{m}{2}\right) \text{——} \text{Epanechnikov 核}.\end{cases} \tag{4.35}$$

常用的密度估计方法还有 k-近邻估计

$$\hat{p}(\boldsymbol{x}) = \frac{k-1}{2nd_k(\boldsymbol{x})}, \tag{4.36}$$

其中 $d_1(\boldsymbol{x}) \leqslant d_2(\boldsymbol{x}) \leqslant \cdots \leqslant d_n(\boldsymbol{x})$ 是 $\boldsymbol{x}$ 到所有 n 个样本点的马氏距离

$$d_i(\boldsymbol{x}) = \sqrt{(\boldsymbol{x}_i - \boldsymbol{x})^{\mathrm{T}} S^{-1} (\boldsymbol{x}_i - \boldsymbol{x})}, \tag{4.37}$$

式中 S 为样本协方差阵. K 越大, 密度越光滑. 类似的近邻估计公式还有

$$\hat{p}(\boldsymbol{x}) = \frac{1}{nd_k(\boldsymbol{x})} \sum_{i=1}^{n} K\left(\frac{\boldsymbol{x}-\boldsymbol{x}_i}{d_k(\boldsymbol{x})}\right) \text{——广义 } k\text{-近邻估计}. \tag{4.38}$$

$G_i(i=1,\cdots,k)$ 的密度为

$$\hat{p}_i(\boldsymbol{x}) = \frac{K_i}{n_i v_r(i)}. \tag{4.39}$$

4.4.4 核密度估计的 MATLAB 实现

MATLAB 统计工具箱中提供了 ksdensity 函数, 用来求核密度估计, 其基本调用格式为

```
[f, xi]=ksdensity(x);
```

其中 x 是样本观测值向量, xi 是在 x 的取值范围内等间隔选取的 100 个点构成的向量, f 是与 xi 相应的核密度估计值向量. 缺省核函数为 Gaussian 核函数, 窗宽取希尔弗曼拇指法则 [式(4.29)] 给出的值. 如果希望有更多的输入输出的参数选择, 可查阅 ksdensity 函数的帮助文件.

例 4.4.1 哈勃常数 H_0 的分布. 根据文献 [1] 可得哈勃太空望远镜核心项目利用不同方法获得的 $H_0\,[\mathrm{km}\cdot\mathrm{s}^{-1}\cdot\mathrm{Mpc}^{-1}]$ 观测数据, 将它们列于表 4.2.

表 4.2 哈勃太空望远镜核心项目利用不同方法获得的 H_0 观测数据

天体名称或编号	α/h	$\delta/(°)$	H_0	误差	测量方法
SN 1990O	17.15	16.2	67.3	2.3	Ia 型超新星
SN 1990T	19.59	−56.2	75.6	3.1	Ia 型超新星
SN 1990af	21.35	−62.4	75.8	2.8	Ia 型超新星
SN 1991S	10.29	22.0	69.8	2.8	Ia 型超新星
SN 1991U	13.23	−26.1	83.7	3.4	Ia 型超新星
SN 1991ag	20.0	−55.2	73.7	2.9	Ia 型超新星
SN 1992J	10.09	−26.4	74.5	3.1	Ia 型超新星
SN 1992P	12.42	10.2	64.8	2.2	Ia 型超新星
SN 1992ae	21.28	−61.3	81.6	3.4	Ia 型超新星
SN 1992ag	13.24	−23.5	76.1	2.7	Ia 型超新星
SN 1992al	20.46	−51.2	72.8	2.4	Ia 型超新星

续表

天体名称或编号	α/h	$\delta/(°)$	H_0	误差	测量方法
SN 1992aq	23.04	−37.2	64.7	2.4	Ia 型超新星
SN 1992au	0.1	−49.6	69.4	2.9	Ia 型超新星
SN 1992bc	3.05	−39.3	67	2.1	Ia 型超新星
SN 1992bg	7.42	−62.3	70.6	2.4	Ia 型超新星
SN 1992bh	4.59	−58.5	66.7	2.3	Ia 型超新星
SN 1992bk	3.43	−53.4	73.6	2.6	Ia 型超新星
SN 1992bl	23.15	−44.4	72.7	2.6	Ia 型超新星
SN 1992bo	1.22	−34.1	69.7	2.4	Ia 型超新星
SN 1992bp	3.36	−18.2	76.3	2.6	Ia 型超新星
SN 1992br	1.45	−56.1	67.2	3.1	Ia 型超新星
SN 1992bs	3.29	−37.2	67.8	2.8	Ia 型超新星
SN 1993B	10.35	−34.3	69.8	2.4	Ia 型超新星
SN 1993O	13.31	−33.1	65.9	2.1	Ia 型超新星
SN 1993ag	10.03	−35.3	69.6	2.4	Ia 型超新星
SN 1993ah	23.52	−27.6	71.9	2.9	Ia 型超新星
SN 1993ac	5.46	63.2	72.9	2.7	Ia 型超新星
SN 1993ae	1.29	−1.6	75.6	3.1	Ia 型超新星
SN 1994M	12.31	0.4	74.9	2.6	Ia 型超新星
SN 1994Q	16.5	40.3	68	2.7	Ia 型超新星
SN 1994S	12.31	29.1	72.5	2.5	Ia 型超新星
SN 1994T	13.21	−2.1	71.5	2.6	Ia 型超新星
SN 1995ac	22.45	−8.5	78.8	2.7	Ia 型超新星
SN 1995ak	2.45	3.1	80.9	2.8	Ia 型超新星
SN 1996C	13.5	49.2	66.3	2.5	Ia 型超新星
SN 1996bl	0.36	11.2	78.7	2.7	Ia 型超新星
Abell 1367	11.74	19.8	75.2	12.5	Tully-Fisher 关系法
Abell 2197	16.47	40.9	77.2	12.5	Tully-Fisher 关系法
Abell 262	1.88	36.1	70.9	11.8	Tully-Fisher 关系法
Abell 2634	23.64	27	77.7	12.4	Tully-Fisher 关系法
Abell 3574	13.82	−30.3	76.2	12.2	Tully-Fisher 关系法
Abell 400	2.96	6.6	79.3	12.6	Tully-Fisher 关系法
Antlia	10.5	−35.3	68.8	11.3	Tully-Fisher 关系法
Cancer	8.35	21	67.1	11	Tully-Fisher 关系法
Cen 30	12.77	−41	75.8	12.8	Tully-Fisher 关系法
Cen 45	12.8	−40.4	70.7	11.9	Tully-Fisher 关系法
Coma	13	28	83.5	13.4	Tully-Fisher 关系法
Eridanus	0.5	−21.5	77.6	12.9	Tully-Fisher 关系法
ESO 508	13.17	−23.1	79.8	13	Tully-Fisher 关系法
Fornax	3.64	−35.5	92.2	15.3	Tully-Fisher 关系法
Hydra	10.61	−27.5	69.6	11.1	Tully-Fisher 关系法
MDL 59	22.01	−32.2	73.6	11.8	Tully-Fisher 关系法

续表

天体名称或编号	α/h	$\delta/(°)$	H_0	误差	测量方法
NGC 3557	11.17	−37.5	85	14.4	Tully-Fisher 关系法
NGC 383	1.12	32.4	73.9	11.9	Tully-Fisher 关系法
NGC 507	1.39	33.3	84.9	13.5	Tully-Fisher 关系法
Pavo	21.23	−57.8	124.4	19	Tully-Fisher 关系法
Pavo 2	21.23	−57.8	86.3	14.2	Tully-Fisher 关系法
Pegasus	23.34	8.2	66.4	10.7	Tully-Fisher 关系法
Ursa Major	11.95	49.3	54.8	8.6	Tully-Fisher 关系法
Dorado	4.27	−55.6	81.9	8.7	Faber-Jackson 关系法
Hydra I	10.61	−27.5	82.8	8.4	Faber-Jackson 关系法
Abell S753	14.06	−34	87.5	7.9	Faber-Jackson 关系法
GRM 15	20.05	−55.5	95.6	10	Faber-Jackson 关系法
Abell 3574	13.82	−30.3	92	10	Faber-Jackson 关系法
Abell 194	1.53	−1.5	91.3	7.5	Faber-Jackson 关系法
Abell S639	10.68	−46.2	109.7	9.9	Faber-Jackson 关系法
Coma	13	28	83.2	6	Faber-Jackson 关系法
DC 2345–28	23.75	−28	83.2	6.4	Faber-Jackson 关系法
Abell 539	5.28	6.5	86.2	6.5	Faber-Jackson 关系法
Abell 3381	6.17	−33.6	88.9	8.3	Faber-Jackson 关系法
NGC 4373	12.42	−39.8	99.9	11.2	表面亮度微扰
Abell 262	1.88	36.1	69	7.7	表面亮度微扰
Abell 3560	13.53	−33.2	78.1	8.7	表面亮度微扰
Abell 3565	13.61	−34	70.2	7.8	表面亮度微扰
Abell 3742	21.11	−47.1	70	7.8	表面亮度微扰
Coma	13	28	70.3	17.9	表面亮度微扰

先不考虑 H_0 的误差, 我们用核密度估计的方法给出 H_0 的密度分布. 将数据存为一个电子表格形式的数据文件 Ex4_4_2.xlsx, 其中第一个工作表中的 D2:D77 是 H_0, 假设数据文件存于当前工作区, 则可写代码如下.

```
H = xlsread('Ex4_4_2.xlsx','Sheet1','D2:D77'); % 读取数据
[f,xc] = ecdf(H);                              % 计算经验累积分布
ecdfhist(f,xc);                                % 画频率直方图
h = findobj(gca,'Type','patch');
h.FaceColor = [.9 .9 .9];                      % 设置直方图颜色为浅灰色
set(gca,'FontSize',16)                         % 将文字符号定义为需要的大小
hold on
[f_k,xi]=ksdensity(H,'npoints',300);           % 在300个点上计算核密度分布
plot(xi,f_k,'k','LineWidth',1)                 % 画出核密度分布图
% 标注横纵轴==========================================================
xlabel('$H_{0} \rm{[km s^{-1} Mpc^{-1}]}$','FontSize',18,
```

```
'Interpreter','latex')
ylabel('$p(H_{0})$','FontSize',18, 'Interpreter','latex')
legend('频率直方图','核密度估计') % 添加曲线注释
```

图 4.9 显示核密度估计与频率直方图符合得很好. 从核密度分布可以得出 H_0 的最可几值.

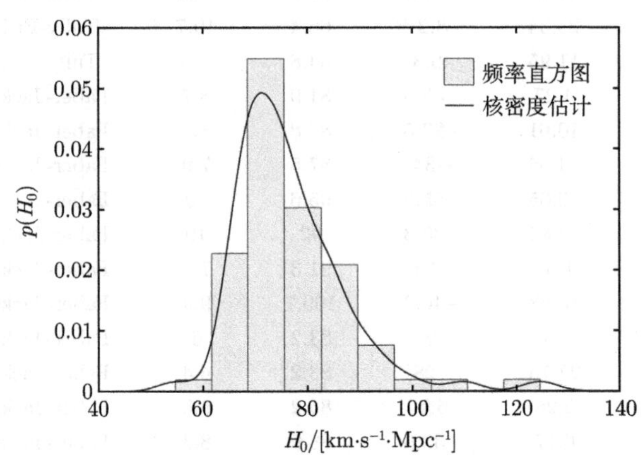

图 4.9　哈勃常数 H_0 的分布

```
[max_f,index] = max(f_k);xi(index)    % 求出核密度峰值对应的哈勃常数
ans =
71.4278
```

数据的样本平均值 mean(H) 和样本半极差 iqr(H) 分别为 76.7 和 12, 这个分布显然是偏态的. 利用下面的代码可以算出核密度估计的半极差.

```
[f_k,xx]=ksdensity(H,'function','icdf');    % 计算逆积累分布函数
 iqr(f_k)
ans =
   12.0569
```

可见两个分布的半极差是很接近的. □

如果观测数据同时给出了观测误差, 形式为

$$\begin{aligned} &\text{观测数据} \quad x_1, x_2, \cdots, x_n \\ &\text{观测误差} \quad \sigma_1, \sigma_2, \cdots, \sigma_n \end{aligned}$$

则可以把每个数据看作服从正态分布 $X_i \sim N\left(x_i, \sigma_i^2\right), p\left(x_i\right) = n\left(x; x_i, \sigma^2\right), i = 1, \cdots, n$, 将它们加权求和, 便得到分布密度估计

$$\hat{p}(x) = \frac{\sum_{i=1}^{n} w_i n\left(x; x_i, \sigma_i^2\right)}{\sum_{i=1}^{n} w_i}, \tag{4.40}$$

其中权重因子 $w_i = \dfrac{1}{\sigma_i^2}$.

例 4.4.2 Σ^+ 超子的质量分布.

全世界 5 个不同的试验小组对 Σ^+ 超子的质量 M_{Σ^+}(单位: MeV) 的观测结果为[2]

i	1	2	3	4	5
M_{Σ^+}	1189.38	1189.48	1189.61	1189.16	1189.36
δM_i	0.15	0.22	0.08	0.12	0.04

根据公式 (4.40), 可以编写如下代码:

```
M = 1189 + [.38 .48 .61 .36 .16 ];  % Σ+超子质量观测值
dM = [.15 .22 .08 .12 .04];          % 观测误差
x = mean(M)-0.7:0.001:mean(M)+0.7;  % 选定分布密度函数画图的范围
y = x*0;
% 求加权密度==================================================
for i = 1:5,y = y+1/dM(i)^2*pdf('Normal',x,M(i),dM(i));end
p = y/sum(1./dM.^2);                 %  p即密度的估计值
%==========================================================
plot(x,p,'k','LineWidth',1)          % 画密度估计曲线
ylim([-0.5,8])                       % 选定y轴的显示范围
xlabel('$M_{\rm{\Sigma^{+}}[MeV]}$','FontSize',18,'Interpreter','latex')
ylabel('$p_{\rm{M}_{\Sigma^{+}}}(x)$','FontSize',18,'Interpreter','latex')
% 在适当高度标出观测误差=========================================
hold on
for i = 1:5
      plot([M(i)-dM(i),M(i)+dM(i)],[i,i],'k','LineWidth',1)
      plot(M(i),i,'ko','MarkerSize',8)
end
hold off
%==========================================================
```

得到 Σ^+ 超子的质量分布如图 4.10 所示.

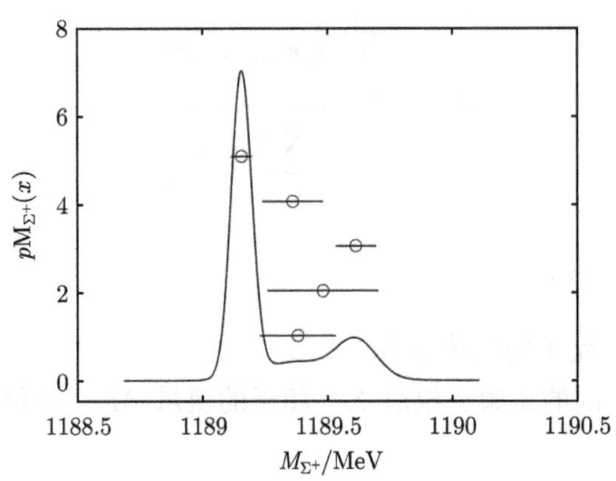

图 4.10　超子的质量分布

为清晰起见, 图 4.10 在不同高度上把 M_i 的误差标了出来. 曲线显示有 2 个峰, 对于 Σ^+ 超子的质量分布是不合理的, 暗示可能存在系统误差. □

仍然考虑例 4.4.1, 我们按照例 4.4.2 的做法画出密度分布, 看看与核密度估计有什么区别.

代码如下 (图 4.11).

```
H = xlsread('Ex4_4_2.xlsx','Sheet1','D2:D77');      % 读取H0
dH = xlsread('Ex4_4_2.xlsx ','Sheet1','E2:E77');     % 读取H0的误差
[f,xc] = ecdf(H);                                    % 计算经验累积分布
ecdfhist(f, xc);                                     % 画频率直方图
h = findobj(gca,'Type','patch');
h.FaceColor = [.9 .9 .9];                            % 设置直方图颜色为浅灰色
set(gca, 'FontSize',16)                         % 将文字符号定义为需要的大小
hold on
[f_k,xi] = ksdensity(H, 'npoints',300);         % 在300个点上计算核密度分布
plot(xi,f_k,'k','LineWidth',1)                  % 画出核密度分布图
% 带误差的密度分布===================================================
x =linspace(min(H)-5,max(H)+5,300);             % 在300个点上计算核密度分布
y= x*0;                                         % 循环求和
for i=1:length(H),y=y+1/dH(i)^2*pdf('Normal',x,H(i),dH(i));end
p =y/sum(1./dH.^2);                             % 将求和值归一化
%=====================================================================
plot(x,p,'k-.','LineWidth',1)                   % 画线宽为1的密度曲线
xlabel('$H_{0}\rm{[km s^{-1}Mpc^{-1}]}$','FontSize',18,'Interpreter','latex')
ylabel('$p(H_{0})$','FontSize',18, 'Interpreter','latex')
legend('频率直方图','核密度估计','带误差的分布')    % 添加曲线注释
```

```
%下面是进一步的统计分析==================================================
[max_p,index] = max(p);                  % 找H0的最大值max_p和其对应的下标index
H_peak = x(index)                                            % x是H0最可几值
for i=1:length(x),P(i)=sum(p(1:i)*(x(2)-x(1)));end %利用密度分布产生累积分布P
iqr_p =min(x(P>=0.75))-min(x(P>=0.25))                       % 计算半极差iqr_p
```

运行结果为

```
H_peak =
   68.7017
iqr_p =
    8.2528
```

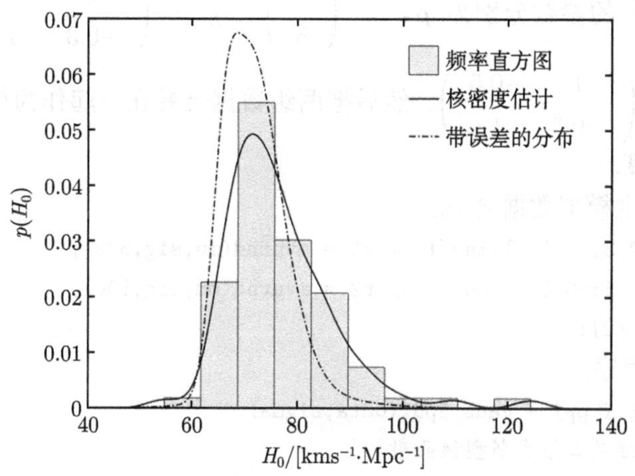

图 4.11 带误差 H_0 的分布密度与核密度估计的比较

结果告诉我们, 在考虑了数据的误差之后, 密度分布的形状与核密度估计有了显著的区别, 不仅峰值位置发生了变化, 分布宽度也有了较大差别. 而且, 峰值位置与 H_0 的加权平均值 $\hat{H}_0=\dfrac{\sum\limits_{i=1}^{n}w_iH_i}{\sum\limits_{i=1}^{n}w_i}=72.09$ 也不相同. 因此误差对分布有明显影响. □

在下面的例子中, 我们将尝试作二维的密度估计.

采用二维核函数是高斯型的分布

$$\hat{p}(\boldsymbol{x})=\frac{1}{2\pi\sigma\cdot n}\sum_{i=1}^{n}\exp\Big(-(\boldsymbol{x}-\boldsymbol{x}_i)^{\mathrm{T}}\Sigma^{-1}(\boldsymbol{x}-\boldsymbol{x}_i)/2\sigma^2\Big), \tag{4.41}$$

其中 Σ 为 $(\boldsymbol{x}_1,\cdots,\boldsymbol{x}_n)$ 的协方差阵, σ 是窗宽. 如果 σ 取得太小, 密度会呈现很多

(最多为 n 个) 尖峰; 如果取得过大, 会抹平密度的起伏. 文献 [3] 建议窗宽选取密度估计熵在拐点 (最小点) 的值. 密度估计熵 E 的定义为

$$E = -\sum_{i=1}^{n} \frac{p(\boldsymbol{x}_i)}{Z} \ln\left[\frac{p(\boldsymbol{x}_i)}{Z}\right], \tag{4.42}$$

其中 $Z = \sum_{i=1}^{n} p(\boldsymbol{x}_i)$ 是归一化因子. 这种密度估计实际上就是把数据分布看作若干个正态分布的和.

例 4.4.3 首先利用 mvnrnd 生成两组服从二元正态分布的随机数 X 和 Y, 设二元正态分布的参数分别为 $\boldsymbol{\mu}_X = \begin{pmatrix} 1 \\ 5 \end{pmatrix}, \Sigma_X = \begin{pmatrix} 1 & -0.3 \\ -0.3 & 1 \end{pmatrix}$ 和 $\boldsymbol{\mu}_Y = \begin{pmatrix} 4 \\ 3 \end{pmatrix}, \Sigma_Y = \begin{pmatrix} 1 & -0.5 \\ -0.5 & 1 \end{pmatrix}$. 然后把两组数据合并在一起作为模拟数据, 估计其二维概率密度.

解 先产生模拟数据 data.

```
sig = [1,-0.3;-0.3,1];mu=[1;5];r1 = mvnrnd(mu,sig,500);
sig = [1,-0.5;-0.5,1];mu=[4;3];r2 = mvnrnd(mu,sig,500);
data = [r1;r2];
```

编写如下程序.

```
function [X,Y,pp] = gaus_2pdf(data,sigma)
% gaus_2pdf是二维高斯型核函数
% data是2维列向量，sigma为高斯函数的标准差，
% sigma越小，密度曲面峰值越多，sigma越大，密度曲面越平滑
x = data(:,1);
y = data(:,2);
n = length(x);
hx = (max(x)-min(x))/20;
hy = (max(y)-min(y))/20;
x1 = linspace(min(x)-hx,max(x)+hx,100);  % 将空间划分为网格，100等分
y1 = linspace(min(y)-hy,max(y)+hy,100);
C = inv(cov(data));                      % 计算协方差阵，用来求马氏距离.
pp = zeros(100,100);                     % pp为二维密度估计矩阵
for i = 1:100
    for j = 1:100
    a = pdist2([x,y],[x1(i),y1(j)],'mahalanobis',C);      %取马氏距离
    pp(i,j) = 1/n/2/pi/sigma*sum(exp(-a.^2/2/sigma^2));
    end
```

```
end
[X,Y] = meshgrid(x1,y1);                              % 按原来的尺度画图
subplot(121)
surf(X,Y,pp)
xlabel('$X$','FontSize',18,'Interpreter','latex')
ylabel('$Y$','FontSize',18, 'Interpreter','latex')
zlabel('$\hat{p}(x,y)$','FontSize',18, 'Interpreter','latex')
% 画图, (a)图为密度图, (b)图为等高线图与元数据点的比较
subplot(122)
contour(X,Y,pp,10)                                   % 画10条等高线
hold on
plot(data(1:n/2,1),data(1:n/2,2),'k.')               % 加上原来的数据点r1
plot(data(n/2+1:end,1),data(n/2+1:end,2),'ko')       % 加上原来的数据点r2
legend('等高线','N(\mu_{X}\Sigma_{X})','N(\mu_{Y}\Sigma_{Y})','
    Interpreter','latex')
xlabel('$X$','FontSize',18,'Interpreter','latex')
ylabel('$Y$','FontSize',18, 'Interpreter','latex')
hold off
```

选取窗宽 $\sigma = 0.7$, 运行函数

```
>> [X,Y,pp] = gaus{\_}2pdf(data,0.7);
```

可以得到一个双峰的密度估计, 形状如图 4.12(a) 所示; 同时画出密度的等高图 (图 4.12(b)), 并把两组随机数也点在同一幅图内, 两者大体吻合.

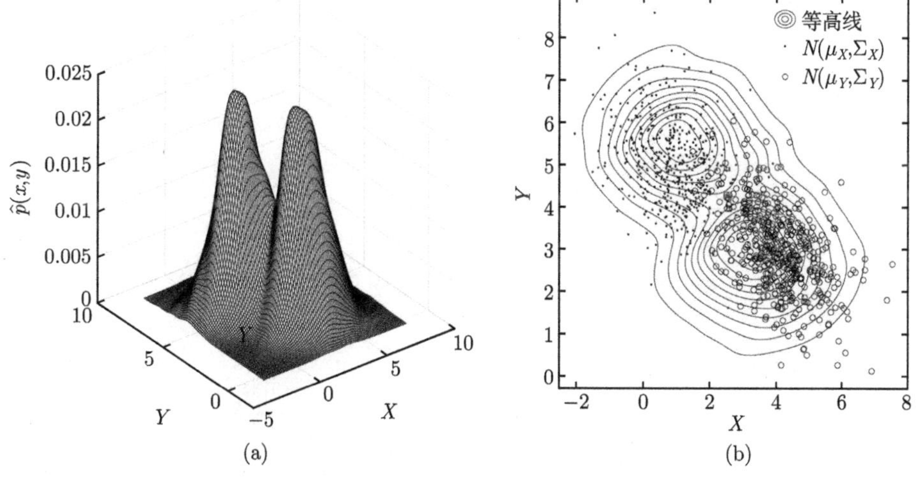

图 4.12 (a) 密度分布图; (b) 等高图和原始数据的比对

我们看到, 等高图可以把数据分为两部分. 事实上, 基于密度的估计在聚类分析中有重要的应用. □

参 考 文 献

[1] McClure M L, Dyer C C. Anisotropy in the Hubble constant as observed in the HST extragalactic distance scale key project results. New Astronomy, 2007, 12: 533-543.

[2] 李惕碚. 实验的数学处理. 北京: 科学出版社, 1980.

[3] 淦文燕, 李德毅. 基于核密度估计的层次聚类算法. 系统仿真学报, 2004, 16(2): 302-305, 309.

第 5 章　参数估计

参数估计和假设检验是统计推断的两个组成部分. 其中参数估计是用样本统计量来估计总体参数, 方法包括点估计和区间估计; 假设检验则是先对总体参数提出某种假设值, 然后利用样本信息判断这一假设是否成立. 因此, 参数估计和假设检验都是利用样本对总体进行某种推断, 只是推断的角度不同而已.

5.1　统计推断的天文学背景

统计推断帮助人们通过直接的观测得到数据特征及其延伸的结论. 通常, 天文学家只能选择比较亮, 或者离我们比较近的天体作为观测样本, 从有限的、不完备的样本去预测未知目标的参数, 比如平均值或某个线性关系的斜率等. 推断的基础是统计量的分布. 统计量是随机变量的函数, 在作推断时, 需要事先知道统计量的分布形式.

统计推断在天文学研究中应用得非常普遍, 例如, 从离散的观测值出发, 研究连续的观测现象; 为观测特征 (谱线、距离、图像、物理量) 建立数学模型; 检验观测现象是否符合理论的假设; 根据样本观测特征进行分类、聚类; 尝试用已有的观测预测未知; 等等. 以球状星团的动力学系统和演化研究为例, 观测给出了大约百分之一的恒星的二维坐标, 个别的恒星质量可以通过赫罗图 (恒星的光度——星等图) 推断得到. 径向速度则只有少数星团恒星可以通过光谱分析得到. 因此, 相空间六个参量 (三个空间参量和三个速度参量) 中只能探测到三个参量. 天文学家基于这些信息建立起相应的天文学模型, 而统计推断可以定量地评价给定模型条件下参数的优劣, 从而使人们更深入地理解球状星团的结构和动力学模型.

5.2　点估计原则

设观测量 $X \sim p(x;\theta)$, θ 是分布中待定的参量. 观测样本为 $(x_1,\cdots,x_n)$, 一般是用某种统计量 $\hat{\theta}=\hat{\theta}(x_1,\cdots,x_n)$ 来估计 θ, $\hat{\theta}$ 称为 θ 的估计值. 用统计量来估计总体某个未知参数的方法称为参数的点估计法. 常用的点估计法有矩估计法、最大似然估计法、最小二乘估计法和贝叶斯方法. 矩估计法基于随机变量矩的存在; 最大似然估计法基于概率最大; 最小二乘估计法则是基于误差最小. 当观测值与模型的残差的分布服从正态分布时, 最大似然估计法和最小二乘估计法是等价的.

做参数的点估计有两个前提, 第一是选择合理的参数模型; 第二是选择恰当的统计方法. 函数模型必须能够很好地描述所研究的物理过程, 否则即使得到了最佳拟合也可能是毫无意义的. 我们可以通过拟合优度检验和模型选择, 从统计学的角度验证模型. 至于什么是最好的参数估计的方法, 可以遵循相应的科学目标, 可以是具有最高精度 (最小方差) 的, 也可以是具有最大概率 (最大似然) 的. 在很多情况下, 我们可以找到一个最佳参数值, 既满足无偏, 又有最小方差和最大似然.

5.3 点估计技术

5.3.1 矩法

设分布 $p(x;\boldsymbol{\theta})$ 中含有 k 个未知参数 $\boldsymbol{\theta}=(\theta_1,\cdots,\theta_k)^{\mathrm{T}}$, 总体的 i 阶原点矩 $\mu_i=\mu_i(\boldsymbol{\theta})(i=1,\cdots,k)$ 存在 $\mu_i=\begin{cases}\displaystyle\int x^i p(x;\boldsymbol{\theta})\,\mathrm{d}x,\\ \displaystyle\sum x^i p(x;\boldsymbol{\theta}),\end{cases}$ 用样本的 i 阶矩 $M_i=\dfrac{1}{n}\displaystyle\sum_{j=1}^{n}X_j^i$ 作为 μ_i 的估计. 也就是解方程组 $\begin{cases}\mu_1(\boldsymbol{\theta})=M_1,\\ \cdots\cdots\\ \mu_k(\boldsymbol{\theta})=M_k,\end{cases}$ 将解出来的 θ 改记为 $\begin{cases}\hat{\theta}_1=\hat{\theta}_1(x_1,\cdots,x_n),\\ \cdots\cdots\\ \hat{\theta}_k=\hat{\theta}_k(x_1,\cdots,x_n),\end{cases}$ $\hat{\boldsymbol{\theta}}$ 称为 $\boldsymbol{\theta}$ 的矩估计值.

例 5.3.1　总体均值和方差的矩估计.

解　设均值为 μ, 方差为 σ^2,

$$\begin{cases}\mu=\bar{X},\\ \sigma^2=\dfrac{1}{n}\displaystyle\sum_{i=1}^{n}\left(X_i-\bar{X}\right)^2\end{cases}\Rightarrow\begin{cases}\hat{\mu}=\bar{X},\\ \hat{\sigma}^2=\dfrac{1}{n}\displaystyle\sum_{i=1}^{n}\left(X_i-\bar{X}\right)^2=\dfrac{n-1}{n}S^2.\end{cases}$$ □

矩估计法只用到总体矩, 用法简单, 原理直观, 是一种古老的参数估计方法. 但是如果总体矩不存在, 则无法求参数的点估计. 例如, 当总体 X 服从柯西分布时, 其密度函数为 $p(x;\theta)=\dfrac{1}{\pi}\cdot\dfrac{1}{1+(x-\theta)^2}$, 因为 $\dfrac{1}{\pi}\displaystyle\int_{-\infty}^{\infty}\dfrac{x\mathrm{d}x}{1+(x-\theta)^2}$ 不收敛, 未知参数 θ 的矩估计不存在, 所以无法用矩法求参数的点估计.

而且, 由于矩估计法没有用到总体的分布形式, 总体分布包含的参数信息没有被加以充分利用. 再有, 由于矩估计是基于大数定理的, 所以只有在大样本下, 矩估计才有较好的效果.

5.3.2 最小二乘法

设在时刻 $(x_1,\cdots,x_n)$ 获得观测数据 $(y_1,\cdots,y_n)$, 则可建立模型函数 $\hat{y}=f(x,\boldsymbol{\theta})$, 其中 $\boldsymbol{\theta}=(\theta_1,\cdots,\theta_m)^{\mathrm{T}}$ 是待估计参数, 最小二乘估计 $\hat{\boldsymbol{\theta}}$ 是使目标函数

$$\chi^2=\sum_{i=1}^{n}w_i\left(y_i-f\left(x_i,\boldsymbol{\theta}\right)\right)^2 \tag{5.1}$$

达最小值的 $\boldsymbol{\theta}$, 其中 w_i 是权重因子, 如果 x_i 的测量误差 σ_i 已知, 则 $w_i=1/\sigma_i^2$. 极大似然估计要求

$$\ln L=\text{Constant}-\frac{1}{2\sigma^2}\sum_{i=1}^{n}\left(y_i-f\left(x_i,\boldsymbol{\theta}\right)\right)^2 \tag{5.2}$$

达最小. 所以当残差 $y_i-f\left(x_i,\boldsymbol{\theta}\right)\sim N\left(0,\sigma^2\right)$ 时, 最大似然估计和最小二乘估计是一样的.

最小二乘估计中的一个核心问题是选择合理的模型函数 $f(x,\theta)$, 它既可以是物理的, 比如基于某种物理模型, 也可以完全是维像的, 比如数据点有线性趋势. 因此最小二乘估计是个拟合问题. 满足最小二乘准则的参数值 θ 可由下面正则方程组解出:

$$\sum_{i=1}^{n}w_i\left[y_i-f(x_i,\boldsymbol{\theta})\right]\frac{\partial f\left(x_i,\boldsymbol{\theta}\right)}{\partial\theta_k}=0,\qquad k=1,\cdots,m, \tag{5.3}$$

通常它是 $\boldsymbol{\theta}$ 的非线性方程组, 需用迭代法求解. 其解 $\hat{\boldsymbol{\theta}}$ 称为参数 $\boldsymbol{\theta}$ 的最小二乘估计. 把 χ^2 统计量中 $\boldsymbol{\theta}$ 最小二乘估计值代入可得 $\chi^2_{\min}$. 由抽样定理可知, 如果观测量 $x-f\left(t,\boldsymbol{\theta}\right)$ 服从正态分布, 则 $\chi^2_{\min}\sim\chi^2\left(n-m\right)$, 所以如果计算出的 $\chi^2_{\min}\gg E\left(\chi^2_{\min}\right)=n-m$, 则表明理论曲线与观测值有显著矛盾.

当拟合函数为广义线性函数 $\hat{y}=f_0\left(x\right)+f_1\left(x\right)\theta_1+\cdots+f_m\left(x\right)\theta_m$, 且观测相互独立时,

$$\begin{pmatrix}y_1\\\vdots\\y_n\end{pmatrix}=\begin{pmatrix}f_0\left(x_1\right)\\\vdots\\f_0\left(x_n\right)\end{pmatrix}+\begin{pmatrix}f_1\left(x_1\right)&\cdots&f_m\left(x_1\right)\\\vdots&&\vdots\\f_1\left(x_n\right)&\cdots&f_m\left(x_n\right)\end{pmatrix}\begin{pmatrix}\theta_1\\\vdots\\\theta_m\end{pmatrix}+N\left(0,V_y\right),$$

其中 $V_{\boldsymbol{y}}$ 是 $\boldsymbol{y}$ 的协方差阵. 用向量和矩阵的形式表示就是

$$\boldsymbol{y}=\boldsymbol{y}_0+F\boldsymbol{\theta}+N\left(0,V_{\boldsymbol{y}}\right), \tag{5.4}$$

$\chi^2=\left(\boldsymbol{y}-\boldsymbol{y}_0-F\boldsymbol{\theta}\right)^{\mathrm{T}}W_{\boldsymbol{y}}\left(\boldsymbol{y}-\boldsymbol{y}_0-F\boldsymbol{\theta}\right)$, 其中 $W_{\boldsymbol{y}}=V_{\boldsymbol{y}}^{-1}$.

解正规方程组 $\dfrac{\partial \chi^2}{\partial \theta_i}=0\ (i=1,\cdots,m)$ 得到最小二乘估计

$$\hat{\boldsymbol{\theta}}=\left(F^{\mathrm{T}}W_{\boldsymbol{y}}F\right)^{-1}F^{\mathrm{T}}W_{\boldsymbol{y}}\left(\boldsymbol{y}-\boldsymbol{y}_0\right), \tag{5.5}$$

这里, $\hat{\boldsymbol{\theta}}$ 是参数的无偏估计. 事实上,

$$E\hat{\boldsymbol{\theta}}=\left(F^{\mathrm{T}}W_{\boldsymbol{y}}F\right)^{-1}F^{\mathrm{T}}W_{\boldsymbol{y}}\left[E\left(\boldsymbol{y}-\boldsymbol{y}_0\right)\right]=\left(F^{\mathrm{T}}W_{\boldsymbol{y}}F\right)^{-1}F^{\mathrm{T}}W_{\boldsymbol{y}}F\boldsymbol{\theta}=\boldsymbol{\theta}.$$

MATLAB 提供了专门的拟合工具箱, 可以方便地完成线性拟合和非线性拟合.

5.3.3　最大似然法

设 $(X_1,\cdots,X_n)$ 是来自母体 X 的样本, $(x_1,\cdots,x_n)$ 是一个抽样 (或者说是一组观测值), 且 X 的分布密度函数为 $p\left(x;\boldsymbol{\theta}\right)$, 其中 $\boldsymbol{\theta}=(\theta_1,\cdots,\theta_k)^{\mathrm{T}}$ 是待估计的参数.

似然函数　定义似然函数为

$$L\left(x_1,\cdots,x_n,\boldsymbol{\theta}\right)=p\left(x_1,\cdots,x_n|\boldsymbol{\theta}\right)=\prod_{i=1}^{n}p\left(x_i|\boldsymbol{\theta}\right). \tag{5.6}$$

这是一个联合概率密度, 描述了当参数为 $\boldsymbol{\theta}$ 时, 获得观测数据 $(x_1,\cdots,x_n)$ 的概率. 显然, 我们应取使得似然函数达到最大值所对应的 $\boldsymbol{\theta}$. 求似然函数的最大值通常转化为求解对数似然函数 $\ln L(\theta_1,\cdots,\theta_k)$ 的最大值, 即求解方程组

$$\frac{\partial \ln L}{\partial \theta_1}=0,\cdots,\frac{\partial \ln L}{\partial \theta_k}=0, \tag{5.7}$$

得出的解 $\hat{\theta}_1,\cdots,\hat{\theta}_k$ 即为参数的最 (极) 大似然估计.

例 5.3.2　设概率密度为 $p\left(x\right)=\left(\theta+1\right)x^{\theta},\quad 0<x<1$, 其中, $\theta>-1$ 是未知参量, $X_1,\cdots,X_n$ 为样本. 分别用矩法和极大似然法求 θ.

解　(1) 矩法.

因为$E\left(X\right)=\displaystyle\int_0^1 x\left(\theta+1\right)x^{\theta}\mathrm{d}x=\int_0^1\left(\theta+1\right)x^{\theta+1}\mathrm{d}x=\frac{\theta+1}{\theta+2}$, 由 $\bar{X}\approx E\left(X\right)=\dfrac{\theta+1}{\theta+2}$, 推出 $\hat{\theta}=\dfrac{2\bar{X}-1}{1-\bar{X}}$.

(2) 最大似然估计方法.

$$L\left(\theta\right)=\prod_{i=1}^{n}\left[\left(\theta+1\right)x_i^{\theta}\right]=\left(\theta+1\right)^{n}\left(\prod_{i=1}^{n}x_i\right)^{\theta},\quad \ln L\left(\theta\right)=n\ln\left(\theta+1\right)+\theta\sum_{i=1}^{n}\ln x_i.$$

令 $\dfrac{\mathrm{d}\ln L\left(\theta\right)}{\mathrm{d}\theta}=\dfrac{n}{\theta+1}+\displaystyle\sum_{i=1}^{n}\ln x_i=0\Rightarrow\hat{\theta}=-\left(n\Big/\sum_{i=1}^{n}\ln x_i\right)-1\ \neq\dfrac{2\bar{X}-1}{1-\bar{X}}$ (矩法的结果). □

例 5.3.3 乔安西[1] 曾证明，河外射电源中，流量密度大于 S 的数密度 $N(>S)$ 和流量密度 S 之间存在幂律关系：$N(>S)=kS^{-\gamma}$. 其中 k 为常数，$-\gamma$ 是对数图 $\log N-\log S$ 中的斜率，也是待估计的参数，试求之.

解 S 的概率分布 (亦即得到一个具有流量约为 S 的源的概率密度) 为

$$p(S)\propto\left|\frac{\mathrm{d}N}{\mathrm{d}S}\right|=\gamma kS^{-(\gamma+1)},$$

其中 k 由归一化 $\int_{S_0}^{\infty}p(S)\,\mathrm{d}S=1$ 确定. 于是有 $\int_{S_0}^{\infty}\gamma kS^{-(\gamma+1)}\mathrm{d}S=1$, 推出 $k=\frac{1}{S_0^{\gamma}}$. 设观测样本为 $(S_1,\cdots,S_n)$, 极大似然函数可以表示为 $L(\gamma)=\left[\gamma\left(S_i/S_0\right)^{-(\gamma+1)}\right]^n$, 对数似然函数 $\ln L(\gamma)=n\ln\gamma-(\gamma+1)\sum\limits_{i=1}^{n}\ln\left(S_i/S_0\right)$. 在求最大似然解时，去掉求和项中与 γ 无关的项，仅考虑 $\ln L(\gamma)=n\ln\gamma-\gamma\sum\limits_{i=1}^{n}\ln\left(S_i/S_0\right)$ 就够了. 容易解得 $\hat{\gamma}=n\Big/\sum\limits_{i=1}^{n}\ln\left(S_i/S_0\right)$. □

最大似然估计比其他点估计优越的地方是它具有最小方差.而且随着样本容量的增大，估计值渐近地服从以真值为期望值的正态分布.

黑塞矩阵 黑塞矩阵 (Hessian) H 定义为

$$H=\begin{pmatrix}\dfrac{\partial^2\ln L}{\partial\theta_1^2} & \dfrac{\partial^2\ln L}{\partial\theta_1\partial\theta_2} & \cdots & \dfrac{\partial^2\ln L}{\partial\theta_1\partial\theta_k}\\ \dfrac{\partial^2\ln L}{\partial\theta_2\partial\theta_1} & \dfrac{\partial^2\ln L}{\partial\theta_2^2} & \cdots & \dfrac{\partial^2\ln L}{\partial\theta_2\partial\theta_k}\\ \vdots & \vdots & & \vdots\\ \dfrac{\partial^2\ln L}{\partial\theta_k\partial\theta_1} & \dfrac{\partial^2\ln L}{\partial\theta_k\partial\theta_2} & \cdots & \dfrac{\partial^2\ln L}{\partial\theta_k^2}\end{pmatrix}\tag{5.8}$$

记 H 的期望值为 $E(H)$, 有如下结论.

定理 5.3.1 若 $(x_1,\cdots,x_N)$ 是密度分布 $p(x;\theta)$ 的样本值，$\boldsymbol{\theta}=(\theta_1,\cdots,\theta_k)^{\mathrm{T}}$, $\hat{\boldsymbol{\theta}}$ 是 $\boldsymbol{\theta}$ 的最大似然估计，则当 $N\to\infty$ 时，$\hat{\boldsymbol{\theta}}$ 的分布密度 $\pi\left(\hat{\boldsymbol{\theta}}\right)$ 趋于 k 维正态分布 $N\left(\hat{\boldsymbol{\theta}};\boldsymbol{\theta},\Sigma\right)$, 即

$$\pi(\hat{\boldsymbol{\theta}})\to\frac{1}{\sqrt{(2\pi)^k\det(\Sigma)}}\exp\left[-\frac{1}{2}(\hat{\boldsymbol{\theta}}-\boldsymbol{\theta})^{\mathrm{T}}\Sigma^{-1}(\hat{\boldsymbol{\theta}}-\boldsymbol{\theta})\right],\tag{5.9}$$

其中 $\Sigma=[-E(H)]^{-1}$, $\det(\Sigma)$ 是协方差阵 Σ 的行列式. 特别当 θ 为一维参数时，

$$\Sigma = \left[-E\left(\frac{\partial^2 \ln L}{\partial \theta^2}\right)\right]^{-1} = \left[-E\left(\frac{\partial^2 \ln\left(\prod p(x_i;\theta)\right)}{\partial \theta^2}\right)\right]^{-1}$$

$$= \frac{-1}{N \cdot E\left(\frac{\partial^2 \ln p(x;\theta)}{\partial \theta^2}\right)} \equiv r^2(\theta),$$

$$\pi\left(\hat{\theta}\right) \to \frac{1}{\sqrt{2\pi} r(\theta)} \exp\left[-\frac{\left(\hat{\theta}-\theta\right)^2}{2r^2(\theta)}\right]. \tag{5.10}$$

证　略. □

注 1　为了区别随机变量 X 的分布密度和密度函数参数 θ 的分布密度, 文中把 X 的密度函数记作 $p(x)$, 把参数 θ 的分布密度记作 $\pi(\theta)$.

定理 5.3.1 最简单的形式就是 X 服从一维正态分布 $N(\mu,\sigma^2)$ 的情形. 这时, $\ln L = -\frac{1}{\sigma^2}\sum\limits_{i=1}^{n}(X_i-\mu)^2 - n\ln\sigma$, 所以黑塞矩阵 $E\left(-\frac{\partial^2 \ln L}{\partial \mu^2}\right) = \frac{n}{\sigma^2}$. 我们得到了 $\bar{X}$ 的方差 $H^{-1} = \sigma^2/n$. 在例 5.3.3 中, 仅有一个待估参数 γ. 设观测样本为 $(S_1,\cdots,S_n)$, 则 γ 的方差为 $1\Big/E\left(-\frac{\partial^2 \ln L}{\partial \gamma^2}\right) = \frac{\gamma^2}{n} \approx \frac{\hat{\gamma}^2}{n}$.

例 5.3.4　当 $(X_1,\cdots,X_n)$ 是正态分布 $N(\mu,\sigma^2)$ 的样本时, 求 $\hat{\boldsymbol{\theta}} = (\hat{\mu},\hat{\sigma}^2)$ 的分布密度 $\pi(\hat{\boldsymbol{\theta}})$.

解　对数似然函数为 (去掉了常数项)

$$\ln L = -\frac{n}{2}\ln\sigma^2 - \frac{1}{2\sigma^2}\sum_{i=1}^{n}(X_i-\mu)^2,$$

于是黑塞矩阵

$$H = \begin{pmatrix} \frac{\partial^2 \ln L}{\partial \mu^2} & \frac{\partial^2 \ln L}{\partial \mu \partial \sigma^2} \\ \frac{\partial^2 \ln L}{\partial \mu \partial \sigma^2} & \frac{\partial^2 \ln L}{\partial (\sigma^2)^2} \end{pmatrix} = \begin{pmatrix} -\frac{n}{\sigma^2} & -\frac{1}{\sigma^4}\sum\limits_{i=1}^{n}(X_i-\mu) \\ -\frac{1}{\sigma^4}\sum\limits_{i=1}^{n}(X_i-\mu) & -\frac{1}{\sigma^6}\sum\limits_{i=1}^{n}(X_i-\mu)^2 + \frac{n}{2\sigma^4} \end{pmatrix}.$$

注意到 $E(X_i)=\mu$, $E(X_i^2)=\sigma^2+(EX_i)^2=\sigma^2+\mu^2$, 得 $-E(H)=\begin{pmatrix} n/\sigma^2 & 0 \\ 0 & n/(2\sigma^4) \end{pmatrix}$, 因此 $C = \begin{pmatrix} \sigma^2/n & 0 \\ 0 & 2\sigma^4/n \end{pmatrix}$. 也就是说, $(\hat{\mu},\hat{\sigma}^2)$ 的分布为两个独立的正态分布 $\pi(\hat{\mu})$ 和 $\pi(\hat{\sigma}^2)$ 的乘积, 其中

$$\pi(\hat{\mu}) = N\left(\hat{\mu};\mu,\sigma^2/n\right), \quad \pi(\hat{\sigma}^2) = N\left(\hat{\sigma}^2;\sigma^2,2\sigma^4/n\right).$$ □

5.3.4 计算最大似然估计的 EM 算法

用解析的方法直接求出最大似然估计通常是很困难的. 在计算机技术发达的今天, 用数值方法求极大值有了很大发展, 如牛顿法、最速下降法等. 不过这些方法的收敛速度较慢, 当局部导数不稳定或者似然函数有多个极大值时, 可能会收敛到局部极大值.

期望最大化算法简称 EM 算法 (expectation-maximization), 是一种迭代最优算法, 由登普斯特等在 1977 年提出[2]. 该方法主要应用于以下两种情形: ① 由于观测过程的局限性, 导致了观测数据不完全; ② 似然函数不解析, 或者似然函数的表达式过于复杂从而导致极大似然函数的传统估计方法失效. EM 算法在贝叶斯验后分布的计算中被广泛应用.

隐变量 设 Y 为观测变量, Z 为与 Y 相互独立的缺失变量, 它是观测不到的量, 也称隐变量. 则 $X=(Y,Z)$ 构成了完整的数据变量. 假设 $X=(Y,Z)$ 的密度函数为 $p(X,Y,\theta)$, 写作 $p(X,Y|\theta)$, 显然有 $p(X,Y,\theta)=p(Z,Y|\theta)=p(Z|Y,\theta)p(Y|\theta)$. 极大似然估计就是求出使 $p(Z,Y|\theta)$ 达到极大的 θ 值. 为此, 定义一个新的似然函数

$$\pi(\theta|Y,Z)=p(Y,Z|\theta), \tag{5.11}$$

$\pi(\theta|Y,Z)$ 称为完全数据的似然函数.

EM 算法是个 E-M 迭代的过程, 反复地通过 (E 步) 求期望值和 (M 步) 令期望值最大化, 迭代找出使 $\ln\pi(\theta|Y,Z)$ 达到最大的 θ 值. 记 $\theta^{(i)}$ 为第 i 步的参数估计值, 则 $\theta^{(i+1)}$ 经下面两个步骤得到.

E 步 假设给定 $\theta^{(i)}$和观测数据 Y 的条件下, 隐变量 Z 的边缘分布密度为 $p\left(Z|\theta^{(i)},Y\right)$, 则 $\ln\pi(\theta|Y,Z)$ 关于 Z 的条件期望 $Q\left(\theta|\theta^{(i)},Y\right)$ 是

$$\begin{aligned}Q\left(\theta|\theta^{(i)},Y\right)=&E_Z\left[\ln\pi(\theta|Y,Z)|\,\theta^{(i)},Y\right]\\=&\int_Z\ln\pi(\theta|Y,Z)\,p\left(Z|\theta^{(i)},Y\right)\mathrm{d}Z.\end{aligned} \tag{5.12}$$

由乘法公式 $p\left(Z,Y|\,\theta^{(i)}\right)=p\left(Z|\,Y,\theta^{(i)}\right)p\left(Y|\theta^{(i)}\right)$, 而 $p\left(Y|\theta^{(i)}\right)$ 与 θ 无关, 所以在实际估计 $\max\limits_{\theta}Q\left(\theta|\theta^{(i)},Y\right)$ 时, 可以用 $p\left(Z,Y|\,\theta^{(i)}\right)$ 来代替 $p\left(Z|\theta^{(i)},Y\right)$. 所以具体计算时用的公式为

$$Q\left(\theta|\theta^{(i)},Y\right)=\int_Z\ln\pi(\theta|Y,Z)\,p\left(Z,Y|\theta^{(i)}\right)\mathrm{d}Z. \tag{5.13}$$

M 步 求 $Q\left(\theta|\theta^{(i)},Y\right)$ 的极大值点 $\theta^{(i+1)}$, 使满足

$$Q\left(\theta^{(i+1)}|\theta(i),Y\right)=\max_{\theta}Q\left(\theta|\theta^{(i)},Y\right), \tag{5.14}$$

将 $\theta^{(i+1)}$ 再回代到 E 步及 M 步, 反复迭代, 形成序列 $\left\{\theta^{(n)} \middle| n=1,2,\cdots\right\}$ 直到其收敛到精度要求为止. 数学上已经证明, EM 算法在每一次迭代后均可以提高极大似然密度的函数值, 具有良好的全局收敛性.

例 5.3.5　假设在时刻 k 有观测数据 (向量) $\boldsymbol{y}_k=(y_1,\cdots,y_m)_k^{\mathrm{T}}, k=0,1,2,\cdots,n$. 已知 $\boldsymbol{y}_k$ 和 k 时刻的状态变量 (隐变量) $\boldsymbol{z}_k=(z_1,\cdots,z_n)_k^{\mathrm{T}}$ 之间满足状态空间模型

$$\left\{\begin{array}{ll}\boldsymbol{z}_{k+1}=G\boldsymbol{z}_k+\boldsymbol{w}_k, & \text{(a)}\\ \boldsymbol{y}_k=H\boldsymbol{z}_k+\boldsymbol{v}_k, & \text{(b)}\end{array}\right. \tag{5.15}$$

其中 G 为 $n\times n$ 矩阵, H 为 $m\times n$ 矩阵, $\boldsymbol{w}_k$ 和 $\boldsymbol{v}_k$ 分别是 $n\times 1$ 维和 $m\times 1$ 维的模型噪声, $\boldsymbol{w}_k$ 和 $\boldsymbol{v}_k$ 相互独立, 且不同时刻之间的噪声也相互独立, 即满足: $E\left(\boldsymbol{w}_i\boldsymbol{v}_j^{\mathrm{T}}\right)=0$, $E\left(\boldsymbol{w}_i\boldsymbol{w}_j^{\mathrm{T}}\right)=Q\delta_{ij}$, $E\left(\boldsymbol{v}_i\boldsymbol{v}_j^{\mathrm{T}}\right)=R\delta_{ij}$, Q 和 R 分别为 $n\times n$ 和 $m\times m$ 方差矩阵. 于是 $\boldsymbol{w}_k\sim N(\boldsymbol{0},Q)$, $\boldsymbol{v}_k\sim N(\boldsymbol{0},R), k=1,\cdots,n$. 本问题中待估计的参数是 $\boldsymbol{\theta}=\{G,H,Q,R\}$.

由 (5.15a) 式可得状态方程的条件密度 $\boldsymbol{z}_k-G\boldsymbol{z}_{k-1}\sim N(\boldsymbol{0},Q)$, 即

$$\begin{aligned}p\left(\boldsymbol{z}_k\middle|\boldsymbol{z}_{k-1}\right)=&\frac{1}{(2\pi)^{-n/2}\sqrt{\det Q}}\exp\left[-\frac{1}{2}\left(\boldsymbol{z}_k-G\boldsymbol{z}_{k-1}\right)^{\mathrm{T}}Q^{-1}\left(\boldsymbol{z}_k-G\boldsymbol{z}_{k-1}\right)\right],\\ &k=1,\cdots,n,\end{aligned}$$

由 (5.15b) 式可得测量方程的条件密度

$$p\left(\boldsymbol{y}_k\middle|\boldsymbol{z}_k\right)=\frac{1}{(2\pi)^{-m/2}\sqrt{\det R}}\exp\left[-\frac{1}{2}\left(\boldsymbol{y}_k-H\boldsymbol{z}_k\right)^{\mathrm{T}}R^{-1}\left(\boldsymbol{y}_k-H\boldsymbol{z}_k\right)\right], k=0,\cdots,n,$$

记 $Z=\{\boldsymbol{z}_1,\boldsymbol{z}_2,\cdots,\boldsymbol{z}_n\}, Y=\{\boldsymbol{y}_1,\boldsymbol{y}_2,\cdots,\boldsymbol{y}_n\}$, 得到给定 $\boldsymbol{\theta}$ 条件下 (Y,Z) 的条件密度为

$$p\left(Y,Z\middle|\boldsymbol{\theta}\right)=p\left(\boldsymbol{z}_0\right)\prod_{k=1}^{n}p\left(\boldsymbol{z}_k\middle|\boldsymbol{z}_{k-1}\right)\prod_{k=0}^{n}p\left(\boldsymbol{y}_k\middle|\boldsymbol{z}_k\right). \tag{5.16}$$

我们的目的就是求 $\boldsymbol{\theta}$, 使以上条件密度最大化. 根据 (5.11) 式, 定义似然函数

$$\pi\left(\boldsymbol{\theta}\middle|Y,Z\right)=p\left(Y,Z\middle|\boldsymbol{\theta}\right),$$

相应的对数似然函数 (仍写作 L) 为 (去掉与待估参数 $\boldsymbol{\theta}$ 无关的项, 取 $p(\boldsymbol{z}_0)=1$)

$$\begin{aligned}L(\boldsymbol{\theta}|Y,Z)=&-\frac{1}{2}\sum_{k=1}^{n}\left[\ln(\det Q)+\left(\boldsymbol{z}_k-G\boldsymbol{z}_{k-1}\right)^{\mathrm{T}}Q^{-1}\left(\boldsymbol{z}_k-G\boldsymbol{z}_{k-1}\right)\right]\\ &-\frac{1}{2}\sum_{k=0}^{n}\left[\ln(\det R)+\left(\boldsymbol{y}_k-H\boldsymbol{z}_k\right)^{\mathrm{T}}R^{-1}\left(\boldsymbol{y}_k-H\boldsymbol{z}_k\right)\right]\end{aligned}$$

$$
=\frac{1}{2}\sum_{k=1}^{n}\left[\ln\left(\det Q^{-1}\right)-\left(\boldsymbol{z}_k-G\boldsymbol{z}_{k-1}\right)^{\mathrm{T}}Q^{-1}\left(\boldsymbol{z}_k-G\boldsymbol{z}_{k-1}\right)\right]
+\frac{1}{2}\sum_{k=0}^{n}\left[\ln\left(\det R^{-1}\right)-\left(\boldsymbol{y}_k-H\boldsymbol{z}_k\right)^{\mathrm{T}}R^{-1}\left(\boldsymbol{y}_k-H\boldsymbol{z}_k\right)\right].
$$

根据 (5.12) 式, 我们要在给定 $\boldsymbol{\theta}^{(i)}$ 和 Y 条件下, 求 $\boldsymbol{\theta}^{(i+1)}$, 使得 $\int_z p\left(Z|\,Y,\boldsymbol{\theta}^{(i)}\right)\cdot L\left(\boldsymbol{\theta}|\,Y,Z\right)\mathrm{d}Z$ 达极大值. 根据 (5.12) 式后面的说明, 它等同于以下函数达最大值

$$
D\left(\boldsymbol{\theta}|\,\boldsymbol{\theta}^{(i)},Y\right)=\int_z p\left(Z,Y|\,\boldsymbol{\theta}^{(i)}\right)L\left(\boldsymbol{\theta}|\,Y,Z\right)\mathrm{d}Z,
$$

即求解联立方程 $\dfrac{\partial D}{\partial H}=\dfrac{\partial D}{\partial R^{-1}}=\dfrac{\partial D}{\partial G}=\dfrac{\partial D}{\partial Q^{-1}}=0$, 这里涉及对向量和矩阵的求导, 相关定义和运算性质可在矩阵论教科书中查到. 注意到 $p\left(Z,Y|\,\boldsymbol{\theta}^{(i)}\right)$ 与待估参数无关, Q 和 R 均为对称正定矩阵, 给定观测值 Y 条件下, $E_Z\left(\boldsymbol{y}_k\boldsymbol{z}_k^{\mathrm{T}}|\,Y\right)=\boldsymbol{y}_kE_Z\left(\boldsymbol{z}_k^{\mathrm{T}}|\,Y\right),E_Z\left(\boldsymbol{y}_k\boldsymbol{y}_k^{\mathrm{T}}|\,Y\right)=\boldsymbol{y}_k\boldsymbol{y}_k^{\mathrm{T}}$, 有 (略去期望值的下标)

$$
\begin{aligned}
\frac{\partial D}{\partial H}&=\int_z p\left(Z,Y|\,\boldsymbol{\theta}^{(i)}\right)\frac{\partial L\left(\boldsymbol{\theta}|\,Y,Z\right)}{\partial H}\mathrm{d}Z\\
&=\sum_{k=0}^{n}\int_z p\left(Z,Y|\,\boldsymbol{\theta}^{(i)}\right)\left[R^{-1}\left(H\boldsymbol{z}_k\boldsymbol{z}_k^{\mathrm{T}}-\boldsymbol{y}_k\boldsymbol{z}_k^{\mathrm{T}}\right)\right]\mathrm{d}Z=0,\\
\hat{H}&=\left[\sum_{k=0}^{n}E\left(\boldsymbol{y}_k\boldsymbol{z}_k^{\mathrm{T}}\right)\right]\left[\sum_{k=0}^{n}E\left(\boldsymbol{z}_k\boldsymbol{z}_k^{\mathrm{T}}\right)\right]^{-1}=\left[\sum_{k=0}^{n}\boldsymbol{y}_kE\left(\boldsymbol{z}_k^{\mathrm{T}}\right)\right]\left[\sum_{k=0}^{n}E\left(\boldsymbol{z}_k\boldsymbol{z}_k^{\mathrm{T}}\right)\right]^{-1}.
\end{aligned}
\tag{5.17}
$$

$$
\begin{aligned}
2\frac{\partial D}{\partial R^{-1}}&=(n+1)\,R-\sum_{k=0}^{n}\left[\boldsymbol{y}_k\boldsymbol{y}_k^{\mathrm{T}}-\boldsymbol{y}_kE\left(\boldsymbol{z}_k^{\mathrm{T}}\right)H^{\mathrm{T}}-HE\left(\boldsymbol{z}_k\right)\boldsymbol{y}_k^{\mathrm{T}}+HE\left(\boldsymbol{z}_k\boldsymbol{z}_k^{\mathrm{T}}\right)H^{\mathrm{T}}\right]\\
&=(n+1)\,R-\sum_{k=0}^{n}\left[\boldsymbol{y}_k\boldsymbol{y}_k^{\mathrm{T}}-2HE\left(\boldsymbol{z}_k\right)\boldsymbol{y}_k^{\mathrm{T}}+HE\left(\boldsymbol{z}_k\left(H\boldsymbol{z}_k\right)^{\mathrm{T}}\right)\right]\\
&=(n+1)\,R-\sum_{k=0}^{n}\left[\boldsymbol{y}_k\boldsymbol{y}_k^{\mathrm{T}}-2HE\left(\boldsymbol{z}_k\right)\boldsymbol{y}_k^{\mathrm{T}}+HE\left(\boldsymbol{z}_k\left(\boldsymbol{y}_k-\boldsymbol{v}_k\right)^{\mathrm{T}}\right)\right]\\
&=(n+1)\,R-\sum_{k=0}^{n}\left[\boldsymbol{y}_k\boldsymbol{y}_k^{\mathrm{T}}-HE\left(\boldsymbol{z}_k\right)\boldsymbol{y}_k^{\mathrm{T}}\right],\\
\hat{R}&=\frac{1}{n+1}\left\{\sum_{k=0}^{n}\boldsymbol{y}_k\boldsymbol{y}_k^{\mathrm{T}}-\sum_{k=0}^{n}\left[\hat{H}E\left(\boldsymbol{z}_k\right)\boldsymbol{y}_k^{\mathrm{T}}\right]\right\}.
\end{aligned}
\tag{5.18}
$$

类似地有

$$\hat{G}=\left[\sum_{k=0}^{n}E\left(z_k z_{k-1}^{\mathrm{T}}\right)\right]\left[\sum_{k=0}^{n}E\left(z_{k-1}z_{k-1}^{\mathrm{T}}\right)\right]^{-1}, \tag{5.19}$$

$$\hat{Q}=\frac{1}{n}\left[\sum_{k=0}^{n}E\left(z_k z_k^{\mathrm{T}}\right)-\sum_{k=0}^{n}\hat{G}E\left(z_{k-1}z_k^{\mathrm{T}}\right)\right]. \tag{5.20}$$

(5.17)—(5.20) 式就是参数的重估公式.

5.3.5 估计量好坏标准

对于不同的估计量, 用三个性质来判断估计的优劣.

无偏性　说 $\hat{\theta}$ 是 θ 的无偏估计, 如果

$$E\hat{\theta}=\theta. \tag{5.21}$$

例如 $E\left(\bar{X}\right)=E(X)$, $E\left(S_X^2\right)=D(X)$. 所以 $\bar{X}$ 和 S_X^2 分别是 $E(X)$ 和 $D(X)$ 的无偏估计, 但是 S_X 不是标准差 σ 的无偏估计.

同一参数可能有多种无偏估计. 比如 $(X_1,\cdots,X_n)$ 是来自正态总体 X 的样本, 则 $\hat{\mu}_1=X_1$, $\hat{\mu}_2=\dfrac{1}{2}(X_1+X_N)$ 和 $\hat{\mu}_3=\dfrac{1}{3}(X_1+2X_N)$ 都是 $E(X)$ 的无偏估计, 但它们的方差不同.

一致性　说 $\hat{\theta}$ 是 θ 的一致估计, 如果随着样本容量 $n\to\infty$,

$$\lim_{n\to\infty}E(\hat{\theta}-\theta)^2=0. \tag{5.22}$$

一致性说明容量增大时, 估计量越来越集中于 θ 附近. 例如 $\bar{X}$, S_X^2, S_{XY} 分别是 $E(X), D(X)$ 和 $\mathrm{cov}(X,Y)$ 的一致估计量, 但是 $\hat{\mu}_1$, $\hat{\mu}_2$, $\hat{\mu}_3$ 不是 $E(X)$ 的一致估计量. 由辛钦大数定理知, θ 的矩估计 $\hat{\theta}$ 是一致估计; θ 的极大似然估计一般也是一致估计; 若 $\hat{\theta}$ 是 θ 的无偏估计, 则由切比雪夫不等式有 $P(|\hat{\theta}-\theta|\geqslant\varepsilon)\leqslant\dfrac{D(\hat{\theta})}{\varepsilon^2}$, 故当 $\lim\limits_{n\to\infty}D(\hat{\theta})=0$ 时, $\hat{\theta}$ 是 θ 的一致估计.

有效性　若 $\hat{\theta}$ 和 $\hat{\theta}'$ 是 θ 的两个估计量, 且

$$\frac{E(\hat{\theta}-\theta)^2}{E(\hat{\theta}'-\theta)^2}<1, \tag{5.23}$$

则称估计量 $\hat{\theta}$ 比 $\hat{\theta}'$ 有效.

例 5.3.6　设随机变量 $X\sim U(0,\theta)$, 其中 $\theta>0$ 是未知参量, 求 θ 的极大似然估计量, 判断它是否为 θ 的无偏估计.

解　(1) 通过求解似然函数, 得出 θ 的估计值 $\hat{\theta}$. 似然函数 $L=\prod\limits_{i=1}^{n}p(x_i,\theta)$, 其中 $p(x_i,\theta)=\dfrac{1}{\theta}$, $0\leqslant x_i\leqslant\theta\Rightarrow L=\dfrac{1}{\theta^n}$, $0\leqslant x_i\leqslant\theta, i=1,2,\cdots,n$.

因为 θ 越小, L 越大, 所以 $\hat{\theta}=\max(x_1,\cdots,x_n)$, 这是满足 $0\leqslant x_i\leqslant\theta$ $(i=1,2,\cdots,n)$ 的最小的 θ.

(2) 求 $\hat{\theta}$ 的概率密度 $p_{\hat{\theta}}(x)$, 看是否有 $E\left(\hat{\theta}\right)=\theta$. $\hat{\theta}$ 的分布函数为

$$\begin{aligned}F_{\hat{\theta}}(x)&=P(\hat{\theta}\leqslant x)=P\left(\max(x_1,\cdots,x_n)\leqslant x\right)\\&=P\left(x_1\leqslant x\right)P\left(x_2\leqslant x\right)\cdots P\left(x_n\leqslant x\right)=\left[F_X(x)\right]^n,\end{aligned}$$

其中

$$F_X(x)=\int_{-\infty}^{x}p\left(t,\theta\right)\mathrm{d}t=\int_0^x\frac{\mathrm{d}t}{\theta}=\begin{cases}0, & x<0,\\ \dfrac{x}{\theta}, & 0\leqslant x<\theta,\\ 1, & x\geqslant\theta\end{cases}\Rightarrow F_{\hat{\theta}}(x)=\begin{cases}0, & x<0,\\ \dfrac{x^n}{\theta^n}, & 0\leqslant x<\theta,\\ 1, & x\geqslant\theta.\end{cases}$$

因此, $\hat{\theta}$ 的概率密度为

$$p_{\hat{\theta}}(x)=F'_{\hat{\theta}}(x)=\frac{nx^{n-1}}{\theta^n},\quad 0\leqslant x\leqslant\theta,$$

从而

$$E\left(\hat{\theta}\right)=\int_{-\infty}^{\infty}xp_{\hat{\theta}}\left(x\right)\mathrm{d}x=\int_0^{\theta}x\cdot\frac{nx^{n-1}}{\theta^n}\mathrm{d}x=\frac{n}{n+1}\theta\neq\theta.$$

所以 $\hat{\theta}=\max\left(x_1,\cdots,x_n\right)$ 不是 θ 的无偏估计. □

例 5.3.7 比较正态总体期望值 μ 的两个无偏估计 $\bar{X}=\dfrac{1}{n}\sum\limits_{i=1}^{n}X_i$ 与 $X'=\dfrac{\sum w_iX_i}{\sum w_i}$ 的有效性, 其中 w_i 是权重因子.

解 $E\left(\bar{X}\right)=\mu,\ D\left(\bar{X}\right)=\dfrac{\sigma^2}{n},\ E\left(X'\right)=\dfrac{1}{\sum w_i}\sum w_i\left(EX_i\right)=\mu.$

$$D\left(X'\right)=\sigma^2\cdot\frac{\sum w_i^2}{\left(\sum w_i\right)^2}.$$

因为

$$\left(\sum w_i\right)^2=\sum_{i=1}^{n}w_i^2+2\sum_{i<j}w_iw_j\leqslant\sum_{i=1}^{n}w_i^2+\overbrace{\sum_{i<j}\left(w_i^2+w_j^2\right)}^{(n-1)\sum\limits_{i=1}^{n}w_i^2},$$

所以 $D\left(X'\right)\geqslant\dfrac{\sigma^2}{n}=D\left(\bar{X}\right)$, 即 $\bar{X}$ 比 X' 有效. □

例 5.3.8 在某超新星中记录到 N 个中微子. 已知在时刻 t 记录到一个中微子的概率 (取适当的单位) 为 $\exp\left[-\left(t-t_0\right)\right]$, 其中 t_0 是中微子的爆发时刻, 求

(1) t_0 的最大似然估计; (2) 利用顺序统计量求 t_1 的期望值.

解　(1) 我们知道等待时间满足指数分布, 假设中微子到达时间 (按顺序) 是 $T_1, T_2, \cdots, T_N$, 则到达时刻小于 t_0 的数据的概率显然是 0, 即有

$$p(t) = \begin{cases} \exp[-(t - t_0)], & t \geqslant t_0, \\ 0, & t < t_0. \end{cases}$$

为简化表达, 引入阶跃函数 $H(x) = \begin{cases} 1, & x > 0, \\ 0, & x \leqslant 0, \end{cases}$ 于是, 观测数据的似然函数为 $L \propto \prod_i H(T_i - t_0) \exp[-(T_i - t_0)]$. 因为 $T_1 < T_2 < T_3 < \cdots$, 当然 t_0 越大, 似然函数就越大, 但 t_0 必须小于 T_1, 所以最大就是 T_1, 即 $(t_0)_{\mathrm{MLE}} = T_1$.

(2) 根据定理 4.2.7, 第 k 个顺序统计量的密度 $g_k(t_k)$ 为

$$g_k(t_k) = \frac{N!}{(k-1)!(N-k)!} [F(t_k)]^{k-1} [1 - F(t_k)]^{N-k} p(t_k),$$

即

$$g_1(t_1) = N [1 - F(t_1)]^{N-1} p(t_1).$$

又

$$p(t_1) = e^{-(t_1 - t_0)} (t_1 > t_0) \Rightarrow F(t_1) = \int_{t_0}^{t_1} e^{-(t_1 - t_0)} \mathrm{d}t_1 = 1 - e^{-(t_1 - t_0)},$$

故

$$g_1(t_1) = N \exp[-N(t_1 - t_0)].$$

由此得到利用顺序统计量求 t_1 的期望值为 $\int_{t_0}^{\infty} t_1 g_1(t_1) \mathrm{d}t_1 = t_0 + \frac{1}{N}$. 不难看出, 此似然估计是有偏的, 但却是相容的. □

5.4　误差理论

误差的来源是多种多样的. 我们知道, 物理模型是实际问题的数学化, 实际与模型之间会产生误差, 模型本身包含的参数 (比如万有引力常数), 本身也会有误差, 这些就是模型误差; 由仪器响应、系统误差, 甚至观测者的失误造成的误差叫做观测误差; 计算机浮点运算引入的误差称为舍入误差; 计算中把级数用其前 n 项的和替代则产生截断误差. 也有把误差分类为系统误差、随机误差和过失误差的. 古典误差理论认为, 随机误差服从正态分布, 当观测样本足够多时, 满足: ① 绝对值相等、符号相反的正负误差近于相等; ② 绝对值小的误差出现的概率比绝对值大的误差出现的概率大, 绝对值很大的误差出现的概率很小.

对于一维随机变量 X, 常采用样本标准差 σ 作为测量精度. 如果 X 服从标准正态分布, 则 X 界于 $[-\sigma,\sigma]$ 之间的概率应为 68.3%. 在作误差报道时常给出 1σ, 2σ 或者 3σ 水平的误差限, 也就是说该误差范围能够包括 X 的概率分别为 0.683, 0.955 和 0.997.

5.4.1 线性函数的误差传播

若 Y 是 n 个随机变量 $X_1,\cdots,X_n$ 的线性函数: $Y=a_0+a_1X_1+\cdots+a_nX_n$, 则有误差公式

$$D(Y)=\sum_i a_i^2 D(X_i)+2\sum_{i>j}a_ia_j\mathrm{cov}(X_i,Y_i). \tag{5.24}$$

当 $X_1,\cdots,X_n$ 相互独立时, 误差传播公式为

$$\sigma(Y)=\sqrt{\sum a_i^2\sigma^2(X_i)}. \tag{5.25}$$

对于随机向量的情形, $\boldsymbol{y}=\boldsymbol{a}+B\boldsymbol{x}$, 亦即

$$\underbrace{\begin{pmatrix} Y_1\\ \vdots\\ Y_k\end{pmatrix}}_{\boldsymbol{y}}=\underbrace{\begin{pmatrix} a_1\\ \vdots\\ a_k\end{pmatrix}}_{\boldsymbol{a}}+\underbrace{\begin{pmatrix} b_{11} & \cdots & b_{1n}\\ \vdots & & \vdots\\ b_{k1} & \cdots & b_{kn}\end{pmatrix}}_{B}\underbrace{\begin{pmatrix} X_1\\ \vdots\\ X_n\end{pmatrix}}_{\boldsymbol{x}}. \tag{5.26}$$

$\boldsymbol{x}$ 的协方差阵 $V_{\boldsymbol{x}}$ 为

$$E\left[(\boldsymbol{x}-E\boldsymbol{x})(\boldsymbol{x}-E\boldsymbol{x})^{\mathrm{T}}\right]\equiv V_{\boldsymbol{x}}=\begin{pmatrix} \sigma^2(X_1) & \mathrm{cov}(X_1,X_2) & \cdots & \mathrm{cov}(X_1,X_n)\\ \mathrm{cov}(X_2,X_1) & \sigma^2(X_2) & \cdots & \mathrm{cov}(X_2,X_n)\\ \vdots & \vdots & & \vdots\\ \mathrm{cov}(X_n,X_1) & \mathrm{cov}(X_n,X_2) & \cdots & \sigma^2(X_n)\end{pmatrix},$$

当 $X_1,\cdots,X_n$ 各分量相互独立时,

$$V_{\boldsymbol{x}}=\begin{pmatrix} \sigma^2(X_1) & 0 & \cdots & 0\\ 0 & \sigma^2(X_2) & \cdots & 0\\ \vdots & \vdots & & \vdots\\ 0 & 0 & \cdots & \sigma^2(X_n)\end{pmatrix}.$$

容易推得 $\boldsymbol{y}$ 的协方差阵为 $V_{\boldsymbol{y}}=BV_{\boldsymbol{x}}B^{\mathrm{T}}$. 事实上,

$$\begin{gathered}\boldsymbol{y}-E\boldsymbol{y}=(\boldsymbol{a}+B\boldsymbol{x})-E(\boldsymbol{a}+B\boldsymbol{x})=B(\boldsymbol{x}-E\boldsymbol{x}),\\ V_{\boldsymbol{y}}=E\left[(\boldsymbol{y}-E\boldsymbol{y})(\boldsymbol{y}-E\boldsymbol{y})^{\mathrm{T}}\right]=E\left[B(\boldsymbol{x}-E\boldsymbol{x})(\boldsymbol{x}-E\boldsymbol{x})^{\mathrm{T}}B^{\mathrm{T}}\right]=BV_{\boldsymbol{x}}B^{\mathrm{T}}.\end{gathered}$$

$V_{\boldsymbol{y}}$ 是 $\boldsymbol{y}$ 的误差的完整描述, 它包括方差和协方差. 一般来说, 即使直接观测量 $X_1, \cdots, X_n$ 互相独立, 也不能保证 $\operatorname{cov}(Y_i, Y_k) = 0$, 因此, $V_{\boldsymbol{y}}$ 一般为非对角阵. 但实用上, 常用 $\sqrt{\sigma^2(Y_i)}$ 作为 Y_i 的误差. 由 (5.4) 式和 (5.5) 式, 当拟合函数为广义线性函数 $\boldsymbol{y}_0 + F\boldsymbol{\theta}$ 时, 有无偏估计 $\hat{\boldsymbol{\theta}} = \left(F^{\mathrm{T}} W_{\boldsymbol{y}} F\right)^{-1} F^{\mathrm{T}} W_{\boldsymbol{y}} (\boldsymbol{y} - \boldsymbol{y}_0)$, 其中 $W_{\boldsymbol{y}} = V_{\boldsymbol{y}}^{-1}$. 因为 $\hat{\boldsymbol{\theta}}$ 是观测量 $\boldsymbol{y}$ 的线性函数, 可以根据 $\boldsymbol{y}$ 的协方差计算参数 $\hat{\boldsymbol{\theta}}$ 的误差

$$V_{\hat{\boldsymbol{\theta}}} = \left[\left(F^{\mathrm{T}} W_{\boldsymbol{y}} F\right)^{-1} F^{\mathrm{T}} W_{\boldsymbol{y}}\right] V_{\boldsymbol{y}} \left[\left(F^{\mathrm{T}} W_{\boldsymbol{y}} F\right)^{-1} F^{\mathrm{T}} W_{\boldsymbol{y}}\right]^{\mathrm{T}},$$

又因为 $W_{\boldsymbol{y}} V_{\boldsymbol{y}} = I$, 且 $F^{\mathrm{T}} W_{\boldsymbol{y}} F$ 对称, 故

$$V_{\hat{\boldsymbol{\theta}}} = \left(F^{\mathrm{T}} W_{\boldsymbol{y}} F\right)^{-1} F^{\mathrm{T}} W_{\boldsymbol{y}} F \left[\left(F^{\mathrm{T}} W_{\boldsymbol{y}} F\right)^{-1}\right]^{\mathrm{T}} = \left(F^{\mathrm{T}} W_{\boldsymbol{y}} F\right)^{-1}. \tag{5.27}$$

根据 $\hat{\boldsymbol{\theta}}$ 可以通过拟合函数得到观测值 $\boldsymbol{y}$ 的估计值 $\hat{\boldsymbol{y}} = \boldsymbol{y}_0 + F\hat{\boldsymbol{\theta}}$, $\hat{\boldsymbol{y}}$ 代替 $\boldsymbol{y}$ 的误差为

$$V_{\hat{\boldsymbol{y}}} = F V_{\hat{\boldsymbol{\theta}}} F^{\mathrm{T}}. \tag{5.28}$$

5.4.2　误差传播公式

随机变量的函数, 会传播自变量的误差. 将 $Y = f(\boldsymbol{x}) = f(X_1, \cdots, X_n)$ 在 $E\boldsymbol{x}$ 附近作泰勒展开, 仅保留线性项, 有

$$f(\boldsymbol{x}) = f(E\boldsymbol{x}) + \sum_i (X_i - EX_i) \left(\frac{\partial f}{\partial X_i}\right)_{E\boldsymbol{x}}.$$

因此

$$\sigma^2(Y) = \sum_i \left(\frac{\partial f}{\partial X_i}\right)_{E\boldsymbol{x}}^2 \sigma^2(X_i) + 2\sum_{i<j} \left(\frac{\partial f}{\partial X_i}\frac{\partial f}{\partial X_j}\right)_{E\boldsymbol{x}} \operatorname{cov}(X_i, X_j), \tag{5.29}$$

上式为误差传播公式, 当然, 它只适用于 Y 的方差允许做线性近似的情形. 几个特例是:

(1) $n = 1$ 的情形, (5.29) 式化为

$$\sigma(Y) = \left|\frac{\mathrm{d}f}{\mathrm{d}X}\right|_{EX} \sigma(X). \tag{5.30}$$

(2) X_i, X_j 彼此独立, 这时 $\operatorname{cov}(X_i, X_j) = 0$,

$$\sigma^2(Y) = \sum_i \left(\frac{\partial f}{\partial X_i}\right)^2 \sigma^2(X_i). \tag{5.31}$$

(3) X_i, X_j 彼此独立, $Y = \sum X_i$, 可推出

$$\sigma^2(Y) = \sum \sigma^2(X_i). \tag{5.32}$$

(4) X_i, X_j 彼此独立, $Y = \prod X_i$, 有 $\sigma^2(\ln Y) = \sum \sigma^2(\ln X_i)$. 再根据 (5.32) 式, 有

$$\sigma(\ln Y) = \left|\frac{\mathrm{d}\ln Y}{\mathrm{d}Y}\right|_{EY} \sigma(Y) = \frac{\sigma(Y)}{EY}.$$

同理, $\sigma(\ln X_i) = \dfrac{\sigma(X_i)}{EX_i}$, 因此有

$$\left(\frac{\sigma(Y)}{EY}\right)^2 = \sum_i \left(\frac{\sigma(X_i)}{EX_i}\right)^2. \tag{5.33}$$

如果 Y 的方差不允许做线性近似, 则不能应用误差传播公式, 误差估计要通过统计方法获得.

5.5 置信区间

5.5.1 置信区间和显著水平

设随机变量 $X \sim p(\theta)$, θ 未知. $(X_1, \cdots, X_n)$ 为来自总体 X 的一个容量为 n 的样本. 对给定的 α, $0 < \alpha < 1$, 如果能由样本确定出 θ_1 和 θ_2, 使概率 $P\{\theta_1 \leqslant \theta \leqslant \theta_2\} = 1-\alpha$, 则称 $\xi = 1-\alpha$ 为**置信度**, α 为**显著水平**; $[\theta_1, \theta_2]$ 为置信度 ξ 的**双侧置信区间** (图 5.1). θ_1 和 θ_2 分别称为**置信下限**和**置信上限**. 如果能由样本 $(X_1, \cdots, X_n)$ 确定出 θ_1 和 θ_2, 使满足 $P\{\theta < \theta_2(X_1, \cdots, X_n)\} = \xi$ 和 $P\{\theta > \theta_1(X_1, \cdots, X_n)\} = \xi$, 则称随机区间 $(\theta_1, \infty), (-\infty, \theta_2)$ 为置信度 ξ 的**单侧置信区间** (图 5.2). θ_1 和 θ_2 分别称为**单侧置信下限**和**单侧置信上限**.

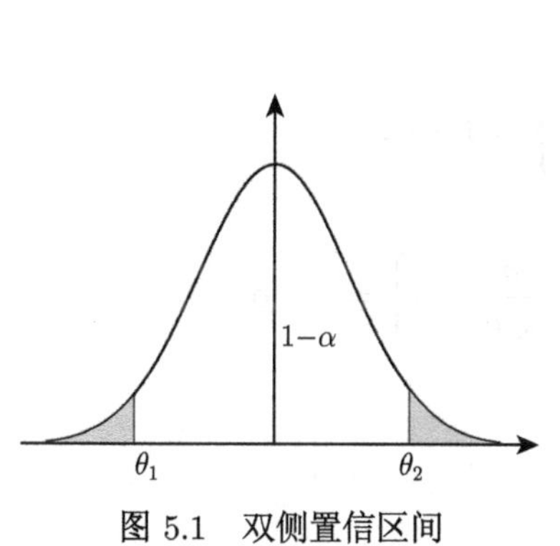

图 5.1 双侧置信区间

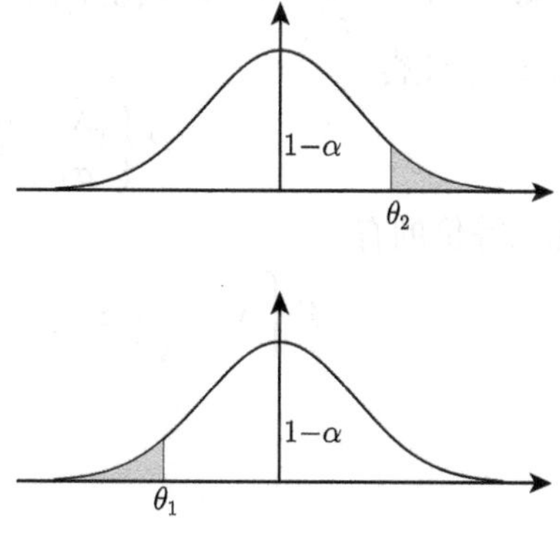

图 5.2 单侧置信区间

需要注意的是, 满足 $P\{\theta_1 < \mu < \theta_2\} = 1-\alpha$ 的区间并不是唯一的, 也就是说置信区间不唯一, 可以采用双尾面积对称原则确定分位点, 使得密度分布在 $(\theta_1, \infty), (-\infty, \theta_2)$ 上的积分为 $\alpha/2$.

假设已知总体 $X \sim g(x,\theta,\varphi)$, 其中 θ 是待估计的未知参数 (可以是向量), 其他一些我们不感兴趣的未知参数 (讨厌参数), 记作 φ. $(x_1,\cdots,x_n)$ 是 X 的一组观测值, 求未知参数 θ 的置信区间的步骤是:

(1) 求 θ,φ 的最大似然点估计 $\hat{\theta},\hat{\varphi}$, 这里似然函数 $L(\theta,\varphi)=\prod_{i=1}^{n} g(x_i,\theta,\varphi)$;

(2) 构造统计量 $W=W(\theta,\hat{\theta},\hat{\varphi})$, 统计量 W 只包括未知参数 θ, 而不包括其他未知参数, 且分布密度函数 $W\sim p(x;\theta)$ 是已知的, 这一步通常要利用抽样定理;

(3) 对于给定的显著水平 α, 由 $p(x;\theta)$ 确定两个分位点 $f_{1-\alpha/2}, f_{\alpha/2}$, 使得

$$P\left\{f_{1-\alpha/2}<W\left(\theta,\hat{\theta},\hat{\varphi}\right)<f_{\alpha/2}\right\}=1-\alpha,$$

由 $f_{1-\alpha/2}<W\left(\theta,\hat{\theta},\hat{\varphi}\right)<f_{\alpha/2}$ 解出 θ 的等价区间 $[\theta_1,\theta_2]$, 即有: $P\{\theta_1<\theta<\theta_2\}=1-\alpha$. θ 的置信区间为 $[\theta_1,\theta_2]$.

需要强调的是关于置信区间的理解. $[\theta_1,\theta_2]$ 是参数 θ 的置信度为 90%的置信区间, 是指根据样本计算出来的 $[\theta_1,\theta_2]$ 能够覆盖参数真值 θ 的概率为 90%. $[\theta_1,\theta_2]$ 是随观测样本的不同而变化的. 给出一组观测值 $(x_1,\cdots,x_n)$, 就可以得到一个置信区间. 假设我们从 100 组观测值中, 得到了 100 个置信度为 90%的置信区间, 那么大约有 90 个可以覆盖真值 θ.

5.5.2 正态总体的期望值和方差的置信区间

例 5.5.1 设 $(X_1,\cdots,X_n)$ 为来自总体 $X\sim N\left(\mu,\sigma^2\right)$ 的样本, 且 μ 的最大似然估计为 $\bar{X}$, 试求未知参数 μ 的置信度为 $1-\alpha$ 的置信区间 (图 5.3).

解 因为 $\dfrac{\bar{X}-\mu}{\sigma/\sqrt{n}}\sim N(0,1)$, 故对于给定的置信水平 $1-\alpha$, 查表可求得上分位点 $z_{\alpha/2}$ 使得

$$P\left\{\frac{|\bar{X}-\mu|}{\sigma/\sqrt{n}}<z_{\alpha/2}\right\}=1-\alpha,$$

与此式等价的有

$$P\left\{\bar{X}-\frac{\sigma}{\sqrt{n}}z_{\alpha/2}<\mu<\bar{X}+\frac{\sigma}{\sqrt{n}}z_{\alpha/2}\right\}=1-\alpha.$$

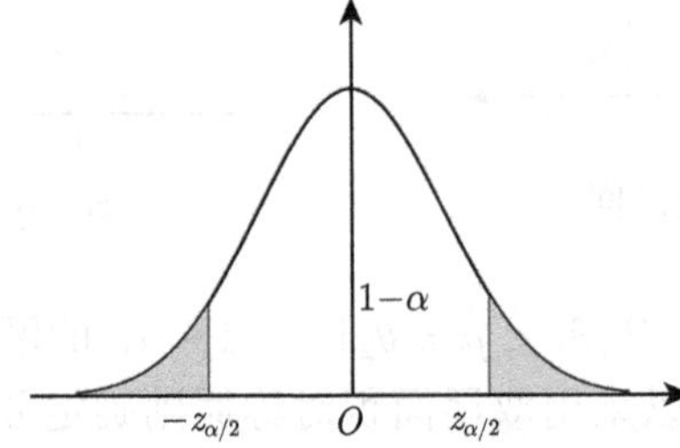

图 5.3 正态总体期望值的置信区间

故 μ 的置信度为 $1-\alpha$ 的置信区间为 $\left[\bar{X}-\frac{\sigma}{\sqrt{n}}z_{\alpha/2}, \bar{X}+\frac{\sigma}{\sqrt{n}}z_{\alpha/2}\right]$. 也可利用正态分布二次型 $\frac{\left(\bar{X}-\mu\right)^2}{\sigma^2/n} \sim \chi^2(1)$ 得出 $z_{\alpha/2}$. 由于 $P\left\{\frac{\left(\bar{X}-\mu\right)^2}{\sigma^2/n} \leqslant \chi_\xi^2(1) = z_{\alpha/2}^2\right\}$, 所以 $z_{\alpha/2}=\sqrt{\chi_\xi^2(1)}$. $\hat{\mu}=\bar{X}$ 只给出了 μ 的点估计, 而 $\left[\bar{X}-\frac{\sigma}{\sqrt{n}}z_{\alpha/2}, \bar{X}+\frac{\sigma}{\sqrt{n}}z_{\alpha/2}\right]$ 给出了 μ 所在的置信区间. 任何 $\hat{\mu}\in\left[\bar{X}-\frac{\sigma}{\sqrt{n}}z_{\alpha/2}, \bar{X}+\frac{\sigma}{\sqrt{n}}z_{\alpha/2}\right]$ 都可以作为 μ 的点估计, 其估计误差为 $e=|\hat{\mu}-\mu| < 2\times\frac{z_{\alpha/2}}{\sqrt{n}} \equiv 2e_1$. □

一维正态分布 $N\left(\mu,\sigma^2\right)$ 求参数的置信区间, 可总结为表 5.1.

表 5.1 一维正态分布参数的置信区间

$N\left(\mu,\sigma^2\right)$	置信度为 $1-\alpha$ 的置信区间
已知 σ^2, 估计 μ	$\left[\bar{X}-z_{\alpha/2}\frac{\sigma}{\sqrt{n}},\ \bar{X}+z_{\alpha/2}\frac{\sigma}{\sqrt{n}}\right]$
σ^2 未知, 估计 μ	$[\bar{X}-t_{\alpha/2}(n-1)S/\sqrt{n},\ \ \bar{X}+t_{\alpha/2}(n-1)S/\sqrt{n}]$
μ 已知, 估计 σ^2	$\left[\frac{\sum(X_i-\mu)^2}{\chi_2^2(n)}, \frac{\sum(X_i-\mu)^2}{\chi_1^2(n)}\right]$
μ 未知, 估计 σ^2	$\left[\frac{(n-1)S^2}{\chi_2^2(n-1)}, \frac{(n-1)S^2}{\chi_1^2(n-1)}\right]$

设有两个独立正态总体 $X\sim N\left(\mu_1,\sigma_1^2\right), Y\sim N\left(\mu_2,\sigma_2^2\right)$, $X_1,\cdots,X_n$ 是来自总体 X 的样本, $Y_1,\cdots,Y_m$ 是来自总体 Y 的样本, 且设这两个总体相互独立, 从而它们的样本相互独立. 又记两个样本均值和样本方差分别是 $\bar{X},\bar{Y}$ 和 S_1^2,S_2^2, 则其参数之间的差异性的置信区间可总结为表 5.2.

表 5.2 两个独立正态分布总体的参数置信区间

	置信度为 $1-\alpha$ 的置信区间
已知 σ_1,σ_2, 估计 $\mu_1-\mu_2$	$(\bar{X}-\bar{Y}-\theta,\bar{X}-\bar{Y}+\theta)$, 其中 $\theta=z_{\alpha/2}\sqrt{\frac{\sigma_1^2}{n}+\frac{\sigma_2^2}{m}}$
$\sigma_1=\sigma_2=\sigma$, 估计 $\mu_1-\mu_2$	$(\bar{X}-\bar{Y}-\theta,\bar{X}-\bar{Y}+\theta)$, 其中 $\theta=t_{\alpha/2}\left(n+m-2\right)S_w\sqrt{1/n+1/m}$, $S_w^2=\frac{\left(n-1\right)S_1^2+\left(m-1\right)S_2^2}{n+m-2}$

续表

	置信度为 $1-\alpha$ 的置信区间
σ_1,σ_2 未知, $n,m>50$, 估计 $\mu_1-\mu_2$	近似有 $(\bar{X}-\bar{Y}-\theta,\bar{X}-\bar{Y}+\theta)$, 其中$\theta=z_{\alpha/2}\sqrt{\dfrac{S_1^2}{n}+\dfrac{S_2^2}{m}}$
σ_1,σ_2 未知, n,m 不大, 估计 $\mu_1-\mu_2$	近似有 $(\bar{X}-\bar{Y}-\theta,\bar{X}-\bar{Y}+\theta)$, $\theta=t_{\alpha/2}(\nu)S_w\sqrt{1/n+1/m}$, 自由度$v=\left[\left(\dfrac{S_1^2}{n}+\dfrac{S_2^2}{m}\right)^2\left(\dfrac{(S_1^2/n)^2}{n-1}+\dfrac{(S_2^2/m)^2}{m-1}\right)^{-1}\right]$, v的方括号表示向原点方向取整

注: 表中 $z_{\alpha/2}$, $t_{\alpha/2}$ 分别表示正态分布和 t 分布的上 $\alpha/2$ 分位点.

在实际问题中, 如果得到的 $\mu_1-\mu_2$ 的置信区间的下限大于零, 就可认为 $\mu_1>\mu_2$; 如果置信区间包括 0, 则认为 μ_1 和 μ_2 实际上没有多大差别. 类似地, 如果 σ_1^2/σ_2^2 的置信区间包括 1, 则认为 σ_1,σ_2 没有显著区别.

例 5.5.2　大样本 0-1 分布参数的区间估计.

设有一容量 $n>50$ 的大样本, 它来自 0-1 分布的总体 X, 其分布律可写为

$$f(x;p)=p^x(1-p)^{1-x},\quad x=0,1.$$

有 $\mu=p,\sigma^2=p(1-p)$. 其中 p 为未知参数. 现在来求 p 的置信度为 $1-\alpha$ 的置信区间.

解　设 $(X_1,\cdots,X_n)$ 为样本, 因样本容量较大, 由中心极限定理知, 对于足够大的 n,

$$\zeta_n=\frac{\sum\limits_{i=1}^{n}X_i-np}{\sqrt{np(1-p)}}=\frac{n\bar{X}-np}{\sqrt{np(1-p)}}$$

近似地服从 $N(0,1)$ 分布, 于是有

$$P\left(\left|\frac{n\bar{X}-np}{\sqrt{np(1-p)}}\right|<z_{\alpha/2}\right)\approx 1-\alpha.$$

这个式子常常简写作

$$\left(n+z_{\alpha/2}^2\right)p^2-\left(2n\bar{X}+z_{\alpha/2}^2\right)p+n\bar{X}^2<0\ \ (1-\alpha),$$

表示此不等式以 $1-\alpha$ 的概率成立. 上式左边是 p 的二次三项式. 其两个根分别为

$$p_1=\frac{1}{2a}\left(-b-\sqrt{b^2-4ac}\right),\quad p_2=\frac{1}{2a}\left(-b+\sqrt{b^2-4ac}\right),$$

其中 $a=n+z_{\alpha/2}^2>0,\ b=-\left(2n\bar{X}+z_{\alpha/2}^2\right), c=n\bar{X}^2$. 所求置信区间为 (p_1,p_2). □

5.5.3 大样本单参数的置信区间估计

我们先给出具体求置信区间的步骤, 然后再来解释其合理性.

(1) 设 $X\sim p(x;\theta)$, 样本值为 $x=(x_1,\cdots,x_n)$, 根据似然函数 $\ln L(x|\theta)=\sum_{i=1}^{n}\ln p(x_i;\theta)$, 求出 θ 的最大似然估计 $\hat{\theta}$;

(2) 给定置信度 $\xi=1-\alpha$, 取 $u_\xi=z_{\alpha/2}$;

(3) 自 $\ln L(x|\theta)$ 的最大值 (图 5.4) $\ln L(x|\hat{\theta})$ 纵向向下 $\frac{1}{2}u_\xi^2$ 处画水平线, 水平线与 $\ln L(x|\theta)$ 有两个交点, 交点横坐标对应的 $[\theta_1,\theta_2]$ 即为所求的置信区间.

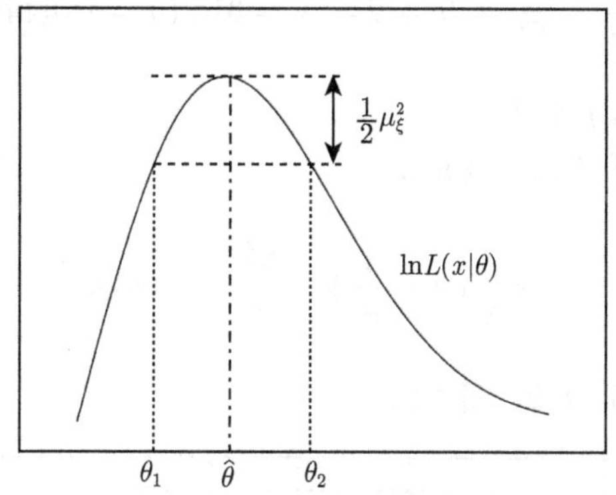

图 5.4 大样本单参数的置信区间

下面我们就变量服从正态分布的情形, 说明这样做的合理性. 设 $X\sim N(x;\mu,\sigma^2)$, σ^2 已知, N 次观测样本为 $(x_1,\cdots,x_N)$, 由表 5.1 知, 则 μ 的置信度为 $1-\alpha$ 的置信区间为 $\left[\bar{X}-z_{\alpha/2}\frac{\sigma}{\sqrt{n}},\ \bar{X}+z_{\alpha/2}\frac{\sigma}{\sqrt{n}}\right]$, 样本的对数似然函数为

$$\begin{aligned}\ln L(x|\mu)&=-\frac{1}{2}\sum_{i=1}^{N}\left(\frac{x_i-\mu}{\sigma}\right)^2-N\ln\left(\sqrt{2\pi}\sigma\right)\\&=-\frac{N}{2}\left(\frac{\bar{X}-\mu}{\sigma}\right)^2-\frac{1}{2}\sum_{i=1}^{N}\left(\frac{x_i-\bar{X}}{\sigma}\right)^2-N\ln\left(\sqrt{2\pi}\sigma\right),\end{aligned}$$

后两项与 μ 无关, $2\left[\ln L(x|\bar{X})-\ln L(x|\mu)\right]=\left(\frac{\bar{X}-\mu}{\sigma/\sqrt{N}}\right)^2$, μ 的最大似然估计为 $\hat{\mu}=\bar{X}$. 因此, 由 $2\left[\ln L(x|\bar{X})-\ln L(x|\mu)\right]=z_{\alpha/2}^2$ 所决定的置信区间即为所求.

对于随机变量X 不是正态分布的情形, 根据中心极限定理, 当样本容量较大时,

$\dfrac{\bar{X}-\mu}{\sigma/\sqrt{N}}$ 接近标准正态分布, 所以仍有上面的结论.

例 5.5.3　已知某种电子设备的使用寿命服从指数分布$X \sim p(x;\theta)=\dfrac{1}{\theta}e^{-\frac{1}{\theta}x}$ $(x>0,\theta>0)$. 今抽取 18 台, 测得寿命数据如下：16, 29, 50, 68, 100, 130, 140, 270, 280, 340, 410, 450, 520, 620, 190, 210, 800, 1100. 给出 θ 的置信度为 0.9 的置信区间.

解　(1) 先求出 θ 的最大似然估计 $\hat{\theta}$.

似然函数 $L(x,\theta)=\prod\limits_{i=1}^{n}\left(\dfrac{1}{\theta}e^{-\frac{x_i}{\theta}}\right), \ln L(x|\theta)=-n\ln\theta-\dfrac{n}{\theta}\bar{X}$, 令

$$\frac{\partial \ln L}{\partial\theta}=-\frac{n}{\theta}+\frac{n\bar{X}}{\theta^2}=0 \Rightarrow \hat{\theta}=\bar{X}=318\ (n=18)(\text{精确到整数}).$$

求与 $\ln L(x\,|\theta\,)$ 相交的水平线.

因为 $\xi=90\%$, 所以 $u_\xi=1.645$,

$$-18\left(\ln\hat{\theta}+\frac{\bar{X}}{\hat{\theta}}\right)-\frac{u_\xi^2}{2}=-123.07.$$

由此得到水平线的高度 (图 5.5).

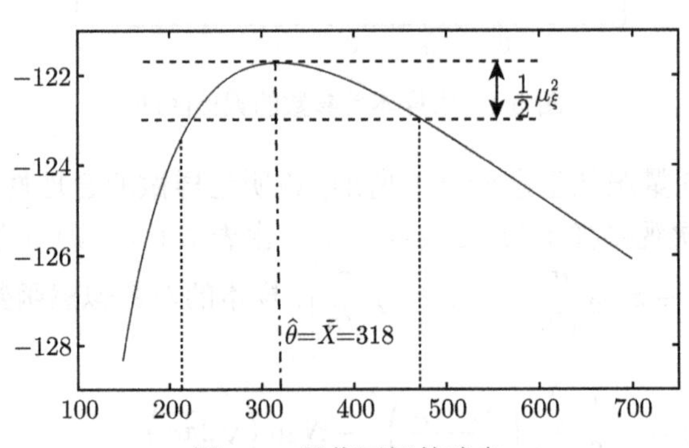

图 5.5　置信区间的确定

(2) 求交点坐标.

解方程 $-18\left[\ln\theta+\dfrac{318}{\theta}\right]=-123.07$, 即 $\ln\theta+\dfrac{318}{\theta}-6.84=0$.

精确到整数位有 $[\theta_1,\theta_2]=[221,481]$, 此即为所求的置信区间. □

5.5.4　求置信区间的一般方法

设实验的样本值为 $(x_1,\cdots,x_n)$, 由其得出的 θ 的估计值记为 $\hat{\theta}^*$, 估计值 $\hat{\theta}$ 的

分布密度记作 $p\left(\hat{\theta};\theta\right)$. 取显著水平 α 和一个小正数 $\varepsilon\,(<\alpha)$, 例如 $\varepsilon=\alpha/2$, 解方程

$$\begin{cases}\displaystyle\int_{-\infty}^{\hat{\theta}^*} p\left(\hat{\theta};\theta_2^*\right)\mathrm{d}\hat{\theta}=\alpha-\varepsilon, & (\text{确定}\theta_2^*)\\ \displaystyle\int_{\hat{\theta}^*}^{\infty} p\left(\hat{\theta};\theta_1^*\right)\mathrm{d}\hat{\theta}=\varepsilon, & (\text{确定}\theta_1^*)\end{cases}\tag{5.34}$$

则 $[\theta_1^*,\theta_2^*]$ 就是 θ 的置信度为 $\xi=1-\alpha$ 的置信区间 (证明及例 5.5.1 参考文献 [3]).

对于离散情形, 上面的方程可改写为

$$\begin{cases}\displaystyle\sum_{\hat{\theta}\leqslant\hat{\theta}^*} p\left(\hat{\theta},\theta_2^*\right)=\alpha-\varepsilon,\\ \displaystyle\sum_{\hat{\theta}\geqslant\hat{\theta}^*} p\left(\hat{\theta},\theta_1^*\right)=\varepsilon.\end{cases}\tag{5.35}$$

例 5.5.4 (宇宙线中分数荷电粒子数 m 的估计) 设 m 表示在时段 T 内通过仪器应该观测到的平均粒子数; m' 表示由于探测效率 p 的影响, 实际观测到的平均粒子数, 它服从泊松分布: $m'\sim\Pi\,(mp)$. 已知 $p=0.55$, 对粒子观测, 得到一个值 $m':k=0$. 试给出分数荷电粒子数 m 的置信区间, 取置信水平 $\alpha=0.1$.

解 (1) 求 $\hat{m}^*$.

设样本值为 $(k_1,\cdots,k_n)$, 则似然函数 $L\,(k_1,\cdots,k_n|m')=\displaystyle\prod_{i=1}^{n}\frac{m'^{k_i}}{k_i!}e^{-m'}$. 由此可推出最大似然估计 $\hat{m}'=\dfrac{1}{n}\displaystyle\sum_{i=1}^{n}k_i$, $\hat{m}^*=\dfrac{\hat{m}'}{p}=\displaystyle\sum_{i=1}^{n}\frac{k_i}{np}$. 因为只有一个样本值 $(n=1,k_1=0)$, 所以 $\hat{m}'=\dfrac{1}{n}\displaystyle\sum_{i=1}^{n}k_i=0$. 故 $\hat{m}^*=\dfrac{\hat{m}'}{p}=0$.

(2) 求 $p\,(\hat{m};m)$.

对应着 m' 的取值 $k=0,1,2,\cdots$, 有 $\hat{m}=0,1/p,2/p,\cdots$. 而当 m 取估计值 $\hat{m}$ 的时候, 就是 $k=p\hat{m}$ 的时候, 所以有 $p\,(\hat{m};m)=\dfrac{(mp)^{p\hat{m}}}{(p\hat{m})!}e^{-mp}$.

(3) 求置信区间的下限 m_1^*.

如图 5.6, 置信区间的面积应为 $1-\alpha=0.9$, 区间是不唯一的, ε 的极限为 0. 根据 (5.35) 式的第二式, 需寻找 m_1^*, 使得 $\displaystyle\sum_{\hat{m}\geqslant\hat{m}^*}p\,(\hat{m};m_1^*)=\varepsilon$. 本例中 $n=1$, $\hat{m}^*=0$,

$$\sum_{\hat{m}\geqslant\hat{m}^*}p\,(\hat{m};m_1^*)=\left.\frac{(m_1^*p)^{p\hat{m}}}{(p\hat{m})!}e^{-m_1^*p}\right|_{\hat{m}\geqslant 0}=\varepsilon.$$

由于一次实验没有记录到任何分数荷电粒子, 即 $\hat{m}^*=0$. 置信区间的下界应包含最大似然估计值 0, 因此应取 $\varepsilon=0$, 得到 $m_1^*=0$.

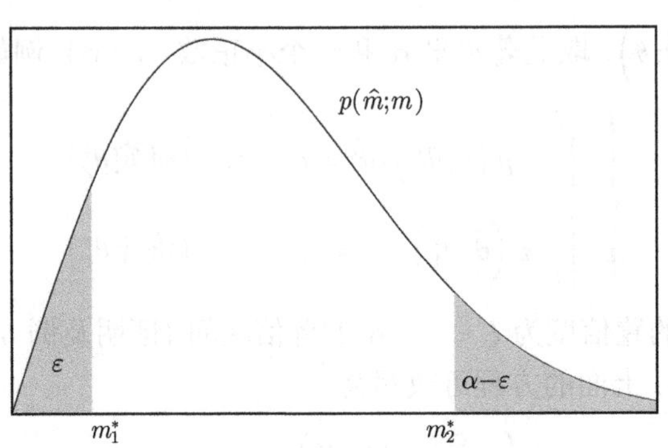

图 5.6　置信区间的上、下限示意图

(4) 求置信区间的上限 m_2^*.

根据 (5.35) 式的第一式, 即寻找 m_2^*, 使得

$$\sum_{\hat{m}=0} p(\hat{m};m_2^*) = p\left(\hat{m};m_2^*\right) = \frac{\left(m_2^* p\right)^0}{0!} e^{-m_2^* p} = \alpha = 0.1,$$

推出上限 $m_2^* = \dfrac{-\ln\alpha}{p} = \dfrac{-\ln 0.1}{0.55} = 4.2$. 故分数荷电粒子数 m 的置信度 90%的置信区间是 $[0, 4.2]$. □

5.5.5　多个参数的置信区间

设 $X \sim p\left(x;\boldsymbol{\theta}\right), \boldsymbol{\theta} = \left(\theta_1, \cdots, \theta_k\right)^{\mathrm{T}}$. 由样本值 $\left(x_1, \cdots, x_n\right)$ 得出参数 $\theta_1, \cdots, \theta_k$ 的最大似然估计 $\hat{\theta}_1, \cdots, \hat{\theta}_k$. 如果能找到 k 个独立的统计量 $u_j(\theta_j, x), j = 1, \cdots, k$, u_j 的分布不包含待估计的参数, 则可得出 k 维参数空间中的区域 $\begin{cases} \theta_1' \leqslant \theta_1 \leqslant \theta_1'', \\ \cdots\cdots \\ \theta_k' \leqslant \theta_k \leqslant \theta_k'' \end{cases}$ 是参数组 $\theta_1, \cdots, \theta_k$ 在置信度为 ξ^k 的置信区域. 例如, 对于正态分布 $N\left(x;\mu,\sigma^2\right)$, 其中 μ 和 σ^2 为待估参量, 有 $u_1 = \dfrac{\bar{X}-\mu}{S_{\bar{X}}} \sim t\left(N-1\right), u_2 = \dfrac{\sum\left(x_i - \bar{X}\right)^2}{\sigma^2} \sim \chi^2\left(N-1\right)$. 给定置信度 ξ, 存在 μ 和 σ^2 的置信区间 $[\mu_1, \mu_2]$(置信度 ξ) 和 $\left[\sigma_1^2, \sigma_2^2\right]$ (置信度 ξ), 因为 u_1 和 u_2 相互独立, 这时 $\left(\mu, \sigma^2\right) \in \left(\mu_1, \mu_2\right) \times \left(\sigma_1^2, \sigma_2^2\right)$ 的置信度为 ξ^2. 但这个推断一般不成立. 因为一般来说, 估计量 $\hat{\theta}_1 = \hat{\theta}_1\left(X_1, \cdots, X_N\right), \cdots, \hat{\theta}_k = \hat{\theta}_k\left(X_1, \cdots, X_N\right)$ 是彼此相关的随机变量, 不能利用独立随机变量的概率乘积公式, 积事件包含参数组真值的概率依赖于它们之间的相关程度.

根据定理 5.3.1, 当样本容量 $n \to \infty$ 时, $\hat{\boldsymbol{\theta}}$ 渐近服从 k 维正态分布 $N\left(\hat{\boldsymbol{\theta}};\boldsymbol{\theta},\Sigma\right)$, 即

$$p\left(\hat{\boldsymbol{\theta}}\right) \to \frac{1}{\sqrt{(2\pi)^k \det(\Sigma)}} \exp\left[-\frac{1}{2}\left(\hat{\boldsymbol{\theta}}-\boldsymbol{\theta}\right)^{\mathrm{T}} \Sigma^{-1}\left(\hat{\boldsymbol{\theta}}-\boldsymbol{\theta}\right)\right],$$

其中 $\Sigma = [-E(H)]^{-1}$, $H = \left(\dfrac{\partial^2 \ln L(x|\boldsymbol{\theta})}{\partial\theta_i\partial\theta_j}\right)_{i\times j}$ 为黑塞矩阵. 记 $\Sigma^{-1} = W = (w_{ij})$ 则有

$$\begin{aligned} w_{ij}(\boldsymbol{\theta}) &= -E\left(\frac{\partial^2 \ln L(x|\boldsymbol{\theta})}{\partial\theta_i\partial\theta_j}\right) = -n\cdot E\left(\frac{\partial^2 \ln p(x;\boldsymbol{\theta})}{\partial\theta_i\partial\theta_j}\right) \\ &= -n\int_{-\infty}^{\infty}\left[\frac{\partial^2 \ln p(x;\boldsymbol{\theta})}{\partial\theta_i\partial\theta_j}\right] p(x;\boldsymbol{\theta})\,\mathrm{d}x. \end{aligned} \tag{5.36}$$

定理 4.2.6 表明, 若随机向量 $\boldsymbol{\theta} = (\theta_1, \cdots, \theta_k)^{\mathrm{T}}$ 服从 k 维正态分布 $n(\hat{\boldsymbol{\theta}}; \boldsymbol{\theta}, \Sigma)$, 则其二次型

$$Q(\theta_1,\cdots,\theta_k) = (\hat{\boldsymbol{\theta}}-\boldsymbol{\theta})^{\mathrm{T}}\Sigma^{-1}(\hat{\boldsymbol{\theta}}-\boldsymbol{\theta}) = \sum_{i,j=1}^{k} w_{ij}(\boldsymbol{\theta})(\hat{\theta}_i-\theta_i)(\hat{\theta}_j-\theta_j) \sim \chi^2(k). \tag{5.37}$$

因此, 由 $P\left[\sum\limits_{i,j=1}^{k} w_{ij}(\boldsymbol{\theta})(\hat{\theta}_i-\theta_i)(\hat{\theta}_j-\theta_j) \leqslant \chi^2_{\xi}(k)\right] = \xi$ 可以定出 $\hat{\boldsymbol{\theta}}$ 的置信度为 ξ 的置信区域

$$\sum_{i,j=1}^{k} w_{ij}(\boldsymbol{\theta})(\hat{\theta}_i-\theta_i)(\hat{\theta}_j-\theta_j) \leqslant \chi^2_{\xi}(k). \tag{5.38}$$

实际计算 $w_{ij}(\boldsymbol{\theta})$ 时, 常采用如下近似

$$w_{ij}(\boldsymbol{\theta}) \approx -\sum_{i=1}^{n} \left.\frac{\partial^2 \ln p(x_i;\boldsymbol{\theta})}{\partial\theta_i\partial\theta_j}\right|_{\hat{\boldsymbol{\theta}}}. \tag{5.39}$$

这时 W 阵不依赖于 $\boldsymbol{\theta}$ 的真值. (5.39) 式简化为

$$\sum_{i,j=1}^{k} w_{ij}(\hat{\boldsymbol{\theta}})(\hat{\theta}_i-\theta_i)(\hat{\theta}_j-\theta_j) \leqslant \chi^2_{\xi}(k). \tag{5.40}$$

当 $\boldsymbol{\theta} = (\theta_1, \theta_2)^{\mathrm{T}}$ 时, 以上不等式的边界

$$w_{11}(\hat{\theta}_1-\theta_1)^2 + 2w_{12}(\hat{\theta}_1-\theta_1)(\hat{\theta}_2-\theta_2) + w_{22}(\hat{\theta}_2-\theta_2)^2 = \chi^2_{\xi}(2). \tag{5.41}$$

无论在 $\boldsymbol{\theta}$ 空间还是 $\hat{\boldsymbol{\theta}}$ 空间都是一个椭圆 (图 5.7), 常称之为参数估计的误差椭圆. 但是在不同空间里, 这个方程的意义却是不一样的.

在 $\hat{\boldsymbol{\theta}}$ 空间, 椭圆 $Q=\chi_\xi^2(2)$ 表征的是 $(\hat{\theta}_1,\hat{\theta}_2)$ 服从二维正态分布 $n(\hat{\boldsymbol{\theta}};\boldsymbol{\theta},W)$ 的等密度椭圆, $(\hat{\theta}_1,\hat{\theta}_2)$ 落入该椭圆内的概率为 ξ; 在 $\boldsymbol{\theta}$ 空间, 椭圆 $Q=\chi_\xi^2(2)$ 的内部是置信度为 ξ 的置信区域, 它覆盖真值的概率是 ξ. 利用误差椭圆的系数, 可以求出协方差阵 $\Sigma=\begin{pmatrix}\sigma_1^2 & \sigma_{12}\\ \sigma_{12} & \sigma_2^2\end{pmatrix}$ 的各元素

$$
\begin{aligned}
&\sigma_1^2=\frac{w_{22}}{w_{11}w_{22}-w_{12}^2},\quad \sigma_2^2=\frac{w_{11}}{w_{11}w_{22}-w_{12}^2},\\
&\rho=-\frac{w_{12}}{\sqrt{w_{11}w_{22}}},\quad \sigma_{12}=\rho\sigma_1\sigma_2.
\end{aligned}
\tag{5.42}
$$

经常用 σ_1 和 σ_2 来作为 θ_1 和 θ_2 的误差估计. 但 (θ_1,θ_2) 的完整的误差估计应是其协方差阵 Σ.

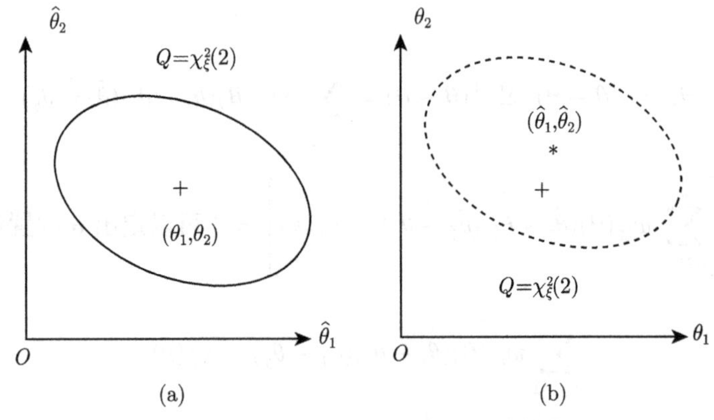

图 5.7 等密度椭圆和误差椭圆

(a) 实线是 $\hat{\boldsymbol{\theta}}$ 空间 $(\hat{\theta}_1,\hat{\theta}_2)$ 的等密度椭圆. 中心 "+" 是真值 (θ_1,θ_2) 的位置; (b) 虚线是 $\boldsymbol{\theta}$ 空间 (θ_1,θ_2) 的误差椭圆. 中心 "*" 为 $(\hat{\theta}_1,\hat{\theta}_2)$, "+" 的位置是真值 (θ_1,θ_2) 的位置

5.6 用 MATLAB 求点估计和置信区间

用两个例子来说明用 MATLAB 函数实现点估计和确定置信区间的方法.

例 5.6.1 某种零件的抗拉极限测量. 由于这类实验是破坏性的, 不可能对每一个产品进行测试, 只能抽样检查. (取置信度为 90%) 若测得 5 个样品的破断力 f_i(kg) 分别为: 798, 813, 813, 820, 802, 试给出置信度为 0.90 的置信区间.

解 可以认为破断力是服从正态分布的, 于是直接调用函数 normfit 进行参数估计. 调用格式为

```
[muhat,sigmahat,muci,sigmaci] = normfit(data,alpha)
```

其中 muhat, sigmahat, muci, sigmaci 分别为 $\hat{\mu}, \hat{\sigma}$, μ 和 σ 的置信区间, data 为样本数据, alpha 为显著水平. 具体到本例可以写代码

```
>> x = [798  813  813  820  802];     %定义观测数据
>>[muhat,sigmahat,muci,sigmaci] = normfit(x,0.1)
```

运行结果为

```
muhat =
  809.2000
sigmahat =
    8.9833
muci =
  800.6354
  817.7646
sigmaci =
    5.8329
   21.3116
```

□

分布参数估计的 MATLAB 函数见表 5.3.

表 5.3　分布参数估计的 MATLAB 函数

函数名	说明
betafit	β 分布的参数估计
binofit	二项分布的参数估计
dfittool	分布拟合工具
evfit	极值分布的参数估计
expfit	指数分布的参数估计
fitdist	分布的拟合
gamfit	伽马分布的参数估计
gevfit	广义极值分布的参数估计
gmdistribution	服从二变量高斯混合分布的参数估计
gpfit	广义 Pareto 分布的参数估计
lognfit	对数正态分布的参数估计
mle	最大似然估计
mlecov	最大似然估计的渐近协方差矩阵
nbinfit	负二项分布的参数估计
normfit	正态分布的参数估计
poissfit	泊松分布的参数估计
raylfit	瑞利分布的参数估计
unifit	均匀分布的参数估计
wblfit	韦布尔分布的参数估计

例 5.6.2　调用 normrnd 函数生成 100 个服从均值为 5, 标准差为 2 的正态

分布的随机数, 然后调用 mle 函数求均值和标准差的最大似然估计.

以下几种调用方式都是可行的.

```
>> x = normrnd(5,2,100,1);                    %产生随机数据
>> [phat,pci] = mle(x)
% phat是参数估计值,pci是置信区间,mle是极大似然函数.分布的缺省选择是正态分布.
>> [phat,pci] = mle(x,'distribution','normal')
% 可以选择MATLAB统计工具箱中的分布密度函数(见表5.4)作为似然估计的密度.
>> [phat,pci] = mle(x,'cdf',@normcdf,'start', [0,1])
% 可以选择积累分布函数'cdf'. 如果是内部函数, 调用时应在函数名前加@
>> [phat,pci] = mle(x,'pdf', @normpdf, 'start', [2,1])
% start是对参数初值的选择, 如果选择不当, 将会不收敛或报错.
```
□

可以选择的分布函数如表 5.4 所列.

表 5.4　函数 mle 中可选的分布函数名

分布函数名	分布函数名
'beta'	'geometric'
'bernoulli'	'lognormal'
'binomial'	'negative'
'discrete'	'normal'
'exponential'	'poisson'
'extreme'	'rayleigh'
'gamma'	'uniform'
'generalized'	'weibull'

还可以根据数据的形状自行编制分布函数进行拟合.

例 5.6.3　先用正态分布随机数产生一个模拟数据:

```
>> data=[normrnd(-2,1,400,1);normrnd(1.8,1.2,200,1)];
```

我们再用 hist 函数画出数据的直方图.

```
>> hist(data,30)          % 等分为30份的直方图
```

图 5.8 显示数据可能是两个正态分布的混合分布, 即需要估计 5 个参数 $(\mu_1, \mu_2, \sigma_1, \sigma_2, w)$, 其中 w 是第一个正态分布的权重. 我们用在线方式定义这个混合正态分布的 pdf 函数:

```
>> mixedpdf=@(x,mu1,mu2,s1,s2,w)(w*normpdf(x,mu1,s1)+(1-w)*normpdf(x,mu2,
   s2));
```

然后通过对图形的观察, 猜测 5 个参数的初始值, 比如 $[-2, 2, 1, 1, .5]$. 再利用 mle 函数求估计值:

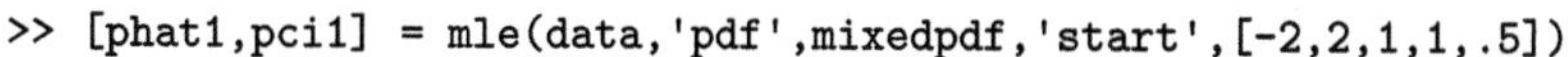

```
>> [phat1,pci1] = mle(data,'pdf',mixedpdf,'start',[-2,2,1,1,.5])
```

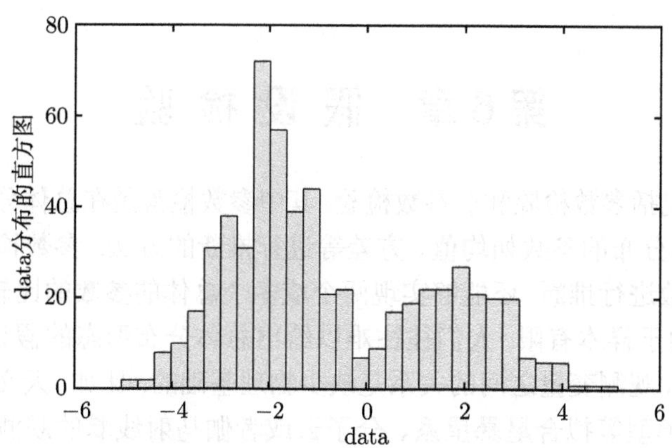

图 5.8 模拟两个正态分布的混合分布

phat1 是 5 个待估参数的最大似然估计, pci1 是各参数对应的置信区间. 运行结果为

```
phat1 =
    -2.0353    1.5348    0.9691    1.5540    0.6305
pci1 =
    -2.1991    1.0386    0.8591    1.2440    0.5516
    -1.8716    2.0310    1.0792    1.8640    0.7095
```

混合分布中, 权重大的样本, 其均值的估计要准确些.

参 考 文 献

[1] Jauncey D L. Re-examination of the source counts for the 3C revised catalogue. Nature, 1967, 216: 877-878.

[2] Dempster A P, Laird N M, Rubin D B. Maximum likelihood from incomplete data via the EM algorithm. Journal of the Royal Statistical Society, 1997, 39(1): 1-38.

[3] 李惕碚. 实验的数学处理. 北京: 科学出版社, 1980.

第6章 假设检验

假设检验包括参数检验和非参数检验，其中参数检验是在总体分布形式已知的情况下，对总体分布的参数如均值、方差等进行推断的方法. 参数检验不仅能够对总体的特征参数进行推断，还能够实现两个或多个总体的参数的比较. 在天文数据分析过程中，由于样本有限，人们往往难以给出总体分布形态的假设，甚至一些统计分布的假设和观测变量之间的关系是缺少物理基础的. 比如，天文学家常用线性模型或者幂律模型等拟合星暴星系、分子云或者伽马射线暴的观测数据. 非参数检验正是在总体分布未知或知之甚少的情况下，利用样本数据对总体分布形态等进行推断的方法. 由于非参数检验方法在推断过程中不涉及有关总体分布的参数，因而得名为"非参数"检验. 另外，由于观测的限制，天文学家往往通过反复观测一个可以得到的物理量，来代表更广阔或者更遥远空间的相应物理量，并 (想当然地) 假设残差的分布是正态的. 一个普遍的情况是，只能从形态上对观测量做分类和比较. 许多天文学判断干脆就用简单的"是"或"非"来分类——例如，星系间气体云有还是没有一次电离镁的吸收线等等. 由于这类问题研究目标的分类还是未知数，所以其统计方法亦被归为非参数统计的范围.

6.1 假设检验的基本思想

假设检验的基本思想是小概率原理上的反证法思想——认为小概率事件 (例如 $P<0.01$ 或 $P<0.05$) 在一次试验中基本上不会发生. 根据这一思想，可以先从实际问题出发，假设总体参数的某个取值 (范围) 为真，称这个假设为原假设，或者零假设，记作 H_0；原假设的对立假设称为备择假设或备选假设，用 H_1 表示. 然后对抽取的样本，在确定原假设成立条件下，统计量的抽样分布. 按照统计学理论，如果原假设正确的话，样本统计量会以很大的概率在某个区域取值，而在这个区域之外 (我们称之为拒绝域) 取值的概率 α 非常小 (例如 $\alpha<0.01$ 或者 $\alpha<0.05$). 假如样本统计量的取值真的落入了拒绝域，则说明原来假定的小概率事件在一次试验中发生了，这是一个违背小概率原理的不合理现象，因此有理由怀疑和拒绝原假设 H_0，而接受备择假设 H_1；否则不能拒绝原假设.

例 6.1.1 已知在正常的生产过程中次品率 $P_0 \leqslant 0.04$，今从 50 件抽检产品中，检验出 5 件次品，问生产过程是否正常 (在 95%的概率意义上考虑)?

解 问题化为如何根据抽样结果来判断原假设"$H_0: P_0 \leqslant 0.04$"成立与否?

已知次品数 $k \sim B(N,P_0)$, $E(k)=NP_0, \sigma^2(k)=NP_0(1-P_0)$. 因为 $N=50$ 数目比较大, 所以二项分布近似可表为正态分布 $k \sim n(k;NP_0,NP_0(1-P_0))$. 令 $z=\dfrac{k-NP_0}{\sqrt{NP_0(1-P_0)}}$, 则 z 服从标准正态分布. 将 $k=5, P_0=0.04$ 代入, 得到 $z=2.165$. 取 95%的置信区间, $z\in(-\infty,1.645)$, 只有 5% 的可能性在这个区域之外, 既然发生 $z=2.165$ 的可能性 $<5\%$, 而如此小的事件概率在一次试验中发生了, 就应该认为原假设是不合理的, 所以拒绝原假设. □

由此我们看到假设检验的决策过程使用了类似反证法的思想:

(1) 假设 H_0 成立, 如果导致了一个不合理现象的出现, 则表明原假设 H_0 不合理, 应拒绝它; 如果没导出不合理现象的出现, 则不能拒绝原来的假设.

(2) 这里的"反证法"区别于我们过去熟悉的反证法, 所谓"不合理"并非形式逻辑上的绝对矛盾, 而是以"小概率事件在一次观察中可以认为基本上不会发生"为原则.

假设检验的一般步骤如下:

(1) 提出待检验的原假设 H_0 和备择假设 H_1;

(2) 选择一个检验统计量 $\lambda=\lambda(X)$, 其概率密度 $p(\lambda|H_0)$ 已知;

(3) 确定显著水平 α 和 λ 的拒绝域 ω_α, 使得 $\lambda\in\omega_\alpha$ 的概率很小

$$P(\lambda\in\omega_\alpha|H_0)=\int_{\lambda\in\omega_\alpha}p(\lambda|H_0)\mathrm{d}\lambda=\alpha;$$

(4) 根据 X 的抽样结果计算 λ. 如果 $\lambda\notin\omega_\alpha$, 则样本与原假设 H_0 没有显著的矛盾, 或者说在显著水平 α 下接受 H_0. 如果 $\lambda\in\omega_\alpha$, 则样本与原假设 H_0 有显著的矛盾, 因此在显著水平 α 下拒绝 H_0, 接受 H_1.

6.2 双侧检验和单侧检验

根据假设的形式不同, 假设检验可以分为双侧假设检验和单侧假设检验. 若原假设是总体参数等于某一数值, 如 $H_0:\theta=\theta_0$, 则备择假设 $H_1:\theta\neq\theta_0$. 这时只要 $\theta<\theta_0$ 或者 $\theta>\theta_0$, 就可以拒绝原假设. 这种假设检验称为双侧检验. 若原假设是总体参数大于等于或小于等于某一数值, 如 $H_0:\theta\geqslant\theta_0$, 则对应有 $H_1:\theta\leqslant\theta_0$. 这种假设检验称为单侧检验. 还可进一步分为左侧检验和右侧检验, 如表 6.1 所示.

表 6.1 常见的假设检验

假设	总体参数检验		
	双侧检验	左侧检验	右侧检验
H_0	$\theta=\theta_0$	$\theta\geqslant\theta_0$	$\theta\leqslant\theta_0$
H_1	$\theta\neq\theta_0$	$\theta<\theta_0$	$\theta>\theta_0$

双侧检验和单侧检验的拒绝域是不同的, 一般双侧检验的拒绝域在分布的两端, 而单侧检验的拒绝域在分布的一端. 以正态分布的均值检验为例, 图 6.1 给出了双侧检验和单侧检验的拒绝域和接受域的布局.

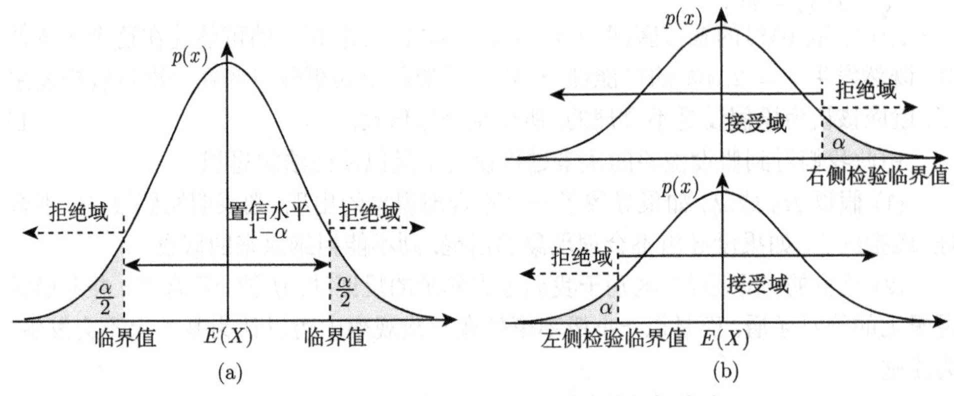

图 6.1　(a) 双侧检验和 (b) 单侧检验的拒绝域

不难发现, 参数的假设检验和置信区间的估计是可以相互转换的. 在对同一问题进行参数推断时, 二者使用的样本、统计量、分布皆相同. 区间估计中的置信区间对应于假设检验中的接受区域, 置信区间以外的区域就是假设检验中的拒绝域.

6.3　两类风险

由于决策的依据是样本, 样本具有随机性, 在推断时就不免要犯错误.

第一类错误　H_0 为真, 但拒绝了 H_0. 犯这种错误的概率用 α 表示, 也称作 α 错误或弃真错误;

第二类错误　H_0 不真, 但接受了 H_0. 犯这种错误的概率用 β 表示, 也称作 β 错误或取伪错误.

在样本容量 n 一定的情况下, 假设检验不能同时做到犯两类错误的概率都很小. 若减小犯 α 错误的概率, 就会增大犯 β 错误的机会; 反之亦然. 要使 α 和 β 同时变小唯有增大样本容量. 但这受到各种因素的制约. 因此假设检验需要慎重考虑对两类错误进行控制的问题. 事实上, 检验者对 H_0 通常采取保护的态度. 在检验者看来, H_0 与 H_1 的地位是不对等的, 其中 H_0 对结论来说更重要, 更有依据. 因而检验者对 H_0 有一种倾向性. 这种倾向性的数学含义就是: 给定一个较小的数 $\alpha, 0 < \alpha \ll 1$, 使得 $P\{拒绝H_0|H_0为真\} \leqslant \alpha$. 所以, 假设检验只控制弃真风险而不顾取伪风险. 例如, 某人去看病, 那么医生应该提出假设是, H_0: 此人有病; H_1: 此人无病. 这样得出的诊断更为安全. 类似地, 鉴定数据之间是否存在线性相关性, 应假设 H_0: 不存在相关性; H_1: 存在相关性.

6.4 正态总体的参数检验

6.4.1 单正态总体检验

我们最常遇到的就是正态总体参数的检验, 也就是对其均值或方差的检验. 均值通常对应着待测的物理量, 而方差则是对误差平方的度量. 设 $X_1, \cdots, X_n$ 是来自总体 $N\left(\mu, \sigma^2\right)$ 的样本, 我们把常见的单正态总体检验总结为表 6.2.

表 6.2 单正态总体检验

H_0	H_1	H_0 成立下的统计量分布	H_0 的拒绝域	检验名称
$\mu=\mu_0, \sigma$已知	$\mu \neq \mu_0$	$z=\dfrac{\bar{X}-\mu_0}{\sigma / \sqrt{n}} \sim N(0,1)$	$\|z\| \geqslant z_{\alpha/2}$	Z 检验
$\mu \leqslant \mu_0, \sigma$已知	$\mu > \mu_0$		$z \geqslant z_\alpha$	
$\mu \geqslant \mu_0, \sigma$已知	$\mu < \mu_0$		$z \leqslant -z_\alpha$	
$\mu=\mu_0, \sigma$未知	$\mu \neq \mu_0$	$t=\dfrac{\bar{X}-\mu_0}{S / \sqrt{n}} \sim t(n-1)$	$\|t\| \geqslant t_{\alpha/2}(n-1)$	T 检验
$\mu \leqslant \mu_0, \sigma$未知	$\mu > \mu_0$		$t \geqslant t_\alpha(n-1)$	
$\mu \geqslant \mu_0, \sigma$未知	$\mu < \mu_0$		$t \leqslant -t_\alpha(n-1)$	
$\sigma^2=\sigma_0^2, \mu$已知	$\sigma^2 \neq \sigma_0^2$	$\chi^2=\dfrac{\sum\left(x_i-\mu\right)^2}{\sigma_0^2} \sim \chi^2(n)$	$\chi^2 \geqslant \chi_{\alpha/2}^2(n-1)$ 或者$\chi^2 \leqslant \chi_{\alpha/2}^2(n-1)$	χ^2 检验
$\sigma^2 \leqslant \sigma_0^2, \mu$已知	$\sigma^2 > \sigma_0^2$		$\chi^2 \geqslant \chi_\alpha^2(n-1)$	
$\sigma^2 \geqslant \sigma_0^2, \mu$已知	$\sigma^2 < \sigma_0^2$		$\chi^2 \leqslant \chi_\alpha^2(n-1)$	
$\sigma^2=\sigma_0^2, \mu$未知	$\sigma^2 \neq \sigma_0^2$	$\chi^2=\dfrac{(n-1) S^2}{\sigma_0^2} \sim \chi^2(n-1)$	$\chi^2 \geqslant \chi_{\alpha/2}^2(n-1)$ 或者$\chi^2 \leqslant \chi_{\alpha/2}^2(n-1)$	
$\sigma^2 \leqslant \sigma_0^2, \mu$未知	$\sigma^2 > \sigma_0^2$		$\chi^2 \geqslant \chi_\alpha^2(n-1)$	
$\sigma^2 \geqslant \sigma_0^2, \mu$未知	$\sigma^2 < \sigma_0^2$		$\chi^2 \leqslant \chi_\alpha^2(n-1)$	

注: $\bar{X}, S^2$ 分别是样本的均值和方差.

在一个正态总体的参数检验中, Z 检验和 T 检验用于均值的检验, χ^2 检验用于方差的检验. 选择统计量需考虑的因素有被检验的参数类型、总体方差是否已知以及样本容量的大小等因素.

6.4.2 成数检验

总体比例的检验 (亦称成数检验) 也属于 Z 检验. 此检验假定总体 X 服从二项分布 $X \sim B(n, p)$, 且样本容量足够大, 满足 $np>5, n(1-p)>5$, 其中 p 为事件发生的比例. 这时, 分布可用正态分布来近似. 使用 z 统计量: $z=\dfrac{\bar{X}-np}{\sqrt{np(1-p)}} \sim N(0,1)$. 例 6.1.1 便是右侧成数检验的例子.

如果总体分布非正态, 但容量较大 (例如 $n>30$) 时, 根据中心极限定理, 平均数的显著性检验仍可以用 Z 检验. 取 z 统计量 $z=\dfrac{\bar{X}-\mu_0}{\sigma_0 / \sqrt{n}} \sim N(0,1), \sigma_0$ 已知或

者 $z=\dfrac{\bar{X}-\mu_0}{s/\sqrt{n}}\sim N\left(0,\sigma^2\right),\sigma_0$ 未知. 但如果 $n<30$, 则既不符合近似 Z 检验的条件也不符合 T 检验的条件. 这时的检验只能用非参数方法或作数据转换后再进行检验.

6.4.3　两正态总体参数的检验

两个正态总体参数的检验包括对均值和方差相等性的检验. 设 $X_1,\cdots,X_n$ 和 $Y_1,\cdots,Y_m$ 来自两个独立的正态总体 $X\sim N\left(\mu_1,\sigma_1^2\right),Y\sim N\left(\mu_2,\sigma_2^2\right)$, $\bar{X},\bar{Y},S_1^2,S_2^2$ 是相应的样本均值和方差, 两正态总体参数的各类检验的统计量和拒绝域可总结为表 6.3.

表 6.3　两正态总体检验

H_0	H_1	H_0 成立下的统计量分布	H_0 的拒绝域	检验名称
σ_1^2,σ_2^2已知 $\mu_1-\mu_2=0$	$\mu_1\neq\mu_2$	$z=\dfrac{\bar{X}-\bar{Y}}{\sqrt{\sigma_1^2/n+\sigma_2^2/m}}$ $\sim N(0,1)$	$\lvert z\rvert\geqslant z_{\alpha/2}$	Z 检验
σ_1^2,σ_2^2已知 $\mu_1-\mu_2\leqslant 0$	$\mu_1>\mu_2$		$z\geqslant z_\alpha$	
σ_1^2,σ_2^2已知 $\mu_1-\mu_2\geqslant 0$	$\mu_1<\mu_2$		$z\leqslant z_\alpha$	
$\sigma_1^2=\sigma_2^2=\sigma^2$未知 $\mu_1-\mu_2=0$	$\mu_1\neq\mu_2$	$t=\dfrac{\bar{X}-\bar{Y}}{S_w\sqrt{1/n+1/m}}$ $\sim t(n+m-2)$	$\lvert t\rvert\geqslant t_{\alpha/2}(n+m-2)$	T 检验
$\sigma_1^2=\sigma_2^2=\sigma^2$未知 $\mu_1-\mu_2\leqslant 0$	$\mu_1>\mu_2$		$t\geqslant t_\alpha(n+m-2)$	
$\sigma_1^2=\sigma_2^2=\sigma^2$未知 $\mu_1-\mu_2\geqslant 0$	$\mu_1<\mu_2$		$t\leqslant t_\alpha(n+m-2)$	
$\sigma_1^2=\sigma_2^2$ 未知	$\sigma_1^2\neq\sigma_2^2$	$F=S_1^2/S_2^2$ $\sim F(n-1,m-1)$	$F\geqslant F_{\alpha/2}(n-1,m-1)$ 或$F\leqslant F_{1-\alpha/2}(n-1,m-1)$	F 检验
$\sigma_1^2\leqslant\sigma_2^2$	$\sigma_1^2>\sigma_2^2$		$F\geqslant F_\alpha(n-1,m-1)$	
$\sigma_1^2\geqslant\sigma_2^2$	$\sigma_1^2<\sigma_2^2$		$F\leqslant F_{1-\alpha}(n-1,m-1)$	

注: 表中 $S_w^2=\dfrac{(n-1)S_1^2+(m-1)S_2^2}{n+m-2}$.

如果样本 X,Y有相关性, 相关系数为 ρ 已知, 则表 6.3 中 z 统计量的分母应换作 $\sqrt{\dfrac{\sigma_1^2}{n}+\dfrac{\sigma_2^2}{m}-2\rho\dfrac{\sigma_1}{\sqrt{n}}\dfrac{\sigma_2}{\sqrt{m}}}$; 方差的差异检验也不能用 F 统计量, 当样本 X,Y 的容量相等时, 可采用 T 检验: $H_0:\sigma_1^2=\sigma_2^2$,

$$t=\frac{S_1^2-S_2^2}{\sqrt{\dfrac{4S_1^2S_2^2\left(1-\rho^2\right)}{n}}}\sim t(n-2). \tag{6.1}$$

如果两个总体 X,Y 是独立的, 均服从二项分布 $X\sim B(n,P_1),Y\sim B(m,P_2)$,

且两个样本均为大样本 $(m, n \geqslant 20)$, 则用正态分布来近似. 原假设 $H_0: P_1 = P_2$, Z 检验统计量

$$Z = \frac{\hat{P}_1 - \hat{P}_2}{\sqrt{\hat{P}_1\left(1-\hat{P}_1\right)\Big/n + \hat{P}_2\left(1-\hat{P}_2\right)\Big/m}} \sim N(0,1). \tag{6.2}$$

例 6.4.1 假设对银河系两个天区的天体样本进行观测, 发现甲天区观测到 30 个样本, 其中 9 个为双星系统. 乙天区观测到 20 个样本, 其中 7 个为双星系统. 能否根据以上观测结果得出乙天区双星所占比例高于甲天区 (取 $\alpha = 0.05$)?

解 因为 $X \sim B(30, P_1), Y \sim B(20, P_2)$, 容量均大于 20, 可以认为近似满足正态分布. 为使结论更具说服力, 取原假设为 $H_0: P_1 \geqslant P_2$; 备择假设为 $H_1: P_1 < P_2$. 将 $n = 30$, $m = 20$, $\hat{P}_1 = 9/30 = 0.3$, $\hat{P}_2 = 7/20 = 0.35$ 代入 (6.1) 式, 得 $z = -0.37 > -1.645 = -z_\alpha$. 这里应该用单边假设, 拒绝域为 $z \leqslant -z_\alpha$, 因此不能拒绝原假设, 或者说, 没有足够的证据表明乙天区双星的比例高于甲天区. □

6.5 假设检验中的 P 值检验方法

P 值 (P-value) 是一个概率, 它是当原假设 H_0 成立时, 比样本统计量更极端的概率值. 具体来说, 设 X 表示检验统计量, 其分布是已知的. 当原假设 H_0 为真时, 可由样本计算出该统计量的值 C, P 值对应的概率就是假设 H_0 合理的情况下, 比统计量 C 更不可能出现的概率. 针对不同的假设检验, 计算 P 值的方法也不同, 具体见表 6.4.

表 6.4 P 值的计算

	H_0	H_1	P 值
左侧检验	$X \geqslant \theta_0$	$X < \theta_0$	$P\{X < C \mid H_0\}$
右侧检验	$X \leqslant \theta_0$	$X > \theta_0$	$P\{X > C \mid H_0\}$
双侧检验	$X = \theta_0$	$X \neq \theta_0$	$2P\{X > C \mid H_0\}$, 当 C 位于分布曲线右端 $2P\{X < C \mid H_0\}$, 当 C 位于分布曲线左端

P 值越小, 说明原假设越不可靠, 也就是拒绝原假设的理由越充分. 所以, P 值给出了放弃真错误的概率. P 值检验的步骤是先给出显著水平 α, 然后计算统计量的 P 值, 当 P 值 $< \alpha$ 时, 拒绝原假设; 否则接受原假设. P 值检验的应用见例 6.8.1(3) 和 6.11 节.

6.6 拟合性检验

拟合性检验的目的是检验数据分布是否为某种分布, 如果数据量比较大, 可以利用 χ^2 检验从密度分布上来检验.

6.6.1 皮尔逊卡方检验

卡方检验用皮尔逊 χ^2 量作为检验统计量, 可用于对任意分布形式的、大样本观测数据进行显著性检验.

设有来自总体 X 的抽样 $(x_1,\cdots,x_N)$, $N\gg 1$. 原假设 $H_0: X\sim p(x)=f(x;\boldsymbol{\theta})$, $\boldsymbol{\theta}=(\theta_1,\cdots,\theta_k)^{\mathrm{T}}$. 这里 $f(x;\boldsymbol{\theta})$ 是含有 k 维参量 θ 的理论分布密度. 检验步骤如下:

(1) 先将 $(-\infty,\infty)$ 划分为 m 个区间 $(-\infty,t_1),(t_1,t_2),\cdots,(t_{m-1},\infty)$, 统计落入各区间内的观测值个数 $n_i, i=1,\cdots,m$; $\sum n_i=N$.

(2) 计算预期的理论频数. 由密度函数 $p(x;\boldsymbol{\theta})$ 可得各区间的预期数据 $E_i, E_i=Np_i, p_i=\displaystyle\int_{t_{i-1}}^{t_i}p(x;\boldsymbol{\theta})\,\mathrm{d}x$, 如果 $\boldsymbol{\theta}$ 未知, 则求出 $\hat{\boldsymbol{\theta}}$ 的极大似然估计 $\hat{\boldsymbol{\theta}}$, 并计算密度函数的估计值 $\hat{p}_i=\displaystyle\int_{t_{i-1}}^{t_i}p\left(x;\hat{\boldsymbol{\theta}}\right)\mathrm{d}x$ 和各区间的预期数据 $\hat{E}_i=N\hat{p}_i$.

(3) 计算检验统计量 $\chi^2\equiv\displaystyle\sum_{i=1}^{m}(n_i-E_i)^2\Big/E_i$. 显然, 如果总体服从泊松分布 $\Pi(E_i)$, 则 χ^2 描述的就是通常意义上的对均值的偏离. 可以证明, 无论是什么分布, 只要 $N\gg 1$, 每个 $E_i\geqslant 5$, 则 $\chi^2\sim\chi^2(m-k-1)$, 若 θ 已知, 则 $\chi^2\sim\chi^2(m-1)$.

(4) 确定拒绝域. 选择显著水平 α, 通过查表, 得出检查临界值 $\chi^2_{1-\alpha}(m-k-1)$, $\chi^2_{1-\alpha}$ 满足 $P_{\mathrm{r}}(\chi^2\geqslant\chi^2_{1-\alpha}\,|\,H)=\displaystyle\int_{\chi^2_{1-\alpha}}^{\infty}\chi^2(m-k-1)\mathrm{d}\chi^2=\alpha$, 拒绝域为 $\omega=\left(\chi^2_{1-\alpha},\infty\right)$.

(5) 做出统计判断. 如果 χ^2 值属于拒绝域, 则在置信水平 α 上拒绝原假设; 否则, 接受原假设.

例 6.6.1 测得银河系 81 个球状星团的 k 波段的绝对星等如表 6.5[1], 分析一下它们是否服从正态分布.

解 数据均值为-10.32, 样本方差 $S^2=1.804^2$. 用 MATLAB 的 hist 函数可以得到图 6.2. 为保证每个子区间的理论频数大于 5, 可以取 $a=-13.5$, $b=-7.5$, $\mathrm{bin}=(b-a)/8x_k=-13.5+\mathrm{bin}\times(k-1), k=1,2,\cdots,9$, 这 9 个点将 $(-\infty,\infty)$ 分为 10 段 $x_0=-\infty, x_{10}=\infty$.

表 6.5 银河系球状星团 k 波段绝对星等数据

−11.790	−7.633	−11.418	−8.359	−10.611	−13.294	−10.557	−9.696	−11.747
−10.694	−11.347	−10.160	−10.374	−9.825	−10.922	−9.803	−10.682	−7.273
−9.452	−10.284	−10.091	−12.318	−11.740	−9.227	−8.478	−8.759	−9.088
−5.140	−11.046	−8.662	−12.279	−11.163	−13.340	−12.717	−6.970	−8.000
−13.515	−9.991	−9.497	−10.775	−8.558	−12.565	−10.229	−7.365	−9.253
−10.591	−9.083	−12.647	−10.706	−12.693	−11.478	−6.700	−10.210	−7.190
−8.825	−11.339	−10.019	−11.042	−13.509	−12.360	−11.649	−12.667	−8.730
−11.687	−11.183	−10.206	−12.452	−10.578	−10.584	−9.199	−7.741	−8.079
−11.687	−10.845	−10.388	−10.481	−14.205	−10.962	−10.929	−9.372	−7.509

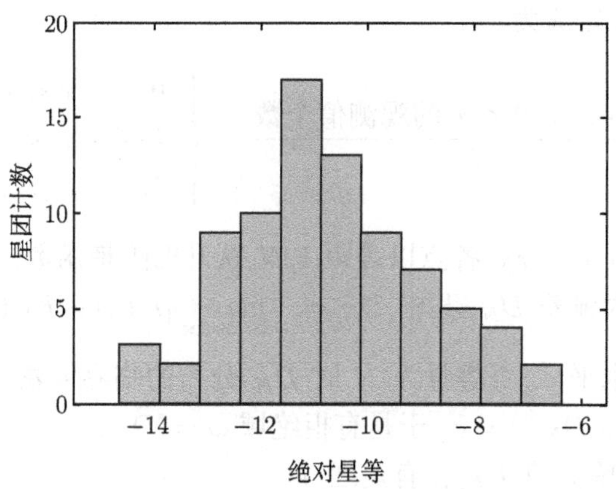

图 6.2 银河系星团绝对星等直方图

原假设为 $H_0 : X \sim N\left(-10.32, 1.804^2\right)$. 每段的理论概率为

$$p_i = \int_{x_{i-1}}^{x_i} n\left(x; -10.32, 1.804^2\right) \mathrm{d}x, \quad i = 1, \cdots, 10.$$

因此理论频数为 Np_i, $N = 81$ 是样本容量. 计算的结果为：3.17, 3.05, 5.29, 7.74, 9.56, 9.95, 8.73, 6.46, 4.03, 4.76.

由于两端区间都存在频数小于 5 的情况, 所以分别将左右两边的两个区间和并, 然后统计落入上述 8 个区间的星团数目, 得到下面的统计表 (表 6.6).

表 6.6 分段样本数与理论频数的统计

n_i	5	9	10	17	13	9	7	11
E_i	6.22	5.29	7.74	9.56	9.95	8.73	6.46	8.79

计算得出 $\chi^2=\sum_{i=1}^{6}\frac{(n_i-E_i)^2}{E_i}=10.84$, 取置信水平 $\alpha=0.05$, 查表有 $\chi^2_{0.95}(m-k-1)=\chi^2_{0.95}(8-2-1)=11.07$, 故拒绝域为 $\omega=(11.07,\infty)$. 因为 $\chi^2=10.84\notin\omega$, 所以接受 H_0, 认为银河系星团的 k 波段绝对星等服从正态分布. □

6.6.2 科尔莫戈罗夫–斯米尔诺夫检验

χ^2 检验只适合对大样本进行检验. 如果样本容量小, 就难以作出直方图, 进而进行密度比对. 这时我们用比较分布函数的科尔莫戈罗夫–斯米尔诺夫检验 (K-S test). 检验步骤:

(1) 原假设 H_0: $X\sim F(x;\theta)=F(x)$, θ 事先已知;

(2) 计算样本的分布函数 $F_N(x)$, 将抽样从小到大排序, 得到 $x_1,\cdots,x_N$, 样本的分布函数 $S_N(x)$ 定义为

$$F_N(x)=\frac{x_1,\cdots,x_N\text{中}\leqslant x\text{ 的观测值个数}}{N}=\begin{cases}0, & x<x_1,\\ i/N, & x_i<x<x_{i+1},\\ 1, & x\geqslant x_N,\end{cases}\tag{6.3}$$

$F_N(x)$ 是一个在 $x_1,\cdots,x_N$ 各点以等距 $1/N$ 跃升的阶梯函数;

(3) 求绝对极大偏差 D_N, 其中 $D_N=\max\limits_{-\infty<x<\infty}|F(x)-F_N(x)|$;

(4) 根据显著水平 α, 查容量为 N 时 D_N 分布的临界值表, 可得临界值 $D_{N,\alpha}$, $D_{N,\alpha}$ 满足 $P(D_N>D_{N,\alpha})=\alpha$, 于是有拒绝域 $\omega=[D_{N,\alpha},\infty)$.

关于拒绝域的临界值 $D_{N,\alpha}$, 有定理 6.6.1.

定理 6.6.1　设总体的分布函数 $F(x)$ 连续, $x_1,\cdots,x_N$ 为 X 的一个样本, 当 $H_0: P(x)=F(x)$ 为真时, 有 $\lim\limits_{n\to\infty}P\{D_n<x/\sqrt{n}\}=Q(x)$, 其中 $Q(x)=\sum\limits_{k=-\infty}^{\infty}(-1)^k\exp\{-2k^2x^2\},x>0$.

证　略. □

如果是小样本 ($N\leqslant 35$), 可通过表 6.7 直接查出临界值.

当容量 $N>35$ 时, $D_{N,\alpha}$ 有如下近似值

$$\begin{array}{cccccc}\alpha & 0.20 & 0.15 & 0.10 & 0.05 & 0.01\\ D_{N,\alpha} & \dfrac{1.07}{\sqrt{N}} & \dfrac{1.14}{\sqrt{N}} & \dfrac{1.22}{\sqrt{N}} & \dfrac{1.36}{\sqrt{N}} & \dfrac{1.63}{\sqrt{N}}\end{array}\tag{6.4}$$

几点注意:

(1) K-S 检验本不是非参数检验. 理论分布函数 $F(x;\theta)$ 中的参数应该事先从理论或者其他类似数据中估计给出, 而不是从观测数据自身估计得出;

表 6.7 K-S 检验的临界值

N \ α	0.20	0.15	0.10	0.05	0.01
1	0.900	0.925	0.950	0.975	0.995
2	0.684	0.726	0.776	0.842	0.929
3	0.565	0.597	0.642	0.708	0.828
4	0.494	0.525	0.564	0.624	0.733
5	0.446	0.474	0.510	0.565	0.669
6	0.410	0.436	0.470	0.521	0.618
7	0.381	0.405	0.438	0.486	0.577
8	0.358	0.381	0.411	0.457	0.543
9	0.339	0.860	0.388	0.432	0.514
10	0.322	0.342	0.368	0.410	0.490
11	0.007	0.326	0.352	0.391	0.468
12	0.295	0.313	0.338	0.375	0.450
13	0.284	0.302	0.325	0.361	0.433
14	0.274	0.292	0.314	0.349	0.418
15	0.266	0.283	0.304	0.338	0.404
16	0.258	0.274	0.295	0.328	0.392
17	0.250	0.266	0.286	0.318	0.381
18	0.244	0.259	0.278	0.309	0.371
19	0.237	0.252	0.272	0.301	0.363
20	0.231	0.246	0.264	0.294	0.356
25	0.21	0.22	0.24	0.27	0.32
30	0.19	0.20	0.22	0.24	0.29
35	0.18	0.19	0.21	0.23	0.27

(2) 由于高维样本数据不能像一维数据那样进行排序, 因此其概率无法事先给出, 只能用重采样技术, 根据具体问题来计算;

(3) K-S 检验对经验分布和理论分布的整体差敏感, 但对分布在尾部的差不敏感, 所以 K-S 检验对于均值相同, 但在分布尾部有差别的情形, 检验效果不佳.

6.6.3 克拉默–冯・麦斯型统计量

克拉默–冯・麦斯 (Cramer-von Mises) 型统计量是以经验分布 $F_n(x)$ 与模型分布 $F(x;\theta)$ 之差的均方积分为基础的. 为了加大 $[F_n(x)-F(x;\theta)]^2$ 在尾部的权重, 可以使用不同的权函数, 从而得到不同的统计量, 例如:

(1) 克拉默–冯・麦斯统计量[2,3]

$$W_n^2 = n\int_{-\infty}^{\infty}[F_n(x)-F(x;\theta)]^2\,\mathrm{d}F(x;\theta). \tag{6.5}$$

(2) 安德森–达林 (Anderson-Darling) 统计量[4]

$$A_n^2 = n\int_{-\infty}^{\infty} \frac{\left[F_n(x) - F(x;\theta)\right]^2}{F(x;\theta)\left[1 - F(x;\theta)\right]} \mathrm{d}F(x;\theta). \tag{6.6}$$

(3) 华生 (Watson) 统计量[5]

$$U_n^2 = n\int_{-\infty}^{\infty} \left\{F_n(x) - F(x;\theta) - E\left[F_n(x) - F(x;\theta)\right]\right\}^2 \mathrm{d}F(x;\theta). \tag{6.7}$$

在零假设下, 如果 $F(x;\theta)$ 是连续函数, 且参数 θ 的未知分量仅是位置参数 (例如正态分布中的期望值 μ) 或尺度参数 (例如正态分布中的标准差 σ), 则统计量 W_n^2, A_n^2 和 U_n^2 不依赖于分布 $F(x;\theta)$.

将抽样值 $x_1, \cdots, x_n$ 从小到大重新排序, 得到顺序统计量 $x_{(1)} \leqslant x_{(2)} \leqslant \cdots \leqslant x_{(n)}$. 令 $t_j = F\left(x_{(j)}\right), 1 \leqslant j \leqslant n$, 则以上统计量可分别由下式计算

$$W_n^2 = \sum_{j=1}^{n} \left(t_j - \frac{2j-1}{2n}\right)^2 + \frac{1}{12n}, \tag{6.8}$$

$$U_n^2 = W_n^2 - n\left(\bar{t} - 0.5\right)^2, \tag{6.9}$$

$$A_n^2 = -n - \frac{1}{n}\sum_{j=1}^{n} \left[(2j-1)\left[\ln t_j + \ln\left(1 - t_{n+1-j}\right)\right]\right]. \tag{6.10}$$

但当 θ 含有其他形式的未知参量时, 统计量 W_n^2, A_n^2 和 U_n^2 将依赖于位置参数. 统计分析显示, 用克拉默–冯・麦斯型统计量进行拟合优度检验比 K-S 检验更为有效. 特别是在正态检验中, A_n^2 对于均值和方差的偏离比 W_n^2 和 U_n^2 都要敏感, 因此是最好的统计量选择. U_n^2 统计量更适于对方向向量做拟合优度检验, 所以也称之为 “圆周上的拟合优度检验”.

克拉默–冯・麦斯型统计量的精确分布结论甚少, 但是当容量大于 5 时, 它们将很快地收敛于渐近分布. 华生给出了 U_n^2 的渐近分布为

$$\lim_{n\to\infty} P\left(U_n^2 \leqslant u\right) = \sum_{k=-\infty}^{\infty} (-1)^{j-1} \exp\left(-2k^2\pi^2 u\right).$$

U_n^2 与科尔莫戈罗夫统计量 D_n 有完全不同的形式, 但却有相同的分布 (可比对定理 6.6.1). W_n^2 和 A_n^2 的渐近分布比较复杂, 不在此列出. 我们仅把 W_n^2 和 A_n^2 渐近分布的分位数表列于表 6.8 和表 6.9. 当给定置信度, 大于临界值时, 拒绝 (二者有同样的分布) 原假设.

表 6.8 W_n^2 分位数表 $P(W_n^2 \leqslant W_n^2(\alpha)) = \alpha$

n \ α	0.990	0.975	0.950	0.900	0.850	0.800	0.750	0.500	0.250	0.200	0.150	0.100	0.050	0.025	0.010
2	0.55032	0.48897	0.42482	0.34346	0.28853	0.24743	0.21521	0.12659	0.08145	0.07351	0.06554	0.05753	0.04963	0.04565	0.04326
3	0.63976	0.53316	0.43938	0.33786	0.27963	0.24169	0.21339	0.12542	0.07683	0.06839	0.06092	0.05287	0.04355	0.03777	0.03324
4	0.67017	0.54200	0.44199	0.34183	0.28337	0.24260	0.21173	0.12405	0.07494	0.06681	0.05895	0.05093	0.04147	0.03537	0.03013
5	0.68352	0.55056	0.44697	0.34238	0.28305	0.24236	0.21165	0.12252	0.07427	0.06611	0.05799	0.04970	0.04035	0.03422	0.02876
6	0.69443	0.55572	0.44911	0.84352	0.26331	0.24198	0.21110	0.12200	0.07352	0.06548	0.05747	0.04910	0.03960	0.03344	0.02794
7	0.79154	0.55935	0.45100	0.34397	0.28345	0.24197	0,21097	0.12158	0.07297	0.06492	0.05697	0.04869	0.03914	0.03293	0.02733
8	0.70912	0.56327	0.45285	0.34462	0.28358	0.24187	0.21066	0.12113	0.07254	0.06448	0.05650	0.04823	0.03376	0.03256	0.02709
9	0.71283	0.56513	0.45377	0.34491	0.28364	0.24180	0.21052	0.12088	0.07228	0.06423	0.05625	0.04798	0.03850	0.05230	0.02679
10	0.71582	0.56663	0.45450	0.34514	0.28363	0.24175	0.21041	0.12069	0.07208	0.06403	0.05605	0.04778	0.03830	0.03209	0.02657
20	0.72946	0.57352	0.45788	0.34621	0.28387	0.24150	0.20990	0.11979	0.07117	0.06312	0.05515	0.04689	0.03742	0.03120	0.02564
50	0.73734	0.57775	0.45996	0.34686	0.28398	0.24134	0.20960	0.11924	0.07062	0.06258	0.05462	0.04636	0.03690	0.03068	0.02512
200	0.74205	0.57990	0.46101	0.34719	0.28404	0.2d126	0.20944	0.11897	0.07095	0.06231	0.05435	0.04610	0.03665	0.03043	0.02483
1000	0.74318	0.58047	0.46129	0.34728	0.28406	0.24124	0.20940	0.11890	0.07027	0.06224	0.05428	0.04603	0.03653	0.03037	0.02481
∞	0.74346	0.58061	0.46136	0.34730	0.28406	0.24124	0.20939	0.11888	0.07026	0.06222	0.05426	0.04601	0.03656	0.03035	0.02480

注: $W_n^2(\alpha)$ 为临界值, 当 $W_n^2 > W_n^2(\alpha)$ 时, 拒绝原假设.

表 6.9　A_n^2 的分位表 $F(x;n)=P(A_n^2\leqslant x)$

x \ n	1	2	3	4	5	6	7	8	$n\to\infty$
0.025									0.0000
0.050									0.0000
0.075									0.0000
0.100								0.000	0.0000
0.125						0.000	0.000	0.000	0.0003
0.150					0.000	0.001	0.001	0.001	0.0014
0.175				0.001	0.003	0.003	0.003	0.004	0.0042
0.200			0.008	0.007	0.008	0.009	0.008	0.009	0.0096
0.225			0.016	0.016	0.016	0.017	0.017	0.017	0.0180
0.250		0.001	0.028	0.028	0.028	0.029	0.029	0.029	0.0296
0.275		0.030	0.044	0.043	0.044	0.0440	0.044	0.045	0.0443
0.300		0.059	0.063	0.063	0.063	0.062	0.062	0.063	0.0618
0.325		0.087	0.083	0.085	0.083	0.084	0.083	0.084	0.0817
0.350		0.115	0.106	0.109	0.106	0.106	0.160	0.106	0.1036
0.375		0.142	0.130	0.134	0.130	0.131	0.130	0.130	0.1269
0.400	0.116	0.169	0.159	0.161	0.156	0.156	0.155	0.155	0.1513
0.425	0.195	0.196	0.187	0.187	0.182	0.182	0.181	0.181	0.1764
0.450	0.248	0.222	0.217	0.212	0.208	0.208	0.207	0.207	0.2019
0.475	0.291	0.248	0.248	0.238	0.235	0.234	0.233	0.233	0.2276
0.500	0.328	0.273	0.271	0.264	0.261	0.260	0.259	0.259	0.2532
0.525	0.360	0.298	0.295	0.289	0.287	0.285	0.284	0.284	0.2786
0.550	0.389	0.323	0.320	0.314	0.312	0.310	0.309	0.309	0.3036
0.575	0.415	0.347	0.345	0.340	0.337	0.335	0.334	0.334	0.3281
0.600	0.439	0.371	0.371	0.364	0.361	0.359	0.358	0.358	0.3520
0.625	0.461	0.394	0.396	0.387	0.384	0.382	0.381	0.381	0.3753
0.650	0.481	0.418	0.418	0.410	0.407	0.404	0.403	0.404	0.3980
0.675	0.501	0.440	0.439	0.431	0.429	0.426	0.424	0.425	0.4199
0.700	0.519	0.463	0.459	0.452	0.449	0.446	0.446	0.446	0.4412
0.750	0.552	0.507	0.496	0.491	0.489	0.486	0.486	0.487	0.4815
0.800	0.582	0.547	0.530	0.528	0.525	0.524	0.523	0.523	0.5190
0.850	0.609	0.580	0.567	0.563	0.559	0.559	0.557	0.557	0.5537
0.900	0.634	0.610	0.598	0.593	0.591	0.590	0.588	0.589	0.5858
0.950	0.656	0.636	0.626	0.622	0.620	0.619	0.618	0.619	0.6154
1.000	0.677	0.660	0.652	0.648	0.647	0.646	0.645	0.646	0.6427

续表

x \ n	1	2	3	4	5	6	7	8	$n \to \infty$
1.050	0.696	0.683	0.676	0.673	0.672	0.671	0.669	0.670	0.668
1.100	0.714	0.703	0.698	0.696	0.694	0.695	0.693	0.694	0.6912
1.150	0.731	0.722	0.719	0.717	0.715	0.716	0.714	0.714	0.7127
1.200	0.746	0.739	0.738	0.736	0.734	0.735	0.734	0.733	0.7324
1.250	0.761	0.756	0.755	0.754	0.752	0.753	0.752	0.751	0.7508
1.300	0.774	0.770	0.770	0.770	0.768	0.770	0.768	0.769	0.7677
1.350	0.786	0.784	0.785	0.785	0.784	0.785	0.784	0.784	0.7833
1.400	0.798	0.798	0.799	0.799	0.793	0.793	0.798	0.798	0.7978
1.450	0.809	0.809	0.811	0.812	0.811	0.812	0.812	0.811	0.8111
1.500	0.820	0.821	0.823	0.824	0.824	0.824	0.824	0.824	0.8235
1.550	0.829	0.831	0.833	0.835	0.835	0.835	0.835	0.835	0.8350
1.600	0.838	0.842	0.843	0.845	0.845	0.845	0.846	0.846	0.8457
1.650	0.847	0.851	0.852	0.855	0.854	0.855	0.855	0.855	0.8556
1.700	0.855	0.860	0.861	0.864	0.864	0.864	0.864	0.864	0.8648
1.750	0.863	0.868	0.869	0.872	0.872	0.872	0.873	0.873	0.8734
1.800	0.870	0.875	0.877	0.880	0.880	0.880	0.880	0.881	0.8814
1.850	0.877	0.883	0.884	0.887	0.887	0.887	0.888	0.888	0.8888
1.900	0.883	0.889	0.891	0.894	0.894	0.894	0.895	0.895	0.8957
1.950	0.889	0.896	0.898	0.900	0.901	0.900	0.901	0.901	0.9021
2.000	0.895	0.902	0.904	0.906	0.907	0.906	0.907	0.907	0.9082
2.050	0.900	0.907	0.909	0.912	0.912	0.912	0.913	0.913	0.9138
2.100	0.995	0.912	0.915	0.917	0.917	0.918	0.918	0.918	0.9190
2.150	0.910	0.917	0.920	0.922	0.922	0.923	0.922	0.923	0.9239
2.200	0.915	0.922	0.924	0.926	0.927	0.927	0.927	0.927	0.9285
2.250	0.919	0.926	0.928	0.931	0.931	0.931	0.931	0.981	0.9328
2.300	0.923	0.930	0.933	0.935	0.935	0.935	0.935	0.935	0.9368
2.350	0.927	0.934	0.937	0.939	0.939	0.939	0.939	0.939	0.9405
2.400	0.931	0.938	0.940	0.942	0.942	0.942	0.942	0.942	0.9441
2.450	0.934	0.941	0.943	0.945	0.945	0.946	0.946	0.945	0.9474
2.500	0.938	0.944	0.947	0.948	0.949	0.949	0.949	0.949	0.9504
2.550	0.941	0.948	0.950	0.951	0.951	0.952	0.952	0.952	0.9534
2.600	0.944	0.950	0.953	0.954	0.954	0.954	0.955	0.954	0.9561
2.650	0.947	0.953	0.955	0.957	0.957	0.957	0.957	0.957	0.9586
2.700	0.949	0.956	0.958	0.959	0.959	0.959	0.960	0.979	0.9610

续表

x \ n	1	2	3	4	5	6	7	8	$n \to \infty$
2.750	0.952	0.958	0.960	0.961	0.961	0.961	0.962	0.962	0.9633
2.800	0.954	0.960	0.962	0.964	0.964	0.964	0.964	0.964	0.9654
2.850	0.957	0.962	0.964	0.965	0.965	0.965	0.966	0.966	0.9674
2.900	0.959	0.964	0.966	0.967	0.967	0.967	0.968	0.938	0.9692
2.950	0.961	0.966	0.968	0.969	0.969	0.969	0.970	0.969	0.9710
3.000	0.963	0.968	0.970	0.971	0.971	0.971	0.971	0.971	0.9726
3.050	0.965	0.970	0.972	0.972	0.572	0.972	0.973	0.973	0.9742
3.100	0.966	0.971	0.973	0.974	0.974	0.974	0.975	0.974	0.9756
3.150	0.968	0.973	0.975	0.975	0.975	0.975	0.976	0.976	0.9770
3.200	0.970	0.974	0.976	0.977	0.977	0.977	0.977	0.977	0.9783
3.250	0.971	0.075	0.978	0.978	0.978	0.978	0.978	0.978	0.9795
3.300	0.973	0.977	0.979	0.979	0.979	0.979	0.979	0.979	0.9807
3.350	0.971	0.978	0.980	0.980	0.980	0.980	0.981	0.980	0.9818
3.400	0.975	0.979	0.981	0.981	0.981	0.981	0.982	0.981	0.9828
3.450	0.976	0.980	0.982	0.982	0.982	0.982	0.983	0.983	0.9537
3.500	0.978	0.981	0.983	0.983	0.983	0.983	0.983	0.984	0.9846
3.550	0.979	0.982	0.984	0.984	0.984	0.981	0.984	0.984	0.9855
3.600	0.939	0.983	0.985	0.985	0.985	0.985	0.985	0.985	0.9863
3.650	0.981	0.984	0.986	0.986	0.986	0.986	0.986	0.986	0.9870
3.700	0.982	0.985	0.988	0.986	0.987	0.986	0.987	0.987	0.9878
3.750	0.933	0.936	0.987	0.987	0.987	0.987	0.987	0.988	0.9884
3.800	0.983	0.986	0.988	0.988	0.988	0.988	0.988	0.988	0.9891
3.850	0.984	0.987	0.988	0.988	0.989	0.988	0.989	0.989	0.9897
3.900	0.985	0.988	0.989	0.989	0.989	0.989	0.989	0.989	0.9902
3.950	0.986	0.988	0.990	0.989	0.990	0.990	0.990	0.990	0.9908
4.000	0.986	0.989	0.990	0.990	0.990	0.990	0.990	0.990	0.9913
4.050	0.987	0.990	0.990	0.990	0.991	0.991	0.991	0.991	0.9917
4.100	0.988	0.990	0.991	0.991	0.991	0.991	0.991	0.991	0.9922
4.150	0.988	0.991	0.991	0.991	0.992	0.992	0.992	0.992	0.9926
4.200	0.989	0.991	0.992	0.992	0.992	0.992	0.992	0.992	0.9930
4.250	0.989	0.992	0.992	0.992	0.993	0.992	0.993	0.993	0.9934
4.300	0.990	0.992	0.993	0.993	0.993	0.993	0.993	0.993	0.9938
4.350	0.991	0.992	0.993	0.993	0.993	0.993	0.993	0.993	0.9941
4.400	0.991	0.992	0.993	0.993	0.993	0.993	0.993	0.994	0.9944

续表

x \ n	1	2	3	4	5	6	7	8	$n\to\infty$
4.500	0.992	0.994	0.994	0.994	0.994	0.994	0.994	0.994	0.9950
4.600	0.993	0.994	0.995	0.995	0.995	0.995	0.995	0.995	0.9955
4.700	0.993	0.995	0.995	0.995	0.995	0.995	0.995	0.995	0.9960
4.800	0.994	0.995	0.996	0.996	0.996	0.996	0.996	0.996	0.9964
4.900	0.995	0.996	0.996	0.996	0.996	0.996	0.996	0.996	0.9968
5.000	0.995	0.996	0.996	0.997	0.996	0.996	0.996	0.997	0.9971
4.300	0.990	0.992	0.993	0.993	0.993	0.993	0.993	0.993	0.9938
4.350	0.991	0.992	0.993	0.993	0.993	0.993	0.993	0.993	0.9941
4.400	0.991	0.992	0.993	0.993	0.993	0.993	0.993	0.994	0.9944
4.500	0.992	0.994	0.994	0.994	0.994	0.994	0.994	0.994	0.9950
4.600	0.993	0.994	0.995	0.995	0.995	0.995	0.995	0.995	0.9955
4.700	0.993	0.995	0.995	0.995	0.995	0.995	0.995	0.995	0.9960
4.800	0.994	0.995	0.996	0.996	0.996	0.996	0.996	0.996	0.9964
4.900	0.995	0.996	0.996	0.996	0.996	0.996	0.996	0.996	0.9968
5.000	0.995	0.996	0.996	0.997	0.996	0.996	0.996	0.997	0.9971
5.500	0.997	0.998	0.998	0.998	0.998	0.998	0.998	0.998	0.9982
6.000	0.998	0.999	0.998	0.999	0.999	0.999	0.999	0.999	0.9995
7.000	0.998	1.000	0.999	0.999	0.999	0.999	1.000	0.999	0.9996
8.000	0.999	1.000	1.000	1.000	1.000	1.000	1.000	1.000	0.9997

6.6.4 斯米尔诺夫双样本检验

斯米尔诺夫双样本检验可用来检验两个独立样本是否来自同一总体. 设样本 $(X_1,\cdots,X_n)$ 来自连续分布函数为 $F(x)$ 的总体 X; 样本 $(Y_1,\cdots,Y_m)$ 是来自连续分布函数 $G(x)$ 的总体 Y. 假设 $F_n(x)$ 和 $G_m(x)$ 分别是两个样本对应的经验分布函数.

当 $H_0: F(x)=G(x)$ 成立时, 绝对极大偏差 $D_{n,m}$ 的极限分布为

$$\lim_{n,m\to\infty} P\left\{\sqrt{k}D_{n,m}<x\right\}=Q(x),$$

其中 $k=\dfrac{nm}{n+m}$, $\quad Q(x)=\begin{cases}\displaystyle\sum_{l=-\infty}^{\infty}(-1)^l\exp\left\{-2l^2x^2\right\}, & x>0,\\ 0, & x\leqslant 0.\end{cases}$

对于大样本 (一般 $n,m>40$), $D_{n,m}$ 的临界值 D_α 有如下近似表示:

$$\begin{array}{ccccccc} \alpha & 0.10 & 0.05 & 0.025 & 0.01 & 0.005 & 0.001 \\ D_\alpha & \dfrac{1.22}{\sqrt{k}} & \dfrac{1.36}{\sqrt{k}} & \dfrac{1.48}{\sqrt{k}} & \dfrac{1.63}{\sqrt{k}} & \dfrac{1.73}{\sqrt{k}} & \dfrac{1.95}{\sqrt{k}} \end{array} \tag{6.11}$$

对于小样本 (通常要求 $m=n$) 的临界值, 直接采用表 6.10.

表6.10　斯米尔诺夫双样本检验的临界值表

$\sqrt{k}D$ \ α / n	单尾检验		双尾检验		$\sqrt{k}D$ \ α / n	单尾检验		双尾检验	
	0.05	0.01	0.05	0.01		0.05	0.01	0.05	0.01
3	3	—	—	—	17	8	9	8	10
4	4	—	4	—	18	8	10	9	10
5	4	5	5	5	19	8	10	9	10
6	5	6	5	6	20	8	10	9	11
7	5	6	6	6	21	8	10	9	11
8	5	6	6	7	22	9	11	9	11
9	6	7	6	7	23	9	11	10	11
10	6	7	7	8	24	9	11	10	12
11	6	8	7	8	25	9	11	10	12
12	6	8	7	8	26	9	11	10	12
13	7	8	7	9	27	9	12	10	12
14	7	8	8	9	28	10	12	11	13
15	7	9	8	9	29	10	12	11	13
16	7	9	8	10	30	10	12	11	13

例 6.6.2　假设测得两组星的星等数据如下 (表 6.11), 看看它们是否来自同一个总体? ($\alpha=0.05$)

表 6.11

星等区间	频数 (样本A)	频数 (样本B)
$[-15,-14)$	10	0
$[-14,-13)$	27	7
$[-13,-12)$	43	17
$[-12,-11)$	38	30
$[-11,-10)$	23	29
$[-10,-9)$	8	15
$[-9,-8)$	1	1
$[-8,-7)$	0	1

解　原假设为 $H_0: F(x)=G(x)$. 将计算结果用表格形式给出 (表 6.12), 其中 $n=\sum n_A, m=\sum m_B$.

表 6.12

区间中值 x	$n_A(x)$	$m_B(x)$	$F_n(x)=\dfrac{n_A(x)}{n}$	$G_m(x)=\dfrac{m_B(x)}{m}$	D
−14.5	10	0	0.067	0.000	0.067
−13.5	37	7	0.247	0.070	0.177
−12.5	80	24	0.533	0.240	**0.293**
−11.5	118	54	0.787	0.540	0.247
−10.5	141	83	0.940	0.830	0.110
−9.5	149	98	0.933	0.980	0.013
−8.5	150	99	1.000	0.990	0.010
−7.5	150	100	1.000	1.000	0.000

样本经验分布的绝对极大偏差 $D_{\max}=0.293$. 而 $k=\dfrac{nm}{n+m}=\dfrac{150\times100}{150+100}=60>40$, 可以通过近似表达式来估计临界值 $D_{0.05}\approx\dfrac{1.36}{\sqrt{k}}=0.1756$. 因为 $D_{\max}>D_\alpha$, 属于拒绝域, 所以在显著水平 $\alpha=0.05$ 上, 不能把这两组星看作是同样分布的. □

6.6.5 k 样本安德森–达林检验

舒尔茨等在前人关于安德森–达林检验研究成果的基础之上, 给出了检验 k 个样本是否来自同一母体的实用方法, 即 k 样本安德森–达林检验 (A-D test)[6]. 其原理如下.

设有 k 组样本, 每组容量为 $n_i, i=1,\cdots,k$, $\sum\limits_{i=1}^{k}n_i=n$. 记第 i 组的第 j 个样本值为 x_{ij}, $j=1,\cdots,n_i$. 将全部样本合并, 从小到大排序, 相同的值只记录一次, 排序后的值记为 $z_1,z_2,\cdots,z_L$. 显然, 如果存在相同的观测值, 则 $L<n$. 记 h_j 为合并样本中等于 z_j 的样本的个数, h_{ij} 为第 i 组样本中等于 z_j 的样本的个数, k 样本 A-D 检验统计量 ADK 的计算由下式给出:

$$\mathrm{ADK}=\frac{n-1}{n^2(k-1)}\sum_{i=1}^{k}\left[\frac{1}{n_i}\sum_{j=1}^{L}h_j\frac{(nF_{ij}-n_iH_j)^2}{H_j(n-H_j)-nh_j/4}\right], \tag{6.12}$$

其中 $H_j=\sum\limits_{i=1}^{j-1}h_i+\dfrac{1}{2}h_j$; $F_{ij}=\sum\limits_{m=1}^{j-1}h_{im}+\dfrac{1}{2}h_{ij}$.

原假设为 k 组样本来自同一母体, 这时 ADK 的均值近似为 1, 方差由下式近似得出:

$$\sigma^2_{\mathrm{ADK}}\approx\frac{an^3+bn^2+cn+d}{(n-1)(n-2)(n-3)(k-1)}, \tag{6.13}$$

其中

$$\begin{cases} a = (4g-6)(k-1) + (10-6g)S, \\ b = (2g-4)k^2 + 8Tk + (2g-14T-4)S - 8T + 4g - 6, \\ c = (6T+2g-2)k^2 + (4T-4g+6)k + (2T-6)S + 4T, \\ d = (2T+6)k^2 - 4Tk, \\ S = \sum_{i=1}^{k} \frac{1}{n_i}, \\ T = \sum_{i=1}^{n-1} \frac{1}{i}, \\ g = \sum_{i=1}^{n-2} \sum_{j=i+1}^{n-1} \frac{1}{(n-i)j}. \end{cases} \tag{6.14}$$

k 样本 A-D 检验的临界值 ADC 可由下式估计:

$$\mathrm{ADC} = 1 + \sigma_{\mathrm{ADK}} \left(b_0 + \frac{b_1}{\sqrt{k-1}} - \frac{b_2}{k-1} \right). \tag{6.15}$$

典型的显著水平 α 参数如表 6.13 所示.

表 6.13 A-D 检验临界值的参数

α	b_0	b_1	b_2
0.25	0.675	−0.245	−0.105
0.10	1.281	0.250	−0.305
0.05	1.645	0.678	−0.362
0.025	1.960	1.149	−0.391
0.01	2.326	1.822	−0.396

拒绝域为 $[\mathrm{ADC}, \infty)$, 所以当 ADK < ADC 时, 接受各组样本来自同一母体; 否则拒绝原假设, 认为各组是从不同母体中抽取的.

6.7 游程数 R 检验

6.6.1 节中通过 $\chi^2 = \sum_i \frac{(n_i - E_i)^2}{E_i}$ 进行密度的拟合优度检验时, 只用了距离平方的信息, 而没利用 $n_i - E_i$ 的信息. 作为 χ^2 检验的一个补充, 引入游程数 R 检验. 将 $n_i - E_i$ 的符号根据分组数 m 做一个记录. 例如 $m = 8$, 得到: $\underbrace{++}_{1}\underbrace{-----}_{2}\underbrace{+}_{3}\underbrace{-}_{4}, m_+ = 3, m_- = 5$. 当符号记录中有等于 0 的情况时, 把它从样本中剔除掉. 本记录正负号改变了 3 次, 我们说游程数 $R = 4$. 若样本的

密度和理论密度一致, 应该有较大的游程数. 这是一个单侧检验问题, R 的拒绝域应是 $[0, R_\alpha]$, 其中临界值 R_α 满足 $P(R < R_\alpha) = \alpha$. 如果 $R < R_\alpha$, 表明在 n_i 的某些取值区间上有系统的正偏差或负偏差倾向. 事实上, 如果样本序列中, 所有记录只能分为互不相容的两类事件, 一类个数为 m_+, 另一类个数为 m_-, $m_+ + m_- = m$. 就可以用游程数来检验样本总体的分布特征或样本的随机性.

根据游程理论

$$P(R|m_+, m_-) = \begin{cases} 2\dfrac{\mathrm{C}_{m_+-1}^{\frac{R}{2}-1}\mathrm{C}_{m_--1}^{\frac{R}{2}-1}}{\mathrm{C}_m^{m_+}}, & R\text{为偶数}, \\ \dfrac{\mathrm{C}_{m_+-1}^{\frac{R-1}{2}}\mathrm{C}_{m_--1}^{\frac{R-3}{2}} + \mathrm{C}_{m_+-1}^{\frac{R-3}{2}}\mathrm{C}_{m_--1}^{\frac{R-1}{2}}}{\mathrm{C}_m^{m_+}}, & R\text{为偶数}. \end{cases} \tag{6.16}$$

由此可推出 R 的期望值和方差分别为

$$E(R) = 1 + \frac{2m_+m_-}{m_+ + m_-}, \quad \sigma^2(R) = \frac{2m_+m_-(2m_+m_- - m_+ - m_-)}{(m_+ + m_-)^2(m_+ + m_- - 1)}. \tag{6.17}$$

当 m_+ 或 m_- 大于 20 时, R 渐近服从正态分布 $R \sim n\left(R; E(R), \sigma^2(R)\right)$, 可用 Z 检验统计量 $Z = \dfrac{R - E(R)}{\sigma(R)}$.

对于双侧检验, 游程数既不能过小, 也不能过大. 而单侧检验主要是检验数据是否有某种趋势. 例如左侧检验的原假设 H_0: 数据没有聚集的趋势, 其相反的趋势就是游程个数过小, 说明数据具有聚集成群的趋势; 右侧检验: H_0 数据没有振荡的趋势, 其相反的情形就是游程个数偏多, 数据游程很短, 正负号频繁交替, 具有上下振荡的趋势.

例如有 3 个 12 人的队伍, 按先后次序记录各队的性别排序, 得到如下 3 个游程样本:

(1) 男, 男, 女, 女, 女, 男, 女, 女, 男, 男, 男, 男 (看起来随机);

(2) 男, 男, 男, 男, 男, 男, 男, 女, 女, 女, 女, 女 (有数据聚集的趋势);

(3) 男, 女, 男, 女, 男, 女, 男, 女, 男, 女, 男, 男 (有振荡的趋势).

我们将在 6.13.2 节用 MATLAB 具体作本例的游程检验.

6.8 符号检验

符号检验通过比较随机变量 X 和 Y 观测值差的变化来判断二者是否存在显著差异. 原假设为 $H_0: p(x) = p(y)$, 即 X 和 Y 的分布相同. 记 X 和 Y 的分布函数分别为 $P(x) = F_1(x)$ 和 $P(y) = F_2(y)$, 对 X 和 Y 各做 N 次测量, 得 $(x_1, \cdots, x_N)$ 和 $(y_1, \cdots, y_N)$. 当 $x_i > y_i$ 时, 记 "+"; 当 $x_i < y_i$ 时, 记 "−"; 当 $x_i = y_i$ 时,

记 "0". 令 n_+, n_- 分别代表 "+""-" 的个数, $n = n_+ + n_-$. n_+ 服从二项分布 $p(n_+) = \mathrm{C}_n^{n_+} p^{n_+} (1-p)^{n-n_+}$, 其中

$$p = P(x-y>0) = \iint\limits_{x-y>0} p(x)p(y)\,\mathrm{d}x\mathrm{d}y = \int_{-\infty}^{+\infty}\left[\int_y^{+\infty} p(x)\,\mathrm{d}x\right] p(y)\,\mathrm{d}y$$

$$= \int_{-\infty}^{+\infty}[1-F_1(y)]\,\mathrm{d}F_2(y) = 1 - \int_{-\infty}^{+\infty} F_1(y)\,\mathrm{d}F_2(y) = \int_{-\infty}^{+\infty} F_2(y)\,\mathrm{d}F_1(y).$$

如果假设成立, 应有 $F_1 = F_2$, 于是

$$p = \int_{-\infty}^{+\infty} F_2(y)\,\mathrm{d}F_1(y) = \frac{1}{2}F_1^2\bigg|_{-\infty}^{+\infty} = \frac{1}{2}, \quad p(n_+) = \mathrm{C}_n^{n_+}(0.5)^n = p(n_-).$$

取 $S = \min(n_+, n_-)$ 作为检验量, 选定显著水平 α, 拒绝域 $[0, S_\alpha]$, S_α 满足 $\sum\limits_{i=0}^{k}\mathrm{C}_n^i\left(\frac{1}{2}\right)^i \leqslant \frac{\alpha}{2}$ 中最大的整数 k, 即 $S_\alpha = k$. 当 $n \geqslant 40$ 时, $n_+ \sim B(n,p) \sim N(np, np(1-p))$(趋近于正态分布), 所以 $E(n_+) = np = \frac{n}{2}, \sigma(n_+) = \sqrt{np(1-p)} = \frac{\sqrt{n}}{2}$, 可取统计量 $u = \frac{n_+ - n/2}{\sqrt{n}/2} \sim N(0,1)$.

这是一个双侧检验问题: $H_0: p = 0.5, H_1: p \neq 0.5$. 对于给定的显著水平 α, 拒绝域为 $|u| > z_{\alpha/2}$.

例 6.8.1 对某个天区先后测得 40 次本底信号 y_i $(i = 1, \cdots, 40)$ 和 40 个粒子通过探测器的输出幅度 x_i $(i = 1, \cdots, 40)$, 记录 $x_i - y_i$ $(i = 1, \cdots, 40)$ 的符号, 得到 $n_+ = 30$, $n_- = 10$. 取 $\alpha = 0.1$, 判断是否探测到了粒子信号.

解 用三种方法来解.

(1) 取统计量为 $S = \min(n_+, n_-) = 10$, 求出满足 $\sum\limits_{i=0}^{k}\mathrm{C}_n^i\left(\frac{1}{2}\right)^i \leqslant \frac{\alpha}{2} = 0.05$ 的最大的整数 k, 利用 MATLAB 有

```
k = binoinv(0.05,40,0.5)
```

可得 $k = 15$, 即拒绝域 $[0, S_\alpha] = [0, 15]$, 而 $S \in [0, 15]$, 因此拒绝原假设, 认为探测到了信号.

(2) 对于 $n = 40$, 可以取统计量为 $u = \frac{n_+ - n/2}{\sqrt{n}/2} = 3.1623$, 本问题是个双侧检验问题 $H_0: p_+ = 0.5; H_1: p_+ \neq 0.5$. 原假设成立的情况下, $u \sim N(0,1)$, 故拒绝域为 $|u| > z_{\alpha/2} = z_{0.05} = 1.64$. 因为 $u = 3.16$ 属于拒绝域, 故拒绝原假设.

(3) 还可以用 P 值检验法, 利用 MATLAB

```
P = 2*binocdf(10,40,0.5)
```

计算得到 $P = 0.0022 < \alpha\,(= 0.1)$, 因此拒绝原假设, 认为探测到了信号. □

6.9 似然比检验

似然比检验属于二择一的参数检验问题. 如果已知 $X \sim p(x;\theta)$, θ 只能取 θ_0 或者 θ_1, 要根据样本判断 θ 取 θ_0 还是 θ_1. 这时令原假设为 $H_0: \theta=\theta_0$, 备择假设为 $H_1: \theta=\theta_1$. 似然比检验方法的检验统计量是取不同参数时的似然函数之比:

$$\lambda(x)=\frac{L(x|\theta_0)}{L(x|\theta_1)}, \tag{6.18}$$

当 $\lambda \ll 1$ 时, $L(x|\theta_0) \ll L(x|\theta_1)$ 说明参数取 θ_1 的概率远大于取 θ_0 的概率, 因此 λ 值越小, 说明 X 与原假设偏离越显著. 给定显著水平 α 后, 拒绝域 ω_α 满足 $P[x\in\omega_\alpha|X\sim p(x;\theta_0)]=\int_{x\in\omega_\alpha} L(x|\theta_0)\,\mathrm{d}x=\alpha$. 最佳的拒绝域应使取伪的概率 β 很小.

污染与功效 称 β 为污染; 称 $1-\beta$ 为功效.

$$\begin{aligned}1-\beta&=P[x\in\omega_\alpha|X\sim p(x;\theta_1)]=\int_{\omega_\alpha} L(x|\theta_1)\,\mathrm{d}x\\&=\int_{\omega_\alpha}\frac{L(x|\theta_1)}{L(x|\theta_0)}L(x|\theta_0)\,\mathrm{d}x=\left\langle\left(\frac{L(x|\theta_1)}{L(x|\theta_0)}\middle|\theta=\theta_0\right)\right\rangle_{\omega_\alpha},\end{aligned}$$

功效 $1-\beta$ 为 $\dfrac{1}{\lambda(x)}$ 在拒绝域中的期望值, 拒绝域 $\omega_\alpha\equiv(0,\lambda_\alpha)$, 其中 λ_α 满足

$$P[\lambda<\lambda_\alpha|X\sim p(x;\theta_0)]=\int_0^{\lambda_\alpha} p(\lambda|\theta=\theta_0)\mathrm{d}\lambda=\alpha, \tag{6.19}$$

污染 $\beta=1-P'=\int_{\lambda_\alpha}^{\infty} p(\lambda|\theta=\theta_1)\mathrm{d}\lambda$, 其中 $P'=P[\lambda<\lambda_\alpha|X\sim p(x;\theta_1)]$.

例 6.9.1 正态期待值的似然比检验. 设有二择一的正态检验 $X\sim n(x;\theta,1)$, $\theta_0=0, \theta_1=1$ 试由 $x=(x_1,\cdots,x_N)$ 判断 θ 的真值.

解 设原假设为 $H_0:\theta=0$, 备择假设为 $H_1:\theta=1$. 似然函数分别为

$$L(x|\theta_0)=\prod_{i=1}^N n(x_i;0,1)=(2\pi)^{-\frac{N}{2}}\exp\left(-\frac{1}{2}\sum_{i=1}^N x_i^2\right),$$

$$L(x|\theta_1)=\prod_{i=1}^N n(x_i;1,1)=(2\pi)^{-\frac{N}{2}}\exp\left[-\frac{1}{2}\sum_{i=1}^N (x_i-1)^2\right].$$

似然比

$$\lambda=\frac{L(x|\theta_0)}{L(x|\theta_1)}=\exp\left\{-\frac{1}{2}\sum_{i=1}^N\left[x_i^2-(x_i-1)^2\right]\right\}=\exp\left(\frac{N}{2}-N\bar{x}\right).$$

拒绝域 $\omega_\alpha \equiv (0, \lambda_\alpha)$, 亦即

$$\lambda = \exp\left(\frac{N}{2} - N\bar{x}\right) < \lambda_\alpha \Leftrightarrow \bar{x} > \frac{1}{2} - \frac{\ln \lambda_\alpha}{N} = x_\alpha.$$

x_α 应使 $P[\bar{x} > x_\alpha | X \sim n(x;0,1)] = \alpha$. 当原假设成立时, $\bar{X} \sim N(0,1/N)$, 根据 $\int_{x_\alpha}^{\infty} n(x;0,1/N)\,\mathrm{d}x = \alpha$ 查表可得 x_α. 如果 $\bar{x} = \frac{1}{N}\sum_{i=1}^{n} x_i > x_\alpha$, 则拒绝原假设, 这时, 犯第一类错误 (损失) 的概率为 α, $\alpha = \int_{\frac{x_\alpha}{\sqrt{1/N}}=u}^{\infty} \varphi(t)\,\mathrm{d}t$; 否则如果 $\bar{x} = \frac{1}{N}\sum_{i=1}^{n} x_i < x_\alpha$, 则接受原假设, 这时, 犯第二类错误 (污染) 的概率为 β, $\beta = N\left(x_\alpha; 1, \frac{1}{N}\right) = N\left(\frac{x_\alpha - 1}{\sqrt{1/N}}; 0, 1\right)$. 例如, 取 $\alpha = 0.05, N = 10$, 则 $u = 1.64$, $x_\alpha = u\sqrt{1/N} = 1.64/\sqrt{10} = 0.52$; 污染

$$\begin{aligned}\beta =& N\left(x_\alpha; 1, \frac{1}{N}\right) = N\left(\frac{0.52}{\sqrt{1/10}}; 0, 1\right)\\ =& N(-1.52;0,1) = 1 - N(1.52;0,1) = 0.063.\end{aligned}$$

□

6.10　独立性检验

我们常需要检查两个变量之间是否独立. 比如天文学家想搞清楚“某种特性究竟是更可能出现在某类天体中, 还是与天体的类型相互独立”? 以天体演化年龄和具体星云之间的关系为例, 我们知道年轻的恒星通常分布在星际气体引力塌缩形成的分子云中或其附近. 按照它们的演化年龄可分成 0, I, II 和 III 类, 演化年龄分别约为 $10^4, 10^5, 10^6$ 和 10^7 年, I—II 级的演化阶段因为能谱的形状平缓, 所以也叫 I-flat 阶段, II—III 级因为是从盘吸积向没有吸积盘的状态演化, 所以叫转换期 (Trans). 于是, 根据不同星云天体的演化类型, 可以列出如下统计表 (表 6.14)[7].

表 6.14　4 × 5 列联表的例子

星云名称	天体演化类型					合计
	0-0/I	I-flat	II	Trans	III	
巨蛇座	21	16	61	17	22	137
蝘蜓座 I	1	14	90	4	95	204
金牛座	2	42	179	5	126	354
η 蝘蜓座	0	1	2	5	10	18
$\sum$	24	73	332	31	253	713

表 6.14 称为 4×5 的列联表. 每个天体根据两个属性分类, 一个是星云属性, 有 4 类; 另一个是演化类型, 有 5 类. 表 6.14 中将不同的属性划分为 "格". 检验的原假设为 H_0: 天体演化类型与具体属于哪个星云是相互独立的.

列联表在许多研究领域中都是非常有用的工具. 一般地, $m \times k$ 的列联表如表 6.15 所示.

表 6.15　$m\times k$ 列联表

	第二个变量分类 (k 类)				$n_{i\cdot} = \sum_{j=1}^{k} n_{ij}$
	1	2	$\cdots$	k	
第一个变量分类 (m 类)	n_{11}	n_{12}	$\cdots$	n_{1k}	$n_{1\cdot}$
	n_{21}	n_{22}	$\cdots$	n_{2k}	$n_{2\cdot}$
	$\vdots$	$\vdots$		$\vdots$	$\vdots$
	n_{m1}	n_{m2}	$\cdots$	n_{mk}	$n_{m\cdot}$
$n_{\cdot j} = \sum_{i=1}^{m} n_{ij}$	$n_{\cdot 1}$	$n_{\cdot 2}$	$\cdots$	$n_{\cdot k}$	$n = \sum_{i=1}^{m} n_{i\cdot} = \sum_{j=1}^{k} n_{\cdot j}$

其中 n 为观察对象的总数, n_{ij} 表示第一个变量属于 i 类, 第二个变量属于 j 类的观察对象数; 当两个分类变量相互独立时, 落入 ij 格的概率是 $p_{ij} = \dfrac{n_{i\cdot}}{n} \cdot \dfrac{n_{\cdot j}}{n}$, 因此理论上落入 ij 格的数目 $E_{ij} = n\dfrac{n_{i\cdot}}{n} \cdot \dfrac{n_{\cdot j}}{n} = \dfrac{n_{i\cdot} n_{\cdot j}}{n}, i = 1, \cdots, m, j = 1, \cdots, k.$

独立假设检验是依据 χ^2 统计量进行的. 设原假设 H_0: 两个分类变量之间是相互独立的; 备择假设 H_1: 两个分类变量之间是不独立的.

检验统计量为

$$\chi^2 = n\sum_{i=1}^{m}\sum_{j=1}^{k}\frac{\left(n_{ij} - n_{i\cdot} n_{\cdot j}/n\right)^2}{n_{i\cdot} n_{\cdot j}} \sim \chi^2\left[(m-1)(k-1)\right]. \tag{6.20}$$

对于给定的显著水平 α, 拒绝域为 $\left[\chi^2_\alpha, \infty\right)$, 其中临界值 χ^2_α 满足

$$P\left(\chi^2 > \chi^2_\alpha\right) = \alpha.$$

6.11　样本相关系数的检验

当我们进行数据分析的时候, 总是希望发现观测量与哪些因素有关. 最直接的方法就是计算不同量之间的相关系数. 当然, 这两个量必须有物理上的内在联系, 讨论太阳黑子的计数和菜市场中鱼的价钱之间的相关是没有任何意义的. 有些表面上相关系数很高的关系也不是真正的相关, 比如男性患肺癌的比例看起来高于女性. 但这个结果的深层次原因可能是男性吸烟的比例比女性高. 所以, 吸烟实际上才是引起肺癌的因素, 而不是因为性别的不同.

6.11.1　经典相关性检验

天文学上我们最为熟悉的线性相关性就是哈勃定律给出的星系退行速度与其距离之间的关系.

皮尔逊样本相关系数　一组容量为 N 的观测样本 (X_i, Y_i) 之间的皮尔逊样本相关系数由下式估计

$$r=\frac{\sum_{i=1}^{N}\left(X_i-\bar{X}\right)\left(Y_i-\bar{Y}\right)}{\sqrt{\sum_{i=1}^{N}\left(X_i-\bar{X}\right)^2\sum_{i=1}^{N}\left(Y_i-\bar{Y}\right)^2}}. \tag{6.21}$$

相关系数的显著性是通过 T 检验进行的. 我们有以下定理.

定理 6.11.1　如果 $(X_1,\cdots,X_N)$ 和 $(Y_1,\cdots,Y_N)$ 是来自独立的 $X\sim N(0,1)$ 和 $Y\sim N(0,1)$ 的两个样本, 则统计量

$$t=\frac{r\sqrt{N-2}}{\sqrt{1-r^2}}\sim t(N-2). \tag{6.22}$$

证　构造正交阵

$$U=\begin{pmatrix} 1/\sqrt{N} & 1/\sqrt{N} & \cdots & 1/\sqrt{N} \\ \dfrac{Y_1-\bar{Y}}{\sqrt{\sum\left(Y_i-\bar{Y}\right)^2}} & \dfrac{Y_2-\bar{Y}}{\sqrt{\sum\left(Y_i-\bar{Y}\right)^2}} & \cdots & \dfrac{Y_N-\bar{Y}}{\sqrt{\sum\left(Y_i-\bar{Y}\right)^2}} \\ \vdots & \vdots & & \vdots \\ & & & \end{pmatrix}_{N\times N},$$

U 的前两行是两个标准正交的向量. 按照正交阵的构造法, U 显然存在. 令 $(Z_1,\cdots,Z_N)^{\mathrm{T}}=U(X_1,\cdots,X_N)^{\mathrm{T}}$, 因正交变换的雅可比行列式绝对值是 1, 故 $Z_1,\cdots,Z_N$ 也独立地服从标准正态分布 $N(0,1)$, 且

$$\begin{cases} \sum_{i=1}^{N}Z_i=\sum_{i=1}^{N}X_i, & (6.22\text{a}) \\ Z_1=\dfrac{1}{\sqrt{N}}\sum_{i=1}^{N}X_i=\sqrt{N}\bar{X}, & (6.22\text{b}) \\ Z_2=\dfrac{\sum_{i=1}^{N}X_i\left(Y_i-\bar{Y}\right)^2}{\sqrt{\sum_{i=1}^{N}\left(Y_i-\bar{Y}\right)^2}}=r\sqrt{\sum_{i=1}^{N}\left(X_i-\bar{X}\right)^2}. & (6.22\text{c}) \end{cases}$$

因此, $r \xlongequal{(6.22c)} \dfrac{Z_2}{\sqrt{\sum\limits_{i=1}^{N}\left(X_i-\bar{X}\right)^2}} = \dfrac{Z_2}{\sqrt{\sum\limits_{i=1}^{N} X_i^2 - N\bar{X}^2}} \xlongequal{(6.22b)(6.22a)} \dfrac{Z_2}{\sqrt{\sum\limits_{i=2}^{N} Z_i^2}}$.

将 r 代入统计量 t 的表达式可得

$$t=\frac{r\sqrt{N-2}}{\sqrt{1-r^2}}=\sqrt{N-2}\frac{Z_2\Big/\sqrt{\sum\limits_{i=2}^{N}Z_i^2}}{\sqrt{1-\dfrac{Z_2^2}{\sum\limits_{i=2}^{N}Z_i^2}}}=\frac{Z_2}{\sqrt{\sum\limits_{i=3}^{N}Z_i^2}\Big/\sqrt{N-2}}\sim t\left(N-2\right)$$ (根据抽样定理 4.2.3). □

对于近似高斯分布的数据, 根据定理 6.11.1, 可以取 t 统计量 $t=\dfrac{r\sqrt{N-2}}{\sqrt{1-r^2}}$, 当 $N\to\infty$ 时, t 统计量渐进服从 $t\left(N-2\right)$. 如果样本容量较大, 即使数据不是正态分布的, 这个结论也大致成立.

相关性检验步骤是: 设 $H_0:\rho=0; H_1:\rho\neq 0$, 这里 ρ 是随机变量 X 和 Y 之间的相关系数. 根据统计量的计算, 如果 $|t|>t_{\alpha/2}\left(N-2\right)$, 则认为样本不是来自 $\rho=0$ 的总体, 因而样本存在显著的相关性; 如果 $|t|<t_{\alpha/2}$, 则认为不存在显著的相关性.

样本相关系数的标准差由下式估计:

$$\sigma_r=\frac{1-r^2}{\sqrt{N-1}}. \tag{6.23}$$

假设两个随机变量 X,Y 可以由二维正态分布来描述, 则其联合分布密度为

$$p\left(x,y|\,\mu_x,\mu_y,\sigma_x,\sigma_y,\rho\right)=\frac{1}{2\pi\sigma_x\sigma_y\sqrt{1-\rho^2}} \times\exp\left\{\frac{-1}{2\left(1-\rho^2\right)}\left[\frac{\left(x-\mu_x\right)^2}{\sigma_x^2}+\frac{\left(y-\mu_y\right)^2}{\sigma_y^2}-\frac{2\rho xy}{\sigma_x\sigma_y}\right]\right\}, \tag{6.24}$$

公式中的 ρ 恰为两个变量之间的相关系数 $\rho=\dfrac{\operatorname{cov}\left(X,Y\right)}{\sigma_x\sigma_y}$. 费希尔[8] 证明了如下结果: 给定相关系数 ρ, 则样本相关系数 r 的分布密度为

$$p\left(r|\,\rho\right)\propto\frac{\left(1-\rho^2\right)^{(N-1)/2}\left(1-r^2\right)^{(N-4)/2}}{\left(1-\rho r\right)^{N-3/2}}\left(1+\frac{1}{N-0.5}\cdot\frac{1+r\rho}{8}+\cdots\right). \tag{6.25}$$

假如已经判断出样本存在显著的相关性, 还想进一步确定相关系数 ρ 的置信区间, 则需要利用费希尔 Z 变换. 具体步骤为:

(1) 令 $Z_r = \frac{1}{2}\ln\left(\frac{1+r}{1-r}\right)$, $Z_\rho = \frac{1}{2}\ln\left(\frac{1+\rho}{1-\rho}\right)$, 则近似有 $\frac{Z_r - Z_\rho}{\sqrt{1/(N-3)}} \sim N(0,1)$;

(2) 计算 Z_ρ 的置信区间 $Z_r \pm \frac{z_{\alpha/2}}{\sqrt{N-3}}$;

(3) 利用费希尔 Z 变换的逆变换 $\rho = \frac{e^{2Z_\rho}-1}{e^{2Z_\rho}+1}$ 将 Z_ρ 的置信区间转化为 ρ 的置信区间.

例 6.11.1　根据 1936 年哈勃图的 24 个星系退行速度 $v\,(\mathrm{km\cdot s^{-1}})$ 和其距离 $L\,(\mathrm{Mpc})$ 的数据[9], 如表 6.16 所示, 求其 0.95 的置信区间.

表 6.16　24 个星系退行速度及其距离

L	0.04	0.03	0.19	0.25	0.27	0.26	0.42	0.50	0.50	0.63	0.79	0.89
v	111.1	−83.3	97.2	27.8	−69.4	−208.3	819.4	819.4	958.3	666.7	777.8	194.4
L	0.89	0.88	0.91	1.01	1.10	1.11	1.42	1.70	2.02	2.01	2.02	2.02
v	430.6	888.9	1222.2	1736.1	1472.2	1166.7	1263.9	2111.1	1111.1	1611.1	1763.9	2250.0

解　尽管数据容量不是很大, 我们还是应用正态近似的结果. 由 (6.21)—(6.23) 式可得, 样本相关系数 $r = 0.84$, 其标准差 $\sigma_r = 0.062$. t 统计量为 7.18. 若分别取 $\alpha = 0.1$, 0.01 和 0.001 可以计算出临界值 $t_{\alpha/2}(22)$ 分别为 1.72, 2.82 和 3.79, 因此应拒绝 H_0, 认为相关性非常显著. 进一步, 作 Z 变换 $Z_r = \frac{1}{2}\ln\left(\frac{1+r}{1-r}\right) = \frac{1}{2}\ln\left(\frac{1+0.84}{1-0.84}\right) = 1.22$, $Z_{0.05/2} = 1.96$, $N = 24$, 故 Z_ρ 的置信区间为 $1.22 \pm \frac{1.96}{\sqrt{21}} = [0.79, 1.65]$. 所以 ρ 的置信度为 0.95 的置信区间是 $[0.66, 0.93]$.　□

我们还可以用统计自举法 (Bootstrap 方法, 详见 8.3.1 节) 验证我们的结论. 将数据取 10^6 个 Bootstrap 样本, 计算其相关系数, 画出直方图, 并和 (6.25) 式给出的密度比较可得图 6.3. 由图 6.3 可知, 统计自举法得出的密度与费希尔方法得出的密度是很接近的, 由此密度计算出 r 的期望值为 0.83.

下面一段 MATLAB 程序给出了图 6.3 的做法, 可根据需要在图形窗中调整线型, 加上注释. 注意, 先将数据赋值给变量 x, 这里 x 是个 24×2 的矩阵, 第一列为 L, 第二列为 V.

```
>>r = corr(x(:,1),x(:,2),'type','Pearson');
>>n = length(x(:,1));
>>r_sigma = (1-r^2)/sqrt(n-1);
```

```
>>r_boo = bootstrp(1e6,@corr, x(:,1),x(:,2));  %计算1e6个Bootstrap样本的r
>>[Y,X] = hist(r_boo,10001);
>>y1 = smooth(Y, 3);                             % 平滑后可以减少直方图的涨落噪声
>>rx = 0:0.0001:1;                               %  r的变化范围
>>R = ((1-r^2).^((n-1)/2).*(1-rx.^2).^((n-4)/2)./(1-rx*r).^(n-3/2))...
       .*(1+1/(n-0.5)*(1+r*rx)/8);
>>hist(r_boo,10001)
>>hold on
>>plot(rx,R*max(y1)/max(R))
>>plot([r,r],[0,600],'k')
>>plot([r-r_sigma,r-r_sigma],[0,600] ,'k--')
>>plot([r+r_sigma,r+r_sigma],[0,600] ,'k--')
```

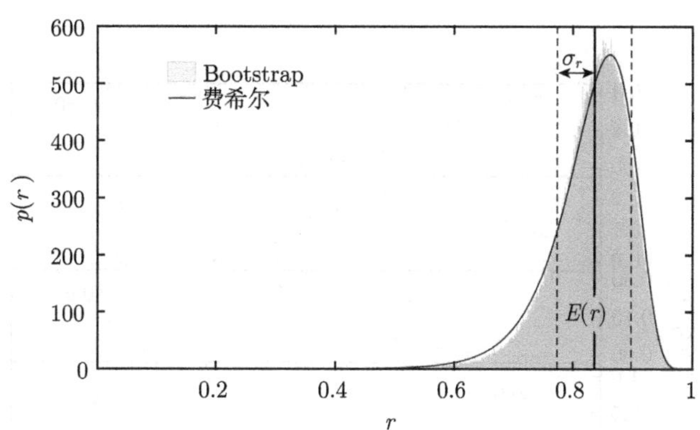

图 6.3 统计自举法与经典费希尔方法的比对

6.11.2 贝叶斯相关检验

仍考虑 (6.24) 式描述的满足二维正态分布的两个随机变量 X, Y. 根据贝叶斯理论 (详见第 7 章), 取 ρ 的先验分布为均匀分布, 杰夫瑞斯[10] 得到了样本相关系数为 r 条件下 ρ 的分布为

$$\pi(\rho|r) \propto \frac{\left(1-\rho^2\right)^{(n-1)/2}}{(1-\rho r)^{n-3/2}}\left(1+\frac{1}{n-0.5}\cdot\frac{1+r\rho}{8}\right). \tag{6.26}$$

仍然利用例 6.11.1 的数据, 可以画出 $\pi(\rho|r)$ 的分布 (图 6.4). 显然, 分布与样本容量有关. 从图 6.4 中可以看出 ρ 的分布并不是对称的, 其峰值 0.83 与样本相关系数 r 非常接近. 当 ρ 趋于 ±1 时 (ρ 和 r 符号相同), 杰夫瑞斯分布变成在 r 附近非常尖锐狭窄的分布形状. 图 6.5 显示了不同样本相关系数为 r 时的杰夫瑞斯分布.

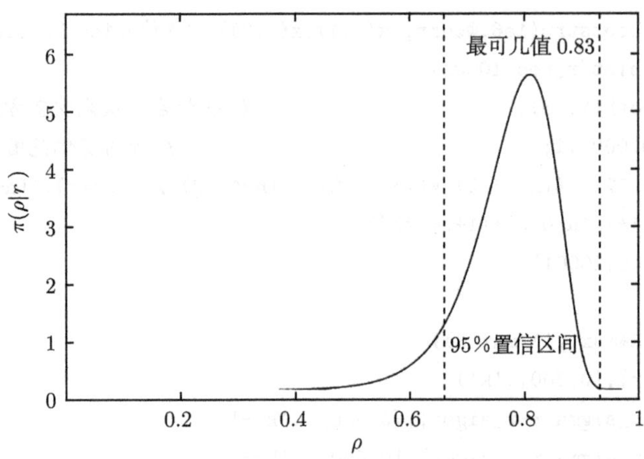

图 6.4　根据例 6.11.1 的结果画出的相关系数的杰夫瑞斯分布图中的置信区间

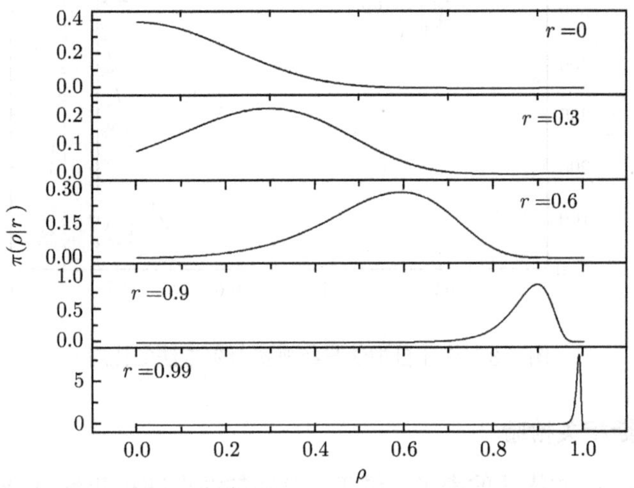

图 6.5　不同样本相关系数条件下的杰夫瑞斯分布

6.11.3　等级相关系数

更一般的相关性检验是斯皮尔曼等级相关 (或者秩相关) 系数检验. 这个检验无须假定变量的分布模型, 不涉及模型参数, 因而属于非参数检验. 对于样本容量为 N 的样本, 原始数据 (x_i, y_i) 先要按照降序转换成等级数据 (X_i, Y_i), 其中 $1 < X_i < N$, $1 < Y_i < N$, 表 6.17 给出了原始数据 x_i 与其等级数据 X_i 之间的变换关系. 类似地可以给出 y_i 与 Y_i 的变换关系.

表 6.17　原始数据和等级数据的变换关系

变量 x_i	降序位置	等级 X_i
0.7	5	5
1.4	4	3
1.3	3	4
2.1	2	2
17	1	1

然后计算等级数据之间的斯皮尔曼秩相关系数.

斯皮尔曼秩相关系数　斯皮尔曼秩相关系数定义为

$$r_s = \frac{\sum_i \left(X_i - \bar{X}\right)\left(Y_i - \bar{Y}\right)}{\sqrt{\sum_i \left(X_i - \bar{X}\right)^2 \left(Y_i - \bar{Y}\right)^2}}.$$

利用 $\sum X_i = N(N+1)/2$ 和 $\sum X_i^2 = N(N+1)(2N+1)/6$ 可以推出实用中的斯皮尔曼秩相关系数的表达式:

$$r_s = 1 - 6\frac{\sum_{i=1}^{N}(X_i - Y_i)^2}{N^3 - N}. \tag{6.27}$$

如果数据中存在 $x_i = x_j$ 的情况, 则它们有相同的等级 $X_i = X_j$, 而等级 X_{i+1} 要依序后推为 $i+1$. r_s 的范围是 $[0,1]$, 越接近 1 表明相关性越显著.

下面来考虑 r_s 的显著性. 原假设是 $H_0 : r_s = 0$, 也就是变量之间没有相关性. 对于给定的 Y 的排序, X 的排列有 $N!$ 种可能性, 且出现任一种排序的可能性是等概率的, 均为 $1/N!$. 所以, 对于给定的 Y 的排序, 出现任何 r_s 值的概率正比于能产生这个值的排列数有多少. 当 $N = 2$ 时, r_s 只能取 ± 1 两个值, 它们出现的概率分别为 0.5. 对于 $N = 3$, r_s 可能取 $-1, -1/2, 1/2, 1$ 四个值, 出现的概率分别为 $1/6, 1/3, 1/3$ 和 $1/6$. 所以对于小样本情况 $(4 \leqslant N \leqslant 30)$, 可计算 r_s 的临界值 (表 6.18). 如果 r_s 大于临界值, 则在相应的置信度下拒绝原假设, 认为变量之间有显著的相关性. 对于大样本情形 $(N > 30)$, 计算统计量

$$t_r = r_s\sqrt{\frac{N-2}{1-r_s^2}}, \tag{6.28}$$

在原假设为 $H_0 : r_s = 0$ 时, t_r 近似服从 $t(N-2)$.

从斯皮尔曼秩相关系数的定义可知, 只要随机变量 X 和 Y 具有单调的函数关系, 则二者就是完全斯皮尔曼相关的. 因此, 斯皮尔曼秩相关反映的是两组变量之间联系的密切程度, 这与皮尔逊相关性不同, 后者只有在变量之间具有线性关系时才是完全相关的. 许多时候, 数据本身的意义并不如顺序来得重要, 这时就需要进行秩检验.

表 6.18　斯皮尔曼秩相关系数 r_s 的临界值 (置信水平 α)

单侧 α	0.250	0.100	0.050	0.025	0.010	0.005	0.0025	0.0010	0.0005
双侧 α	0.500	0.200	0.100	0.050	0.020	0.010	0.005	0.002	0.001
N									
4	0.600	1.000	1.000	—	—	—	—	—	—
5	0.500	0.800	0.900	1.000	1.000	—	—	—	—
6	0.371	0.657	0.829	0.886	0.943	1.000	1.000	—	—
7	0.321	0.571	0.714	0.786	0.893	0.929	0.964	1.000	1.000
8	0.310	0.524	0.643	0.738	0.833	0.881	0.905	0.952	0.976
9	0.267	0.483	0.600	0.700	0.783	0.833	0.867	0.917	0.933
10	0.248	0.455	0.564	0.648	0.745	0.794	0.830	0.879	0.903
11	0.236	0.427	0.536	0.618	0.709	0.755	0.800	0.845	0.873
12	0.224	0.406	0.503	0.587	0.671	0.727	0.776	0.825	0.860
13	0.209	0.385	0.484	0.560	0.648	0.703	0.747	0.802	0.835
14	0.200	0.367	0.464	0.538	0.622	0.675	0.723	0.776	0.811
15	0.189	0.354	0.443	0.521	0.604	0.654	0.700	0.754	0.786
16	0.182	0.341	0.429	0.503	0.582	0.635	0.679	0.732	0.765
17	0.176	0.328	0.414	0.485	0.566	0.615	0.662	0.713	0.748
18	0.170	0.317	0.401	0.472	0.550	0.600	0.643	0.695	0.728
19	0.165	0.309	0.391	0.460	0.535	0.584	0.628	0.677	0.712
20	0.161	0.299	0.380	0.447	0.520	0.570	0.612	0.662	0.696
21	0.156	0.292	0.370	0.435	0.508	0.556	0.599	0.648	0.681
22	0.152	0.284	0.361	0.425	0.496	0.544	0.586	0.634	0.667
23	0.148	0.278	0.353	0.415	0.486	0.532	0.573	0.622	0.654
24	0.144	0.271	0.344	0.406	0.476	0.521	0.562	0.610	0.642
25	0.142	0.265	0.337	0.398	0.466	0.511	0.551	0.598	0.630
26	0.138	0.259	0.331	0.390	0.457	0.501	0.541	0.587	0.619
27	0.136	0.255	0.324	0.382	0.448	0.491	0.531	0.577	0.608
28	0.133	0.250	0.317	0.375	0.440	0.483	0.522	0.567	0.598
29	0.130	0.245	0.312	0.368	0.433	0.475	0.513	0.558	0.589
30	0.128	0.240	0.306	0.362	0.425	0.467	0.504	0.549	0.580

例 6.11.2　分析某区域水质 6 年的综合污染指数得到数据[11](表 6.19).

表 6.19　某区域 6 年的综合污染指数数据

综合污染指数 x_i	0.28	0.32	0.34	0.33	0.26	0.36
X_i	5	4	2	3	6	1
年度 y_i	2000	2001	2002	2003	2004	2005
Y_i	6	5	4	3	2	1

解 $r_s=1-6\dfrac{\sum\limits_{i=1}^{N}(X_i-Y_i)^2}{N^3-N}=0.37$. 取单侧 $\alpha=0.05$, 查表得临界值 $c_r=0.829>0.37$. 说明二者之间没有显著相关, 所以可以认为 6 年以来水质变化平稳. □

与斯皮尔曼秩相关类似的还有肯德尔秩相关. 当数据不服从双变量正态分布, 或总体分布未知, 或原始数据是用等级表示时, 宜用斯皮尔曼秩或肯德尔秩相关. 通常斯皮尔曼秩或肯德尔秩相关系数的绝对值要小于皮尔逊样本相关系数的绝对值.

6.11.4 置换检验

考虑两样本问题:

$$\begin{cases} X_1,\cdots,X_m\sim p(x), \\ Y_1,\cdots,Y_n\sim p(x-\theta), \end{cases} \tag{6.29}$$

其中 $p(x)$ 的形式未知. 例如, 某果树年产量 $X\sim p(x)$, 采用新技术后年产量为 $Y\sim p(x-\theta)$, 也就是说假定采用新技术后, 年产量平均增加了 θ, 而分布形式不变. 自然考虑以 $\bar{Y}-\bar{X}$ 作为检验统计量. 零假设为 $H_0:\theta=0$; 备择假设为 $H_1:\theta>0$. 显然, 当密度为正态分布时, 这就是两样本的 t 检验. 但此时 $p(x)$ 未知, 对于给定的显著水平 α, 无法确定出满足 $P\left(\bar{Y}-\bar{X}>c\middle|\,\theta=0\right)=\alpha$ 的临界值 c. 故只能采用置换检验, 其原理如下. 当 H_0 成立时, $X_1,\cdots,X_m,Y_1,\cdots,Y_n$ 是独立同分布的. 也就是说这可以看作来自同一母体 $Z\sim p(x)$ 的 $m+n$ 个独立的样本. 将它们从小到大排序, 记作 $(Z_1,\cdots,Z_{m+n})$, 得到一个次序统计量. 当 $(Z_1,\cdots,Z_{m+n})$ 给定时, $X_1,\cdots,X_m,Y_1,\cdots,Y_n$ 为 $(Z_1,\cdots,Z_{m+n})$ 的任一置换的概率相同, 皆为 $\dfrac{1}{(m+n)!}$. 其中 $(Y_1,\cdots,Y_n)$ 共有 $\mathrm{C}_{m+n}^{n}\cdot n!$ 种可能的取值, $\sum\limits_{i=1}^{n}Y_i$ 有 C_{m+n}^{n} 种可能的取值, 从小到大排序为 $S_1,S_2,\cdots,S_k$, 其中 $k=\mathrm{C}_{m+n}^{n}$. $\sum\limits_{i=1}^{n}Y_i$ 取这些值的概率相同. 对于给定的显著水平, 令整数 $K=\min\left\{l\text{ 为整数}\middle|\,l\geqslant(1-\alpha)k\right\}$, 当 $\sum\limits_{i=1}^{n}Y_i>S_K$ 时, 拒绝原假设.

6.12 假设检验的 MATLAB 实现

6.12.1 正态分布的假设检验

1) 标准差 σ_0 已知情况下的均值检验

设 $X\sim N\left(\mu,\sigma_0^2\right)$, 样本值为 $(x_1,x_2,\cdots,x_n)$. 这时假设检验的类型如下:

$$\begin{cases} H_0: \mu = \mu_0, \quad H_1: \mu \neq \mu_0, \\ H_0: \mu \geqslant \mu_0, \quad H_1: \mu < \mu_0, \\ H_0: \mu \leqslant \mu_0, \quad H_1: \mu > \mu_0. \end{cases} \tag{6.30}$$

检验统计量为 Z 统计量, 调用函数为 ztest, 可选的格式为

```
h = ztest(x,mu,sigma)
h = ztest(x,mu, sigma, alpha)
h = ztest(x,mu, sigma, alpha,tail)
h = ztest(x,mu, sigma, alpha,tail,dim)
[h,p] = ztest(...)
[h,p,ci] = ztest(...)
[h,p,ci,zval] = ztest(...)
```

其中 h 是检验的返回值, 当 h = 0 时, 接受原假设; 当 h = 1 时, 拒绝原假设. mu = μ_0, sigma = σ_0; x = $(x_1, x_2, \cdots, x_n)$. alpha 为显著水平, 缺省值为 0.05, tail 是一个字符串, 表明备择假设类型, 可以选择 'both' ($\mu \neq \mu_0$, 缺省)、'right' ($\mu > \mu_0$) 或者 'left' ($\mu < \mu_0$). dim 是 X 的维数, X 既可以是向量, 又可以是矩阵. 还可以输出更多结果, 其中 p 为 P 值, ci 为给定显著水平下的临界值, zval 为样本统计量.

2) 总体标准差未知时的单个正态总体均值的 t 检验

设 $X \sim N(\mu, \sigma^2)$, 样本值为 $(x_1, x_2, \cdots, x_n)$. 假设检验类型同 (6.30) 式. 检验统计量为 t 统计量, 调用函数为 ttest, 可选的调用格式为

```
h = ttest(x)          % 假设均值为0
h = ttest(x,mu)
h = ttest(x,y)
h = ttest(...,alpha)
h = ttest(...,alpha,tail)
h = ttest(...,alpha,tail,dim)
[h,p] = ttest(...)
[h,p,ci] = ttest(...)
[h,p,ci,stats] = ttest(...)
```

其中 h = ttest(x,y) 检验的是一对同样维数的随机样本 X 和 Y 是否具有相同的均值. 这里把 $X-Y$ 看作方差未知的零均值正态分布. 输出量 stats 包括 t 统计量、T 分布的自由度以及 X 或者 $X-Y$ 的标准差估计.

3) 总体标准差未知时的两个正态总体均值的比较 t 检验

设有两个总体分别是 $X \sim N(\mu_1, \sigma_1^2)$, 样本值为 $(x_1, x_2, \cdots, x_n)$ 和 $Y \sim N(\mu_2,$

$\sigma_2^2)$, 样本值为 $(y_1, y_2, \cdots, y_m)$. 假设检验的类型为

$$\begin{cases} H_0: \mu_1 = \mu_2, & H_1: \mu_1 \neq \mu_2, \\ H_0: \mu_1 \geqslant \mu_2, & H_1: \mu_1 < \mu_2, \\ H_0: \mu_1 \leqslant \mu_2, & H_1: \mu_1 > \mu_2. \end{cases} \tag{6.31}$$

检验函数名为 ttest2, 可选的调用格式为

```
h = ttest2(x,y)
h = ttest2(x,y,alpha)
h = ttest2(x,y,alpha,tail)
h = ttest2(x,y,alpha,tail,vartype)
h = ttest2(x,y,alpha,tail,vartype,dim)
[h,p] = ttest2(...)
[h,p,ci] = ttest2(...)
[h,p,ci,stats] = ttest2(...)
```

其中 vartype 是个字符串, 选 'equal' 表明 X 和 Y 有相同的方差; 选 'unequal' 则表明 X 和 Y 方差不相等.

4) 总体均值未知时的单个正态总体方差的卡方检验

设 $X \sim N\left(\mu, \sigma^2\right)$, 样本值为 $(x_1, x_2, \cdots, x_n)$, 假设检验类型为

$$\begin{aligned} &H_0: \sigma^2 = \sigma_0^2, \quad H_1: \sigma^2 \neq \sigma_0^2; \\ &H_0: \sigma^2 \geqslant \sigma_0^2, \quad H_1: \sigma^2 < \sigma_0^2; \\ &H_0: \sigma^2 \leqslant \sigma_0^2, \quad H_1: \sigma^2 > \sigma_0^2. \end{aligned} \tag{6.32}$$

检验函数为 vartest 函数, 可选的调用格式为

```
h = vartest(x,v)
h= vartest(x,v,alpha)
h = vartest(x,v,alpha,tail)
h = vartest(x,v,alpha,tail,dim)
[h,p] = vartest(...)
[h,p,ci] = vartest(...)
[h,p,ci,stats] = vartest(...)
```

其中 v 是方差、标量. x 也可以是一个 $m \times k$ 矩阵, 这时 vartest 对 x 的各列进行检验, 输出的 h 为一个 k 维向量. stats 输出卡方统计量及其自由度.

5) 总体均值未知时, 两个正态总体方差的比较 F 检验

设有两个总体分别是 $X \sim N\left(\mu_1, \sigma_1^2\right)$, 样本值为 $(x_1, x_2, \cdots, x_n)$ 和 $Y \sim N(\mu_2,$

σ_2^2), 样本值为 $(y_1, y_2, \cdots, y_m)$. 假设检验的类型为

$$\begin{cases} H_0: \sigma_1^2 = \sigma_2^2, & H_1: \sigma_1^2 \neq \sigma_2^2, \\ H_0: \sigma_1^2 \geqslant \sigma_2^2, & H_1: \sigma_1^2 < \sigma_2^2, \\ H_0: \sigma_1^2 \leqslant \sigma_2^2, & H_1: \sigma_1^2 > \sigma_2^2. \end{cases} \tag{6.33}$$

检验函数为 vartest2 函数, 可选的调用格式为

```
h = vartest2(x,y)
h = vartest2(x,y,alpha)
h = vartest2(x,y,alpha,tail)
h = vartest2(x,y,alpha,tail,dim)
[h,p] = vartest2(...)
[h,p,ci] = vartest2(...)
[h,p,ci,stats] = vartest2(...)
```

stats 输出 F 统计量以及分子、分母的自由度.

6.12.2 游程数检验

MATLAB 提供的游程检验函数为 runstest, 调用格式有

```
h = runstest(x)
h = runstest(x,v)
h = runstest(...,Name,Value)
[h,p,stats] = runstest(...)
```

其中 x 是游程样本所对应的随机序列向量, H_0: 向量 x 的值关于 v (缺省为 x 的均值) 的涨落是随机序列; H_1 与 H_0 相反. h 是返回值, 缺省显著性水平为 5%. 若拒绝原假设, h 为 1, 反之为 0. Name 和 Value 的选项如下表 (表 6.20).

表 6.20　Name 和 Value 的选项表

Name	解释	Value 例子
'Alpha'	显著水平	$0 < \alpha < 1$: 0.01, 0.05 (缺省)
'Method'	计算 P 值的方法	'exact' 或 'approximate'
'Tail'	单双尾检验选择	'both' (缺省) | 'right' (右侧) | 'left' (左侧)

统计量 stats 包括游程数、v 以上的值的个数、v 以下的值的个数以及统计量.

例 6.12.1　如有 3 个 12 人的队伍, 按先后次序记录各队的性别排序, 得到如下 3 个游程样本:

(1) 男, 男, 女, 女, 女, 男, 女, 女, 男, 男, 男, 男;

(2) 男, 男, 男, 男, 男, 男, 男, 女, 女, 女, 女, 女;

(3) 男, 女, 男, 女, 男, 女, 男, 女, 男, 女, 男, 男.

取显著水平为 0.05, 试用游程法检验其随机性.

解 在 MATLAB 命令窗把以上 3 个序列分别用 x, y 和 z 表示, 再利用 runstest 函数计算. 令男 → 1, 女 → −1, 即键入

```
>> x = [1 1 -1 -1 -1 1 -1 -1 1 1 1 1];
>> y = [1 1 1 1 1 1 1 -1 -1 -1 -1 -1];
>> z = [1 -1 1 -1 1 -1 1 -1 1 -1 1 1];
>> [h,p,stats] = runstest(x)                        % 对序列x进行检验
      h =
                0
      p =
                0.3939
      stats =
    包含以下字段的 struct:
    nruns: 5
       n1: 7
       n0: 5
        z: -0.8328
```

显示结果中 $h = 0$, $p > 0.5$, 故接受原假设. 统计量给出了游程数是 5, 大于和小于均值的个数分别为 7 和 5, 统计量为 −0.8328. 键入

```
>> [h,p,stats{_}y] = runstest(y)
```

得到结果

```
h =
     1
p =
    0.0051
stats_y =
包含以下字段的 struct:
    nruns: 2
       n1: 7
       n0: 5
        z: -2.7067
```

检验结果拒绝了原假设, 说明第 2 个序列不是随机涨落的. 类似地, 键入

```
>> [h,p,stats{_}z] = runstest(z)
```

有结果:

```
h =
     1
```

```
p =
    0.0152
stats_z =
包含以下字段的 struct:
    nruns: 11
       n1: 7
       n0: 5
        z: 2.2903
```

说明在双侧检验的情况下, 仍然拒绝原假设, 说明第 3 个序列也不是随机涨落. 但是如果选择单侧检验:

```
>> h = runstest(z,mean(z),'tail','left')
h =
     0
>> h = runstest(z,mean(z),'tail','right')
h =
     1
```

可以看到序列 z 的游程数很多, 游程很短, 没有聚集的趋势, 只有振荡的趋势. □

6.12.3　拟合优度检验

1) 卡方拟合优度检验

$$X \sim F(x), \quad \text{样本} \quad X_1, \cdots, X_n.$$

原假设和备择假设分别为 $H_0 : F(x) = F_0(x;\theta)$ 和 $H_1 : F(x) \neq F_0(x;\theta)$.

调用函数是 chi2gof, 可选格式及输出量有

```
h = chi2gof(x)
h = chi2gof(x,'Name',value,...)
[h,p] = chi2gof(...)
[h,p,stats] = chi2gof(...)
```

stats 输出

'chi2stat'——χ^2 统计量;

'df'——自由度;

'edges'——在自动划分为每个小区间的理论频数大于 5 之后的区间边界值;

'O'——各区间的观测频数;

'E'——各区间的理论预期频数.

表 6.21 关于 'Name'(字符串) 和 value 的具体说明.

表 6.21 参量 name 的具体取值

'Name'	value 是对应该字符串的具体取值
'nbins'	划分区间数, 缺省为 10
'ctrs'	各区间中心值 (向量)
'edges'	划分区间的边界值 (向量)
'cdf'	累积分布函数, 它可以是函数名或函数句柄, x 是函数包含的唯一变量. 或者, 如果函数还有其他参数 θ, 需把 x 置于第一个哑元的位置 $f(x,\theta)$
'expected'	各区间的理论频数 (向量)
'nparams'	参数 $\hat{\theta}$ 的维数, 缺省值为 0 (如果 θ 是估计所得, 必须给出这一选项, 以确定卡方分布的自由度)
'emin'	一个小区间内允许的最小理论频数, 缺省值为 5
'frequency'	取 x 的频数, 是与 x 容量一样的向量
'alpha'	显著水平

例 6.12.2 (卡方拟合优度检验的例子) 仍以表 6.5 银河系星团的数据为例. 先将数据赋予变量 data, 在命令窗键入

```
>> [h,p,stats] = chi2gof(data)
```

运行结果为 h = 0, p =0.4625, 其余输出量还有:

```
chi2stat: 3.6020
      df: 4
   edges: [1×8 double]
       O: [11 9 19 16 9 8 9]
       E: [10.1836 10.8533 14.9024 15.9779 13.3771 8.7452 6.9604]
```

由此得出, 取显著水平 0.05 时, P 值远大于 0.05, 接受原假设. 程序自动把数据分为 7 个区间, O 和 E 分别给出了各区间的观测样本数和理论频数.

2) 科尔莫戈罗夫检验

假设检验:

$$\begin{cases} H_0 : F(x) = \text{cdf}, & H_1 : F(x) \neq \text{cdf}, \\ H_0 : F(x) \leqslant \text{cdf}, & H_1 : F(x) > \text{cdf}, \\ H_0 : F(x) \geqslant \text{cdf}, & H_1 : F(x) < \text{cdf}. \end{cases} \tag{6.34}$$

MATLAB 中科尔莫戈罗夫检验的命令是

```
h = kstest(x,cdf,alpha,tail)
[h,p,ksstat,cv] = kstest(...)
```

tail 的选项指出了备择假设的类型有: 'unequal', 'larger' 和 'smaller' 三个选项, 分别对应 $H_1 : F(x) \neq \text{cdf}$, $H_1 : F(x) > \text{cdf}$ 和 $H_1 : F(x) < \text{cdf}$.

cdf 是 H_0 成立时的累积分布函数, $(x1, y1)$ 是个 $n \times 2$ 的两列矩阵, 其中 $x1$ 应包含 x 的所有点, $y1$ 是 H_0 成立时, 对应于随机变量取 $x1$ 的累积分布函数. 如果

$x1$ 未包括 x 的所有点, 函数将插入 x, 并插值计算出相应的 y.

拒绝原假设并非通过比较统计量 ksstat 和临界值 cv 的大小, 而是通过比较 p 值和显著水平 alpha 给出的, 也就是通过 P 值检验得出的.

例 6.12.3 (kstest 的例子)　将表 6.5 的数据赋值给变量 X, 检验 X 是否服从正态分布 $H_0 : X \sim N(\text{mean}(X), \text{std}(X)^2)$.

```
>> X = data;
>> Y = [X,cdf('norm',X,mean(X),std(X))];
>> [h,p,ksstat,cv] = kstest(X,Y,0.01)
```

运行结果为 h = 0, p = 0.8123, ksstat = 0.0688, cv = 0.1784. 所以, 在显著水平 0.01 上接受原假设.

3) 斯米尔诺夫检验

```
h = kstest2(x1,x2,alpha,tail)
[h,p,ksstat] = kstest2(...)
```

在 kstest2(...) 中没有临界值 cv 的输出选择.

以例 6.6.2 的数据为例：通过两组星体的星等数据比对, 看看它们是否来自同一个总体. 原假设是二者具有相同的分布.

```
>> x1 = [10,37,80,118,141,149,150,150];
>> x2 = [0,7,24,54,83,98,99,100];
>> [h,p,ksstat] = kstest2(x1,x2)
```

结果为 h = 1, p = 0.0497, ksstat = 0.6250. 因 $p < 0.05$, 故拒绝原假设.

调用函数 cdfplot 可以画出经验累积分布图 (图 6.6).

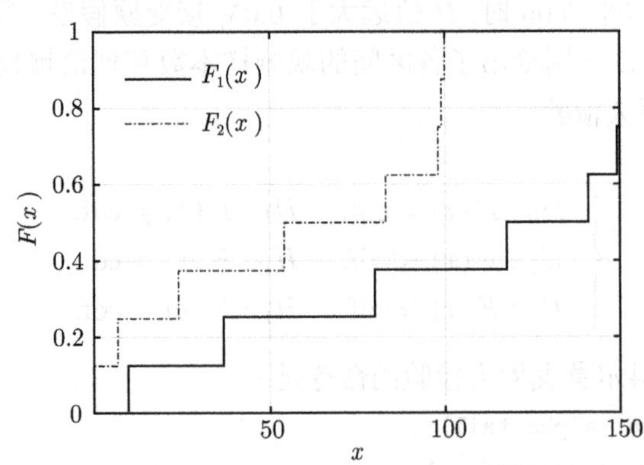

图 6.6　两组星体星等的经验累积分布比较

6.12.4　符号检验

符号检验调用的函数格式为

```
P = signtest(x)
P = signtest(x,m)              % m, 标量, 缺省值为0
P = signtest(x,y)
[P,h] = signtest(...)
[P,h] = signtest(...,'alpha',alpha)
[P,h] = signtest(...,'method',method)
[P,h,stats] = signtest(...)
```

P 给出了原假设成立的概率, h = 0 (=1) 表明在给定显著水平上接受 (拒绝) 原假设.

P = signtest(x,m) 原假设: x 是来自中位数 = m 的随机变量, 双边检验.

P = signtest(x,y) 原假设: x−y 是来自中位数 = 0 的随机变量, 双边检验.

'method' 可以选择 'exact', 这时 P 的值按精确方法计算, 或者 'approximate', 这时 P 的值按正态近似的方法计算.

统计量 stats 包括符号检验统计量和 Z 统计量, 后者只对大样本有意义.

函数 signrank (符号秩检验), ranksum (秩和检验) 有类似的功能和调用方式.

6.12.5 列联表的独立性检验

原假设: 各列向量为独立的. MATLAB 独立性检验调用的函数格式为

```
table = crosstab(col1,col2)
table = crosstab(col1,col2,col3,...)
[table,chi2,p] = crosstab(col1,col2)
```

其中 table 表示列联表; chi2 表示卡方统计量; p 表示 P 值.

例 6.12.4 用 MATLAB 分别生成两列在 [1,2,3] 和 [1,2] 中均匀分布的序列, 容量为 50, 用 crosstab 函数检验两列数据的独立性, 并统计出列联表.

解 运行下列语句

```
>> r1 = unidrnd(3,50,1);  r2 = unidrnd(2,50,1);
>> [table,chi2,p] = crosstab(r1,r2)
```

结果包括: chi2 = 6.4048, p = 0.0407 和 table, 即对应的列联表 (表 6.22).

表 6.22 例 6.12.4 中数据的列联表

r1 \ r2	1	2
1	3	11
2	7	5
3	15	9

因为 P 值小于 0.05, 所以应该拒绝原假设, 认为两列数据不独立. 结果依赖于

随机数的生成情况, 不同的随机序列可能得到相反的结果. □

例 6.12.5 仍以表 6.14 的数据为例, 检验恒星的演化年龄和所属星云之间是否独立.

列联表 6.14 已经给出, 可以通过下面的程序来实现独立性检验:

```
a = [21 16 61 17 22;1 14 90 4 95;2 42 179 5 126;0 1 2 5 10];
alpha = 0.05;
[m,k] = size(a);   % a为列联表中的矩阵nij
n = sum(a(:));     % 将矩阵中的所有元素相加求和
ni = sum(a,1);     % 按列求和, 结果为行向量
nj = sum(a,2);     % 按行求和, 结果为列向量
E = nj*ni/n;       % E为理论频数, 结果为矩阵
% chi2统计量计算
tem = (a-E).^2./(nj*ni);
chi2_stat = n*sum( tem(:))
k_dof = (m-1)*(k-1);   % 自由度计算
%临界值计算
chi2_critical = chi2inv(1-alpha,k_dof)
% 否定域为 x>chi2_critical
```

运行的结果为 chi2_stat = 158.9887, chi2_critical = 21.0261, 因此, 在显著水平 0.05 下, 应否定原假设, 认为恒星演化年龄与所属星云之间不独立.

本例也可用 P 值检验法. 这是一个右侧检验单边问题, P 值 $=P\{X > C|\, H_0\}= P\{\chi^2\ (12) > 158.99\} = 0$, 因此有充分的理由拒绝原假设. □

参考文献

[1] http://astrostatistics.psu.edu/datasets/glob_clus.html.

[2] Cramer H. On the composition of elementary errors. Scandinavian Actuarial Journal, 1928(1): 13–74.

[3] von Mises R. Wahrscheinlichkeit Statistik und Wahrheit. Berlin, Heidelberg: Springer-Verlag, 1928.

[4] Anderson T W. On the distribution of the two-sample Cramer–von Mises criterion. Annals of Mathematical Statistics, 1962, 33(3): 1148–1159.

[5] Watson G S. Goodness-of-fit tests on a circle. Biometrika, 1961, 48 (1/2): 109-114.

[6] Scholz F W, Stephens M A. K-sample Anderson-Darling tests of fit, For continuous and discrete cases. Journal of the American Statistical Association, 1987, 82: 918-924.

[7] Feigelson E D, Babu G J. Modern Statistical Methods for Astronomy with R Applications. New York: Cambridge University Press, 2012.

[8] Fisher R A. Statistical Methods for Research Workers. 14th ed. Edinburgh, London: Oliver & Boyd, 1970.

[9] http://www.astro.ubc.ca/people/jvw/ASTROSTATS/Data/Chap4/4point1.dat.

[10] Jeffreys H. Theory of Probability. 3rd ed. Great Britain: The Clarendon Press, 1961.

[11] 万黎, 毛炳启. Spearman 秩相关系数的批量计算. 环境保护科学, 2008, (5): 53-55, 72.

第 7 章　贝叶斯统计

从数据中挖掘信息需要丰富的统计学知识, 天文学家最常用的是经典统计学的工具：包括最小二乘法、拟合优度检验、非参数的 K-S 检验以及针对多变量的聚类、判别和主成分分析方法等. 天文学家偏爱经典统计学方法最主要的原因是它的便利性. 尽管不少人认为传统的频率论比贝叶斯估计法更具有优越性, 但是近十年来, 越来越多的天文学家意识到贝叶斯统计的潜力和优势, 并在数据处理中成功地加以应用.

7.1　先验分布与后验分布

7.1.1　三种信息

传统学派认为存在两种信息, 即 “总体信息” 和 “样本信息”. 所谓总体信息是指总体分布的信息; 样本信息则是从总体中抽样的结果. 基于 “总体信息” 和 “样本信息” 进行的统计推断就是经典的统计学, 比如我们知道总体 $X \sim N\left(\mu, \sigma^2\right)$, 抽取出样本 $(x_1, \cdots, x_n)$, 则可以对 μ 或者 σ^2 进行统计推断. 贝叶斯学派认为, 除了传统学派认可的 “总体信息” 和 “样本信息” 之外, 还存在着第三种信息, 这就是所谓的 “先验信息”. 一个著名的例子是, 有位英国妇女, 能辨别出奶茶是先放进茶还是先倒入奶, 连续做了 10 次试验, 她都能准确地判断出来. 依照经典统计学, 如果没有任何经验, 每次成功的概率应为 $P = 0.5$, 那么连续 10 次猜中的概率为 $P_{10}(10) = 0.5^{10} = 0.0009766$. 这是几乎不可能发生的小概率事件, 可见是经验在起作用. 基于这三种信息进行推断就是贝叶斯统计的思想.

7.1.2　贝叶斯公式

与经典统计学不同, 贝叶斯学派引入了先验分布和后验分布的概念.

先验分布　贝叶斯统计学派把任意一个未知参数都看成随机变量, 用一个概率分布去描述它的未知状况, 该分布称为先验分布. 设随机变量 X 的密度函数依赖于参数 θ, 在经典统计中记为 $X \sim p(x, \theta)$, 表示在参数空间中不同的 θ 对应不同的分布. 贝叶斯统计则认为 θ 本身就是个随机变量, 具有分布 $\theta \sim \pi(\theta)$, 所以经典统计中的 $p(x, \theta)$ 本应该是 $p(x|\,\theta)$, 表示当随机变量 θ 给定某个值时, 总体 X 的条件分布. 从贝叶斯的观点来看, 一个观测样本 $x = (x_1, \cdots, x_n)$ 的产生应分两步实现. 首

先要产生一个服从先验分布 $\pi(\theta)$ 的 θ', 然后才能产生出服从 $L(x|\theta') = \prod_{i=1}^{n} p(x_i|\theta')$ 分布的 x 来. 这里 $L(x|\theta) = \prod_{i=1}^{n} p(x_i|\theta)$ 就是极大似然函数. 第一步 θ' 究竟取了何值是无法直接观测的, 我们只看到了最后的抽样数据 $(x_1, \cdots, x_n)$.

样本 x 和参数 θ 的联合分布就是

$$h(x,\theta) = L(x|\theta)\pi(\theta), \tag{7.1}$$

记 x 的边缘密度为 $m(x)$:

$$m(x) = \int_\Theta h(x,\theta)\,\mathrm{d}\theta = \int_\Theta L(x|\theta)\pi(\theta)\mathrm{d}\theta, \tag{7.2}$$

于是可以得到联合分布 $h(x,\theta)$ 的另一种分解:

$$h(x,\theta) = \pi(\theta|x)\,m(x). \tag{7.3}$$

实际上 (7.1) 式和 (7.3) 式可以从贝叶斯乘法公式 $P(AB) = P(A|B)P(B) = P(B|A)P(A)$ 来理解.

后验分布 由贝叶斯公式

$$\pi(\theta|x) = \frac{L(x|\theta)\pi(\theta)}{\displaystyle\int_\Theta L(x|\theta)\pi(\theta)\mathrm{d}\theta}, \tag{7.4}$$

(7.4) 式给出了 “出现一组特定观测值 $(x_1, \cdots, x_n)$ 的条件下, 随机变量 θ 的概率密度”, 称为 θ 的后验分布 (密度). 对于离散型的参数 θ, 相应的公式是

$$\pi(\theta_i|x) = \frac{L(x|\theta_i)\pi(\theta_i)}{\displaystyle\sum_j p(x|\theta_j)\pi(\theta_j)}, \tag{7.5}$$

后验分布 $\pi(\theta|x)$ 综合了总体、样本和先验的三部分信息, 体现出观测样本对先验模型的修正.

例 7.1.1 假设用射电望远镜随机地观测天空中某个方向, 测到该方向的流量密度 f, 它与真实的流量 S 之间的关系服从正态分布, 即有

$$p(f) = \frac{1}{\sqrt{2\pi}\sigma}\exp\left(-\frac{1}{2}\left(\frac{f-S}{\sigma}\right)^2\right), \quad S \geqslant f.$$

大量射电观测告诉我们流量 S 的先验分布可以表示为 $\pi(S) \propto S^{-5/2}$. 如果有 N 个测量数据 (公式中, 数据记为 D) $D = (f_1, \cdots, f_N)$, 则根据贝叶斯定理, S 的后验分

布为

$$\pi\left(S|\,D\right)=K\cdot\exp\left[-\frac{1}{2\sigma^{2}}\sum_{i=1}^{N}\left(f_{i}-S\right)^{2}\right]S^{-5/2},\quad K\text{为归一化系数}.$$

例如, 我们有 6 个观测值: $D=1.5,2,1.6,3,2,1.8$, 取 $\sigma=1$, 依次用前 2 个、前 4 个和 6 个值得到的后验分布见图 7.1.

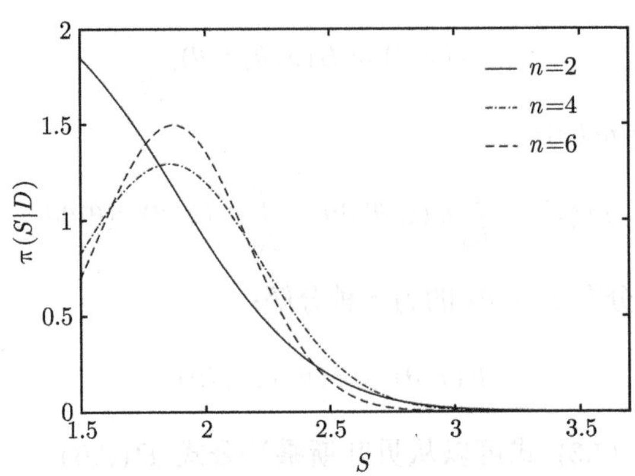

图 7.1　对于给定的幂律先验分布和正态的观测误差分布, 依次用 $n=2,4,6$ 个数据计算后验分布, 从而可以观察数据容量对后验分布的影响

图 7.1 告诉我们, 先验分布和后验分布的形状可以有很大的不同, 特别当样本容量很小的时候. 但随着容量的增大, 后验分布越来越接近正态分布.

例 7.1.2　设事件 A 的概率为 θ, 为了估计 θ, 作 n 次独立观测, 其中事件 A 出现的次数为 X, 显然, X 服从二项分布 $B(n,\theta)$, 即 $p(X=x|\theta)=\mathrm{C}_n^x\theta^x(1-\theta)^{n-x}$, $x=1,\cdots,n$. 这就是似然函数. 假如事先我们对事件 A 发生的概率缺乏了解, 则贝叶斯建议用区间 $(0,1)$ 上的均匀分布 $U(0,1)$ 作为 θ 的先验分布, 即有 $\pi(\theta)=1, 0<\theta<1$. $\pi(\theta)$ 在 $(0,1)$ 上每一点都是等概率的, 属于无信息型先验分布. 于是, 得到样本 x 和 θ 的联合分布

$$h(x,\theta)=p\left(x|\,\theta\right)\pi(\theta)\propto\mathrm{C}_n^x\theta^x\left(1-\theta\right)^{n-x},\quad x=0,1,\cdots,n,\quad 0<\theta<1.$$

再计算 x 的边缘分布

$$m(x)=\int_0^1 h\left(x,\theta\right)\mathrm{d}\theta=\mathrm{C}_n^x\int_0^1\theta^x\left(1-\theta\right)^{n-x}\mathrm{d}\theta=\mathrm{C}_n^x\frac{\Gamma\left(x+1\right)\Gamma\left(n-x+1\right)}{\Gamma\left(n+2\right)}.$$

最后, 可得 θ 的后验分布:

$$\pi\left(\theta|\,x\right)=\frac{h\left(x,\theta\right)}{m\left(x\right)}=\frac{\Gamma\left(n+2\right)}{\Gamma\left(x+1\right)\Gamma\left(n-x+1\right)}\theta^{(x+1)-1}\left(1-\theta\right)^{(n-x+1)-1},\quad 0<\theta<1.$$

这个分布实际上是参数为 $x+1$ 和 $n-x+1$ 的贝塔分布 $\beta(x+1, n-x+1)$. 当 $\alpha=\gamma=1$ 时, 贝塔分布 $\beta(\alpha,\gamma)$ 退化为区间 $(0,1)$ 上的均匀分布 $U(0,1)$.

7.2 先验分布的确定

根据参数的先验信息确定先验分布, 是贝叶斯学派在最近几十年里重点研究的问题. 先验分布大致分为三类, 分别是基于经验的、有信息的和无信息的.

先验分布 $\pi(\theta)$ 的两个极端情况是:

(1) $\pi(\theta)$ 是一个 δ 函数, $\pi(\theta)=\delta(\theta-\theta_0)$, 这时, 后验分布仍为同样的 δ 函数.

(2) $\pi(\theta)$ 为 $(-\infty,\infty)$ 上的广义均匀分布, 也就是说, 我们对 θ 基本没有什么了解, 则 $\pi(\theta|x)=\dfrac{L(x|\theta)}{\displaystyle\int L(x|\theta)\,\mathrm{d}\theta}$ 是归一化的似然函数. 因此, 先验分布对后验分布是有影响的. 但是如果样本容量很大, 则后验分布趋于多维正态分布. 因为我们有如下定理.

定理 7.2.1 若 $(x_1,\cdots,x_N)$ 是密度分布 $p(x;\boldsymbol{\theta})$ 的样本值, 待估参数 $\boldsymbol{\theta}=(\theta_1,\cdots,\theta_k)^{\mathrm{T}}$ 的先验分布 $\pi(\boldsymbol{\theta})$ 几乎处处不等于零, 则当 $N\to\infty$ 时, 后验分布趋于 k 维正态分布

$$\pi(\boldsymbol{\theta}|x)\to n(\boldsymbol{\theta};\hat{\boldsymbol{\theta}},\hat{r}^2(\hat{\boldsymbol{\theta}})),$$

其中 $\hat{\boldsymbol{\theta}}$ 是 $\boldsymbol{\theta}$ 的最大似然估计, $\hat{r}^2(\hat{\boldsymbol{\theta}})$ 为协方差阵取 $\boldsymbol{\theta}$ 的最大似然估计 $\hat{\boldsymbol{\theta}}$ 的值:

$$\hat{r}^2(\hat{\boldsymbol{\theta}})=-\begin{pmatrix}\dfrac{\partial^2\ln L}{\partial\theta_1^2} & \dfrac{\partial^2\ln L}{\partial\theta_1\partial\theta_2} & \cdots & \dfrac{\partial^2\ln L}{\partial\theta_1\partial\theta_k}\\ \dfrac{\partial^2\ln L}{\partial\theta_2\partial\theta_1} & \dfrac{\partial^2\ln L}{\partial\theta_2^2} & \cdots & \dfrac{\partial^2\ln L}{\partial\theta_2\partial\theta_k}\\ \vdots & \vdots & & \vdots\\ \dfrac{\partial^2\ln L}{\partial\theta_k\partial\theta_1} & \dfrac{\partial^2\ln L}{\partial\theta_k\partial\theta_2} & \cdots & \dfrac{\partial^2\ln L}{\partial\theta_k^2}\end{pmatrix}^{-1}_{\boldsymbol{\theta}=\hat{\boldsymbol{\theta}}}.$$

证 略. □

7.2.1 基于经验的先验分布

基于经验的先验分布包括主观概率和利用先验信息确定的先验分布. 主观概率是人们根据经验对一个事件发生的概率给出的意见. 既可以通过咨询专家的方式得到, 也可以基于历史数据来推测.

具体可以采取定分度法与变分度法. 定分度法是把参数可能的取值范围等分成若干区间, 由专家主观给出每个区间的概率. 变分度法是把参数可能的取值, 等概率地分为若干区间, 由专家主观给出划分点.

假如已经有了一些历史数据, 可以通过拟合直方图近似给出先验分布; 也可以先选定先验密度的函数形式 $\pi(\theta;\alpha,\beta)$, 这里 α,β 表示未知的参数, 称为超参数. 事先可能已经有了关于分布的某些信息, 现要求出 $\hat{\alpha},\hat{\beta}$ 使得 $\pi(\theta;\hat{\alpha},\hat{\beta})$ 最贴合先验信息.

例 7.2.1　假设已知 $\theta\in(-\infty,\infty)$, 中位数为 0, 且上、下四分位数分别为 -1 和 1. 试给出先验分布.

解　(1) 若取先验分布的形式为正态分布 $\pi(\theta)\sim N(\mu,\sigma^2)$, 这里超参数是 μ,σ^2. 根据题设容易得出 $\mu=0,\sigma^2=1.481^2$.

(2) 若取先验分布的形式为柯西分布 $C(\theta;\alpha,\beta)=\dfrac{\beta}{\pi(\beta^2+(\theta-\alpha)^2)}$, 则显然有 $\alpha=0$. 又因为

$$\int_{-\infty}^{-1}C(\theta;0,\beta)\mathrm{d}\theta=\frac{1}{4},$$

推出 $\beta=1$. 故分布为 $C\left(\theta;0,1\right)$. □

上例中两种先验分布都符合先验信息, 正态分布比柯西分布要集中. 究竟取哪种更合理, 需要进一步的信息才能确定.

7.2.2　利用边缘分布确定先验分布

由联合密度的分解 (7.3) 式 $h\left(x,\theta\right)=\pi\left(\theta|\,x\right)m\left(x\right)$ 可知, 如果某个 $\hat{\theta}$ 能使边缘分布 $m\left(x\right)$ 达到极大, 那么这个 $\hat{\theta}$ 就对应先验分布的参数.

例 7.2.2　设 $X\sim p\left(x|\,\theta\right)=N\left(\theta,\sigma_p^2\right),\theta$ 的先验分布形式也是正态的: $\theta\sim N\left(\mu_\pi,\sigma_\pi^2\right)$, 若有观测样本 $x=(x_1,\cdots,x_n)$, 试求先验分布.

解　因为边缘密度 $m\left(x_i\right)=\displaystyle\int p\left(x_i|\,\theta\right)\pi(\theta)\mathrm{d}\theta=N\left(\mu_\pi,\sigma_\pi^2+\sigma_p^2\right),i=1,\cdots,n$, 所以

$$\begin{aligned}m\left(x\right)&=\prod_{i=1}^{n}\frac{1}{\sqrt{2\pi}\sqrt{\sigma_\pi^2+\sigma_p^2}}\exp\left[-\frac{\left(x_i-\mu_\pi\right)^2}{2\left(\sigma_\pi^2+\sigma_p^2\right)}\right]\\&=\left[2\pi\left(\sigma_\pi^2+\sigma_p^2\right)\right]^{-\frac{n}{2}}\exp\left[-\sum_{i=1}^{n}\left(x_i-\bar{x}\right)^2\Big/2\left(\sigma_\pi^2+\sigma_p^2\right)\right]\exp\left[-\frac{n\left(\bar{x}-\mu_\pi\right)^2}{2\left(\sigma_\pi^2+\sigma_p^2\right)}\right].\end{aligned}$$

显然, $\mu_\pi=\bar{x}$ 时, $m\left(x\right)$ 取最大值. 因此, 只需要令

$$\varphi\left(\sigma_\pi^2\right)=\left[2\pi\left(\sigma_\pi^2+\sigma_p^2\right)\right]^{-\frac{n}{2}}\exp\left[-\frac{ns^2}{2\left(\sigma_\pi^2+\sigma_p^2\right)}\right],$$

其中 $s^2=\sum_{i=1}^{n}(x_i-\bar{x})^2\Big/n$ 为样本方差, 取

$$\frac{\mathrm{d}}{\mathrm{d}\sigma_\pi^2}\left[\ln\varphi\left(\sigma_\pi^2\right)\right]=-\frac{n}{2\left(\sigma_\pi^2+\sigma_p^2\right)}+\frac{ns^2}{2\left(\sigma_\pi^2+\sigma_p^2\right)^2}=0\Rightarrow\sigma_\pi^2=s^2-\sigma_p^2.$$

所以先验分布为

$$\theta\sim N\left(\hat{\mu}_\pi,\hat{\sigma}_\pi^2\right),\quad \text{其中 } \hat{\mu}_\pi=\bar{x},\ \hat{\sigma}_\pi^2=\max\left\{0,s^2-\sigma_p^2\right\}.$$ □

设$(X_1,\cdots,X_n)$是来自总体$X\sim p\left(x|\boldsymbol{\theta}\right)(x\in G)$的样本, $\boldsymbol{\theta}=(\theta_1,\cdots,\theta_k)^{\mathrm{T}}$ 是参数向量, 其先验密度为 $\pi(\boldsymbol{\theta})$. 记 $\mu_m\equiv E^m(X)=\int_G xm(x)\mathrm{d}x$, $\sigma_m^2\equiv\int_G(x-\mu_m)^2m\left(x\right)\mathrm{d}x$, $\mu_p(\boldsymbol{\theta})\equiv\int_G xp(x|\boldsymbol{\theta})\mathrm{d}x$, $\sigma_p^2(\boldsymbol{\theta})\equiv\int_G\left(x-\mu_p(\boldsymbol{\theta})\right)^2p\left(x|\boldsymbol{\theta}\right)\mathrm{d}x$, 则有如下定理.

定理 7.2.2 设 $\mu_m,\sigma_m^2,\mu_p(\boldsymbol{\theta})$ 和 $\sigma_p^2(\boldsymbol{\theta})$ 都存在, 则有

$$\mu_m=E^\pi\left[\mu_p(\boldsymbol{\theta})\right], \tag{7.6}$$

其中上标 E^π 表示对密度 $\pi\left(\boldsymbol{\theta}\right)$ 取期望值,

$$\sigma_m^2=E^\pi\left[\sigma_p^2(\boldsymbol{\theta})\right]+E^\pi\left[\left(\mu_p(\boldsymbol{\theta})-\mu_m\right)^2\right]. \tag{7.7}$$

证 略. □

推论 7.2.1 (1) 当 $\mu_p(\boldsymbol{\theta})=\boldsymbol{\theta}$ 时, $\mu_m=E^\pi(\boldsymbol{\theta})\equiv\mu_\pi$, μ_π 是 $\boldsymbol{\theta}$ 的先验期望值.

(2) 当 $\mu_p(\boldsymbol{\theta})=\boldsymbol{\theta}$, $\sigma_p^2(\boldsymbol{\theta})=\sigma_p^2$ (是不依赖 $\boldsymbol{\theta}$ 的常数) 时, $\sigma_m^2=\sigma_p^2+\sigma_\pi^2$.

这个定理给出了边缘分布参数和先验分布参数之间的关系.

7.2.3 共轭先验分布

在例 7.1.2 中, 如果先验分布取贝塔分布, 即 $\pi(\theta)\sim\beta\left(\theta;\alpha,\gamma\right)$, 则当样本是二项分布 $X\sim B\left(n,\theta\right)$ 时, 后验分布也是贝塔分布. 这是因为似然函数 $L\left(\theta\left|x\right.\right)\propto\theta^x\left(1-\theta\right)^{n-x}$, 故后验分布 $\pi\left(\theta\left|x\right.\right)\propto L\left(\theta\left|x\right.\right)\pi(\theta)\propto\theta^x\left(1-\theta\right)^{n-x}\theta^{\alpha-1}\left(1-\theta\right)^{\gamma-1}=\beta\left(x+\alpha,n-x+\gamma\right)$.

共轭分布 当先验分布与后验分布具有相同形式时, 称之为共轭分布. 按常识来讲, 试验数据似乎不应改变参数的分布形式, 所以共轭先验分布似乎是一种很自然的选择. 常见的共轭分布见表 7.1.

表 7.1 常见的共轭分布

总体分布 $X \sim p(x\|\theta)$	先验分布 $\pi(\theta)$ $\alpha,\beta,\gamma,\mu,\tau$ 已知	后验分布 $\pi(\theta\|x)$ n 为样本容量
二项分布 (m 已知) $X \sim B(m,\theta)$	贝塔分布 $\beta(\alpha,\gamma)$	$\beta(\alpha+x,\gamma+m-x)$
泊松分布 $X \sim \Pi(\theta)$	伽马分布 $\Gamma(\alpha,\beta)$	$\Gamma(\alpha+\bar{x}/n,\beta+n)$
指数分布 $X \sim e(\theta)$	伽马分布 $\Gamma(\alpha,\beta)$	$\Gamma(\alpha+n,\beta+n\bar{x})$
正态分布 (方差已知) $X \sim N(\theta,\sigma^2)$	正态分布 $N(\mu,\tau^2)$	$N\left(\dfrac{n\bar{x}\sigma^{-2}+\mu\tau^{-2}}{n\sigma^{-2}+\tau^{-2}},\dfrac{1}{n\sigma^{-2}+\tau^{-2}}\right)$
正态分布 (均值已知) $X \sim N(\mu,\theta)$	倒伽马分布 $\mathrm{IGa}(\alpha,\beta)$	$\mathrm{IGa}\left(\alpha+\dfrac{n}{2},\beta+\dfrac{1}{2}\sum_{i=1}^{n}(x_i-\mu)^2\right)$

尽管共轭先验分布是一种自然的选择, 但是我们也会面临某些问题. 以总体先验分布为正态分布的共轭先验分布为例, 后验分布的期望值可以分解成两部分的加权和 $\lambda\bar{x}+(1-\lambda)\mu$, 其中 $\lambda=\dfrac{n\sigma^{-2}}{n\sigma^{-2}+\tau^{-2}}=\dfrac{1}{1+\tau^{-2}(\sigma^2/n)}$. 如果样本均值的方差 σ^2/n 很小, 则 λ 就比较接近 1, 因而样本均值在后验期望值中起主导作用, 否则, 先验期望值将占较大份额. 后验的方差 $\dfrac{1}{n\sigma^{-2}+\tau^{-2}}$ 随着样本容量的增大而减小. 贝塔共轭分布的情况也是如此. 这意味着, 当样本容量较大时, 后验均值是由样本均值主导的, 假如样本均值和先验均值相差较大时, 后验分布可能呈现不太合理的双峰结构.

7.2.4 无信息先验分布

我们给出几个重要的无信息类型的先验分布[1]:

(1) 当总体 X 的概率密度具有 $p(x-\theta)$ 的形式时, 称参数 θ 为 "位置参数"(如方差已知时的正态分布). 可以证明, 这时 θ 的先验分布 $\pi(\theta)\propto 1$ 是均匀分布.

(2) 当总体 X 的概率密度具有 $\dfrac{1}{\sigma}p\left(\dfrac{x}{\sigma}\right)$ 的形式时, 称 σ 为 "尺度参数"(如均值已知时的正态分布). 可以证明, 这时 σ 的先验分布 $\pi(\sigma)\propto\dfrac{1}{\sigma}$.

(3) 当总体 X 的概率密度具有 $\dfrac{1}{\sigma}p\left(\dfrac{x-\theta}{\sigma}\right)$ 的形式时, 称 θ-σ 为 "位置–尺度参数", 例如 $X\sim N(\theta,\sigma^2)$, 这时先验分布 (联合分布) $\pi(\theta,\sigma)\propto\dfrac{1}{\sigma}$.

(4) 杰弗瑞斯先验: 设总体 $X\sim p(x|\boldsymbol{\theta})$, 样本值为 $x=(x_1,\cdots,x_n)$. 杰弗瑞斯用费希尔信息阵的平方根作为 $\boldsymbol{\theta}=(\theta_1,\cdots,\theta_k)^{\mathrm{T}}$ 的先验分布.

具体步骤为:

(1) 计算样本的对数似然函数 (这里仍用 L 表示) $L(\boldsymbol{\theta}|X)=\sum_{i=1}^{n}\ln p(x_i|\boldsymbol{\theta})$;

(2) 求样本的信息阵 $I(\boldsymbol{\theta})=E^{x|\boldsymbol{\theta}}\left(-\dfrac{\partial^2 L}{\partial\theta_i\partial\theta_j}\right)$ (期望 E 的上标表示根据哪种分布密度来取期望值), 特别当 $k=1$ 时, $I(\theta)=E^{x|\theta}\left(-\dfrac{\partial^2 L}{\partial\theta^2}\right)$;

(3) 最后, 取先验分布为 $\pi(\boldsymbol{\theta})\propto\sqrt{\det(I(\boldsymbol{\theta}))}$ (先验分布也可以用 $\pi(\boldsymbol{\theta})\propto\sqrt{\det\left(-\dfrac{\partial^2 L}{\partial\theta_i\partial\theta_j}\right)_{\hat{\boldsymbol{\theta}}}}$ 来表示, 其中 $\hat{\boldsymbol{\theta}}$ 是参数 $\boldsymbol{\theta}$ 的极大似然估计值).

例 7.2.3 设总体 $X\sim N(\mu,\sigma^2)$, 对于样本 $x=(x_1,\cdots,x_n)$ 求参数的杰弗瑞斯先验分布.

解 样本 $x=(x_1,\cdots,x_n)$ 的对数似然函数为

$$L(\boldsymbol{\theta}|x)=\sum_{i=1}^{n}\ln\left[\frac{1}{\sqrt{2\pi}\sigma}e^{-\frac{x_i-\mu}{2\sigma^2}}\right]=\frac{1}{2}\ln(2\pi)-n\ln\sigma-\frac{1}{2\sigma^2}\sum_{i=1}^{n}(x_i-\mu)^2.$$

(1) 当 σ 已知时, $I(\mu)=E\left(-\dfrac{\partial^2 L}{\partial\mu^2}\right)=\dfrac{n}{\sigma^2}$, 因此先验分布 $\pi(\mu)\propto 1$;

(2) 当 μ 已知时, $I(\sigma)=E\left(-\dfrac{\partial^2 L}{\partial\sigma^2}\right)=\dfrac{2n}{\sigma^2}$, 因此先验分布 $\pi(\sigma)\propto\dfrac{1}{\sigma}$;

(3) 如果 μ 和 σ 相互独立时, $\pi(\mu,\sigma)\propto\dfrac{1}{\sigma}$;

(4) 但若二者不独立, 且都未知, 则由费希尔信息阵

$$I(\mu,\sigma)=E\begin{pmatrix}-\dfrac{\partial^2 L}{\partial\mu^2} & -\dfrac{\partial^2 L}{\partial\mu\partial\sigma}\\ -\dfrac{\partial^2 L}{\partial\mu\partial\sigma} & -\dfrac{\partial^2 L}{\partial\sigma^2}\end{pmatrix}=\begin{pmatrix}\dfrac{n}{\sigma^2} & 0\\ 0 & \dfrac{2n}{\sigma^2}\end{pmatrix}\Rightarrow\pi(\mu,\sigma)\propto\sqrt{\frac{2n^2}{\sigma^4}}\propto\frac{1}{\sigma^2}.\ \Box$$

7.2.5 最大熵方法确定先验分布

这种方法适合于仅有观测样本, 但不知道先验分布函数形式的情形. 先给出熵的定义.

熵 如果 $\Theta=\{\theta_i|\,i=1,2,\cdots\}$ 是离散的未知参数集合, π 是 Θ 上的一个概率, 记 $H(\pi)=-\sum\limits_i\pi(\theta_i)\ln\pi(\theta_i)$, 其中如果 $\pi(\theta_i)=0$, 则令 $\pi(\theta_i)\ln[\pi(\theta_i)]=0$. 称 $H(\pi)$ 为 π 的熵.

如果可以得到 $\pi(\theta)$ 的其他信息, 比如它的 m 阶矩

$$\mu_1=\sum_i\theta_i\pi(\theta_i),\quad \mu_k=\sum_i(\theta-\mu_1)^k\pi(\theta_i),\quad k=2,\cdots,m, \tag{7.8}$$

则 θ_i 的先验密度可表示为

$$\pi\left(\theta_i\right)=\frac{\exp\left[\sum_{k=1}^{m}\lambda_k\left(\theta_i-\mu_1\right)^k\right]}{\sum_i\exp\left[\sum_{k=1}^{m}\lambda_k\left(\theta_i-\mu_1\right)^k\right]}, \tag{7.9}$$

其中 λ_k 由约束条件 (7.8) 确定.

例 7.2.4　假设 $\Theta=\{0,1,2,\cdots\}$, 且已知 $\mu_1=5$, 则根据 (7.9) 式, 最大熵先验分布形式为 $\pi(\theta)=\dfrac{\exp\left(\lambda_1\theta\right)}{\sum\limits_{\theta=0}^{+\infty}\exp\left(\lambda_1\theta\right)}=\dfrac{\left(e^{\lambda_1}\right)^\theta}{1/(1-e^{\lambda_1})}=\left(1-e^{\lambda_1}\right)\left(e^{\lambda_1}\right)^\theta$. 这是一个参数 $\alpha=1,\beta=e^{\lambda_1}$ 的负二项分布 $p\left(x\left|\alpha,\beta\right.\right)=\dfrac{(x-1)!}{(x-\alpha)!(\alpha-1)!}\beta^\alpha\left(1-\beta\right)^{x-\alpha}$, 而负二项分布的均值 $\mu=\dfrac{\alpha\left(1-\beta\right)}{\beta}$. 由约束条件知 $\dfrac{\alpha\left(1-\beta\right)}{\beta}=\dfrac{1\left(1-e^{\lambda}\right)}{e^{\lambda}}=5$, 推出 $e^{\lambda}=\dfrac{1}{6}$, 于是先验密度 $\pi(\theta)=\dfrac{5}{6}\cdot\left(\dfrac{1}{6}\right)^\theta$. □

7.3　贝叶斯推断

后验分布是观测数据对先验分布的修正. 更重要的是, 后验分布给出的是一个分布而不仅是一个估计值或者区间, 因此它包含着 θ 的全部统计信息.

7.3.1　贝叶斯点估计及其误差估计

从后验分布可以得出三种贝叶斯点估计, 分别是最可几估计 $\hat{\theta}_{\mathrm{M}}$、均值估计 $\hat{\theta}_{\mathrm{B}}$ 和中位数估计 $\hat{\theta}_{\mathrm{Me}}$.

最可几估计　最可几估计 $\hat{\theta}_{\mathrm{M}}$ 是后验密度达最大的参数值; 当先验分布为均匀分布时, 由于后验分布 $\pi(\theta|x)\propto$ 似然函数, 所以 $\hat{\theta}_{\mathrm{M}}=\hat{\theta}$ (最大似然估计).

均值估计 (也称为贝叶斯估计)　均值估计 $\hat{\theta}_{\mathrm{B}}$ 的定义为

$$\hat{\theta}_{\mathrm{B}}=E^{\pi(\theta|x)}(\theta)=\int_{-\infty}^{+\infty}\theta\pi(\theta\left|x\right.)\mathrm{d}\theta\equiv\mu^{\pi}(x). \tag{7.10}$$

中位数估计　中位数估计的定义为

$$\int_{-\infty}^{u_{0.5}}\pi(\theta|x)\mathrm{d}\theta=0.5\Rightarrow\hat{\theta}_{\mathrm{Me}}=u_{0.5}. \tag{7.11}$$

对于点估计, 一般应给出估计的精度. 一维的贝叶斯估计的精度通常由后验方差给出, 其定义如下:

后验方差 设参数 θ 的后验分布为 $\pi(\theta|x)$, θ 的估计值为 $\hat{\theta}$, 则 $\hat{\theta}$ 的后验方差为

$$V_{\hat{\theta}}^{\pi}(x) \equiv E^{\pi(\theta|x)}[(\theta-\hat{\theta})^2], \tag{7.12}$$

如果 $\hat{\theta}$ 取 $\hat{\theta}_{\mathrm{B}}$, 则其后验方差为 $V_{\hat{\theta}_{\mathrm{B}}}^{\pi}(x)$, 后验标准差为 $\sqrt{V_{\hat{\theta}_{\mathrm{B}}}^{\pi}(x)}$.

定理 7.3.1 贝叶斯估计 $\hat{\theta}_{\mathrm{B}}$ 是满足与 θ 偏差最小的估计, 即 $\hat{\theta}_{\mathrm{B}}$ 使得

$$E^{\pi(\theta|x)}(\theta-\theta')^2 = \int_{-\infty}^{+\infty}(\theta-\theta')^2\pi(\theta|x)\mathrm{d}\theta$$

达最小值.

证 证明中省略了上标 $\pi(\theta|x)$. 由 $\theta-E\theta$ 和 $E\theta-\theta'$ 的相互独立性, 有

$$E(\theta-\theta')^2 = E(\theta-E\theta+E\theta-\theta')^2 = E(\theta-E\theta)^2+(E\theta-\theta')^2 = \sigma^2(\theta)+(E\theta-\theta')^2.$$

因此当 $\theta' = E(\theta) = \hat{\theta}_{\mathrm{B}}$ 时, $E(\theta-\theta')^2$ 最小. □

如果 $\pi(\theta|x)$ 为单峰的对称分布, 则 $\hat{\theta}_{\mathrm{M}} = \hat{\theta}_{\mathrm{B}} = \hat{\theta}_{\mathrm{Me}}$. 对于一般情形, 当样本容量 N 很大时, 因 $\pi(\theta|x)$ 趋于正态分布, 故仍有 $\hat{\theta}_{\mathrm{M}} \approx \hat{\theta}_{\mathrm{B}}$.

7.3.2 可信区域

设 Θ 为参数 θ 的集, $C \subset \Theta$, 如果

$$\int_C \pi(\theta|x)\mathrm{d}\theta = P(\theta \in C|x) \geqslant 1-\alpha, \tag{7.13}$$

则称 C 为 θ 的 $1-\alpha$ 的可信区域 (或者贝叶斯置信区域), $1-\alpha$ 为可信度. 上式中等式成立时, $1-\alpha$ 也称为置信系数. 在一维的情形下, 可信度为 ξ 的可信区间 $[\theta_1, \theta_2]$ 满足

$$\xi = \frac{\int_{\theta_1}^{\theta_2}\pi(\theta|x)\mathrm{d}\theta}{\int_{\Theta}\pi(\theta|x)\mathrm{d}\theta}. \tag{7.14}$$

贝叶斯可信区间和频率统计中的置信区间有类似的作用, 但意义不同. 在贝叶斯统计中, 参数 θ 看作一个随机变量, 它服从某种概率分布, 可信区间指明 θ 在其中的概率为 ξ; 而在经典统计中, θ 被认为是一个固定值, 置信区间是随机的. 置信度为 ξ 的置信区间应该解释为, 这个区间覆盖 θ 真值的概率为 ξ. 可信区间和置信区间都不是唯一确定的. 可信区间依赖于先验分布, 而置信区间仅依赖于观测数据本身.

贝叶斯估计对于综合不同数据的结果是很方便的. 假如两个组得出不同的观测值 $x' = (x_1', \cdots, x_m')$ 和 $x'' = (x_1'', \cdots, x_n'')$, 对于相同的先验分布 $\theta \sim \pi(\theta)$, 后验分布分别为 $\pi(\theta|x')$ 和 $\pi(\theta|x'')$, 利用贝叶斯公式可得 θ 对总观测 $x = (x', x'')$ 的统计推断

$$\pi(\theta|x) = \frac{L(x'|\theta) L(x''|\theta) \pi(\theta)}{\int_\Theta L(x'|\theta) L(x''|\theta) \pi(\theta) \mathrm{d}\theta} = \frac{L(x''|\theta) \pi(\theta|x')}{\int_\Theta L(x''|\theta) \pi(\theta|x') \mathrm{d}\theta}.$$

因此, 合并两组实验数据时, 可把第 I 组数据的后验分布作为第 II 组数据的先验分布.

贝叶斯估计的后验分布可能有若干个参数, 可以利用求边缘分布的方法, 把参数中不感兴趣的部分积分掉, 而只留下我们感兴趣的参数.

例 7.3.1 仍考虑河外射电源, 设有观测数据如下[2]:

f_i[GHz]	0.4	1.4	2.7	5	10
S_i[流量密度]	1.855	0.640	0.444	0.22	0.102

试对流量密度与频率关系建模并给出模型参数的估计和分布.

通常认为相比流量密度的观测误差, 频率的误差是微乎其微的, 可以忽略不计. 而流量密度的观测误差在 10%左右. 直接拟合以上数据, 得出的是一个指数约为 -1 的幂律分布. 假设描述流量密度与频率关系的模型为幂律形式 $S = kf^{-\gamma}$, 这个模型姑且称为模型 A. 这时 S 可以看作以 $kf^{-\gamma}$ 为中心的高斯分布. 如果知道流量的相对误差为 ε (则误差就是 $\varepsilon \cdot kf^{-\gamma}$), 则似然函数可以表达为

$$\prod_{i=1}^{n} \frac{1}{\sqrt{2\pi}\varepsilon k f_i^{-\gamma}} \exp\left[\frac{-\left(S_i - kf_i^{-\gamma}\right)^2}{2\left(\varepsilon k f_i^{-\gamma}\right)^2}\right], \tag{7.15}$$

它是两个参数 k 和 γ 的联合分布. 在 (γ, k) 的先验分布采用贝叶斯假设时, 上式就是 (γ, k) 的后验分布 $\pi(k, \gamma|S_i)$.

可以画出 $\ln[\pi(k, \gamma|S_i)]$ 的等高图 (图 7.2), 等高图的中心就是 (γ, k) 的最大似然估计值. 画图时, 去掉 $\ln \pi(k, \gamma|S_i)$ 中与 (γ, k) 无关的常数项. 代码如下 ($\varepsilon = 10\%$, p 表示后验分布 $\pi(k, \gamma|S_i)$).

```
f = [0.4 1.4 2.7 5 10];                              % 频率赋值
S = [1.855 0.640 0.444 0.22 0.102];                  % 流量密度赋值
gamma = 0.3:0.005:1.6; k = 0.4:0.005:1.7; % gamma 和 k 的变化范围
[X,Y] = meshgrid(gamma,k);                           % (gamma,k)的网格数据
% 下面循环语句是求 logL
```

```
p = zeros(size(X));
for i = 1:5
        u = Y.*f(i).^(-X);
        sigma = 0.1*u;
        p = p-(S(i)-u).^2./(2*sigma.^2)-log(sigma);
end
v = -10:-10:-60;                        % 给定等高线高度向量v
contour(X,Y,p, v,'k','LineW',1.5);
                                  % 在给定高度上画等高线，黑色， 线宽1.5
set(gca,'FontS',16)                     % 轴上坐标字号大小为16
xlabel('\gamma','FontS',16);            % 坐标轴标注，字号大小为16
ylabel('k','FontS',16);
% 下面的语句是为了找出极大似然估计值，[ni,nj]是pmax的行和列下标，
%gamma(nj)和 k(ni)对应着最大似然估计
[maxj,nj] = max(max(p));
[maxi,ni] = max(p(:,nj));
h1 = num2str(gamma(nj));h2 = num2str(k(ni));
                                        % 将最大似然估计值转为字符串
text(gamma(nj), k(ni)+0.05,[h1,' ',h2],'FontS',16)
                                        % 在规定位置标出
hold on                                 % 保持画面
plot(gamma(nj), k(ni),'k*')             % 用黑色*标出最大似然估计值的位置
hold off
```

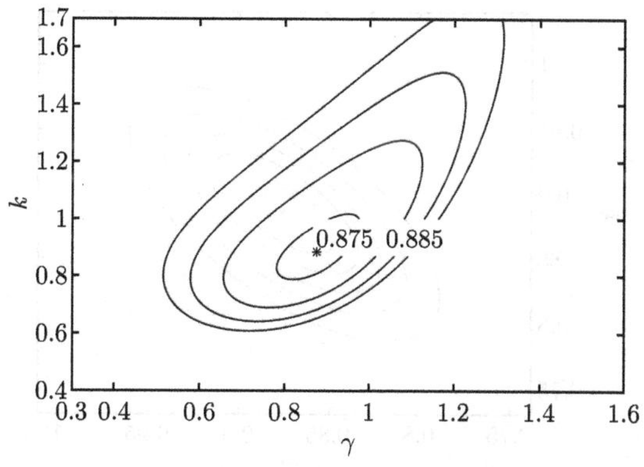

图 7.2 参量 γ 和 k 的分布等高图

$\pi(k,\gamma|S_i)$ 的边缘分布分别是 $m(k|S_i)=\int\pi(k,\gamma|S_i)\mathrm{d}\gamma$ 和 $m(\gamma|S_i)=\int\pi(k,\gamma|S_i)\mathrm{d}k$. 这两个概率密度可以通过对$\pi(k,\gamma|S_i)$分别沿$\gamma$, k方向求和, 再归一化求得.

根据定理 7.3.2, 当数据容量 $N\to\infty$ 时, 后验分布趋于二维正态分布:

$$\pi(\gamma,k|S)\to\frac{1}{\sqrt{(2\pi)^N\det\Sigma}}\exp\left[-\frac{1}{2}\left(\hat{\gamma}-\gamma,\hat{k}-k\right)\Sigma^{-1}\left(\hat{\gamma}-\gamma,\hat{k}-k\right)^{\mathrm{T}}\right],$$

其中协方差阵

$$\Sigma=-\begin{pmatrix}\dfrac{\partial^2\ln L}{\partial\gamma^2} & \dfrac{\partial^2\ln L}{\partial\gamma\partial k}\\ \dfrac{\partial^2\ln L}{\partial\gamma\partial k} & \dfrac{\partial^2\ln L}{\partial k^2}\end{pmatrix}^{-1}_{(\hat{\gamma},\hat{k})}.$$

由 (7.15) 式知, 求 $\ln L$ 对 (γ,k) 的二阶导数时, 仅对 $\sum\limits_i\left[\dfrac{-\left(S_i-kf_i^{-\gamma}\right)^2}{2\left(\epsilon kf_i^{-\gamma}\right)^2}\right]$ 求二阶导数就够了, 因此有

$$\Sigma=-\begin{pmatrix}\sum\dfrac{f_i^\gamma S_i\left(k-2f_i^\gamma S_i\right)\ln^2 f_i}{\epsilon^2k^2} & -\sum\dfrac{f_i^\gamma S_i\left(k-2f_i^\gamma S_i\right)\ln f_i}{\epsilon^2k^3}\\ -\sum\dfrac{f_i^\gamma S_i\left(k-2f_i^\gamma S_i\right)\ln f_i}{\epsilon^2k^3} & \sum\dfrac{f_i^\gamma S_i\left(2k-3f_i^\gamma S_i\right)}{\epsilon^2k^4}\end{pmatrix}^{-1}_{\left(\substack{\hat{\gamma}=0.875\\ \hat{k}=0.885}\right)}$$

$$=\begin{pmatrix}0.0021\ 0.0016\\ 0.0016\ 0.0027\end{pmatrix}.$$

渐近二维正态分布的等高图如图 7.3.

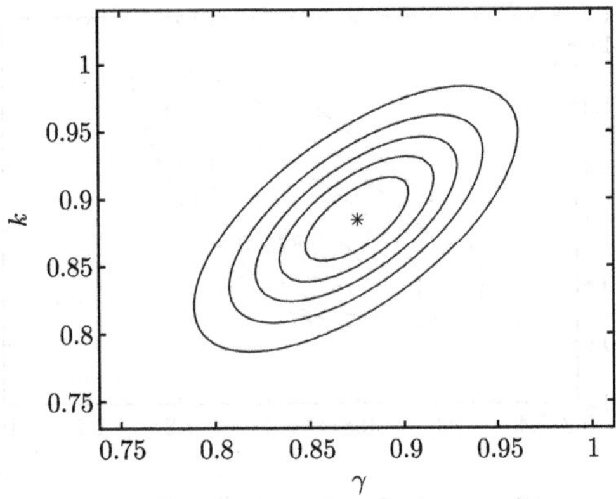

图 7.3　渐近二维正态分布的等高图

同样, 可以求出它的两个边缘分布. 图 7.4 中, 实线和点虚线分别是后验分布和 $n \to \infty$ 时, 后验极限正态分布的边缘密度, 二者非常接近.

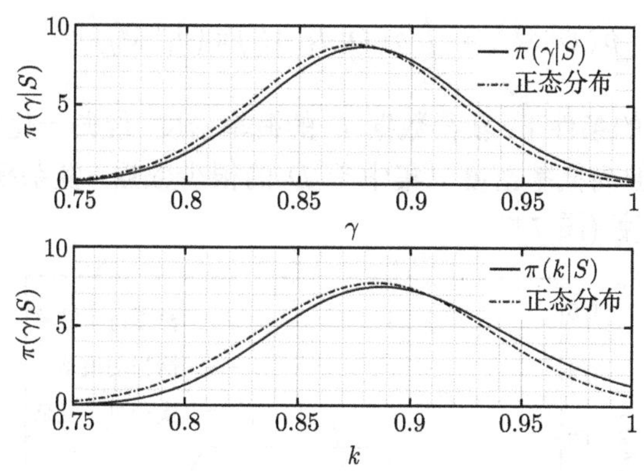

图 7.4 后验分布和后验极限正态分布边缘密度的比较

7.4 贝叶斯模型的选择

贝叶斯模型的选择是基于贝叶斯因子的一种模型筛选法. 我们常需在已知数据 D 的情况下, 从两个模型 M_1 和 M_2 中选择一个. 这里 D(data) 就是前面的观测数据 x, 模型 M_i $(i = 1, 2)$ 中含有维数不同的参数, 如果模型 M_1 是 M_2 的某种简化 (其参数的维数自然也比 M_2 的低), 这时我们说 M_1 和 M_2 是嵌套模型 (nested model).

7.4.1 贝叶斯后验比

假设候选模型为 $(M_i, \theta_i), i = 1, \cdots, m$, θ_i 是模型参数, 维数为 $i(k)$; 则模型 M 的后验概率为 $P(M|D) \propto P(M) \cdot P(D|M)$. 贝叶斯后验比 A_{21} 定义为模型 2 和模型 1 的后验概率之比

$$A_{21} = \frac{P(M_2|D)}{P(M_1|D)} = \frac{P^{\pi}(M_2)P^{p}(D|M_2)}{P^{\pi}(M_1)P^{p}(D|M_2)}. \tag{7.16}$$

如果比值大于 1, 则选择模型 2, 反之选择模型 1. (7.16) 式中先验概率比 $P^{\pi}(M_2)/P^{\pi}(M_1)$ 需要根据经验给出. 在物理学中, 认为简单的模型应具有更高的先验概率, 贝叶斯规则也倾向于选择能解释数据的最简单模型. 若在对两个模型没有偏好的情况下, 可以认为这个比值为 1.

7.4.2 贝叶斯证据及其计算

证据 设模型为 $(M_i, \theta_i), i = 1, \cdots, m$, θ_i 是模型 M_i 的参数, 可以是多维参

数; 称条件概率密度 $p(D|M_j)$ 为模型 M_j 的证据 (evidence). $p(D|M_j)$ 是边缘概率密度, 通过指定模型 (M_j, θ_j), 取数据的似然函数乘以先验分布, 再对参数积分求得

$$p(D|M_j) = \int p(D|\theta_j, M_j)\pi(\theta_j|M_j)\mathrm{d}\theta_j. \tag{7.17}$$

它表示在模型 M_j 的条件下, 获得数据 D 的概率密度. 经归一化后, 简单模型往往会有很高的峰值. 但高概率密度只集中于 D 的很少数据. 复杂模型则会在较多数据上有相对高的密度 (图 7.5).

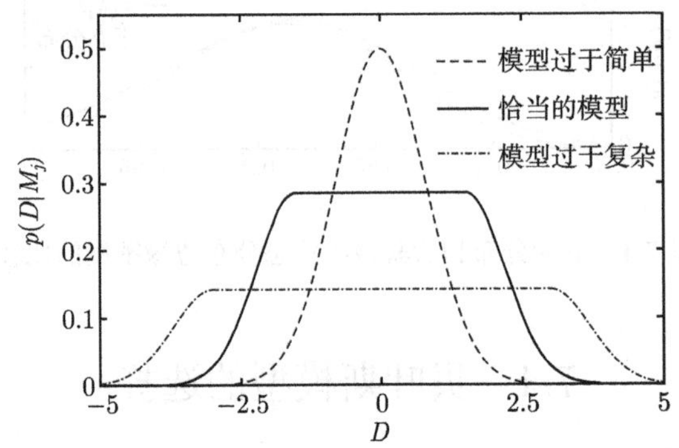

图 7.5　不同模型得出 "证据" 的示意图, 过于简单的模型可以符合少量数据, 复杂模型适合绝大多数数据, 但分布很宽

对于一维参数, 证据右端的积分值可以用被积函数在 θ 取最大似然值 $\hat{\theta}$ 处的值乘以后验标准差 $\sqrt{V^{\pi}_{\hat{\theta}_{\mathrm{B}}}(x)} = \sqrt{E^{\pi(\theta|x)}[(\theta - \hat{\theta}_B)^2]}$ 来近似

$$p(D|M) \approx p(D|\hat{\theta}, M)\pi(\hat{\theta}|M)\sqrt{V^{\pi}_{\hat{\theta}_{\mathrm{B}}}(x)}. \tag{7.18}$$

也可按下面方法来计算. 对于一维参数, 设 θ 的先验概率在 $[\theta_{\min}, \theta_{\max}]$ 中均匀分布, 记 $\Delta\theta = \theta_{\max} - \theta_{\min}$, 定义似然函数 L 的有效宽度为

$$\Delta x = \frac{1}{L_{\max}}\int_{\theta_{\min}}^{\theta_{\max}} p(D|\theta, M)\,\mathrm{d}\theta. \tag{7.19}$$

有效宽度反映了不同模型复杂程度的影响. 如果是简单模型, $L_{\max}$ 会比较大, 峰值突出, 所以有效宽度很窄, 反之有效宽度会比较大. 由 (7.17) 式可知

$$p(D|M_j) = \int_{\theta_{\min}}^{\theta_{\max}} \frac{p(D|\theta, M_j)}{\Delta\theta}\mathrm{d}\theta = L_{\max}\frac{\Delta x}{\Delta\theta}. \tag{7.20}$$

比值 $\dfrac{\Delta x}{\Delta\theta}$ 称为奥卡姆因子, 其值 $\in (0,1)$, 模型越复杂, 奥卡姆因子越接近 0.

如果参数为多维情况, 可以用下面的公式来估计证据

$$p(D|M) = L_{\max}\pi(\hat{\boldsymbol{\theta}}|M)\,(2\pi)^{k/2}\sqrt{\det\Sigma}, \tag{7.21}$$

其中 k 是 $\boldsymbol{\theta}$ 的维数, L 是模型似然函数, $L_{\max} = L(D|\hat{\boldsymbol{\theta}}, M)$, $\hat{\boldsymbol{\theta}}$ 是参数的极大似然估计, $\Sigma = \left[-\left(\dfrac{\partial^2 \ln L}{\partial\theta_i\partial\theta_j}\right)^{-1}_{\hat{\boldsymbol{\theta}}}\right]$.

7.4.3 贝叶斯因子

可以根据证据来选择模型, 为此引入贝叶斯因子 B_{21}, 它是两种模型给出的证据之比

$$B_{21} = \frac{p(D|M_2)}{p(D|M_1)} = \frac{\displaystyle\int p(D|\theta_2, M_2)\,\pi(\theta_2|M_2)\,\mathrm{d}\theta_2}{\displaystyle\int p(D|\theta_1, M_1)\,\pi(\theta_1|M_1)\,\mathrm{d}\theta_1}. \tag{7.22}$$

$B_{21} \gg 1$ 表示数据更支持模型 M_2, 杰弗瑞斯曾给 B_{21} 的一个量化选择的原则 (表 7.2).

表 7.2 贝叶斯因子在模型选择中的数值参考

B_{21}	证据力度
< 1:1	不支持 M_2
1:1 ~ 3:1	M_2 的可能性微乎其微
3:1 ~ 10:1	支持 M_2
10:1 ~ 30:1	非常支持 M_2
30:1 ~ 100:1	非常强烈地支持 M_2
>100:1	确定模型是 M_2

一般来说, 增加模型参数的个数就会使模型和数据拟合的结果更好, 因而使相应模型的证据增加. 但是, 一个最好的模型一定不是最复杂的模型. 我们知道, 观测数据是带有误差的. 所以, 与数据拟合得很一致的模型, 不仅参数太多, 过于复杂, 而且极有可能把误差也拟合进来了. 一个好的模型, 应该仅对物理规律建模, 而不对噪声建模. 物理崇尚 "奥卡姆剃刀原理" (Occam's razor), 也就是 "简单有效原理", 从贝叶斯因子中的 "证据" 定义上来看, 它已经平衡了模型复杂性和拟合优度, 所以贝叶斯理论天然考虑了奥卡姆剃刀原理.

7.4.4 贝叶斯信息准则

当数据的分布的形式是所谓 "指数族" 时 (通常遇到的正态分布、指数分布、伽马分布、泊松分布、二项分布等许多分布都属于这类分布), 可以导出一个渐近的结果, 即贝叶斯信息准则.

贝叶斯信息准则 (Bayesian information criterion, BIC):

$$\mathrm{BIC} = -2\ln L_{\max} + m\ln(n), \tag{7.23}$$

其中 $L_{\max} = L(D|\hat{\boldsymbol{\theta}}, M)$ 是似然函数的最大值; m 是待估参数 $\boldsymbol{\theta}$ 的维数; n 为样本容量. (7.23) 式右端的第 1 项反映了数据对给定模型拟合的误差, 第 2 项反映了模型的复杂程度. 综合来看, BIC 越小, 所得的模型越好.

仍然看例 7.3.1, 如果由于仪器的系统误差, 数据测量结果有了一个偏差, 比如我们在每个流量观测数据中, 人为地加上 0.4, 与原始数据相比, 频率和流量的幂律的斜率减小了 (图 7.6). 可以想象, 模型 A 在描述频率和流量的幂律的关系时, 会有偏差. 为此, 再引入模型 B：幂律加上一个常数, $S = \beta + kf^{-\gamma}$. 似然函数可以写为

$$\prod_{i=1}^{n} \frac{1}{\sqrt{2\pi}\varepsilon k f_i^{-\gamma}} \exp\left[\frac{-\left(S_i - \left(\beta + kf_i^{-\gamma}\right)\right)^2}{2\left(\varepsilon k f_i^{-\gamma}\right)^2}\right].$$

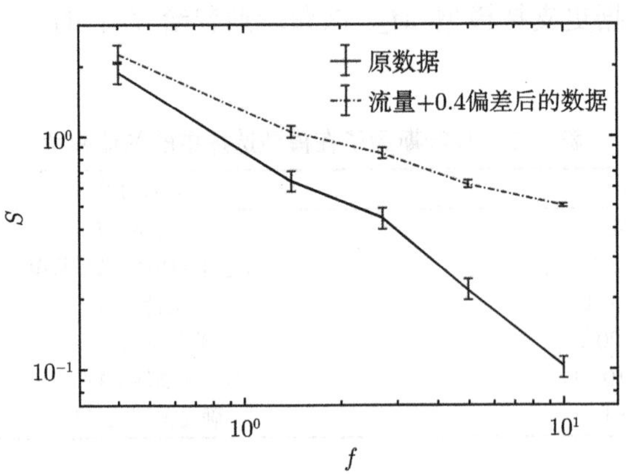

图 7.6　偏移引起的流量变化

模型 B 包含了 3 个参数 γ, k 和 β. 其中 β 的先验分布假设为正态分布：$\beta \sim N(0.4, \varepsilon^2)$, 而 (γ, k) 的先验分布仍采用贝叶斯假设. 于是后验分布

$$\pi\left(k, \gamma, \beta | S_i\right) \propto \prod_{i=1}^{n} \frac{1}{\sqrt{2\pi}\varepsilon k f_i^{-\gamma}} \exp\left[\frac{-\left(S_i - \left(\beta + kf_i^{-\gamma}\right)\right)^2}{2\left(\varepsilon k f_i^{-\gamma}\right)^2}\right] \exp\left[\frac{-(\beta - 0.4)^2}{2\varepsilon^2}\right].$$

注意, β 与物理过程没有关系, 是我们不太关心的参量 (尽管在确定仪器的系统误差时, 它仍是重要的量), 应该通过求边缘分布的方法把它消去, 这时可得到 γ, k 的后验分布

$$\pi\left(k, \gamma | S_i\right) = \int_{-\infty}^{\infty} \exp\left[\frac{-(\beta - 0.4)^2}{2\varepsilon^2}\right] \cdot \prod_{i=1}^{n} \frac{1}{\sqrt{2\pi}\varepsilon k f_i^{-\gamma}} \exp\left[\frac{-\left(S_i - \left(\beta + kf_i^{-\gamma}\right)\right)^2}{2\left(\varepsilon k f_i^{-\gamma}\right)^2}\right] \mathrm{d}\beta.$$

当有偏移的数据分别用模型 A 和模型 B 来画似然函数的等高线时, 得到图 7.7 的样式.

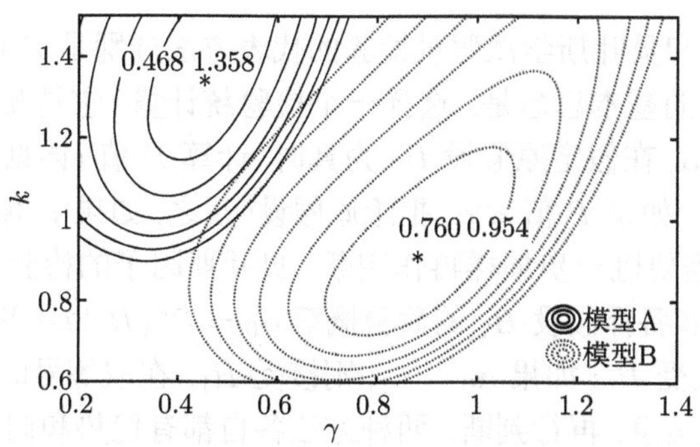

图 7.7 两个模型关于参量 γ 和 k 的等高线

实际做模型时, 事先并不清楚哪个模型更好. 假如对于观测数据 $x=(x_1,\cdots,x_n)$, 我们只有 A, B 这两个模型可供选择, 两个模型的先验分布分别为 p_{A} 和 p_{B}, 则给定观测数据 x 后, 模型 B 相对于模型 A 的贝叶斯后验概率比由下式给出

$$\frac{\displaystyle\int_\theta P(\mathrm{B})L\left(x|\theta,\mathrm{B}\right)\pi\left(\theta|\mathrm{B}\right)\mathrm{d}\theta}{\displaystyle\int_\theta P(\mathrm{A})L\left(x|\theta,\mathrm{A}\right)\pi\left(\theta|\mathrm{A}\right)\mathrm{d}\theta}, \tag{7.24}$$

积分是对各模型允许的参数范围进行的. 在对模型的优劣没有倾向时, 应取 $P(\mathrm{A})=\mathrm{P(B)}$, 由前所述, $\pi\left(\theta|\mathrm{A}\right)$ 取贝叶斯假设 (即均匀分布),

$$\pi\left(\beta|\mathrm{B}\right)=\frac{1}{\sqrt{2\pi}\varepsilon}\exp\left[\frac{-\left(\beta-0.4\right)^2}{2\varepsilon^2}\right],$$

于是模型 B 相对于模型 A 的贝叶斯后验概率比为

$$\frac{\displaystyle\int\mathrm{d}k\int\mathrm{d}\gamma\int L\left(X|k,\gamma,\mathrm{B}\right)\pi\left(\beta|\mathrm{B}\right)\mathrm{d}\beta}{\displaystyle\int\mathrm{d}k\int L\left(X|k,\gamma,\mathrm{A}\right)\mathrm{d}\gamma}.$$

数值计算得出这个比值约为 8.5. 即取模型 B 的概率比取模型 A 的概率大得多, 因此模型 B 优于模型 A. 进一步, 可以用 BIC 进行判断. 利用数值方法可以得出

$$-\ln L_{\mathrm{A}}(\hat{k},\hat{\gamma})\approx-6.12,\quad -\ln L_{\mathrm{B}}(\hat{k},\hat{\gamma},\hat{\beta})\approx-9.51.$$

由 BIC 的计算公式 (7.23), 得出 $\mathrm{BIC_A}\approx-9.02>\mathrm{BIC_B}\approx-14.2$, 因此模型 B 更优.

7.5 P 值检验和贝叶斯因子检验的比对

经典统计学派和贝叶斯学派假设检验的代表方法分别是 P 值检验和贝叶斯因子检验. P 值检验的基本思想是: 选择一个检验统计量, 它是观测样本值 D 的函数. 给定显著水平 α, 在假定原假设 H_0 为真时, 计算 P 值 (详见 6.5 节), 它其实就是真实的显著水平. 如果 P 值 $< \alpha$, 拒绝原假设; 反之, 如果 P 值 $> \alpha$, 则接受原假设. 在取等号时, 需要进一步抽样再作判断. 贝叶斯因子的检验方法更加直接. 分别计算原假设 H_0 和备择假设 H_1 的后验概率 $\alpha_0 = P^{\pi}(H_0|D)$ 和 $\alpha_1 = P^{\pi}(H_1|D)$. 如果 $\alpha_0 > \alpha_1$, 则接受 H_0; 如果 $\alpha_0 < \alpha_1$, 则接受 H_1. 在取等号时, 需要进一步抽样或进一步获取先验信息, 再行判断. 两种方法各自都有优势和问题. P 值检验法避免了因选取不同的先验概率对结果造成的影响, 但是, P 值反映的是 H_0 为真时, 观测样本的概率 (依赖于抽样), 并非原假设为真的概率. 更麻烦的是会产生所谓 "林德利悖论"(Lindley's paradox)[3], 即当样本容量很大时, 几乎任何一个原假设都会对应一个非常小的 P 值, 进而任何原假设都会被拒绝, 使得 P 值检验失效. 此外, P 值检验不宜处理多重假设检验的问题.

从下面的例子我们可以看到, 经典的 P 值检验和贝叶斯因子检验的结果当容量变大时可能截然不同.

例 7.5.1 设 $X = (X_1, \cdots, X_n)$ 是来自 $X_i \sim p(x|\theta)$ 的样本, 试比较在双侧检验 $H_0: \theta = \theta_0, \quad H_1: \theta \neq \theta_0$ 中 P 值检验和贝叶斯检验的结果 (本例见参考文献 [4]).

解 假设 H_0 和 H_1 的先验概率分别是 $P(\theta = \theta_0) = \pi_0\,(0 < \pi_0 < 1)$ 和 $1 - \pi_0$, H_1 的先验分布密度为 $\pi_{H_1}(\theta)$. 可以得到 x 的边缘分布密度

$$m(x) = p(x|\theta_0)\,\pi_0 + (1 - \pi_0)\,m_{H_1}(x), \tag{7.25}$$

其中 $m_{H_1}(x) = \displaystyle\int p(x|\theta)\,\pi_{H_1}(\theta)\,\mathrm{d}\theta$. 于是得到 H_0 的后验概率

$$P(H_0|x) = \frac{p(x|\theta_0)}{m(x)}\pi_0 = \left[1 + \frac{1 - \pi_0}{\pi_0} \times \frac{m_{H_1}(x)}{p(x|\theta_0)}\right]^{-1} \tag{7.26}$$

和后验比

$$\frac{P(H_0|x)}{1 - P(H_0|x)} = \frac{\pi_0}{1 - \pi_0} \times \frac{p(x|\theta_0)}{m_{H_1}(x)}. \tag{7.27}$$

(7.27) 式右端的两个因子分别是先验比 $\dfrac{\pi_0}{1 - \pi_0}$ 和贝叶斯因子 $B = \dfrac{p(x|\theta_0)}{m_{H_1}(x)}$.

例如, 取 $p(x|\theta_0)$ 为正态分布 $n(x; \theta_0, \sigma^2)$, $\pi_{H_1}(\theta) = N(\theta_0, \sigma^2)$, 则 $\bar{X} \sim N(\theta_0, \sigma^2/n)$, 由例 7.2.2 的结果知 $m_{H_1}(\bar{x}) = n(\theta_0, \sigma^2(1 + n^{-1}))$. 因此, 记 $t = \sqrt{n}|\bar{x} - \theta_0|/\sigma$,

则贝叶斯因子为

$$B = \frac{p(\bar{x}|\theta_0)}{m_{H_1}(\bar{x})} = \frac{\exp\left(-t^2/2\right)/\sqrt{2\pi/n}\,\sigma}{\exp\left[-\frac{1}{2}t^2\Big/(1+n)\right]\Big/\sqrt{2\pi\left(1+n^{-1}\right)}\,\sigma}$$

$$= \sqrt{1+n}\exp\left[-\frac{1}{2}t^2\Big/\left(1+n^{-1}\right)\right].$$

由 (7.26) 式可得 H_0 的后验分布概率

$$P(H_0|x) = [1+(1-\pi_0)/(\pi_0 B)]^{-1}$$

$$= \left[1+\frac{1-\pi_0}{\pi_0\sqrt{1+n}}\exp\left(\frac{t^2}{2\left(1+n^{-1}\right)}\right)\right]^{-1}.$$

因此, 对于任意给定的 t, $\lim\limits_{n\to\infty} P(H_0|x) = 1$. 在经典统计检验中, 取统计量 $t = \sqrt{n}\,|\bar{x}-\theta_0|/\sigma$, 可得原假设成立时, $t \sim N(0,1)$, P 值 $= 2(1-\Phi(t))$, 因此给定 P 值就可以确定 t. 表 7.3 是取 $\pi_0 = 0.5$, P 值分别为 0.1, 0.05 和 0.01 时, 不同容量的后验分布.

表 7.3 给定 P 值后不同容量的后验分布

P 值	t	n	1	5	10	20	50	100	1000
0.10	1.645		0.42	0.44	0.49	**0.56**	**0.65**	**0.72**	**0.89**
0.05	1.960	$\Pr(H_0\|x)$	0.35	0.33	0.37	0.42	**0.52**	**0.62**	**0.82**
0.01	2.576		0.21	0.13	0.14	0.16	0.22	0.27	**0.53**

从表 7.3 中可以看出 P 值检验和贝叶斯检验的冲突. 通常我们取 P 值 < 0.05 时拒绝原假设. 但当 $n = 50$ 以及更大容量时, 我们得到原假设的后验概率大于 0.5, 也就是说, 从 "证据" 上来看, 当容量够大 (表 7.3 中黑体对应的值) 时, 更支持选择原假设. □

相比而言, 贝叶斯因子的检验方法更为直截了当. 它综合利用了先验知识和观测样本的信息, 且适合处理多重假设检验 (只要对各个假设检验计算相应的后验概率即可). 贝叶斯检验的主要困难是高维后验概率的积分计算.

7.6 贝叶斯计算

根据前几节的讨论, 参数的贝叶斯估计可写为

$$\hat{\theta} = \frac{\displaystyle\int_\Theta \theta\pi(\theta)p(x|\theta)\,\mathrm{d}\theta}{\displaystyle\int_\Theta \pi(\theta)p(x|\theta)\,\mathrm{d}\theta},$$

或者, 更一般的参数的函数 $g(\theta)$ 的贝叶斯估计可写为

$$\widehat{g(\theta)} = \frac{\int_\Theta g(\theta)\pi(\theta)p\left(x|\,\theta\right)\mathrm{d}\theta}{\int_\Theta \pi(\theta)p\left(x|\,\theta\right)\mathrm{d}\theta}.$$

式中的积分当参数维数不高时, 可以数值计算. 但是当参数维数变大时, 数值积分难以实现. 例如, 目前的宇宙学模型非常复杂, 可能有十几个参数, 并且它们之间是非线性关系. 即使在似然函数都不难计算的情况下, 完全覆盖这十几维的模型空间, 对计算机来说也几乎不可能. 常用的解决办法是对后验分布抽样, 得到样本 $\theta^{(1)},\theta^{(2)},\cdots,\theta^{(m)}$ 并进行统计分析. 例如, 用 $\bar{g}=\frac{1}{m}\sum_{i=1}^{m}g\left(\theta^{(i)}\right)$ 来近似 $\widehat{g(\theta)}$, 这种方法称为蒙特卡罗方法. 有各式各样的蒙特卡罗方法, 选择特定方法的首要因素是模型参数的数量. 如果模型参数数量很少, 比如 1 到 2 个, 就可以使用格子点抽样法. 如果参数的数量非常多, 这个方法的效率就很低, 因为计算时间会随着模型参数数量快速增长. 处理多个参数的 MCMC 方法 (Markov chain Monte Carlo) 最著名的是梅特罗波利斯–黑斯廷斯 (Metropolis-Hastings) 算法, 另外还有吉布斯 (Gibbs) 抽样算法和切片抽样算法等. 梅特罗波利斯–黑斯廷斯方法在抽样时, 每个参数的步长大小必须手动调整, 所以当参数很多时尤为繁复. 因此, 推荐切片抽样方法, 它的参数步长可以不需要人力干涉自动调整. 吉布斯抽样是在联合分布未知, 但单一变量的条件分布已知的条件下应用的. 其使用完全不涉及步长的选取, 但一般不能直接进行, 必须和其他一维的取样方法结合起来. 下面, 我们通过多项式阶数的模型选择问题, 给出一个 MCMC 的计算实例 (参考[5] 以及与刘骁麟的讨论).

例 7.6.1　拟用多项式模型 $f_k(x)=\sum_{i=0}^{k}\theta_i x^i$按最小二乘原理拟合观测数据 $D=(x_i,y_i),\ i=1,\cdots,n$. 利用贝叶斯方法确定合理的阶数.

解　定义拟合方均差为

$$\varDelta(\boldsymbol{\theta})=\frac{1}{n}\sum_{i=1}^{n}\left[f_k\left(x_i,\boldsymbol{\theta}\right)-y_i\right]^2,\quad \boldsymbol{\theta}=\left(\theta_0,\theta_1,\cdots,\theta_k\right)^{\mathrm{T}}, \tag{7.28}$$

显然, 随着拟合多项式次数的增高, 方均差将越来越小, 直至为 0 (当 $k\geqslant n-1$ 时). 但由于数据本身是带有误差的, 过高阶的拟合完全没有意义. 给定模型 $M_k=f_k\left(x,\boldsymbol{\theta}\right)$ 后, 可得贝叶斯证据为

$$P\left(D|\,M_k\right)=\int_{\boldsymbol{\theta}}P\left(D|\,\boldsymbol{\theta}\right)\pi\left(\boldsymbol{\theta}|\,M_k\right)\mathrm{d}\boldsymbol{\theta}.$$

取先验分布为均匀分布, 即 $\pi(\boldsymbol{\theta}|M_k)\propto 1$, 于是有

$$P(D|M_k)\propto\int_{\boldsymbol{\theta}}P(D|\boldsymbol{\theta})\mathrm{d}\boldsymbol{\theta}.$$

这个积分是在 $k+1$ 维空间进行的, 几乎无法实现. 所以必须进行简化. 可以设想, 方均差 $\varDelta(\boldsymbol{\theta})$ 越小, 相应的概率 $P(D|\boldsymbol{\theta})$ 将越大. 所以, 可以令 $P(D|\boldsymbol{\theta})$ 为高斯型分布

$$P(D|\boldsymbol{\theta})\propto g(\varDelta(\boldsymbol{\theta}))=\exp\{-2[\varDelta(\boldsymbol{\theta})]^2\},\tag{7.29}$$

这样的分布是关于 $\boldsymbol{\theta}^{(0)}$ 各向同性的. 如果 $\boldsymbol{\theta}^{(0)}$ 是 $\varDelta(\boldsymbol{\theta})$ 的唯一极小点, 则其必然也是 $g(\varDelta(\boldsymbol{\theta}))$ 的唯一极大点. 这时证据可以表示为

$$E(k)=\int_{V_{k+1}}g(\varDelta(\boldsymbol{\theta}))\,\mathrm{d}\boldsymbol{\theta}.\tag{7.30}$$

$\boldsymbol{\theta}$ 偏离 $\boldsymbol{\theta}^{(0)}$ 越多, $\varDelta(\boldsymbol{\theta})$ 将越大. 取 $\boldsymbol{\theta}$ 空间的距离为 2 范数, 因此 $\boldsymbol{\theta}$ 偏离 $\boldsymbol{\theta}^{(0)}$ 的距离为

$$r=\left\|\boldsymbol{\theta}-\boldsymbol{\theta}^{(0)}\right\|_2=\sqrt{\sum_{i=0}^{k}(\theta_i-\theta_{0i})^2}.\tag{7.31}$$

偏离越大的点, 对积分 $\int_{V_{k+1}}g(\varDelta(\boldsymbol{\theta}))\,\mathrm{d}\boldsymbol{\theta}$ 的贡献越低. 所以, 只要选取以 $\boldsymbol{\theta}^{(0)}$ 为心, 以某个距离 d 为半径的高维球内的点进行积分即可. 半径为 r 的 $k+1$ 维球体的体积公式为

$$V_{k+1}=\prod_{k+1}r^{k+1},\quad \prod_{k+1}=\sqrt{\pi^{k+1}}\Big/\Gamma\left(1+\frac{k+1}{2}\right),\tag{7.32}$$

高维球坐标的体元 (即半径为 r, 厚度为 $\mathrm{d}r$ 的球壳) 为 $\mathrm{d}r^{k+1}=(k+1)\prod_k r^k\mathrm{d}r$, 既然 $P(D|\boldsymbol{\theta})$ 是各向同性的, 则可以通过蒙特卡罗方法, 对一个特定的 $r(\boldsymbol{\theta})\in[0,d(\boldsymbol{\theta})]$, 撒点计算 $g[\overline{\varDelta(\boldsymbol{\theta})}]$, 得到

$$E(k)=(k+1)\prod_k\int_0^d g[\overline{\varDelta(\boldsymbol{\theta})}]r^k\mathrm{d}r.\tag{7.33}$$

下面对模拟数据 $y_k(x)=f_k(x)+N(0,1),f_k(x)=x^k$ 给出证据 $E(j)\,(j=1,\cdots,6)$ 的算法.

(1) 对于 $j=1,\cdots,6$, 用 j 次多项式拟合 $[x,y_k(x)]$, 得到拟合参数初值 $\boldsymbol{\theta}_j^{(0)}$.

(2) 在距离 $\boldsymbol{\theta}_j^{(0)}$ 为 $[m-0.5,m+0.5]\,(m=1,2,\cdots)$ 的高维球壳内, 随机撒 100 个点, 利用 (7.28) 式, 计算 $g[\overline{\varDelta(\boldsymbol{\theta})}]=\exp\{-2[\overline{\varDelta(\boldsymbol{\theta})}]^2\}$.

(3) 利用 (7.33) 式计算积分值证据 $E(j)$. 由于事先不知道取多大半径的球进行积分合适, 所以尝试半径 $m = 1, 2, \cdots$ 不断增大, 直到 $g(\overline{\Delta(\boldsymbol{\theta})}) < 10^{-5}$ 为止, 这时取累计求和计算出的 $E(j)$ 为证据.

(4) 画出 $E(j)$, 其最大值给出了最佳拟合模型.

下面, 我们给出模拟数据为 $y(x) = x^4 + N(0,1)$ 的运算程序和输出图 (图 7.8).

主程序为

```
clear;clc;clf
x = -2:0.05:2;
   Data = x.^4 + normrnd(0,1,size(x));  %模拟数据为(x) = x^4+N(0,1)
% 图7.8(a)给出原始数据和次数为2,4,6的拟合曲线,
subplot(211);
hold on;
plot(x,Data,'ko');
xlabel('x');
ylabel('y');
color = ['k','k-.','k--'];
%Evidence
Ev = zeros(6,1);
for j = 1:6
      Pa = polyfit(x,Data,j);
      yfit = polyval(Pa,x);
      if mod(j,2)== 1, plot(x,yfit,color(round(j/2)));end
Ev(j) = Evidence(x,Data,Pa);
end
legend('DATA','j=2','j=4','j=6')
% 图7.8(b)画出不同次数拟合时对应的证据
subplot(212);
j = 1:6;
plot(j,Ev,'ko-');
xlabel('多项式次数');
ylabel('证据')
```

子程序用来计算证据.

```
function Ev = Evidence(X,Data,Pa)
n = length(X);
dim = length(Pa);
```

```
PI= pi^ (dim/2)/gamma(1+dim/2); % 计算高维球公式
Ev = 0;
m = 1;
Npoint = 100;
while(1)
      delta = 0;
      for kk = 1:Npoint
           nstp = (rand(size(Pa))-0.5)*0.05;
ya = polyval(Pa+m*nstp,X);
delta = delta + sum((Data - ya).^ 2)/n;
end
      g_mean = exp(-2*(delta/Npoint)^2);
      rm = sqrt(sum((m*nstp).^2));
      dr = sqrt(sum(nstp.^2));
      Ev = Ev + dim*PI*rm^ (dim-1)*dr*g_mean;
      if g_mean < 1e-5
              break;
end
      m = m + 1;
end
end
```

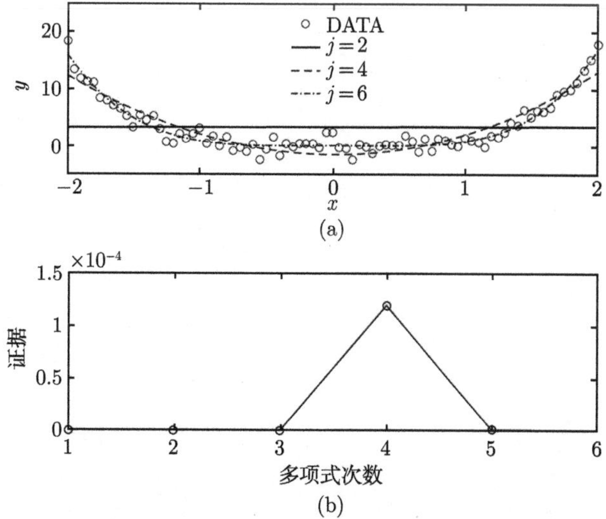

图 7.8 根据证据的大小确定拟合多项式的次数

为了图形不显得过于凌乱, 我们仅画出了原始数据 DATA 和 $j = 2, 4, 6$ 次的拟合多项式 (图 7.8(a)). 从图 7.8(b) 的证据中容易看出 $j = 4$ 为拟合最佳模型. □

参 考 文 献

[1] 茆诗松, 汤银才. 贝叶斯统计 2 版. 北京: 中国统计出版社, 2012.

[2] Wall J V, Jenkins C R. Practical Statistics for Astronomers. New York: Cambridge University Press, 2003.

[3] Lindley D V. A statistical paradox. Biometrika, 1957, 44 (1/2): 187–192.

[4] Berger J O, Sellke T. Testing a point null hypothesis: the irreconcilability of P values and evidence. Journal of the American Statistical Association, 1987, 82(397): 112-122.

[5] Minka T P. Bayesian linear regression. https://tminka.github.io/papers/minka-linear.pdf, 2010.

第 8 章　蒙特卡罗方法简介

蒙特卡罗 (Monte Carlo, MC) 方法也称为统计模拟方法, 它是通过设计统计实验来模拟和解决实际问题的一种数值方法. MC 方法最早可追溯到 18 纪末期蒲丰 (Buffon) 为计算圆周率而设计的 "投针试验". 但它被冠名以 "蒙特卡罗" 是在 20 世纪 40 年代, 作为美国原子弹计划的一个保密项目的代号. 在该项目中, 冯 • 诺依曼利用计算机进行随机抽样, 模拟了裂变物质的中子链式反应.

用 MC 方法解题主要有三个步骤.

(1) 构造概率过程: 对于那些本身就具有随机性质的问题, 要正确地描述并模拟这个概率过程; 对于非随机性的确定性问题, 需要构造一个合理的概率模型, 使其频率能够作为实际问题的近似解. 例如, 计算定积分, 需构造一个概率过程, 使其期望值为所求积分.

(2) 实现从已知概率分布的抽样: 这通常由软件包来实现.

(3) 建立估计量: 模拟实验的结果是通过计算 (无偏估计的) 统计量来考察的. 通过分析估计量, 来判断实验的结果和误差.

MC 方法的最大特点是不依赖维数, 因此能够很好地应对维数灾难, 诸如计算高维积分、估算金融衍生产品的定价及交易风险等问题, 这些问题的难度随维数的增长呈指数增长. MC 模拟适用于研究复杂体系, 例如量子热力学、量子化学、分子动力学等, 使得以前那些束手无策的计算问题现在也能够得以计算. 在计算机技术高度发达的今天, MC 方法作为一种高效、经济的方法, 得到越来越广泛的应用.

8.1　随机数的产生

模拟实际问题需要模拟其分布, 这涉及一系列随机数的选取. 目前各类软件提供了许多伪随机数产生方法. 一个好的随机数产生程序应当能提供周期长、有着良好的独立性和遍历性的伪随机数. 下面给出一些产生随机数的方法.

8.1.1　基于 (0, 1) 均匀分布的随机数

1) (0, 1) 中均匀分布的随机数

(0, 1) 中的均匀分布是产生其他分布随机数的基础. 一个简单的方法是乘同余法: 令 λ 和 M 为两个很大的正数, 取 $x_0 \in (0,1]$, 用迭代的方法产生序列

$\{r_i, i=1,2,\cdots\}$,

$$x_i \equiv \lambda x_{i-1}\,(\mathrm{mod}\ M), \quad r_i = x_i/M, \quad i=1,2,\cdots. \tag{8.1}$$

因为 x_i 是 λx_{i-1} 除以 M 后的余数, 所以 $0 \leqslant x_i < M, 0 \leqslant r_i < 1$. 因为计算机的字长有限, 产生的是伪随机数. 其周期 T 与 λ 和 M 的选择有关, 为使 $\{r_i\}$ 的周期长, 随机性好, 倾向选取大的 M 和 λ, 如表 8.1 所示.

表 8.1　均匀分布中 T 与 λ, M 的选取

M	λ	x_0	T
2^{32}	5^{13}	1	$2^{30} \approx 10^9$
2^{36}	5^{13}	1	$2^{34} \approx 2\times 10^{10}$
2^{42}	5^{17}	1	$2^{40} \approx 10^{12}$

2) 离散分布随机数的产生

设分布律 $\begin{array}{c|cccc} X & x_1, & x_2, & \cdots, & x_n,\cdots \\ \hline p & p_1, & p_2, & \cdots, & p_n,\cdots \end{array}$ 的分布函数为: $F(x) = \sum\limits_{x_i \leqslant x} p_i$.

步骤:

(1) 产生一个 $(0,1)$ 均匀分布的随机变量 γ;

(2) 一定有一个区间 (x_{i-1}, x_i), 使得 $F(x_{i-1}) \leqslant \gamma < F(x_i)$, 令 $X = x_i$, 因为 γ 在 $(0,1)$ 均匀分布, 所以 $F(x_{i-1}) \leqslant \gamma < F(x_i)$ 的概率恰为 p_i, 故 X 的分布满足 $p(x_i) = p_i$.

3) 连续分布随机数的产生

设分布函数为 $F(x) = P(X \leqslant x)$.

(1) 产生一个 $(0,1)$ 均匀分布的随机变量 γ;

(2) 求 $F(x) = \gamma$ 的根 x, 则令 $X = x$, 则 $X \sim F(x)$.

例 8.1.1　求满足指数分布 $F(x) = 1 - e^{-\lambda x}$ 的随机变量 X.

解　令 $\gamma = 1 - e^{-\lambda x} \Rightarrow x = -\dfrac{1}{\lambda}\ln(1-\gamma)$.

因为 $1-\gamma$ 也是 $(0,1)$ 均匀分布的随机数, 所以有 $x = -\dfrac{1}{\lambda}\ln(\gamma)$.　□

8.1.2　基于极限定理产生的随机数

利用随机变量分布的极限定理, 可近似地产生随机变量.

1) 正态分布

设 $R_1, R_2, \cdots, R_N$ 均服从 $U(0,1)$, 令 $X = \dfrac{\bar{R} - E(\bar{R})}{\sigma(\bar{R})}$, 则当 N 足够大时, 根据中心极限定理, 近似有 $X \sim N(0,1)$, 且 $E(\bar{R}) = \dfrac{1}{2}$, $\sigma^2(\bar{R}) = \dfrac{1}{12N}$. 例如,

取 $N=12$ 时, $X=\dfrac{\dfrac{1}{12}\displaystyle\sum_{i=1}^{12}R_i-\dfrac{1}{2}}{\sqrt{\dfrac{1}{12}\cdot\dfrac{1}{12}}}=\displaystyle\sum_{i=1}^{12}R_i-6=\sum_{i=1}^{6}R_i-\sum_{i=6}^{12}(1-R_i)$. 因为 $1-R_i\sim U(0,1)$, 所以可简化为 $X=\displaystyle\sum_{i=1}^{6}(R_{2i}-R_{2i-1})$.

2) 泊松分布 $\Pi(m)$

先求出服从二项分布 $B(N,p)$ 的随机变量 X. 方法是: 取 N 个在 $(0,1)$ 上均匀分布的随机数 $R_1,R_2,\cdots,R_N$. 令 $X=\{$这 N 个随机数中 $R_i\leqslant p$ 的个数$\}$, 则 $X\sim B(N,p)$. 当 $N\to\infty$ 时, 取 $p_N=\dfrac{m}{N}$, 则 X 渐近服从 $\Pi(m)$.

算法:

(1) 选充分大的 N, 使得 $p_N=\dfrac{m}{N}\in(0.1,0.2)$;

(2) 取 $R_1,R_2,\cdots,R_N\sim U(0,1)$;

(3) 令 $X=\{$这 N 个随机数中 $R_i\leqslant p_N$ 的个数$\}$, 则 X 渐近服从 $\Pi(m)$.

8.1.3 舍选法

毕竟不是每个分布函数的逆函数都是可以用解析形式表示的, 而数值方法求反函数的值可能非常费时. 因此引入效率虽不很高, 但是适用性很广泛的舍选法.

定理 8.1.1 设 $\xi\sim U(a,b),\gamma\sim U(0,1)$, 且 ξ,γ 相互独立, X 是 $[a,b]$ 上的随机变量, 其分布密度为 $p(x)$, 若存在正数 c 使满足 $\forall x\in[a,b]$, 有 $c\cdot p(x)<1$, 则

$$F(x)=\int_a^x p(u)\,\mathrm{d}u=P[\xi\leqslant x|\gamma\leqslant cp(\xi)]\quad(a\leqslant x\leqslant b),$$

即在 $\gamma\leqslant c\cdot p(\xi)$ 的条件下, ξ 的概率密度为 $p(x)$.

证 随机变量 (ξ,γ) 的联合分布密度函数是 $p(\xi,\gamma)=p(\xi)p(\gamma)=\dfrac{1}{b-a}$. 根据条件概率公式,

$$P(\xi\leqslant x|\gamma\leqslant cp(\xi))=\frac{\displaystyle\iint\limits_{a<\xi\leqslant x,\gamma\leqslant cp(\xi)}\frac{\mathrm{d}\xi\mathrm{d}\gamma}{b-a}}{\displaystyle\iint\limits_{\gamma\leqslant cp(\xi)}\frac{\mathrm{d}\xi\mathrm{d}\gamma}{b-a}}=\frac{\displaystyle\int_a^x\left[\int_0^{cp(\xi)}\mathrm{d}\gamma\right]\mathrm{d}\xi}{\displaystyle\int_a^b\left[\int_0^{cp(\xi)}\mathrm{d}\gamma\right]\mathrm{d}\xi}$$

$$=\frac{\displaystyle\int_a^x c\cdot p(\xi)\,\mathrm{d}\xi}{\displaystyle\int_a^b c\cdot p(\xi)\,\mathrm{d}\xi}=\int_a^x p(\xi)\,\mathrm{d}\xi=F(x).\qquad\square$$

利用上述定理, 可按如下步骤产生服从 $p(x)$ 的随机变量 X.

假设我们想产生 1000 个 $X_k \sim p(x), k=1,\cdots,1000$.

(1) 找出满足定理的正数 c, 令 $k=0$;

(2) 如果 $k<1000$;

(3) 取两个均匀分布的随机数 $\xi \sim U(a,b), \gamma \sim U(0,1)$;

(4) 如果 $\gamma \leqslant c \cdot p(\xi)$, 令 $X_k=\xi$, $k=k+1$; 否则转到 (2).

当 $p(x)$ 比较平坦时, 抽样效率较高. 舍选法很适合产生带有截断的分布.

例 8.1.2　抽取在圆环 $R_1 \leqslant r \leqslant R_2$ 上均匀分布的点 (r,θ).

解　环带的均匀分布密度为 $p_R(r)=\dfrac{2r}{R_2^2-R_1^2}$, $R_1 \leqslant r \leqslant R_2$, $\theta \sim U(0,2\pi)$. 随机变量 R 可用分布函数的反函数方法给出：$R=\sqrt{R_1^2+\gamma(R_2^2-R_1^2)}$, 其中 $\gamma \sim U(0,1)$. 因为 R 涉及开方运算, 较费机时, 故可令 $X=R/R_2$. 于是 X 有密度

$$p_X(x)=\left|\frac{\mathrm{d}R}{\mathrm{d}X}\right| p_R(r)=\frac{2R_2^2 x}{R_2^2-R_1^2},\quad \frac{R_1}{R_2} \leqslant x \leqslant 1,$$

且

$$p_X(x)<\frac{2R_2^2}{R_2^2-R_1^2} \overset{\text{记作}}{\equiv} M.$$

利用舍选法, 取随机数 $\gamma \sim U(0,1)$, $\xi \sim U(R_1/R_2,1)$, 如果 $M\gamma \leqslant p_X(\xi)$, 即 $\gamma<\xi$, 则 $X=\xi$. 其实, 没有必要舍弃哪个随机数, 只要取 $X=\max(\gamma,\xi)$ 即可. 因为是从两个随机数中取一个, 这个抽样过程的效率为 0.5. 取出 X 后可得相应的 $R=R_2X$. □

下面的程序给出了抽取 N 个随机点的方法：

```
>> N = 5000;                                % 抽取 N 个随机点(R,Sita)
>> R1 = 2; R2 = 3; a = R1/R2;
                          % R1,R2是圆环的内外半径, 二者之比记为a
>> U = a+(1a)*rand(N,1);V = rand(N,1);
                          % U~U(R1/R2,1);V~U(0,1)是两个均匀分布
>> X = max([U,V], [],2); R = R2*X;          % 随机数 X 和 R (矢径)
>> Sita = 2*pi*rand(N, 1);                  % 随机数 Sita(辐角)
```

可以用polar(Sita,R,' k.')画出随机点在环内的分布 (图 8.1). 把 R 在 $[2,3]$ 上的分布直方图也给出来了, 它沿着半径增加方向是线性增加的 (图 8.2).

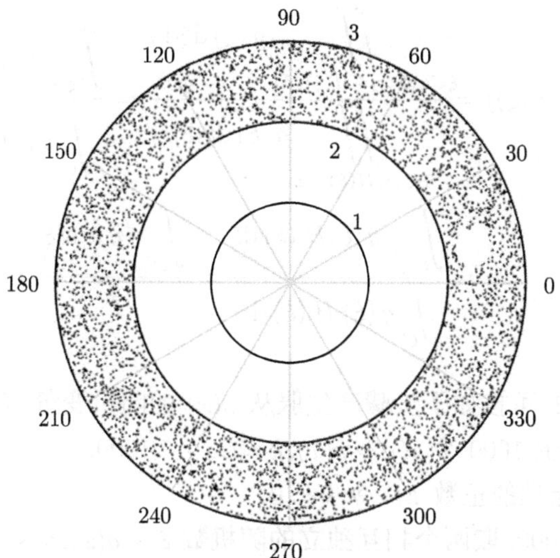

图 8.1 圆环上均匀分布的随机点

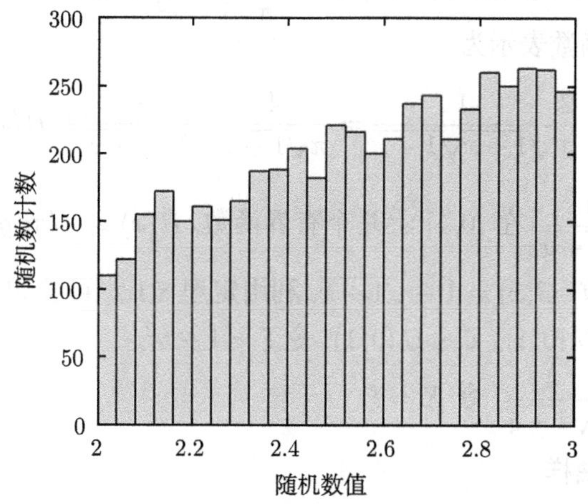

图 8.2 随机数 R 沿径向的分布直方图

定理 8.1.2 若定义域 G 上的密度函数 $p(x)$ 可以写作

$$p(x) = H(x)g(x), \tag{8.2}$$

其中 $g(x)$ 为 G 上的新的密度函数, $H(x)$ 为 G 上的有界正函数, $H(x) \leqslant M$. 设 $\xi \sim g(x), \gamma \sim U(0,1)$ 且 ξ, γ 相互独立, 则 $F(x) = P(\xi \leqslant x | M\gamma \leqslant H(\xi))$, 即在 $M\gamma \leqslant H(\xi)$ 的条件下, ξ 的概率密度为 $p(x)$.

证 ξ, γ 的联合分布密度为 $g(\xi) \cdot 1$, 根据条件概率公式,

$$P(\xi \leqslant x | M\gamma \leqslant H(\xi)) = \frac{\displaystyle\iint\limits_{\xi \leqslant x, 0<\gamma\leqslant H(\xi)/M} g(\xi)\,\mathrm{d}\xi\mathrm{d}\gamma}{\displaystyle\iint\limits_{0<\gamma\leqslant H(\xi)/M} g(\xi)\,\mathrm{d}\xi\mathrm{d}\gamma} = \frac{\displaystyle\int_{\xi\leqslant x} g(\xi)\mathrm{d}\xi \int_0^{H(\xi)/M} \mathrm{d}\gamma}{\displaystyle\int_G g(\xi)\int_0^{H(\xi)/M} \mathrm{d}\gamma\mathrm{d}\xi}$$

$$= \frac{\displaystyle\int_{\xi\leqslant x} g(\xi) H(\xi)\,\mathrm{d}\xi}{\displaystyle\int_G g(\xi)\, H(\xi)\,\mathrm{d}\xi} = \frac{\displaystyle\int_{\xi\leqslant x} p(\xi)\mathrm{d}\xi}{1} = F(x). \qquad \square$$

利用定理 8.1.2, 可按如下步骤产生服从 $p(x)$ 的随机变量 X.

假设我们想产生 1000 个 $X_k \sim p(x), k = 1, \cdots, 1000$.

(1) 找出满足定理的正数 M, 令 $k = 0$;

(2) 如果 $k < 1000$, 取两个相互独立的随机数 $\xi \sim g(x), \gamma \sim U(0,1)$;

(3) 如果 $M\gamma \leqslant H(\xi)$, 令 $X_k = \xi,\ k = k + 1$; 否则转到 (2).

例 8.1.3 产生满足无界分布 $p(x) = \dfrac{2}{\pi\sqrt{1-x^2}}, 0 \leqslant x \leqslant 1$ 的随机数.

解 将密度函数表示为

$$p(x) = \frac{2}{\pi}\frac{1}{\sqrt{1+x}\sqrt{1-x}} = \frac{4}{\pi\sqrt{1+x}} \cdot \frac{1}{2\sqrt{1-x}} \equiv H(x)g(x),$$

其中 $H(x) = \dfrac{4}{\pi\sqrt{1+x}}$ 在 $[0,1]$ 上是个有界函数, $H(x) \leqslant 4/\pi$; $g(x) = \dfrac{1}{2\sqrt{1-x}}$ 是 $[0,1]$ 上的密度函数. $G(x) = 1 - \sqrt{1-x}$, 利用定理 8.1.2, 可按如下抽样步骤:

(1) 抽取 $\gamma \sim U(0,1)$, $\zeta \sim U(0,1)$, 令 $\xi = 1 - \gamma^2$;

(2) 如果 $\zeta \leqslant \dfrac{1}{\sqrt{1+\xi}}$, 令 $X = \xi$. □

8.1.4 较复杂的抽样

1) 加分布

设分布密度函数的形式为和函数

$$p(x) = \sum_{i=1}^{n} a_i f_i(x), \quad a_i \geqslant 0, \quad f_i(x) \geqslant 0, \tag{8.3}$$

其中非负函数 $f_i(x)$ 未必是密度函数. 现将 $p(x)$ 改写成一组概率密度函数的加权和

$$p(x) = \sum_{i=1}^{n} \left\{ \left[a_i \int f_i(x')\,\mathrm{d}x' \right] \frac{f_i(x)}{\displaystyle\int f_i(x')\,\mathrm{d}x'} \right\} \equiv \sum_{i=1}^{n} b_i \pi_i(x), \tag{8.4}$$

其中 $b_i = a_i \int f_i(x')\,\mathrm{d}x' > 0,\ \sum_i b_i = 1;\ \pi_i(x) = \dfrac{f_i(x)}{\int f_i(x')\,\mathrm{d}x'} \geqslant 0,\ \int \pi_i(x)\mathrm{d}x = 1,\ i = 1, \cdots, n$. 抽取步骤:

(1) 取 $\gamma \sim U(0,1), \xi \sim U(0,1)$;

(2) 如果 $\sum_{i=1}^{k-1} b_i \leqslant \gamma < \sum_{i=1}^{k} b_i$, 则取 $X = \pi_k^{-1}(\xi)$ (亦即 $\pi_k(X) = \xi$).

2) 复合抽样方法

如果可以把密度函数 $p(x)$ 表示为联合密度函数 $f(x,y)$ 的边缘密度: $p(x) = \int_{-\infty}^{\infty} f(x,y)\,\mathrm{d}y$, 则先将 $f(x,y)$ 分解为条件密度与边缘密度的乘积

$$f(x,y) = f_{X|Y}(x|y)\, f_Y(y), \tag{8.5}$$

于是有

$$p(x) = \int_{-\infty}^{\infty} f_{X|Y}(x|y)\, f_Y(y)\,\mathrm{d}y. \tag{8.6}$$

抽取步骤:

(1) 取两个随机数 $\gamma \sim U(0,1), \xi \sim U(0,1)$;

(2) 令 Y 满足 $\int_{-\infty}^{Y} f_Y(y)\mathrm{d}y = \gamma$, 这时显然有 $Y \sim f_Y(y)$;

(3) 令 X 满足 $\int_{-\infty}^{X} f_{X|Y}(x|Y)\mathrm{d}x = \xi$, 则 $X \sim p(x)$.

3) 变换抽样方法

可以把一维随机变量函数 $y(X)$的密度 $p_Y(y)$ 和 X 的密度 $p_X(x)$ 之间的关系 $p_Y(y) = p_X(x(y)) \left|\dfrac{\mathrm{d}x}{\mathrm{d}y}\right|$ 推广到多维的情形. 设随机向量 $\boldsymbol{x} = (x_1, \cdots, x_n)^{\mathrm{T}}$ 的联合分布密度为 $p(x_1, \cdots, x_n)$, 如果随机向量 $\boldsymbol{y} = (y_1, \cdots, y_n)^{\mathrm{T}}$ 和 $\boldsymbol{x}$ 之间有可逆的变换关系:

$$\begin{pmatrix} y_1 \\ y_2 \\ \vdots \\ y_n \end{pmatrix} = \begin{pmatrix} \varphi_1(x_1, \cdots, x_n) \\ \varphi_2(x_1, \cdots, x_n) \\ \vdots \\ \varphi_n(x_1, \cdots, x_n) \end{pmatrix}, \quad \begin{pmatrix} x_1 \\ x_2 \\ \vdots \\ x_n \end{pmatrix} = \begin{pmatrix} \psi_1(y_1, \cdots, y_n) \\ \psi_2(y_1, \cdots, y_n) \\ \vdots \\ \psi_n(y_1, \cdots, y_n) \end{pmatrix},$$

则 $\boldsymbol{y}$ 的密度为

$$p_Y(y_1, \cdots, y_n) = |J|\, p_X(x_1, \cdots, x_n), \tag{8.7}$$

其中 $|J|$ 为雅可比行列式. 于是, 可以先抽取 $\boldsymbol{y} \sim p_Y(y_1, \cdots, y_n)$, 再由逆变换得到随机向量 $\boldsymbol{x}$.

例 8.1.4　抽取服从二维正态分布 $(X,Y)\sim p(x,y)=\dfrac{1}{2\pi}\exp\left(-\dfrac{x^2+y^2}{2}\right)$ 的样本.

解　引入极坐标变换 $x=r\cos\theta,\ y=r\sin\theta$, 则有

$$\begin{aligned}F(R,\Theta)&=\int_0^R\int_0^\Theta\frac{1}{2\pi}\exp\left(-\frac{r^2}{2}\right)r\mathrm{d}r\mathrm{d}\theta\\&=\left[1-\exp\left(-\frac{R^2}{2}\right)\right]\cdot\frac{\Theta}{2\pi}=F_R(R)F_\Theta(\Theta).\end{aligned}$$

令 $\xi\sim U(0,1)$, $\eta\sim U(0,1)$, $\xi=F_R(R)$, $\eta=F_\Theta(\Theta)$, 亦即 $R=\sqrt{-2\ln\xi}$, $\Theta=2\pi\eta$, 于是有 $X=\sqrt{-2\ln\xi}\cos(2\pi\eta)$, $Y=\sqrt{-2\ln\xi}\sin(2\pi\eta)$.　□

8.1.5　随机向量的抽样方法

随机向量产生的方法有条件分布法、舍选法等, 我们仅介绍条件分布法. 设随机向量 $\boldsymbol{x}=(x_1,\cdots,x_n)^{\mathrm{T}}$ 的联合分布密度为 $p(x_1,\cdots,x_n)$, 则有

$$p(x_1,\cdots,x_n)=p_n(x_n|x_{n-1},\cdots,x_1)\cdots p_2(x_2|x_1)p_1(x_1),\tag{8.8}$$

上式右端的每一个因子都是一维的密度函数. 可由下面的公式计算得出

$$\begin{aligned}p(x_1,\cdots,x_{n-1})&=\int p(x_1,\cdots,x_n)\mathrm{d}x_n,\\p(x_1,\cdots,x_{n-2})&=\int p(x_1,\cdots,x_{n-1})\mathrm{d}x_{n-1},\\&\cdots\cdots\\p(x_1)&=\int p(x_1,x_2)\mathrm{d}x_2,\\p_k(x_k|x_1,x_2,\cdots,x_{k-1})&=\frac{p(x_1,\cdots,x_k)}{p(x_1,\cdots,x_{k-1})},\quad k=2,\cdots,n.\end{aligned}\tag{8.9}$$

具体步骤为:

(1) 抽取 $x_1\sim p_1(x)$;

(2) 将步骤 (1) 得出的 x_1 代入 $p_2(x_2|x_1)$; 然后按一维方法抽取$x_2\sim p_2(x_2|x_1)$;

(3) 依次把前面得到的 $k-1$ 个随机数代入 $p_k(x_k|x_1,\cdots,x_{k-1})$, 按一维方法抽取 $x_k, k=3,4,\cdots,n$, 则 $(x_1,\cdots,x_n)^{\mathrm{T}}$ 即为所求的向量, 其联合密度为 $p(x_1,\cdots,x_n)$.

如果 $\boldsymbol{x}$ 服从多元正态分布 $\boldsymbol{x}\sim N(\boldsymbol{\mu},\Sigma)$, 其中 $\boldsymbol{\mu}=(\mu_1,\cdots,\mu_n)^{\mathrm{T}}$ 是期望值向量, Σ 是协方差阵. 我们知道多元正态分布的边缘分布仍为正态分布, 且联合分布完全由边缘分布决定. 又因为矩阵 Σ 对称正定, 可作三角分解 (Cholesky 分解): $\Sigma=LL^{\mathrm{T}}$, L 是非奇异的下三角阵. 做变换 $\boldsymbol{y}=L^{-1}\boldsymbol{x}$, 则 $\mathrm{cov}(\boldsymbol{y})=I$, 说明 $\boldsymbol{y}$

的分量是两两独立的正态分布随机变量. 于是, 可以先按边缘分布生成服从正态分布的随机数, 再按顺序合成随机向量 $\boldsymbol{y}$, 最后利用变换 $\boldsymbol{x}=L\boldsymbol{y}$ 得到 $\boldsymbol{x}$.

8.2 减少方差的抽样技巧

8.2.1 一个积分的例子

计算伽马函数: $\Gamma(\alpha)\equiv I_\alpha=\displaystyle\int_0^\infty x^{\alpha-1}e^{-x}\mathrm{d}x,\ \alpha>0.$

注意到 e^{-x} 满足 $\displaystyle\int_0^\infty e^{-x}\mathrm{d}x=1$, 是一个密度函数, 所以有 $I_\alpha=E\left(x^{\alpha-1}\right)$. 抽取随机数序列 $X_i\sim e^{-x}, i=1,2,\cdots,n$, 构造统计量 $\hat{I}_\alpha=\dfrac{1}{n}\displaystyle\sum_{i=1}^n X_i^{\alpha-1}$, 则有 $E\left(\hat{I}_\alpha\right)=I_\alpha$. 所以 $\hat{I}_\alpha$ 是 I_α 的无偏估计, 误差可用 $\sqrt{\mathrm{var}(\hat{I}_\alpha)}$ 来估计, 其中方差 $\mathrm{var}(\hat{I}_\alpha)=\dfrac{1}{n}\mathrm{var}\left(X^{\alpha-1}\right)$. 接下来的问题是, 实际计算时, $X_1,\cdots,X_n$ 能使 $\dfrac{1}{n}\displaystyle\sum_{i=1}^n X_i^{\alpha-1}$ 快速地收敛到 I_α 吗? 例如, 计算 $\Gamma(1.9)$(其精确值为 $\Gamma(1.9)\approx 0.9618$). 根据例 8.1.1, 可取 $X_i=-\ln\gamma_i$, 其中 $\gamma_i\sim U(0,1), i=1,2,\cdots,n$. 然后计算 $\hat{I}_\alpha=\dfrac{1}{n}\displaystyle\sum_{i=1}^n X_i^{\alpha-1}$. 下面给出了 $n=10,10^2,\cdots,10^6$ 的计算结果 (每次产生不同的伪随机数会使结果有一些变化).

```
>> gamma=mean(-log(rand(10,1).^(0.9)))
gamma =
    0.8900
>>gamma=mean(-log(rand(100,1).^(0.9)))
gamma =
    0.9401
>>gamma=mean(-log(rand(1000,1).^(0.9)))
gamma =
    0.8981
>>gamma=mean(-log(rand(10000,1).^(0.9)))
gamma =
    0.8996
>> gamma=mean(-log(rand(100000,1).^(0.9)))
gamma =
    0.9003
```

```
>> gamma=mean(-log(rand(1000000,1).^(0.9)))
gamma =
   0.8986
```

我们发现收敛过程是非常不理想的. 如果把 $\Gamma(\alpha)$ 改写为: $I_{1.9}=\int_0^{\infty} xe^{-x}x^{-0.1}\mathrm{d}x$, 密度函数为 $f_Y(y)=ye^{-y}$, 取随机数 $Y_i\sim f_Y(y), i=1,\cdots,n$, 计算 $\hat{I}_{1.9}=\frac{1}{n}\sum_{i=1}^{n}Y_i^{-0.1}$. 密度 xe^{-x} 的分布函数为 $F(x)=1-e^{-x}(1+x)$, 令 $1-e^{-x}(1+x)=\gamma$, $\gamma\sim U(0,1)$, 可得

$$x=-\mathrm{lambertw}\left[-1,(-1+\gamma)\exp(-1)\right]-1,$$

其中 $w=\mathrm{lambertw}(k,\ x)$ 是 MATLAB 中的函数, 满足 $we^{w}=x$ 是多值函数的第 k 个分支.

```
>>y=-lambertw(-1,(-1+rand(10,1)).*exp(-1))-1;mean(1./y.^(0.1))
ans =
0.9717
>>y=-lambertw(-1,(-1+rand(100,1)).*exp(-1))-1;mean(1./y.^(0.1))
ans =
0.9658
>>y=-lambertw(-1,(-1+rand(1000,1)).*exp(-1))-1;mean(1./y.^(0.1))
ans =
    0.9641
>>y=-lambertw(-1,(-1+rand(10000,1)).*exp(-1))-1;mean(1./y.^(0.1))
ans =
0.9623
>>y=-lambertw(-1,(-1+rand(100000,1)).*exp(-1))-1;mean(1./y.^(0.1))
ans =
0.9616
```

尽管用反函数的方法求随机数的效率是百分之百的, 但是, 当随机数的数量达到 100000 时, lambertw 函数的计算会非常费机时. 因此我们尝试利用定理 8.1.1 的舍选法. 不难看出密度函数 $xe^{-x}<0.4, x\in[0,\infty]$, 且当 $x>10$ 时, 密度值已经接近 0; 当 $x=20$ 时, $xe^{-x}=4.12\times10^{-8}$. 因此, $x>20$ 的尾部对积分的贡献可以忽略, 这样就把定理要求的一个无穷区间的均匀分布 $\xi\sim U(0,\infty)$ 近似为有限区间的均匀分布 $\xi\sim U(0,20)$ 了. 显然这个区域越短, 抽取随机数的效率就越高. 图 8.3 显示取 $\xi\sim U(0,20)$ 后的模拟分布与密度函数 xe^{-x} 非常贴合.

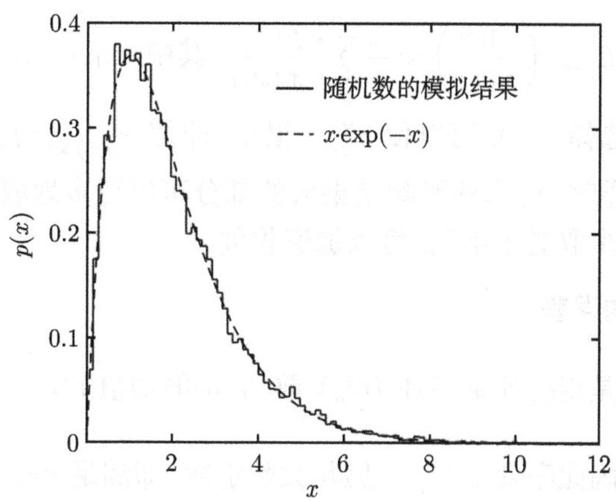

图 8.3 随机模拟数的分布与 $x{\cdot}\exp(-x)$ 的比较

根据下面的小程序可以很快地选出服从 xe^{-x} 的随机数 $Y_1,\cdots,Y_n$, 从而利用 $\hat{I}_{1.9}=\dfrac{1}{n}\sum_{i=1}^{n}\dfrac{1}{Y_i^{0.1}}$ 估计积分值.

```
k =0;
N=10000;                      % 随机数的数目
Y=zeros(2*N,1);                                  % 初始化Y, 这样可加快运算速度
while k<N
      s=20*rand(N,1); r=rand(N,1);  % 选择两个均匀分布
      u=find(r<= 0.4*s.*exp(-s));   % 找出符合条件的随机数的下标u
      m=length(u);                  % 计算符合条件的随机数有多少
      Y(k+1:k+m)=s(u);              % 把符合条件的随机数赋给 Y
k =k+m;
end
Y(N+1: end)=[];                                  % 将 Y(M>N)去掉
mean(1./Y.^(0.1))                                % 计算积分估计值
```

我们将程序中 N 分别取 $10,10^2,\cdots,10^7$, 得到积分估值 0.9376, 0.9239, 0.9541, 0.9655, 0.9608, 0.9622 和 0.9618. 尽管看起来取的随机数比用反函数的要多了一个量级, 但计算时间却只有几秒. 我们比较了 $\xi\sim U(0,10)$ 和 $\xi\sim U(0,40)$ 的计算时间, 达到同样精度时, 时间仅为反函数法的 $\dfrac{1}{4}$.

上面的例子给我们两个启示:

(1) 可将积分 $I=\int_a^b f(x)\mathrm{d}x$ 改写为 $\int_a^b \dfrac{f(x)}{\pi(x)}\pi(x)\mathrm{d}x$. 如果 $\pi(x)>0$ 是个密度

函数, 则 I 便成为 $E_{\pi(x)}\left(\dfrac{f(x)}{\pi(x)}\right) \approx \dfrac{1}{n}\sum_{i=1}^{n}\dfrac{f(x_i)}{\pi(x_i)}$, 其中 $(x_1,\cdots,x_n)$ 是 $X\sim\pi(x)$ 的抽样. 如果恰当地选择 $\pi(x)$, 可以使 $\sigma^2_{\pi(x)}$ 很小, 即使 $\sigma^2_{p(x)\propto 1}(f(x))$ 不存在.

(2) 在随机取样时, 对那些影响结果大的部分可以更多地取样; 而对结果没什么影响的地方可以少取甚至不取, 可以加速收敛.

8.2.2　MC 方法的误差

蒙特卡罗方法是用统计量序列 $\{G_n\}$ 前 N 项的均值 $\hat{G}_N=\dfrac{1}{N}\sum_{i=1}^{N}G_i$来近似表示计算结果 G 的. 因此序列 $\{G_n\}$ 应服从大数定律, 即满足 $\forall\varepsilon>0, P\Big(\lim\limits_{N\to\infty}|\hat{G}_N-G|<\varepsilon\Big)=1$. 如果 $\{G_n\}$ 独立、同分布, 且方差 σ^2 有限, 则 $\dfrac{\sqrt{N}}{\sigma}|\hat{G}_N-G|\to N(0,1)\,(N\to\infty)$. 可见 $\dfrac{\sqrt{N}}{\sigma}|\hat{G}_N-G|$ 可以近似地用标准正态分布的置信区间来进行误差估计. 因此 MC 的误差定义为

$$\varepsilon=\frac{z_\alpha\sigma}{\sqrt{N}}, \tag{8.10}$$

其中 z_α 是标准正态分布的上 α 分位点. 欲使误差降低有两个途径, 一是增加抽样数, 二是降低方差 σ^2. 我们更关注第二种途径, 因为它不增加抽样数.

8.2.3　重要抽样

拟求多维积分 $I=\displaystyle\int h(\boldsymbol{x})\,p(\boldsymbol{x})\,\mathrm{d}\boldsymbol{x}$, $p(\boldsymbol{x})$ 为密度. 引入新的密度函数 $\pi(\boldsymbol{x})$,

$$I=\int\left[\frac{h(\boldsymbol{x})\,p(\boldsymbol{x})}{\pi(\boldsymbol{x})}\right]\pi(\boldsymbol{x})\,\mathrm{d}\boldsymbol{x}\overset{\text{记作}}{\equiv}\int\tilde{h}(\boldsymbol{x})\,\pi(\boldsymbol{x})\,\mathrm{d}\boldsymbol{x},$$

使 $\sigma^2_{\pi(\boldsymbol{x})}$ 达到极小值, 其中 $\tilde{h}(\boldsymbol{x})=\dfrac{h(\boldsymbol{x})\,p(\boldsymbol{x})}{\pi(\boldsymbol{x})}$,

$$\sigma^2_{\pi(\boldsymbol{x})}=\int\tilde{h}^2(\boldsymbol{x})\,\pi(\boldsymbol{x})\mathrm{d}x-\left(\int h(\boldsymbol{x})\,p(\boldsymbol{x})\,\mathrm{d}\boldsymbol{x}\right)^2, \tag{8.11}$$

由拉格朗日乘子法, 取泛函

$$L\{\pi\}=\int\frac{h^2(\boldsymbol{x})\,p^2(\boldsymbol{x})}{\pi(\boldsymbol{x})}\mathrm{d}\boldsymbol{x}+\lambda\int\pi(\boldsymbol{x})\,\mathrm{d}\boldsymbol{x}, \tag{8.12}$$

令 $\dfrac{\delta L\{\pi\}}{\delta\pi}=0$, 推知 $-\dfrac{h^2(\boldsymbol{x})\,p^2(\boldsymbol{x})}{\pi^2(\boldsymbol{x})}+\lambda=0$, 亦即 $\sqrt{\lambda}\pi(\boldsymbol{x})=|h(\boldsymbol{x})\,p(\boldsymbol{x})|$, 两边对 $\boldsymbol{x}$

积分, 并注意到 $\int \pi(\boldsymbol{x})\,\mathrm{d}\boldsymbol{x} = 1$, 得出 $\sqrt{\lambda} = \int |h(\boldsymbol{x})\,p(\boldsymbol{x})|\,\mathrm{d}\boldsymbol{x}$, 故

$$\pi(\boldsymbol{x}) = \frac{|h(\boldsymbol{x})\,p(\boldsymbol{x})|}{\int |h(\boldsymbol{x})\,p(\boldsymbol{x})|\,\mathrm{d}\boldsymbol{x}} \propto |h(\boldsymbol{x})\,p(\boldsymbol{x})|. \tag{8.13}$$

例如, 瑕积分 $\int_0^1 \frac{\mathrm{d}x}{\sqrt{x}}\,(=2)$ 可以看作统计量 $h(x) = 1/\sqrt{x}$ 在密度函数 $p(x) = 1$ 时的期望值, 但其方差 $\sigma^2_{p(x)} = \int_0^1 \frac{1}{x}\mathrm{d}x - 2^2 = \infty$. 如果取重要抽样的密度 $\pi(x) = \frac{1}{2\sqrt{x}}$, $0 < x \leqslant 1$, $\tilde{h}(x) = 2$, 则有 $\sigma^2_{\pi(x)} = \int_0^1 2^2 \frac{1}{2\sqrt{x}}\mathrm{d}x - 2^2 = 0$. 尽管重要抽样密度的选取可以使方差为零, 但是在实际应用中, $\int |h(x)\,p(x)|\,\mathrm{d}x$ 往往很难求出, 因此重要抽样密度仅有理论上的意义. 因此, 我们通过选取一个和 $|h(x)\,p(x)|$ 形状相似, 尤其是在其密度最大值附近相似的密度函数 $\pi(x)$ 来降低方差.

例 8.2.1 求积分 $\int_0^1 \sqrt{1-x^2}\,\mathrm{d}x$ 的近似抽样密度, 使得方均差尽可能小.

解 本例中, $p(x) = 1$, $\int_0^1 \sqrt{1-x^2}\,\mathrm{d}x = \frac{\pi}{4}$, 其方均差为 $\int_0^1 (1-x^2)\,\mathrm{d}x - \left(\frac{\pi}{4}\right)^2 \approx 0.05$. 将被积函数作泰勒展开: $\sqrt{1-x^2} = 1 - \frac{1}{2}x^2 + \cdots$, 图 8.4 给出了 $\sqrt{1-x^2}$ 与函数 $1 - \frac{1}{2}x^2$ 的比较. 取 $\pi(x) \propto 1 - \frac{x^2}{2}$, 得到 $\pi(x) = \frac{6}{5}\left(1 - \frac{x^2}{2}\right)$. $\sigma^2_{\pi(x)} = \frac{5}{6}\int_0^1 \frac{1-x^2}{1-x^2/2}\mathrm{d}x - \left(\frac{\pi}{4}\right)^2 \approx 0.01$ 为直接法的 1/5. 如果进一步选择 $\pi(x) \propto 1 - ax^2$ 可得 $\pi(x) = \frac{1-ax^2}{1-a/3}$, 这时

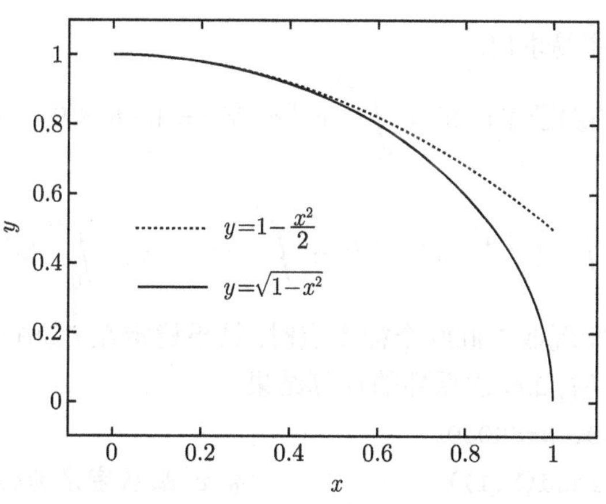

图 8.4 $\sqrt{1-x^2}$ 与 $1 - x^2/2$ 的比较

$$\sigma^2_{\pi(x)} = \left(1-\frac{a}{3}\right)\int_0^1 \frac{1-x^2}{1-ax^2}\mathrm{d}x - \left(\frac{\pi}{4}\right)^2 = \left(1-\frac{a}{3}\right)\left(\frac{1}{a} - \frac{1-a}{a^{3/2}}\mathrm{artanh}\sqrt{a}\right) - \left(\frac{\pi}{4}\right)^2.$$

用数值方法容易求出, 使得 $\sigma^2_{\pi(x)}$ 达极小值的 $a \approx 0.74$ (图 8.5), 相应的 $\sigma^2_\pi = 0.0029$.
□

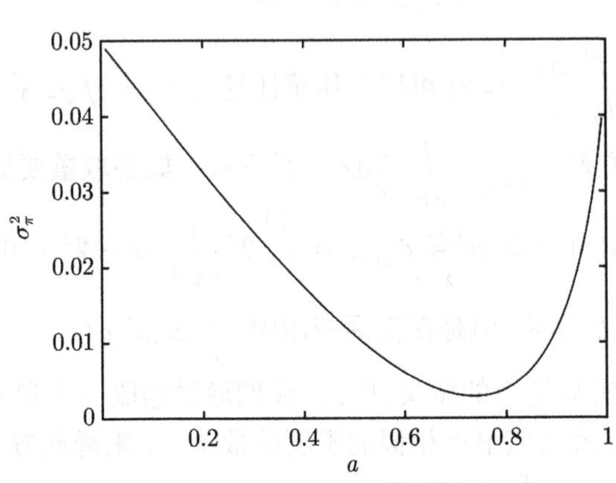

图 8.5 方均差随参数 a 的变化

8.2.4 控制变量法

对于积分 $\int f(x)\mathrm{d}x$ 利用积分的线性性质

$$\int f(x)\mathrm{d}x = \int [f(x)-g(x)]\,\mathrm{d}x + \int g(x)\mathrm{d}x. \tag{8.14}$$

选择函数 $g(x)$, 使满足

(1) $\int [f(x)-g(x)]^2\,\mathrm{d}x \ll \int f^2(x)\mathrm{d}x$, 这时左边的积分收敛速度比右边快得多;

(2) $\int g(x)\mathrm{d}x$ 容易求出.

例如 8.2.1 节的例子 $\Gamma(1.9) = \int_0^\infty x^{0.9}e^{-x}\mathrm{d}x = 0.9618$ 中, 可以取 $g(x) = xe^{-x}$, 则

$$\int_0^\infty x^{0.9}e^{-x}\mathrm{d}x = \int_0^\infty (x^{0.9}-x)e^{-x}\mathrm{d}x + \int_0^\infty xe^{-x}\mathrm{d}x = \int_0^\infty (x^{0.9}-x)e^{-x}\mathrm{d}x + 1,$$

直接用 MC 方法, 发现取 50000 个样本点时, 结果稳定在 0.9618 附近. 下面程序给出了取 $N = 50000$ 时, 200 次循环的计算结果.

```
>> for i=1:200, N=50000;
     r = -log(rand(N,1));              % r 服从密度为exp(-x)的分布
      Sf(i) = mean(r.^(0.9)-r)+1;
```

```
    end
>>mean(Sf)
ans =
    0.9618
>>std(Sf)
ans =
    6.3139e-004
```

8.2.5 分层抽样

分层抽样的核心是对抽样区间做一个划分, 对积分值贡献大的区间多抽样, 贡献少的少抽样. 在每个区间用直接法求积分. 例如, 将积分 $\int_a^b f(x)\mathrm{d}x$ 划分为 m 个区间, 第 k 个区间 $[a_{k-1}, a_k]$ 的抽样点数为 n_k 个, 则

$$\int_a^b f(x)\mathrm{d}x = \sum_{k=1}^{m} \int_{a_{k-1}}^{a_k} f(x)\mathrm{d}x = \sum_{k=1}^{m} I_k, \tag{8.15}$$

其中

$$I_k = \int_{a_{k-1}}^{a_k} f(x)\mathrm{d}x = (a_k - a_{k-1}) \frac{1}{n_k} \sum_{j=1}^{n_k} f\left(x_j^{(k)}\right), \tag{8.16}$$

$x_j^{(k)} \sim U(a_{k-1}, a_k)\,(j = 1, \cdots, n_k)$ 是独立同分布的 n_k 个抽样点. 计算积分的方差为

$$\begin{aligned}\sigma_I^2 &= \sum_{k=1}^{m} \left(\frac{a_k - a_{k-1}}{n_k}\right)^2 \sum_{j=1}^{n_k} \sigma^2 \left[f\left(x_j^{(k)}\right)\right] \\ &= \sum_{k=1}^{m} \frac{(a_k - a_{k-1})^2}{n_k} \sigma_k^2 \left[f\left(x^{(k)}\right)\right],\end{aligned} \tag{8.17}$$

其中

$$\begin{aligned}\sigma_k^2\left[f\left(x^{(k)}\right)\right] &= E\left(f^2\left(x^{(k)}\right)\right) - \left[E\left(f\left(x^{(k)}\right)\right)\right]^2 \\ &= \int_{a_{k-1}}^{a_k} \frac{1}{a_k - a_{k-1}} f^2(x)\mathrm{d}x - \left(\frac{I_k}{a_k - a_{k-1}}\right)^2.\end{aligned} \tag{8.18}$$

在实际计算中, $\sigma_k^2[f(x^{(k)})]$ 可以用样本方差 $\mathrm{var}(f(\hat{x}^{(k)}))$ 来估计. 分层抽样的方差会大大低于在原积分区间直接用 MC 方法计算的方差.

8.3 重采样方法

在天文观测中, 我们经常遇到的困难是: ① 样本量不够, 使得难以进行统计分析; ② 不清楚样本模型; ③ 统计量的形式过于复杂, 以至于很难进行参数估计. 于

是统计学家就想办法从现有的数据出发, 不包含任何的分布假设, 通过对样本的重新采样来增大样本, 然后对重采样数据进行统计分析. 半采样方法 (交叉采样法) 是最为古老的重采样方法, 由印度统计学家马哈拉诺比斯[1] 在 1946 年提出. 它采取有放回地随机抽取方式, 取数据总量一半的数据点为新的样本. 昆努利–土尔奇刀切法 (Jackknife)[2,3] 是对交叉采样法的改进, 它从容量为 n 的观测数据中随机选取 $n-1$ 个数据, 构造出含 $n-1$ 个点的新样本, 这样的样本一共有 n 个; 目前最流行的重采样方法是埃弗龙[4] 在 1979 年提出的统计自助法 (Bootstrap), 它有放回地从原始样本中选取 n 个随机点, 形成新的样本. 无论用哪种方法进行重采样, 核心都是增大样本量, 力求减少统计偏差. 文献 [5] 对重采样方法进行了较为全面的介绍, 下面具体介绍自举法和刀切法.

8.3.1 自举法

"Bootstrap" 原意是鞋带, 来自西方神话故事: 一个男爵沉入湖底, 没有工具, 于是他便想到了拎着鞋带把自己提起来. Bootstrap 衍生的意义就是不依赖外界力量, 不对模型做任何假设, 仅利用样本数据计算统计量和估计样本分布. 根据具体的自举抽样方法, 还可以分为非参数化自举法和参数化的自举法.

1) 非参数化自举法

设 $(X_1,\cdots,X_n)$ 是来自母体 X 的样本, $X\sim F$. 统计量 T_n 是 $(X_1,\cdots,X_n)$ 的函数: $T_n=g\left(X_1,\cdots,X_n\right)$, $T_n\sim G$. 两个分布函数 F 和 G 都是未知的. 我们想推断 T_n 的某些性质 (如偏差、方差和置信区间等).

从 $(X_1,\cdots,X_n)$ 的样本值 $(x_1,\cdots,x_n)$ 进行 n 次有放回抽样, 便得到了一个自举样本 $(x_1',\cdots,x_n')$, 假设总共得到了 M 个自举样本. 例如, 若原始数据为 $(1,2,3,2,4,5)$, 则自举样本可能为 $(1,2,2,2,5,4)$, $(1,2,3,2,4,5)$, $(5,2,3,1,4,5)$, 等等. 在一个自举样本中, 有些原始观测值可能被反复抽取, 而另一些则可能未取到. 一个自举样本中不包含某个原始样本值的概率为 $P\left(x_j\neq x_i\right)=\left(1-\dfrac{1}{n}\right)^n\approx e^{-1}\approx 0.368, j=1,\cdots,n$.

自举复制 为了估计我们感兴趣的统计量, 称自举样本对应的统计量为自举复制. 记为

$$\hat{T}_{n,m}=g\left(x_{1,m}',\cdots,x_{n,m}'\right)\quad(m=1,\cdots,M).$$

自举估计 称自举复制的均值为 T_n 的自举估计

$$\hat{T}_{\text{Boot}}=\frac{1}{M}\sum_{m=1}^{M}\hat{T}_{n,m}. \tag{8.19}$$

根据大数定理, 当 $M\to\infty$ 时, $\dfrac{1}{M}\displaystyle\sum_{m=1}^{M}\hat{T}_{n,m}\xrightarrow{P}E\left(T_n\right)$.

举个简单的例子：假设有某个观测数据为 $X=(3.12,0,1.57,19.67,0.22,2.20)$，其平均值为 $\hat{T}_n=\bar{X}=4.46$; 我们看一下自举法的均值估计与它的差别. 抽取三个自举样本：

$$\left.\begin{aligned} &X_1=(1.57,0.22,19.67,0,2.2,3.12),\ \bar{X}_1=4.13;\\ &X_2=(0,2.20,2.20,2.20,19.67,1.57),\ \bar{X}_2=4.64;\\ &X_3=(0.22,3.12,1.57,3.12,2.20,0.22),\ \bar{X}_3=1.74; \end{aligned}\right\}\Rightarrow \hat{T}_{\text{Boot}}=\frac{\bar{X}_1+\bar{X}_2+\bar{X}_3}{3}=3.50.$$

两者之间的区别可以由偏差估计来描述. 下面列出自举法的一些估计.

自举法偏差 自举法偏差的估计由 (8.20) 式给出

$$\text{Bias}_{\text{Boot}}(T_n)=\hat{T}_{\text{Boot}}-\hat{T}_n. \tag{8.20}$$

自举法方差 自举法的方差估计定义为 (8.21) 式,

$$v_{n\_\text{Boot}}=\frac{1}{M}\sum_{m=1}^{M}\left(\hat{T}_{n,b}-\hat{T}_{\text{Boot}}\right)^2. \tag{8.21}$$

自举法的分布 记 T_n 的累积分布密度为 $G_n(t)=P(T_n\leqslant t)$, 则自举法的累积分布密度估计为

$$\hat{G}_{n\_\text{Boot}}(t)=\frac{1}{M}\sum_{m=1}^{M}I\left(\hat{T}_{n,m}\leqslant t\right),\qquad I=\begin{cases}1, & \hat{T}_{n,m}\leqslant t,\\ 0, & \hat{T}_{n,m}>t.\end{cases} \tag{8.22}$$

自助法的密度分布是以直方图形式给出的, 因为它完全从原始数据构造, 所以是已知的. 为了完整地得到 T_n 的自助法密度分布, 理论上需要计算全部 $M=n^n$ 个自助样本的统计量. 然后画出它们的直方图. 假设 $n=10$, 则 n^n 有百亿量级. 好在渐近理论表明, 重采样的个数取到 $M=n(\ln n)^2$ 就可以得到很好的近似结果.

自举法的置信区间 如果 T_n 的分布接近正态分布, 那么置信度为 $1-\alpha$ 的置信区间即是 $T_n\pm z_{\alpha/2}\widehat{se}_{\text{Boot}}$,$\widehat{se}_{\text{Boot}}=\sqrt{v_{n\_\text{Boot}}}$. 由于不能确定 T_n 是否为正态分布, 所以更常用的是百分位区间, 即把重取样计算出来的统计量排序, 取对应的样本分位数构成的区间 $\left(T'_{\alpha/2},T'_{1-\alpha/2}\right)$ 作为置信区间.

例 8.3.1 自举法方法的发明者布拉德龙·埃弗龙给出了如下例子 (表 8.2) 解释统计自举法. 数据分别是 Lsat 分数 (法学院的入学分数) 和 GPA(平均绩点). 计算相关系数及其标准误差.

表 8.2 统计自举法具体例子

Lsat (Y)	576	635	558	578	666	580	555	661
	651	605	653	575	545	572	594	
GPA (Z)	3.39	3.30	2.81	3.03	3.44	3.07	3.00	3.43
	3.36	3.13	3.12	2.74	2.76	2.88	2.96	

样本相关系数的估计为

$$\widehat{\theta}=\frac{\sum\limits_{i}\left(Y_i-\bar{Y}\right)\left(Z_i-\bar{Z}\right)}{\sqrt{\sum\limits_{i}\left(Y_i-\bar{Y}\right)^2\sum\limits_{i}\left(Z_i-\bar{Z}\right)^2}}=0.776.$$

取不同数量的自举样本得到相关系数的标准误差为

M	25	50	100	200	400	800	1600	3200
$\widehat{se}_{\text{Boot}}$	0.140	0.142	0.151	0.143	0.141	0.137	0.133	0.132

标准误差趋向稳定于 0.132. 在 MATLAB 命令窗键入语句 (偏差的计算结果每次计算会有随机涨落).

```
>>load lawdatagpalsat
                    % 把 MATLAB 内置的数据 gpalsat 载入工作区
>>r =bootstrp(1000,@corr,gpa,lsat);
          % 计算 1000 个 Bootstrap 样本的相关系数保存为变量 r
>> se = std(r)       % se 是 Bootstrap 样本的标准差
se =
0.1344
>> v = sort(r);      % 将1000个相关系数 r 排序
>>% 显示置信度为 0.95 的置信区间
>> [v(25),v(975)]   % 给出 0.025 到 0.0975 的百分位区间
   ans =
   0.4663     0.9626
>> hist(r,20)        % 画出相关系数的分布直方图(图8.6).
```

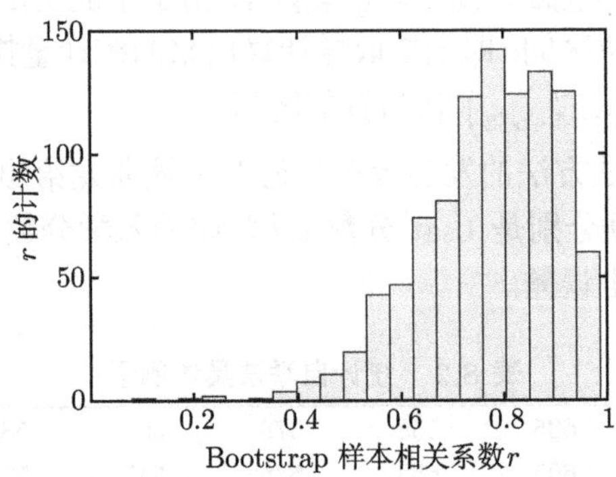

图 8.6　Bootstrap 样本相关系数的分布直方图

自举法计算统计量的分布并不总是有效的, 下面来看一个失败的例子.

例 8.3.2 设 $(X_1,\cdots,X_n)$ 是来自均匀分布 $U(0,\theta)$ 的样本, 我们感兴趣的统计量 $\hat{\theta}$ 为

$$\hat{\theta}=\max(X_1,\cdots,X_n).$$

由例 2.15.1 的推论知, $\hat{\theta}$ 的分布函数为 $G\left(\hat{\theta}\right)=P(\max(X_1,\cdots,X_n)\leqslant\hat{\theta})=\left(\dfrac{\hat{\theta}}{\theta}\right)^n$, 分布密度为 $g(\hat{\theta})=\dfrac{\mathrm{d}G(\hat{\theta})}{\mathrm{d}\hat{\theta}}=\left(\dfrac{n}{\theta}\right)\left(\dfrac{\hat{\theta}}{\theta}\right)^{n-1}$. 对非参数自举法, 令 $X_{(n)}=\max(X_1,\cdots,X_n)$, 则有

$$\begin{aligned}P(\hat{\theta}'=\hat{\theta})&=P(\max(X_1',\cdots,X_n')=\max(X_1,\cdots,X_n))\\&=P\left(X_{(n)}\in\text{Bootstrap 样本}\right)=1-P\left(X_{(n)}\notin\text{Bootstrap 样本}\right)\\&=1-(1-1/n)^n\approx0.632\qquad(\text{当}n\text{较大时}).\end{aligned}$$

说明估计值的偏差较大, 可见非参数自举法不能很好地模拟真正的分布. 下面利用 MATLAB 模拟上面的结果.

```
R = unifrnd(0,1,1,10);% 产生10个[0,1]内均匀分布的随机数
u = bootstrp(1000,@max,R);
                                 % 计算1000个 Bootstrap 样本的最大值保存为变量 u
[max(R),max(hist(u))] %显示原始样本最大值和 u中包括最大值的样本数
```

每次产生的随机数不同, 以上结果有涨落. 本次运行的结果是 0.9892 和 640, 640/1000≈0.632, 与理论预期的结果比较相近, 下面画出密度分布图 (图 8.7(a)). 其中部分语句是为了图形美观而做的选项, 可以不选.

```
axes('position',[.1 .15 .8 .3],'FontSize',12)
                             % 设定第1幅图的位置和字符大小
hist(u,30)                   % 画出Bootstrap统计量的分布图(图8.7(b))
axis([0 1 0 700])            % 设定 X, Y 轴的变化范围
h = findobj(gca,'Type','patch');
                             % 图形句柄
set(h,'FaceColor',[0.863,0.863,0.863],'EdgeColor','k')
                             % 设置图形颜色
xlabel('$\hat \theta''$','interpreter','latex','FontSize',14)
                             %标注 X 轴
ylabel('计数','FontSize',14)
text(0.15,500,'$M = 1000$','interpreter','latex','FontSize',18)
                             % 加文本
```

```
axes('position',[.1 .6 .8 .3],'FontSize',12)
                                       % 设定第2幅图的位置和字符大小
g=@(x)(10*(x)^9);                      % 定义理论分布密度函数
fplot(@(x)g(x),[0.,1],'k')             % 画出理论分布密度图
xlabel('$\hat \theta $','interpreter','latex','FontSize',14)
                                       %标注 X 轴
ylabel('$g(\hat\theta$|\theta)$','interpreter',
    'latex','FontSize',14)
text(0.15,4.5,'$g(\hat \theta|\theta=1,n=10)=\frac{n}
    {\theta}(\frac{\hat\theta}{\theta})^{n-1}$',...
'interpreter','latex','FontSize',18) % 在指定位置加文本
```

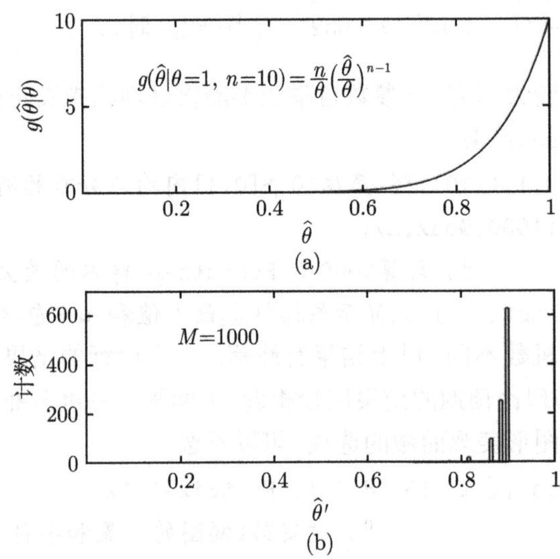

图 8.7　(a) 理论分布密度和; (b) Bootstrap 统计量的分布

2) 参数化的自举法

由于 $(X_1,\cdots,X_n)$ 是来自 $X\sim p(x;\theta)$ 的样本, 如果已知 $p(x;\theta)$ 的形式, 就可以通过观测得到的样本值对 θ 估计出 $\hat{\theta}$ (比如用最大似然估计), 然后依据 $p(x;\hat{\theta})$ 来抽取自举样本. 得到样本后, 其余的估计可按照非参数化的自举法中所介绍的方法来做.

产生服从已知分布 $p(x;\hat{\theta})$ 的随机数的方法, 可以用舍选法. 注意：以下情形, 无论是参数还是非参数, 都不适合应用自举法.

(1) 小样本, 这时原始样本不能很好地代表总体分布, 自举只能覆盖原始样本的一部分, 带来更大的偏差;

(2) 数据之间不独立, 例如某些时间序列信号;

(3) 存在离群数据.

8.3.2 刀切法

设 $X_1,\cdots,X_n$ 是来自 $X\sim F(x;\theta)$ 的独立同分布抽样; 统计量 $\hat{\theta}(X_1,\cdots,X_n)\equiv\hat{\theta}_n$ 是通过 n 个样本值得到的 θ 的估计, 刀切法估计可以按照以下步骤获得.

(1) 将 $X_1,\cdots,X_n$ 分为 m 组, 每组大小为 $k, n=mk$.

(2) 求刀切法复制:

刀切法复制 去掉第 i 组, $i=1,\cdots,m$, 用剩下的 $n-k$ 个子样本来估计 θ, 得到的估计值称为刀切法复制, 记为 $\hat{\theta}_{-i}$; 这里假设 $\hat{\theta}_{-i}$ $(i=1,\cdots,m)$ 彼此独立, 且与 $\hat{\theta}_n$ 有相同的期望值.

(3) 求伪值:

伪值 伪值 $\tilde{\theta}_i(i=1,\cdots,n)$ 定义为

$$\tilde{\theta}_i=m\hat{\theta}_n-(m-1)\,\hat{\theta}_{-i}=\hat{\theta}_n+(m-1)\,(\hat{\theta}_n-\hat{\theta}_{-i}),\tag{8.23}$$

这时显然有 $E(\tilde{\theta}_i)=E(\hat{\theta}_n)$.

(4) 刀切法估计量定义为伪值的均值:

$$\begin{aligned}\hat{\theta}_{\mathrm{J}}&=\frac{1}{m}\sum_{i=1}^{m}\tilde{\theta}_i\\&=\frac{1}{m}\sum_{i=1}^{m}\left[\hat{\theta}_n+(m-1)\left(\hat{\theta}_n-\hat{\theta}_{-i}\right)\right]\\&=m\hat{\theta}_n-\frac{m-1}{m}\sum_{i=1}^{m}\hat{\theta}_{-i}.\end{aligned}\tag{8.24}$$

这时显然有 $E(\hat{\theta}_{\mathrm{J}})=E(\hat{\theta}_n)$; 相应的方差估计为

$$\nu_1(\hat{\theta}_{\mathrm{J}})=\frac{1}{m\,(m-1)}\sum_{i=1}^{m}(\tilde{\theta}_i-\hat{\theta}_{\mathrm{J}})^2,\tag{8.25}$$

或者

$$\nu_2(\hat{\theta}_{\mathrm{J}})=\frac{1}{m\,(m-1)}\sum_{i=1}^{m}(\tilde{\theta}_i-\hat{\theta}_n)^2.\tag{8.26}$$

$\nu_1(\hat{\theta}_{\mathrm{J}})$ 是方差的无偏估计, 亦即有 $E(\nu_1(\hat{\theta}_{\mathrm{J}}))=D(\hat{\theta}_{\mathrm{J}})$. 事实上, 因为

$$E\left[\sum_{i=1}^{m}(\tilde{\theta}_i-\hat{\theta}_{\mathrm{J}})^2\right]=E\left[\sum_{i=1}^{m}\tilde{\theta}_i^2-m\hat{\theta}_{\mathrm{J}}^2\right]=\sum_{i=1}^{m}E(\tilde{\theta}_i^2)-mE(\hat{\theta}_{\mathrm{J}}^2)$$

$$
\begin{aligned}
&= \sum_{i=1}^{m}[D(\tilde{\theta}_i)+E(\tilde{\theta}_i)^2]-m[D(\hat{\theta}_{\mathrm{J}})+E(\hat{\theta}_{\mathrm{J}})^2]\\
&= \sum_{i=1}^{m}D(\tilde{\theta}_i)-mD(\hat{\theta}_{\mathrm{J}})=(m^2-m)D(\hat{\theta}_{\mathrm{J}}).
\end{aligned}
$$

最后一个等式是根据 $D(\hat{\theta}_{\mathrm{J}})=D\left(\dfrac{1}{m}\sum\limits_{i=1}^{m}\tilde{\theta}_i\right)=\dfrac{1}{m^2}\sum\limits_{i=1}^{m}D(\tilde{\theta}_i)$.

$\nu_2(\hat{\theta}_{\mathrm{J}})\geqslant\nu_1(\hat{\theta}_{\mathrm{J}})$, 因为

$$
\begin{aligned}
\sum_{i=1}^{m}(\tilde{\theta}_i-\hat{\theta}_n)^2 &= \sum_{i=1}^{m}(\tilde{\theta}_i-\hat{\theta}_{\mathrm{J}}+\hat{\theta}_{\mathrm{J}}-\hat{\theta}_n)^2\\
&= \sum_{i=1}^{m}(\tilde{\theta}_i-\hat{\theta}_{\mathrm{J}})^2+\sum_{i=1}^{m}(\hat{\theta}_{\mathrm{J}}-\hat{\theta}_n)^2+2(\hat{\theta}_{\mathrm{J}}-\hat{\theta}_n)\underbrace{\sum_{i=1}^{m}(\tilde{\theta}_i-\hat{\theta}_{\mathrm{J}})}_{=0}\\
&= \sum_{i=1}^{m}(\tilde{\theta}_i-\hat{\theta}_{\mathrm{J}})^2+m(\hat{\theta}_{\mathrm{J}}-\hat{\theta}_n)^2,
\end{aligned}
$$

所以 $\nu_2(\hat{\theta}_{\mathrm{J}})$ 是相对保守的估计. 两个方差的估计通常差别不大, 可以随意使用.

经典的刀切法估计　当取 $m=n,k=1$ 时, 就得到最经典的刀切法估计, 其中伪值为

$$
\tilde{\theta}_i=n\hat{\theta}_n-(n-1)\,\hat{\theta}_{-i}=\hat{\theta}_n+(n-1)\,(\hat{\theta}_n-\hat{\theta}_{-i}), \tag{8.27}
$$

刀切法估计值为

$$
\hat{\theta}_{\mathrm{J}}=n\hat{\theta}_n-\frac{n-1}{n}\sum_{i=1}^{n}\hat{\theta}_{-i}. \tag{8.28}
$$

方差为

$$
\begin{cases}
\nu_1(\hat{\theta}_{\mathrm{J}})=\dfrac{1}{n(n-1)}\sum\limits_{i=1}^{n}(\tilde{\theta}_i-\hat{\theta}_{\mathrm{J}})^2,\\
\nu_2(\hat{\theta}_{\mathrm{J}})=\dfrac{1}{n\,(n-1)}\sum\limits_{i=1}^{n}(\tilde{\theta}_i-\hat{\theta}_n)^2.
\end{cases} \tag{8.29}
$$

例如, 均值统计量 $\hat{\theta}_n=\bar{X}$, 刀切法复制为 $\hat{\theta}_{-i}=\bar{X}_{-i}=\dfrac{1}{n-1}\sum\limits_{j\neq i}X_j=\dfrac{n\bar{X}-X_i}{n-1}$. 伪值 $\tilde{\theta}_{-i}=n\hat{\theta}_n-(n-1)\,\hat{\theta}_{-i}$, 刀切法估计 $\hat{\theta}_{\mathrm{J}}=\dfrac{1}{n}\sum\limits_{i=1}^{n}\tilde{\theta}_i=\dfrac{1}{n}\sum\limits_{i=1}^{n}X_i=\bar{X}=\hat{\theta}_n$ 是个无偏估计. 方差 $v_2(\hat{\theta}_{\mathrm{J}})=\dfrac{1}{n\,(n-1)}\sum\limits_{i=1}^{n}(\tilde{\theta}_i-\hat{\theta}_n)^2=\dfrac{1}{n\,(n-1)}\sum\limits_{i=1}^{n}\left(X_i-\bar{X}\right)^2=\dfrac{s_X^2}{n}$, 其中 s_X^2 是样本方差.

如果 $\hat{\theta}_n$ 的期望值 $E(\hat{\theta}_n)$ 可以展开为 $E(\hat{\theta}_n)=\theta+\sum_{k=1}^{\infty}\frac{A_k(\theta)}{n^k}$, 其中 $A_k(\theta)(k=1,2,\cdots)$ 是与 n 独立的函数. 类似地, $E(\hat{\theta}_{-i})=\theta+\sum_{k=1}^{\infty}\frac{A_k(\theta)}{(n-1)^k}, i=1,\cdots,n$, 则有

$$
\begin{aligned}
E(\hat{\theta}_{\mathrm{J}}) &= nE(\hat{\theta}_n)-(n-1)\frac{1}{n}\sum_{i=1}^{n}E(\hat{\theta}_{-i}) \\
&= n\theta+n\sum_{k=1}^{\infty}\frac{A_k(\theta)}{n^k}-\frac{n-1}{n}\sum_{i=1}^{n}\left[\theta+\sum_{k=1}^{\infty}\frac{A_k(\theta)}{(n-1)^k}\right] \\
&= \theta+\sum_{k=2}^{\infty}\frac{A_k(\theta)}{n^{k-1}}+\cdots-\sum_{k=2}^{\infty}\sum_{i=1}^{n}\frac{1}{n}\frac{A_k(\theta)}{(n-1)^{k-1}} \\
&= \theta+A_2(\theta)\left(\frac{1}{n}-\frac{1}{n-1}\right)+\cdots=\theta+O\left(\frac{1}{n^2}\right).
\end{aligned}
$$

可见刀切法可消除 $1/n$ 阶项, 从而降低偏离的阶数. 进一步, 我们可以得到以下定理.

定理 8.3.1 设 $X_1,\cdots,X_n$ 是来自总体 X 的独立同分布样本, $X\sim F(x;\theta)$, 统计量 $\hat{g}\left(X_{(n)}\right)$ 是由 n 个样本值计算出的 $g(\theta)$ 的估计. 若偏差 $E\left(\hat{g}\left(X_{(n)}\right)-g(\theta)\right)=\sum_{k=1}^{\infty}\frac{B_k(\theta)}{n^k}\sim O\left(\frac{1}{n}\right)$, 则

(1) $g(\theta)$ 刀切法估计 $\hat{g}_{\mathrm{J}}(\theta)$ 的偏差为 $O\left(1/n^2\right)$;

(2) 刀切法复制为 $\hat{g}\left(X_{(-i)}\right)$;

(3) 伪值为 $\tilde{g}_i(\theta)=n\hat{g}\left(X_{(n)}\right)-(n-1)\hat{g}\left(X_{(-i)}\right)$;

(4) 刀切法估计为: $\hat{g}_{\mathrm{J}}(\theta)=\frac{1}{n}\sum_{i=1}^{n}\tilde{g}_i(\theta)$;

(5) 方差: $\operatorname{var}\left[\hat{g}_{\mathrm{J}}(\theta)\right]=\frac{n-1}{n}\sum_{i=1}^{n}\left[\hat{g}\left(X_{(-i)}\right)-\bar{g}\right]^2$, $\bar{g}=\frac{1}{n}\sum_{i=1}^{n}\hat{g}\left(X_{(-i)}\right)$.

证 定理中唯一需要说明的是方差的表达式. 根据刀切法方差的估计, 应该有

$$
\begin{aligned}
\operatorname{var}\left[\hat{g}_{\mathrm{J}}(\theta)\right] &= \frac{1}{n(n-1)}\sum_{i=1}^{n}\left[\tilde{g}_i(\theta)-\hat{g}_{\mathrm{J}}(\theta)\right]^2 \\
&= \frac{1}{n(n-1)}\sum_{i=1}^{n}\left[n\hat{g}\left(X_{(n)}\right)-(n-1)\hat{g}\left(X_{(-i)}\right)\right. \\
&\quad \left.-\frac{1}{n}\sum_{k=1}^{n}\left[n\hat{g}\left(X_{(n)}\right)-(n-1)\hat{g}\left(X_{(-k)}\right)\right]\right]^2
\end{aligned}
$$

$$=\frac{1}{n(n-1)}\sum_{i=1}^{n}\left[-(n-1)\hat{g}\left(X_{(-i)}\right)+\frac{n-1}{n}\sum_{k=1}^{n}\hat{g}\left(X_{(-k)}\right)\right]^{2}$$

$$=\frac{n-1}{n}\sum_{i=1}^{n}\left[\hat{g}\left(X_{(-i)}\right)-\bar{g}\right]^{2}. \qquad \square$$

例 8.3.3　考虑含有两个高斯成分的混合模型 $X\sim F(X)=0.2N\left(1,2^{2}\right)+0.8N(6,1)$. 理论上, 模型的期望值和方差分别为 $E(X)=0.2\times1+0.8\times6=5$ 和 $D(X)=0.04\times4+0.64\times1=0.8$. 试比较自举法与刀切法的均值和方差的估计结果.

解　通过 MATLAB 可以产生 n 个模拟数据 $x_1,\cdots,x_n$, 程序如下.

```
n = 100;
R = 0.2*normrnd(1, 2,1,n)+0.8*normrnd(6,1,1,n);     % 产生模拟数据
mean_R = mean(R);                                  % 计算模拟数据的平均值
M=[100 500 1000 10000];
                              % 对 M 取不同值进行 Bootstrap 估计
fori=1:4
    u = bootstrp(M(i),@mean,R);                    % Bootstrap 均值复制
se_u(i)= sqrt(var(u,1));  % 计算 Bootstrap 样本的标准差se
mean_bia(i)=mean(u)-mean_R;                        % 计算均值估计的偏差
end
u1=jackknife(@mean,R);                             % Jackknife 的均值复制
X_mean_jack=mean(n*mean(R)-(n-1)*u1);              % 均值的Jackknife 估计
var_jack=(n-1)/n*sum((u1-mean(u1)).^2);            % 方差的估计
se_jack=sqrt(var_jack);                            % 标准差的估计
```

原始样本 $\bar{X}=4.8823$ (每次结果有涨落), 我们把计算结果列成下表 (表 8.3).

表 8.3　例 8.3.3 计算结果

自举样本数 M	100	500	1000	10000
自举法标准差 $\widehat{se}$	0.0845	0.0996	0.1023	0.0989
$\mathrm{Bias}_{\mathrm{Boot}}$	0.0069	0.0062	0.0065	0.0009

刀切法的结果为 $\left[\bar{X}_{\mathrm{Jack}},\widehat{se}_{\mathrm{Jack}}\right]=[4.8823,0.084]$.

图 8.8 给出了 $(M=1000)$ 自举法均值复制和刀切法均值复制的分布. 刀切法复制之间的差异很小, 因为每个刀切法样本只比原始样本少一个值, 所以两个样本之间只有两个值不同.

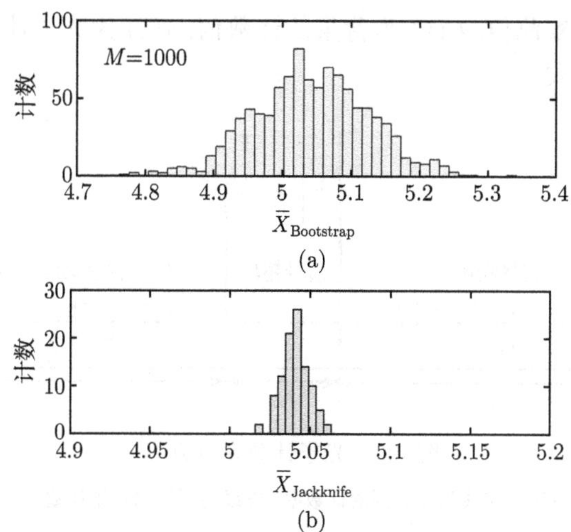

图 8.8 (a) 为自举法均值复制的分布直方图, (b) 为刀切法均值复制的分布直方图

相对于自举法复制而言, 刀切法复制的 n 较小, 能很快地给出计算结果. 它比自举法使用的信息少, 结果可以作为自举法估计的近似. 事实上, 刀切法的方差就是自举法方差的一阶近似. □

8.4 实验模拟的实例

本节将通过 4 个科研工作中的实例, 说明如何利用计算机伪随机数的方法模拟实验过程, 从而方便快捷地预测目标. 这可以看作是 "设计实验" 的内容.

8.4.1 李–马公式的检验

李–马 (Li-Ma) 公式[6] 是高能天体物理观测中关于信号显著性判断的一个公式, 由中国科学院高能物理研究所的李惕碚和马宇倩于 1983 年提出. 它给出了是否存在源爆发的统计判据.

如果监视某一天区, 突然发现粒子计数涨高, 很可能是发生了某种爆发现象. 设观测总时段内该天区没有源爆发的时间长度为 t_{off}, 信号涨高部分的时间为 t_{on}, $t_{\text{on}} = \alpha \cdot t_{\text{off}}$, N_{on} 和 N_{B} 分别为 t_{on} 内的粒子总计数和背景光子的计数 (图 8.9); N_{off} 为 t_{off} 内的粒子计数; 则信号计数 N_{S} 应为

$$N_{\text{S}} = N_{\text{on}} - N_{\text{B}} = N_{\text{on}} - (N_{\text{off}}/t_{\text{off}}) \cdot t_{\text{on}} = N_{\text{on}} - \alpha N_{\text{off}}.$$

如果 $N_{\text{S}} > 0$, 但又不很大, 如何从统计学的角度判断存在源爆发呢? 尽管 N_{on} 和 N_{off} 均满足泊松分布, 但 N_{S} 并不服从泊松分布. 引入显著性统计量 $S = \dfrac{k - E(k)}{\sigma(k)}$,

其中 k 为光子计数实测值, $E(k)$ 为背景的计数值, $\sigma(k)$ 为光子计数的标准差. 如果观测样本容量足够大,

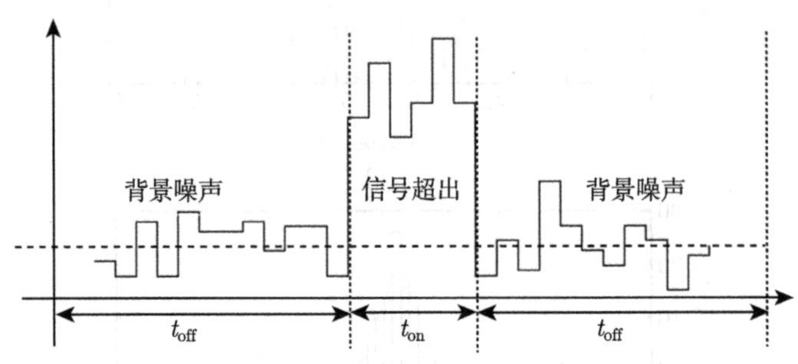

图 8.9 光子计数率直方图

其中, 实线为观测到的计数率, 虚线为平均的背景计数率

由中心极限定理, 统计量 S 渐近地服从标准正态分布 $N(0,1)$. 我们用观测到的本底计数 αN_{off} 来近似表示 $E(k)$, 则有

$$S = \frac{k - E(k)}{\sigma(k)} \approx \frac{N_{\text{on}} - \alpha N_{\text{off}}}{\sqrt{N_{\text{on}}}}. \tag{8.30}$$

某实验组利用人卫在太阳耀斑爆发期测到 $k = N_{\text{on}} = 557$ 个能量为 511keV 的粒子. 在相同的时间长度 $(t_{\text{on}}/t_{\text{off}} = \alpha = 1)$ 内测得的本底计数 $N_{\text{off}} = 470$. 于是得出

$$S_1 = \frac{N_{\text{on}} - \alpha N_{\text{off}}}{\sqrt{N_{\text{on}}}} \approx \frac{557 - 470}{\sqrt{557}} \approx 4,$$

据此宣布在 4σ 显著性上发现太阳耀斑的 511keV 发射线. 因几万分之一的概率, 所以结果非常显著.

这个结果有什么令人质疑的地方吗? 不难发现, (8.30) 式右端的 αN_{off} 并非本底的期望值. 作为本底的一个样本, 如果该次观测值偏低, 就有可能高估了结果的显著性. 注意到 N_{on} 和 N_{off} 无关, $N_{\text{S}} = N_{\text{on}} - \alpha N_{\text{off}}$, 应有 $\sigma^2(N_S) = \sigma^2(N_{\text{on}}) + \alpha^2\sigma^2(N_{\text{off}}) \approx N_{\text{on}} + \alpha^2 N_{\text{off}}$. 所以

$$S = \frac{k - E(k)}{\sigma(k - E(k))} \approx \frac{N_{\text{on}} - N_{\text{B}}}{\sigma(N_{\text{on}} - N_{\text{B}})} = \frac{N_{\text{S}}}{\sigma(N_{\text{S}})} = \frac{N_{\text{on}} - \alpha N_{\text{off}}}{\sqrt{N_{\text{on}} + \alpha^2 N_{\text{off}}}}, \tag{8.31}$$

代入具体数值得到 $\dfrac{557 - 470}{\sqrt{557 + 470}} \approx 2.7$, 而 $P(S \geqslant 2.7) \approx 3.5 \times 10^{-3}$, 做千次试验就可能出现一次, 大大降低了显著性. (8.31) 式亦称为李–马公式.

以上两个计算显著性的公式, 哪个更合理呢? 有两种方法检验:

(1) 反复观测本底涨落, 测量一系列观测值 $\left(N_{\text{on}}^{(i)}, N_{\text{off}}^{(i)}, \alpha^{(i)}\right)$.

计算 $S_1^{(i)} = \dfrac{N_{\text{on}}^{(i)} - \alpha^{(i)} N_{\text{off}}^{(i)}}{\sqrt{N_{\text{on}}^{(i)}}}$ 和 $S_2^{(i)} = \dfrac{N_{\text{on}}^{(i)} - \alpha^{(i)} N_{\text{off}}^{(i)}}{\sqrt{N_{\text{on}}^{(i)} + \left(\alpha^{(i)}\right)^2 N_{\text{off}}^{(i)}}}$, 观察两个统计量的分布, 哪个更接近 $N(0,1)$ 分布, 哪个就更好. 但是, 由于高能观测受到很多限制, 这个方法几乎是无法实现的.

(2) MC 方法, 通过计算机模拟比较 S_1, S_2, 看哪个更接近 $N(0,1)$. 算法:

(i) 输入本底期望值 m 和 α;

(ii) 产生两组随机变量 $N_{\text{off}}^{(i)} \sim \Pi(m), N_{\text{on}}^{(i)} \sim \Pi(\alpha m), i = 1, \cdots, N$;

(iii) 计算统计量 $S_1^{(i)}, S_2^{(i)}, i = 1, \cdots, N$,

$$S_1^{(i)} = \frac{N_{\text{on}}^{(i)} - \alpha^{(i)} N_{\text{off}}^{(i)}}{\sqrt{N_{\text{on}}^{(i)}}} \quad \text{和} \quad S_2^{(i)} = \frac{N_{\text{on}}^{(i)} - \alpha^{(i)} N_{\text{off}}^{(i)}}{\sqrt{N_{\text{on}}^{(i)} + \left(\alpha^{(i)}\right)^2 N_{\text{off}}^{(i)}}};$$

(iv) 通过比较统计量 S_1, S_2 的分布, 看哪个更接近 $N(0,1)$.

通过下面的程序给出了当 $m = 450, \alpha = 1, N = 10000$ 时, MC 方法的结果:

```
>> R = poissrnd(450,10000,2);
>> S1 = (R(:,1)-R(:,2))./sqrt(R(:,1));
>> S2 = (R(:,1)-R(:,2))./sqrt(R(:,1)+R(:,2));
```

如果单纯从均值来看, 可能难以分辨哪个更好, 但是如果画出分布图就非常明显了.

图 8.10 中, 用较粗的灰色线条给出根据李-马公式计算得出的 S_2, 它与标准正态分布非常一致. 而且 K-S 检验的结果也拒绝了 S_1 为标准正态分布的假设, 足见李–马公式更为合理.

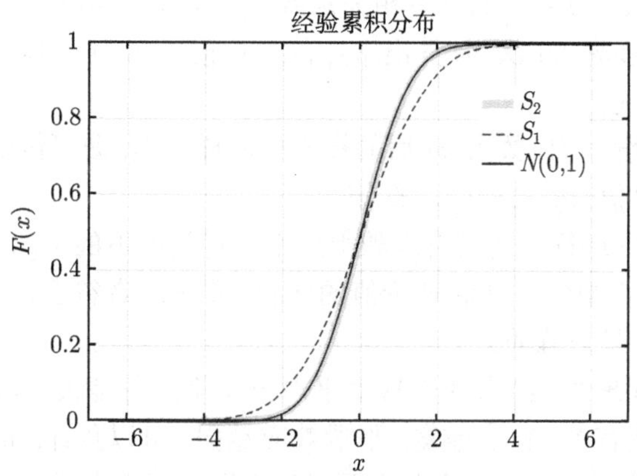

图 8.10 统计量 S_1 和 S_2 的分布与标准正态分布的比较

8.4.2　平滑处理对相关系数临界值的影响

第 6 章已经给出过随机变量 X 和 Y 的样本相关系数的定义

$$r = \frac{\sum(x_i-\bar{x})(y_i-\bar{y})}{\sqrt{\sum(x_i-\bar{x})^2\sum(y_i-\bar{y})^2}}. \tag{8.32}$$

若 $(x_1,\cdots,x_N),(y_1,\cdots,y_N)$ 为随机变量 X 和 Y 的样本, X 和 Y 均为正态分布, 则当样本容量 $N\to\infty$ 时, 统计量

$$t = \frac{r\sqrt{N-2}}{\sqrt{1-r^2}} \tag{8.33}$$

趋于自由度为 $n=N-2$ 的 t 分布. 根据 (8.33) 式, 给定显著水平 α, 可以反推出临界值 r_α 和上分位点 $t_{\alpha/2}$ 满足的关系式

$$|r_{1-\alpha}| = \frac{t_{\alpha/2}(n)}{\sqrt{t^2_{\alpha/2}(n)+n}}, \tag{8.34}$$

分别将 $\alpha=0.01,0.05$ 和 0.10, $N=3,\cdots,102$, 代入上式, 得到临界值的自由度为 1—100 的三条理论曲线. 可以通过计算机模拟产生临界值与理论值进行比较, 步骤为:

(1) 由于临界值只和自由度有关, 与正态分布的期望值和方差都没有关系, 故产生 2 个容量为 N 的、相互独立的标准正态分布的随机序列 $\{x_1,\cdots,x_N\}$ 和 $\{y_1,\cdots,y_N\}$; 计算它们的样本相关系数 r;

(2) 重复步骤 (1) 500 次, 得到 500 个 $r_i\,(i=1,2,\cdots,500)$, 将 $|r_i|$ 从小到大排序, 找出置信度为 $\xi=1-\alpha$ 的样本相关系数 r_ξ, 即 $R_i=\mathrm{sort}(|r_i|)$ 且 $|r_\xi|=R_{500\cdot\xi}$;

(3) 重复上述步骤 50 次, 计算出 $|r_\xi|$ 的平均值 $|\bar{r}_\xi|$. $|\bar{r}_\xi|$ 即为置信度为 ξ 的样本相关系数的临界值;

(4) 对经过平滑 (窗口数为 k) 后的样本作同样处理, 即可得到对应平滑样本的样本相关系数临界值 $|r_\xi(k,n)|_{\mathrm{MC}}$, 简记为 $|r_\xi|_{\mathrm{MC}}$;

(5) 同样的重复进行上述所有步骤得到不同置信度下的 $|r_\xi|_{\mathrm{MC}}$.

图 8.11 给出了 MC 方法和理论值的比较, 看出二者符合得非常好, 说明如上计算临界值的方法是正确的.

在天文数据处理中, 经常使用移动平滑方法来进行滤波、消除噪声. 移动平均法的使用与窗宽有关, 窗宽越宽, 平滑效应越强, 可以预计, 相关性也会随之变大. 所以临界值应相应地增加. 本节主要讨论平滑对于正态样本相关系数临界值的影响[7].

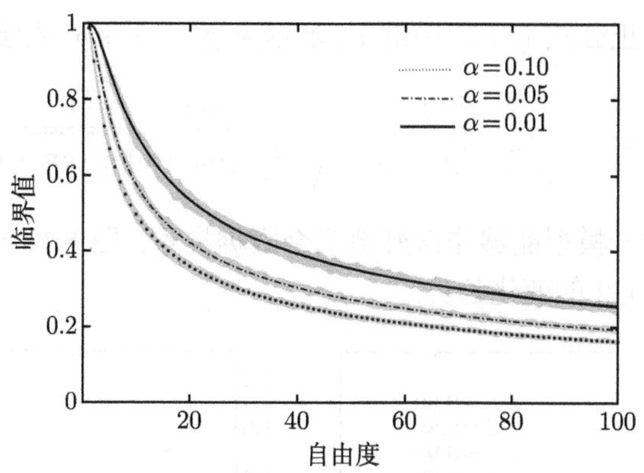

图 8.11 理论值和 MC 方法的对比

灰色部分是以 MC 方法为中心, 以其标准差为误差绘出的三个置信度的临界值曲线. 正态分布理论预期的临界值曲线完全被其覆盖

例如, 取窗宽 (窗口数) 为 5 时, 原来的时间序列 $\{x_k\}$ 与平滑后的序列 $\{y_k\}$ 之间的关系为

$$y_1 = x_1, \quad y_2 = (x_1 + x_2 + x_3)/3, \quad y_3 = (x_1 + x_2 + x_3 + x_4 + x_5)/5,$$

$$y_k = \left(\sum_{k-2}^{k+2} x_i\right)\Big/5, \quad k = 4, \cdots, n-2; \quad y_{n-1} = (x_{n-2} + x_{n-1} + x_n)/3, \quad y_n = x_n.$$

由图 8.12 可以看出, 使用移动平均法平滑后的相关系数临界值大于未经过平滑时的临界值; 且窗宽越宽, 样本相关系数的临界值就越大. 是否可以通过数值模拟的方法给出样本相关系数与窗口数之间的关系呢? 我们给出了这样的尝试.

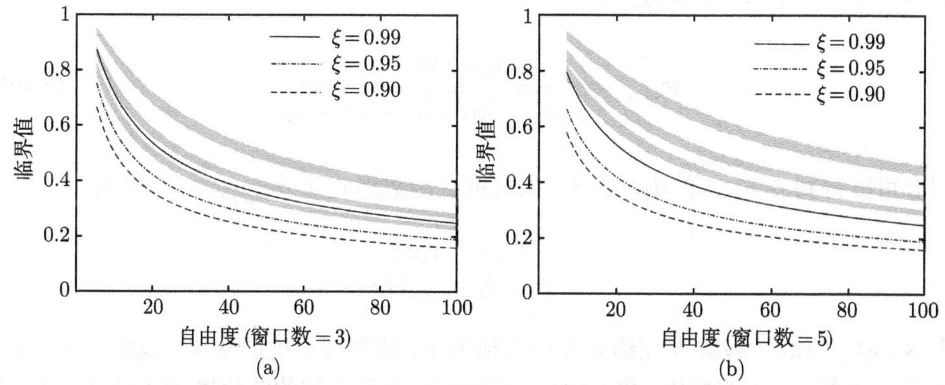

图 8.12 平滑后的样本临界值与未经平滑的样本临界值的对比

图中三条灰色的线条为平滑后的临界值, 误差为其标准差, 从下往上的置信度分别为 0.90,0.95 和 0.99

既然平滑使得样本相关函数的临界值增大, 相当于自由度 n 变小, 因此我们试

图用线性关系来修正公式 (8.34) 中的 n, 表示为 $p = an + b$, 故模型为

$$|r_\xi|_{\mathrm{mo}} = \frac{t_{\alpha/2}(p)}{\sqrt{t_{\alpha/2}^2(p) + p}} = \frac{t_{\alpha/2}(an+b)}{\sqrt{t_{\alpha/2}^2(an+b) + (an+b)}}. \tag{8.35}$$

模拟的结果显示这一模型能够非常好地拟合数据样本. 图 8.13 给出了参数 a, b 随着 ξ 和 $k' = (k+1)/2$ 的变化趋势.

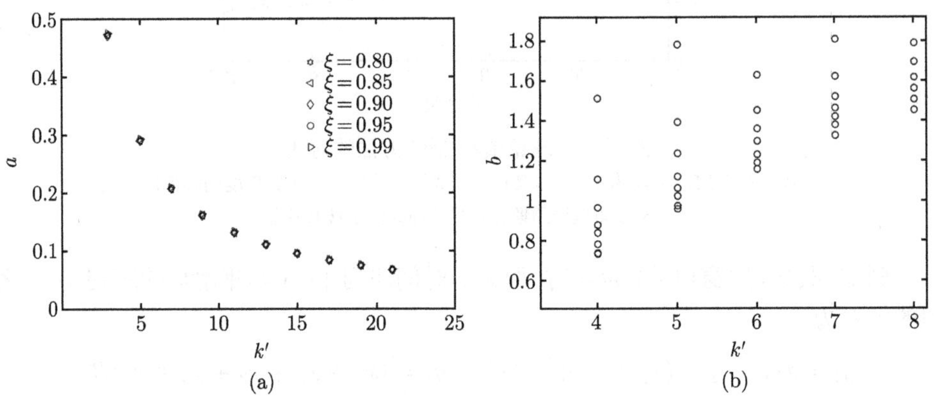

图 8.13　(a) 参数 a 随 k' 在不同置信度 ξ 下的变化; (b) 参数 b 随 k' 在不同置信度 ξ 下的变化

对于不同的置信度 ξ, a 几乎是一样的 (从下到上 $\xi = 0.99, 0.95, 0.90, \cdots, 0.35, 0.3, 0.25$)

图 8.13(a) 显示 a 在同一个 k'(可理解为窗宽) 下基本不随置信度 ξ 的变化而变化, 将 $\bar{a}$ 代替原模型中的 a. a 只是 k' 的函数, 它反映的是平滑造成的自由度减小. 因此模型 (8.35) 可以简化为

$$|r_\xi|_{\mathrm{mo}} = \frac{t_{\alpha/2}(\bar{a}n+b)}{\sqrt{t_{\alpha/2}^2(\bar{a}n+b) + (\bar{a}n+b)}}. \tag{8.36}$$

拟合可以得到 $\bar{a}$ 与 k' 的函数关系, 如取拟合函数形式为 $\bar{a} = \dfrac{c_1}{k'+c_2}$, 则有

$$\bar{a} = \frac{0.73 \pm 0.005}{k' - (0.45 \pm 0.01)}. \tag{8.37}$$

图 8.13(b) 反映了参数 b 在给定窗口数情况下, 随着置信度的变化. 我们进一步画出了 b 随着 $\ln(\bar{a})$ 的变化 (图 8.14). 它揭示出, 对于不同的置信度, b 与 $\ln(\bar{a})$ 存在显著的线性关系, 即

$$b = p_1(\xi) \cdot \ln(\bar{a}) + p_2(\xi). \tag{8.38}$$

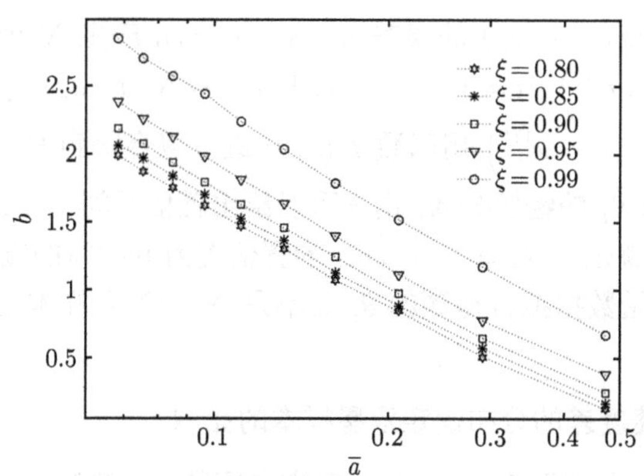

图 8.14 不同置信度下, $\bar{a}$ 与参数 b 的关系

根据对 $\xi = 0.25, 0.30, 0.35, \cdots, 0.95$ 和 $\xi = 0.99$ 这 16 个数值模拟的拟合结果有

$$\begin{cases} p_1(\xi) = -(0.2 \pm 0.01)\,\xi^{5.4 \pm 0.8} - (0.92 \pm 0.006), \\ p_2(\xi) = (0.56 \pm 0.05)\,\xi^{9.2 \pm 1.5} - (0.78 \pm 0.01). \end{cases} \tag{8.39}$$

最后, 我们总结一下获得平滑样本相关系数置信度的步骤:

(1) 设窗口数为 k, 对样本 $\{x_k\}, \{y_k\}\,(k = 1, \cdots, N)$ 做平滑处理, $k' \equiv (k+1)/2$; 进而由 (8.37) 式可得 $\bar{a}$;

(2) 对 (1) 中两样本, 做规范化处理 $(X - EX)/\sqrt{DX}$, 使之近似看作标准正态分布;

(3) 计算平滑样本的样本相关系数的绝对值 $|r|$;

(4) 给定一个置信度 ξ, 根据 (8.39) 式计算出参数 p_1, p_2, 再由 $\bar{a}$ 和 (8.38) 式可以得到参数 b, 于是可得 $t_{\alpha/2}(\bar{a}n + b), n = N - 2$, 由 (8.36) 式计算出 $|r_\xi|_{\text{mo}}$;

(5) 对不同的 ξ, 搜寻出使得 $\left||r| - |r_\xi|_{\text{mo}}\right|$ 达极小值对应的置信度 ξ, 这就是样本经平滑后相关系数的置信度.

8.4.3 拟合参数误差的 MC 估计

第 5 章给出了广义线性拟合 $y = y_0 + F\theta$, (5.4) 式中 m 维参数 θ 的误差估计为 $V_{\hat{\theta}} = F^{-1}V_y\left(F^{\mathrm{T}}\right)^{-1}$, 其中 V_y 为 y 的协方差矩阵. 对于一般的非线性拟合, 如果观测量 X 的样本足够大, 则可以把样本分成 N 组, 分别对每一组拟合, 得到 $\theta^{(1)}, \cdots, \theta^{(N)}$, 取 $\bar{\theta}$ 作为 θ 的估计, $\sqrt{\sum\limits_{i=1}^{N}\left(\theta_j^{(i)} - \bar{\theta}_j\right)^2} \Big/ \sqrt{N(N-1)}$ 作为 $\theta_j\ (j = 1, \cdots, m)$ 的误差估计. 但是, 如果样本容量并不大, 就无法进一步分组. 这时, 则可以通过下述方法产生一系列模拟样本, 对模拟样本进行拟合, 从而得到拟合参数的分布. 具体步骤是:

(1) 设样本值 $(x_1, \cdots, x_n)$ 的误差为 $(\sigma_1, \cdots, \sigma_n)$, 产生 N 个 (例如 $N = 1000$) 模拟样本 $\left(x_1^{(i)}, \cdots, x_n^{(i)}\right)$, $i = 1 \cdots, N$, 其中 $x_j^{(i)} \sim N\left(x_j, \sigma_j^2\right)$, $j = 1, \cdots, n$.

(2) 对样本$\left(x_1^{(i)}, \cdots, x_n^{(i)}\right)$ 用函数 $F(x, \theta)$ 进行拟合得到 $\hat{\theta}^{(i)}$, N 个 $\hat{\theta}_j^{(i)}$ 排序后可给出第 j 个分量 θ_j 的经验分布, 由其可以给出置信区间. 当 $N = 1000$ 时, 区间 $[\theta_j(158), \theta_j(842)]$ 就是 θ_j $(j = 1, \cdots, m)$ 的置信度为 68.3%的置信区间.

注意, 要用原始数据拟合得到的 $\hat{\theta}$, 而不是 N 个拟合样本得出的 $\bar{\theta}$ 作为 θ 的估计值.

8.4.4 根据视向速度差的分布确定双星样本的比例

本例受文献 [8] 的思路启发, 目的是确定在恒星的观测数据中双星所占的比例. 基本假设是所观测的恒星样本仅由单星和双星系统构成 (不考虑多星系统), 且有:

(1) 两次观测同一颗单星的视向速度之差 Δv_{s} 服从正态分布 $\Delta v_{\mathrm{s}} \sim N\left(0, 2\sigma_0^2\right)$, 其中 $2\sigma_0^2$ 是视向速度的弥散, 这个量是由仪器误差确定的, 是已知量.

(2) 两次观测同一个双星系统的视向速度之差 Δv_b 服从同样方差的正态分布 $\Delta v_b \sim N\left(B, 2\sigma_0^2\right)$, 这里期望值

$$B = K(\cos\varphi_2 - \cos\varphi_1) \tag{8.40}$$

是由双星绕转的视向速度振幅 K 和两个观测时刻的相位 φ_1, φ_2 调制的.

我们的思路是: 按照事先给定的比例, 产生两个正态分布 $\Delta v_{\mathrm{s}} \sim N\left(0, 2\sigma_0^2\right)$ 和 $\Delta v_b \sim N\left(B, 2\sigma_0^2\right)$ 的混合样本, 然后分析混合样本的样本方差 s_{mix}^2 和 $2\sigma_0^2$ 之间的关系, 看看能否反推出双星所占的比例.

为了产生双星的正态分布 $\Delta v_b \sim N\left(B, 2\sigma_0^2\right)$, 必须知道 (8.40) 中各量怎样取值. 根据双星运动理论, 若取 $M_{\odot}$ 为质量单位, d (日) 为时间单位, $\mathrm{km} \cdot \mathrm{s}^{-1}$ 为振幅 K 的单位, 则有关系式

$$K = 212.6\left(\frac{M}{M_{\odot}}\right) \cdot \left(\frac{P}{d}\right)^{-\frac{1}{3}} q(1+q)^{-\frac{2}{3}} \frac{\sin i}{\sqrt{1-e^2}}, \tag{8.41}$$

其中 P 为双星绕转周期, q 为双星的质量比, i 为轨道倾角, M 为双星中主星的质量, e 为双星轨道的椭率.

1) 先产生单星和双星视向速度差的模拟数据

给定 σ_0^2, 则可产生单星视向速度差的随机数 $\Delta v_{\mathrm{s}} \sim N\left(0, 2\sigma_0^2\right)$; 因为大部分双星的绕转轨道接近圆, 可取 $e = 0$; 倾角 i 服从 $[0, \pi]$ 的均匀分布: $i \sim U(0, \pi)$; 双星主星质量在本模拟数据中取 $1M_{\odot}$; 双星的质量比 q 取 $[0, 1]$ 的均匀分布: $q \sim U(0, 1)$; 相位是根据观测的时间确定的, 因此可以认为是随机分布的, 于是, 取两个相位角为 $[0, \pi]$ 的均匀分布: $\varphi_{1,2} \sim U(0, \pi)$.

再来看周期 P 的分布. 根据文献 [9] 中表 9 的数据, 可以画出周期 P 的累积分布曲线 (图 8.15), 再拟合对数正态分布, 并检验之.

具体的 MATLAB 语句是

```
>> P =
[411.4,7816,207.3,10,93.5,331,204.4,270.2,736.8,231.2,494.2,
3614.9,...179.7,125.4, 51.3, 78,83.9,57.3,1060.6 ];
>> [y1,x1] = ecdf(P);
>>c = lsqcurvefit(@my_fun,[c(1),c(2)],x1,y1)
```

结果:

```
        c =
            5.2730 1.2323
```

其中拟合函数为对数正态累积分布函数:

```
function y = my_fun( c,x )
% 对数正态分布参数的拟合函数
% c(1) = mu, c(2) = sigma
y = logncdf(x,c(1),c(2));
end
```

作 K-S 检验以证明所取的拟合分布函数是合理的:

```
>> P = logncdf(x1,c(1),c(2));
>> h = kstest2(f,P)
```

结果 h = 0 表明数据服从对数正态分布: $P\sim\text{Lognorm}\left(5.2730, 1.2323^2\right)$ $(\alpha = 0.05)$.

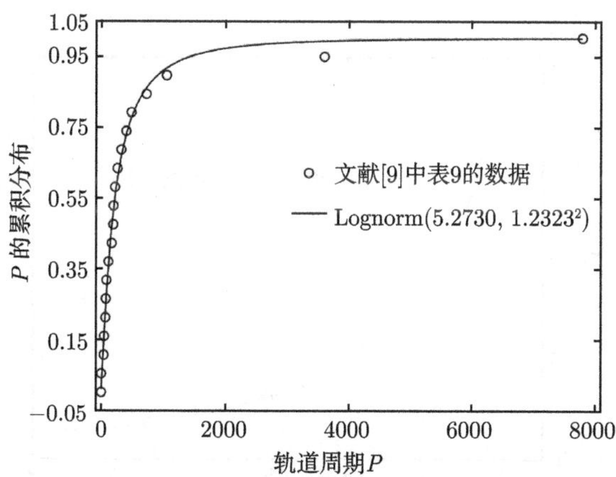

图 8.15 轨道周期 P 的累积分布及其拟合曲线

有了 $P, q, i, \varphi_1, \varphi_2$ 的分布, 就可以由 (8.40)—(8.41) 式得出 K 和 B, 从而顺利地产生各种比例的混合样本.

2) 研究混合样本的样本方差 $s_{\rm mix}^2$ 和 σ_0^2 之间的关系

对于 $\sigma_0 = 2, 2.5, 3, \cdots, 7.5$, 按照双星占样本总量不同的比例 $p = 0\%, 5\%, 10\%, \cdots, 100\%$产生了容量为 10^6 的样本. 对每个混合样本可以求出样本方差 $s_{\rm mix}^2$, 然后除以 $2\sigma_0^2$, 可以看到 $s_{\rm mix}^2/2\sigma_0^2$ 与双星占样本总量不同的比例 p 之间是线性的关系 (图 8.16), 而 p 与 $Y = s_{\rm mix}^2/\left(2\sigma_0^2\right) - 1$ 可以由经过原点的直线 $Y = A\cdot p$ 很好地拟合.

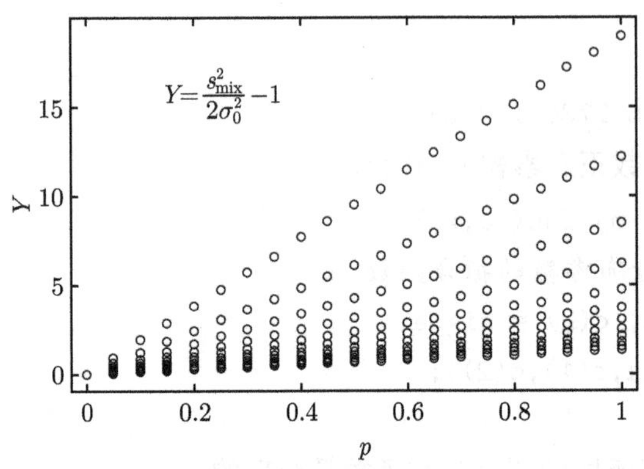

图 8.16　双星在样本中所占比例 p 与 $Y = s_{\rm mix}^2/(2\sigma_0^2) - 1$ 之间的线性关系

图中 12 条直线依斜率自大至小分别对应 $\sigma_0 = 2, 2.5, 3, \cdots, 7.5$.

分别将 12 条直线用 Ax 形式进行拟合, 并绘出 $\sqrt{2\pi}\sigma_0$ 与 A 之间的关系图, 见图 8.17.

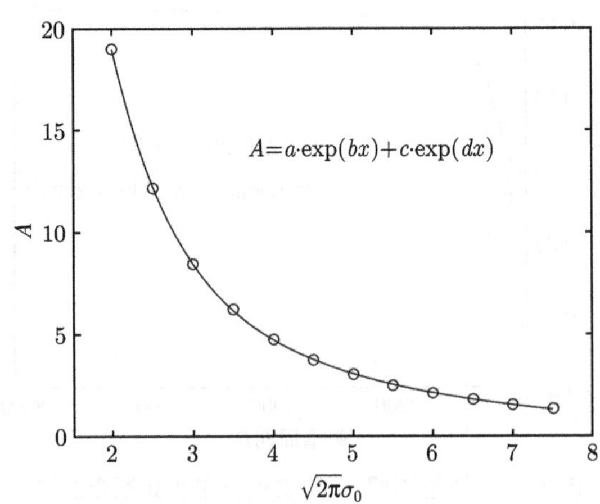

图 8.17　$\sqrt{2\pi}\sigma_0$ 与 A 之间的关系图

用双指数函数 $f(x) = a\exp(b\cdot x) + c\exp(d\cdot x)$ 可以非常好地拟合, 拟合结果 (略去误差) 为

$$A = 172.9\exp\left(-0.9601\sqrt{2\pi}\sigma_0\right) + 14.38\exp\left(-0.2273\sqrt{2\pi}\sigma_0\right). \tag{8.42}$$

3) 根据实际数据估计双星比例的步骤

(1) 给定 σ_0 (再次强调这是仪器确定的已知量), 由 (8.42) 式, 可得 A.

(2) 计算样本方差 s^2_{mix}.

(3) 因为 $s^2_{\mathrm{mix}}/\left(2\sigma_0^2\right) - 1 = A\cdot p$, 推出双星比例

$$p(\sigma_0) = \frac{s^2_{\mathrm{mix}}/\left(2\sigma_0^2\right) - 1}{A}. \tag{8.43}$$

4) 讨论不同 σ_0 的情形

对于给定的 $\sigma_0(m) = \sqrt{2\pi}\dfrac{m+3}{2}$ $(m = 2, 3, 4, 5, 6)$, 用预先给定的双星比例 (理论值), 产生了 1000 个样本, 然后按照上述方法, 利用样本方差推算双星比例, 其平均值在保留两位小数的情况下, 几乎与理论值相同, 说明该方法对不同的 σ_0 均适用. 如表 8.4 所示.

表 8.4 利用样本方差推算出的双星比例与理论值的比较

理论值 \ 计算值	$p(\sigma_1)$	$p(\sigma_2)$	$p(\sigma_3)$	$p(\sigma_4)$	$p(\sigma_5)$
0.00	0.00	0.00	0.00	0.00	0.00
0.05	0.05	0.05	0.05	0.05	0.05
0.10	0.10	0.10	0.10	0.10	0.10
0.15	0.15	0.15	0.15	0.15	0.15
0.20	0.20	0.20	0.20	0.20	0.20
0.25	0.25	0.25	0.25	0.25	0.25
0.30	0.30	0.30	0.30	0.30	0.30
0.35	0.35	0.35	0.35	0.35	0.35
0.40	0.40	0.40	0.40	0.40	0.40
0.45	0.45	0.45	0.45	0.45	0.45
0.50	0.50	0.50	0.50	0.50	0.50
0.55	0.55	0.55	0.55	0.55	0.55
0.60	0.60	0.60	0.60	0.60	0.60
0.65	0.65	0.65	0.66	0.65	0.65
0.70	0.70	0.70	0.71	0.70	0.70
0.75	0.75	0.75	0.76	0.75	0.75
0.80	0.79	0.80	0.81	0.81	0.80
0.85	0.84	0.85	0.86	0.85	0.85
0.90	0.89	0.90	0.91	0.90	0.90
0.95	0.95	0.95	0.96	0.95	0.95
1.00	1.00	1.00	1.01	1.00	1.00

参考文献

[1] Mahalanobis P C. Recent experiments in statistical sampling in the Indian Statistical Institute. Journal of the Royal Statistical Society, 1946, 109 : 325–378.

[2] Quenouille M. Approximation tests of correlation in time series. Journal of the Royal Statistical Society B, 1949, 11 : 18–84.

[3] Tukey J W. Bias and confidence in not quite large samples. Annals of Mathematical Statistics, 1958, 29 : 614.

[4] Efron B. Bootstrap methods: another look at the jackknife. The Annals of Statistics, 1979, 7 : 1–26.

[5] 毕华, 梁洪力, 王珏. 重采样方法与机器学习. 计算机学报, 2009, 32(5) : 862–877.

[6] Li T P, Ma Y Q. Analysis methods for results in gamma-ray astronomy. The Astrophysical Journal, 1983, 272 : 317–324.

[7] Lin H B, Li C, Zhao J. Critical value model of sample correlation coefficient after windowed moving average. Journal of Statistical Computation and Simulation, 2018, 88(18) : 3681–3693.

[8] Gao S, Zhao H, Yang H, Gao R. The binarity of Galactic dwarf stars along with effective temperature and metallicity. Monthly Notices of the Royal Astronomiacl Society: Letters, 2017, 469(1) : L68–L72.

[9] Raghavan D, Mcalister H A, Henry T J, et al. A survey of stellar families: multiplicity of solar-type stars. The Astrophysical Journal Supplement Series, 2010, 190 : 1–42.

第9章 回归分析

在研究实际问题时, 通常需要建立观测量 y 与一个自变量 x 或多个自变量 $x_1, x_2, \cdots, x_p$ 之间的关系. y 与 x 之间或许存在一定的相关性, 但又不能用函数精确地描述, 因为还带有随机的扰动 ε. 这种依赖关系, 可以用"回归方程"表示

$$y = f(x_1, x_2, \cdots, x_p) + \varepsilon, \tag{9.1}$$

其中 $f(x_1, x_2, \cdots, x_p)$ 为"回归函数", 随机扰动 ε 刻画了观测量与自变量相互关系的不确定性. 利用 y 和 $x_1, x_2, \cdots, x_p$ 的数据对回归方程进行统计分析的方法称为"回归分析". 本章分为四个部分: 首先是 y 与单个自变量 x 的线性回归分析 (一元线性回归), 其次是多元线性回归, 然后利用 MATLAB 实现回归分析 (包括线性和非线性的回归), 最后说明逐步回归的方法.

9.1 一元线性回归分析

9.1.1 基本问题

将 n 对观测值记为 $(x_1, y_1), \cdots, (x_n, y_n)$, 如果其散点图如图 9.1(a) 或者图 9.1(b) 的形状, 则 y 和 x 具有良好的线性关系, 且图 9.1(a) 的直线斜率为正, 称为"正相关", 图 9.1(b) 称为"负相关".

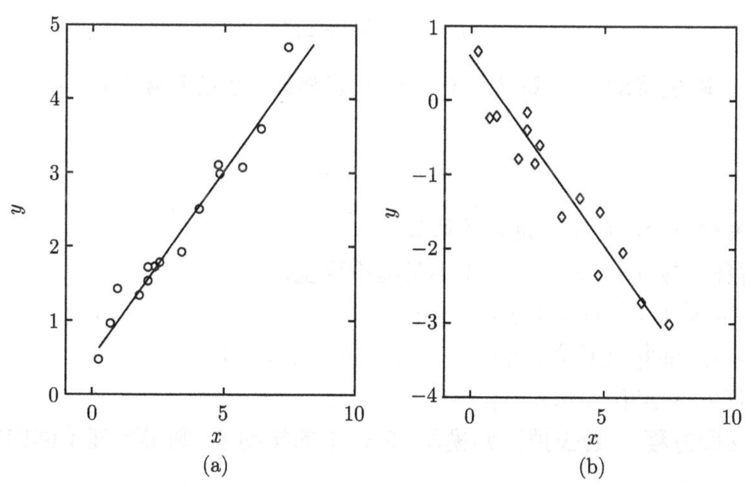

图 9.1 随机变量 y 和可控变量 x 的关系

例如, 考虑人的身高 x 和体重 y 之间的关系, 一般而言, 高个子通常有较大的体重, 当然也有例外.

当样本数足够大的情况下筛选一批身高相同的人, 分别对其测量体重, 可以较为直观地得到每一组同身高群体的体重分布, 例如图 9.2 中的 $x_1 = 170\text{cm}$, $x_2 = 175\text{cm}$, $x_3 = 180\text{cm}$, 体重基本呈同样方差的正态分布, 即当身高 x 固定时, 有 $Y \sim N\left(\mu(x), \sigma^2\right)$, 或写为 $Y = \mu(x) + \varepsilon, \varepsilon \sim N\left(0, \sigma^2\right)$. 显然有 $E(Y) = \mu(x)$.

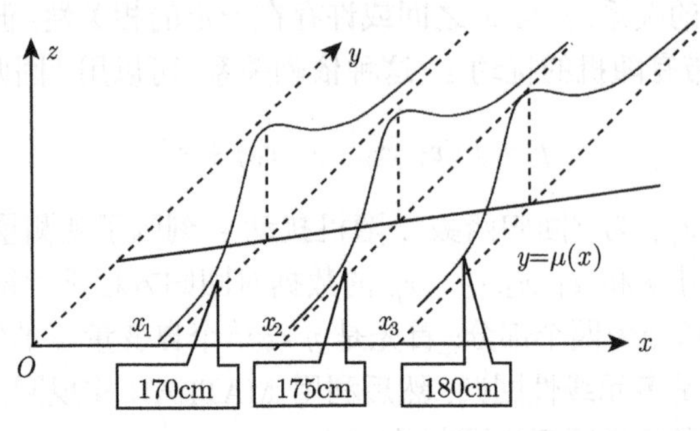

图 9.2　体重 y 和身高 x 之间的关系

9.1.2　回归模型

先给出几个定义.

响应变量　观测量 y 又称为响应变量, y 受扰动的影响, 是随机变量.

解释变量　自变量 x 又称为解释变量, 它是可控的、非随机变量.

回归模型　在 9.1.1 节的基本问题中, 如果 y 和 x 之间存在线性关系, 则可以用 "回归模型" 描述为

$$y = a + bx + \varepsilon, \tag{9.2}$$

式中, ε 称为随机扰动, a, b 称为待估计的回归参数, 对应于第 $i\,(i = 1, \cdots, n)$ 次观测, 有

$$y_i = a + bx_i + \varepsilon_i. \tag{9.3}$$

关于模型 (9.3), 有几个重要的假设:

(1) 解释变量 $x_i\,(i = 1, \cdots, n)$ 不是随机变量;

(2) $\varepsilon_i \sim N\left(0, \sigma^2\right)(i = 1, 2, \cdots, n)$;

(3) 误差之间相互独立: $E\left(\varepsilon_i \varepsilon_j\right) = 0 \;\; (i \neq j, i, j = 1, \cdots, n)$.

因此有 $y_i \sim N\left(a + bx_i, \sigma^2\right)$.

理论回归方程　若去掉回归模型 (9.3) 中的扰动项, 则得到理论回归方程

$$E\left(y_i\right) = a + bx_i. \tag{9.4}$$

经验回归方程 当给出 a, b 的估计量 $\hat{a}, \hat{b}$ 时, 式 (9.3) 化为经验回归方程

$$\hat{y}_i = \hat{a} + \hat{b}x_i. \tag{9.5}$$

残差 称 $\hat{\varepsilon}_i = y_i - \hat{y}_i$ 为残差. 于是 $\hat{\varepsilon}_i$ 可视为随机扰动 ε_i 的 "估计量". 图 9.3 描述了一元线性回归各个量的几何意义.

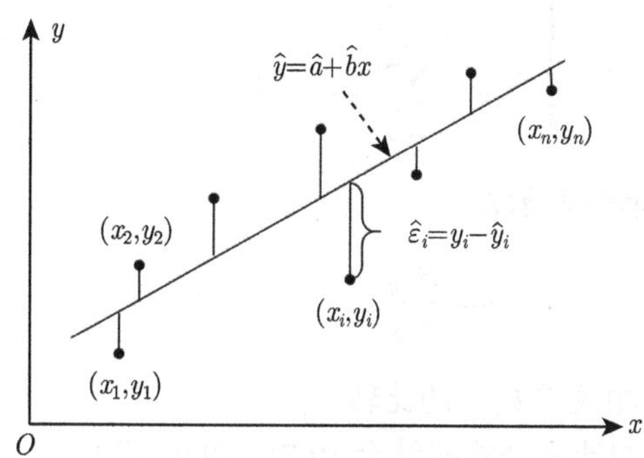

图 9.3 一元线性回归中各个量之间的关系

9.1.3 参数估计

1) a, b 的点估计

由 (9.1) 式知, $y_i = a + bx_i + \varepsilon_i$, 且 $\varepsilon_i \sim N(0, \sigma^2)$ $(i = 1, 2, \cdots, n)$ 独立同分布. 因此, 似然函数 L 和残差平方和 Q 分别为

$$\begin{cases} L(a,b) = \prod\limits_{i=1}^{n} \dfrac{1}{\sqrt{2\pi}\sigma} e^{-\frac{(y_i - a - bx_i)^2}{2\sigma^2}} = \left(\dfrac{1}{\sqrt{2\pi}\sigma}\right)^n \exp\left\{-\dfrac{1}{2\sigma^2}\sum\limits_{i=1}^{n}(y_i - a - bx_i)^2\right\}, \\ Q(a,b) = \sum\limits_{i=1}^{n}(y_i - a - bx_i)^2, \end{cases} \tag{9.6}$$

L 和 Q 中均有 $\sum (y_i - a - bx_i)^2$ 项, 且 $L(a,b)$ 达最大当且仅当 $Q(a,b)$ 为最小, 即 $\max\limits_{a,b} L(a,b) \Leftrightarrow \min\limits_{a,b} Q(a,b)$. 求解正规方程组 $\dfrac{\partial Q}{\partial a} = \dfrac{\partial Q}{\partial b} = 0$ 可以得出 a, b 的最小二乘估计 (也是极大似然估计)

$$\begin{cases} \hat{b} = \dfrac{\sum\limits_{i=1}^{n}(x_i - \bar{x})(y_i - \bar{y})}{\sum\limits_{i=1}^{n}(x_i - \bar{x})^2}, \\ \hat{a} = \bar{y} - \hat{b}\bar{x}. \end{cases} \tag{9.7}$$

于是经验回归方程可写作 $\hat{y}=\hat{a}+\hat{b}x=\bar{y}+\hat{b}\left(x-\bar{x}\right)$. 为了方便计算, 引入记号

$$\begin{cases} S_{xx}=\sum_{i=1}^{n}\left(x_i-\bar{x}\right)^2, \\ S_{yy}=\sum_{i=1}^{n}\left(y_i-\bar{y}\right)^2, \\ S_{xy}=\sum_{i=1}^{n}\left(x_i-\bar{x}\right)\left(y_i-\bar{y}\right). \end{cases} \tag{9.8}$$

此时, (9.7) 式可以简单地表示为

$$\hat{b}=\frac{S_{xy}}{S_{xx}}, \quad \hat{a}=\bar{y}-\hat{b}\bar{x}. \tag{9.9}$$

2) 回归系数 b 和相关系数 r 的比较

根据相关系数 r 的计算公式并结合 (9.7)—(9.9) 式有

$$r=\left[\sum_{i=1}^{n}\left(x_i-\bar{x}\right)\left(y_i-\bar{y}\right)\right]\Big/\sqrt{\sum_{i=1}^{n}\left(x_i-\bar{x}\right)^2\cdot\sum_{i=1}^{n}\left(y_i-\bar{y}\right)^2}=\frac{S_{xy}}{\sqrt{S_{xx}S_{yy}}},$$

即

$$r=\hat{b}\sqrt{S_{xx}/S_{yy}}. \tag{9.10}$$

从 (9.10) 式不难看出, 相关系数 r 和回归系数 b 的点估计 $\hat{b}$ 有着相同的符号. 即当 $r>0$ 时, $\hat{b}>0$, 解释变量 x 和响应变量 y 呈正相关; 反之, 当 $r<0$ 时, $\hat{b}<0$, 解释变量 x 和响应变量 y 呈负相关.

3) 估计量 $\hat{a},\hat{b}$ 的分布

已知参数 a,b 的点估计 $\hat{a},\hat{b}$, 那么 $\hat{a},\hat{b}$ 的分布是怎样的呢, 在此引入定理 9.1.1.

定理 9.1.1 假设 $y_i=a+bx_i+\varepsilon_i$, 且 $\varepsilon_i\sim N\left(0,\sigma^2\right)(i=1,2,\cdots,n)$ 独立同分布, 则估计量 $\hat{a},\hat{b}$ 的分布分别为

$$\hat{a}\sim N\left(a,\left(\frac{1}{n}+\frac{\bar{x}^2}{S_{xx}}\right)\sigma^2\right); \quad \hat{b}\sim N\left(b,\frac{\sigma^2}{S_{xx}}\right). \tag{9.11}$$

证 由 (9.7) 式, 有

$$\hat{b}=\frac{\sum_{i=1}^{n}\left(x_i-\bar{x}\right)\left(y_i-\bar{y}\right)}{\sum_{i=1}^{n}\left(x_i-\bar{x}\right)^2}=\sum_{i=1}^{n}\frac{\left(x_i-\bar{x}\right)}{S_{xx}}y_i,$$

可见 $\hat{b}$ 是 y_i 的线性组合. 因为 $y_i \sim N\left(a+bx_i, \sigma^2\right)$, 且相互独立, 根据正态分布的线性叠加性, $\hat{b} \sim N(E(\hat{b}), D(\hat{b}))$ 和 (9.8) 式容易算出

$$\begin{cases} E(\hat{b}) = b, \\ D(\hat{b}) = \sigma^2 / S_{xx}. \end{cases} \tag{9.12}$$

因此, $\hat{b} \sim N\left(b, \sigma^2/S_{xx}\right)$. 又因 $\hat{a} = \bar{y} - \hat{b}\bar{x}$ 且 $y_i \sim N\left(a+bx_i, \sigma^2\right)$, 所以 $\bar{y} \sim N\left(a+b\bar{x}, \sigma^2/n\right)$, 同时 $\hat{b} \sim N\left(b, \sigma^2/S_{xx}\right)$ (注意解释变量 x 不是随机变量), 从而得到 $\hat{a}$ 的分布 $\hat{a} \sim N\left(a, \left(\dfrac{1}{n} + \dfrac{\bar{x}^2}{S_{xx}}\right)\sigma^2\right)$. □

4) σ^2 的估计

根据残差的定义有 $\hat{\varepsilon}_i = y_i - \hat{y}_i$, 将残差平方和或剩余平方和记为$S_E^2\,[=Q(\hat{a},\hat{b})]$, 亦即, $S_E^2 = \sum\limits_{i=1}^{n}(y_i - \hat{y}_i)^2 = \sum\limits_{i=1}^{n}(y_i - \hat{a} - \hat{b}x_i)^2$, 这时有定理 9.1.2.

定理 9.1.2 σ^2 的最大似然估计为

$$\hat{\sigma}^2 = \frac{S_E^2}{n} = \frac{1}{n}\sum_{i=1}^{n}(y_i - \hat{y}_i)^2. \tag{9.13}$$

证 根据 (9.6) 式可知似然函数为

$$L = \left(2\pi\sigma^2\right)^{-n/2}\exp\left\{-\frac{1}{2\sigma^2}\sum_{i=1}^{n}(y_i - a - bx_i)^2\right\},$$

解法方程

$$\begin{cases} \dfrac{\partial \ln L}{\partial a} = \dfrac{\partial \ln L}{\partial b} = 0, \\ \dfrac{\partial \ln L}{\partial \sigma^2} = -\dfrac{n}{2\sigma^2} + \dfrac{1}{2\sigma^4}\sum\limits_{i=1}^{n}(y_i - a - bx_i)^2 = 0. \end{cases}$$

求得 σ^2 的最大似然估计为 $\hat{\sigma}^2 = \dfrac{1}{n}\sum\limits_{i=1}^{n}(y_i - \hat{a} - \hat{b}x_i)^2 = \dfrac{S_E^2}{n}$. □

需要注意的是, 最大似然估计 $\hat{\sigma}^2 = \dfrac{S_E^2}{n}$ 并非无偏估计, 而 $E\left(S_E^2\right) = (n-2)\,\sigma^2$, 即有如下定理.

定理 9.1.3 $\hat{\sigma}^{*2}$ 是 σ^2 的无偏估计.

证 略. □

所以称

$$\hat{\sigma}^{*2} = \frac{S_E^2}{n-2} \tag{9.14}$$

为剩余方差.

9.1.4 线性模型的显著性检验

在前面的讨论中, “y 关于 x 的回归函数是线性函数” 仅仅只是一个假设, 那么这个假设的线性模型是否符合实际问题? 也就是说, y 与 x 之间是否真的存在线性相关关系? 这需要我们对线性模型进行显著性检验.

1) 离差平方和分解

在进行显著性检验之前, 需要对三种平方和进行说明, 分别是

总变差平方和 $S_T^2=\sum\left(y_i-\bar{y}\right)^2$ 或 S_{yy};

回归平方和 $S_R^2=\sum\left(\hat{y}_i-\bar{y}\right)^2$;

残差平方和 $S_E^2=\sum\left(y_i-\hat{y}_i\right)^2$.

图 9.4 标出了 $y_i-\bar{y}, \hat{y}_i-\bar{y}$ 和 $y_i-\hat{y}_i$ 三个量的位置关系.

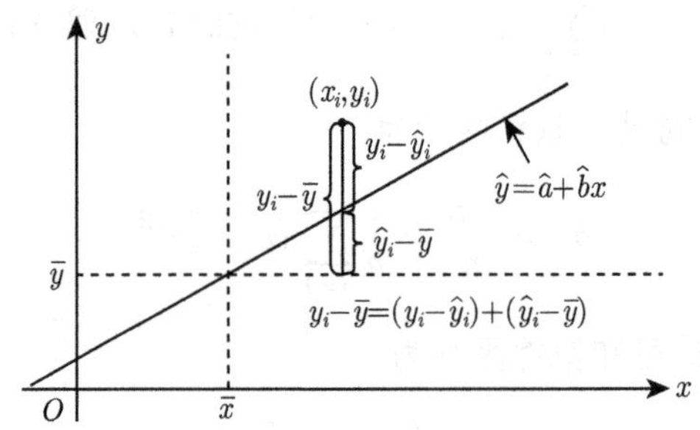

图 9.4 离差平方和分解示意图

如图 9.4 所示, 有 $y_i-\bar{y}=\left(y_i-\hat{y}_i\right)+\left(\hat{y}_i-\bar{y}\right)$, 由于交叉项 $\sum\left(y_i-\hat{y}_i\right)\cdot\left(\hat{y}_i-\bar{y}\right)=0$, 从而可导出三个平方和的关系为

$$S_T^2=S_R^2+S_E^2. \tag{9.15}$$

在 9.1.3 3 节我们已知 $\hat{a}, \hat{b}$ 都是正态分布, 接下来, 定理 9.1.4 给出了残差 $\hat{\varepsilon}_i$ 的分布.

定理 9.1.4 残差 $\hat{\varepsilon}_i$ 的分布为 $\hat{\varepsilon}_i \sim N\left(0,\left[1+\dfrac{1}{n}+\dfrac{\left(x_i-\bar{x}\right)^2}{S_{xx}}\right]\sigma^2\right)$.

证 由残差的定义知 $\hat{\varepsilon}_i=y_i-\hat{y}_i$, 因为 $y_i \sim N\left(a+bx_i, \sigma^2\right)$, $\hat{y}_i=\hat{a}+\hat{b}x_i$ 及定理 9.1.1 可以得到

$$E\left(\hat{\varepsilon}_i\right)=E\left(y_i-\hat{y}_i\right)=a+bx_i-E\left(\hat{a}\right)-E(\hat{b})x_i=0,$$

又因为 $\hat{a}=\bar{y}-\hat{b}\bar{x}$, 所以

$$\hat{\varepsilon}_i=y_i-\hat{y}_i=y_i-\bar{y}-\hat{b}\left(x_i-\bar{x}\right)=y_i-\bar{y}-\frac{S_{xy}}{S_{xx}}\left(x_i-\bar{x}\right)$$

$$= y_i - \frac{1}{n}\sum_{k=1}^{n} y_k - \sum_{k=1}^{n} \frac{(x_k-\bar{x})(x_i-\bar{x})}{\sum\limits_{j=1}^{n}(x_j-\bar{x})^2} y_k = y_i - \sum_{k=1}^{n}\left[\frac{1}{n} + \frac{(x_k-\bar{x})(x_i-\bar{x})}{\sum\limits_{j=1}^{n}(x_j-\bar{x})^2}\right] y_k.$$

故残差 $\hat{\varepsilon}_i$ 的方差

$$D(\hat{\varepsilon}_i) = D(y_i) + \sum_{k=1}^{n}\left[\frac{1}{n} + \frac{(x_k-\bar{x})(x_i-\bar{x})}{S_{xx}}\right]^2 D(y_k)$$

$$= \sigma^2 + \sum_{k=1}^{n}\left[\frac{1}{n^2} + \frac{(x_k-\bar{x})^2(x_i-\bar{x})^2}{S_{xx}^2}\right]\sigma^2 = \left[1 + \frac{1}{n} + \frac{(x_i-\bar{x})^2}{S_{xx}}\right]\sigma^2.$$

综上可得: 残差 $\hat{\varepsilon}_i$ 的分布也是正态分布

$$\hat{\varepsilon}_i \sim N\left(0, \left[1 + \frac{1}{n} + \frac{(x_i-\bar{x})^2}{S_{xx}}\right]\sigma^2\right). \tag{9.16}$$

□

判定系数 定义回归平方和占总离差平方和的比例为判定系数 R^2:

$$R^2 = \frac{S_R^2}{S_T^2} = \frac{\sum\limits_{i=1}^{n}(\hat{y}_i-\bar{y})^2}{\sum\limits_{i=1}^{n}(y_i-\bar{y})^2} = 1 - \frac{\sum\limits_{i=1}^{n}(y_i-\hat{y}_i)^2}{\sum\limits_{i=1}^{n}(y_i-\bar{y})^2}. \tag{9.17}$$

根据 (9.10) 式, 样本相关系数 r 和回归系数的点估计 $\hat{b}$ 满足 $r = \hat{b}\sqrt{S_{xx}/S_{yy}}$, 因此

$$R^2 = \frac{\sum\limits_{i=1}^{n}(\hat{y}_i-\bar{y})^2}{\sum\limits_{i=1}^{n}(y_i-\bar{y})^2} = \frac{\sum\limits_{i=1}^{n}(\hat{a}+\hat{b}x_i-\bar{y})^2}{S_{yy}} = \frac{\hat{b}^2}{S_{yy}}\sum_{i=1}^{n}(x_i-\bar{x})^2 = \frac{S_{xy}^2}{S_{xx}\cdot S_{yy}} = r^2.$$

可见判定系数就是样本相关系数. 所以判定系数 R^2 的意义是: ① 反映回归直线的拟合程度; ② 取值在 $[0,1]$ 之间; ③ 若其越接近 1, 则说明回归方程拟合得越好, 反之亦然.

2) 线性关系的检验 (F 检验或 t 检验)

原假设 $H_0: b=0$, $H_1: b\neq 0$.

定理 9.1.5 对于一元线性回归, 有以下结论: 当 H_0 成立时, $S_E^2/\sigma^2 \sim \chi^2(n-2)$; $S_R^2/\sigma^2 \sim \chi^2(1)$; S_E^2 和 S_R^2 相互独立; S_E^2 分别与 $\hat{a},\hat{b}$ 相互独立.

证 略. □

根据定理 9.1.5, 当 $H_0: b=0$ 成立时, $S_E^2/\sigma^2 \sim \chi^2(n-2)$; $S_R^2/\sigma^2 \sim \chi^2(1)$; 结合 $\hat{\sigma}^{*2} = \dfrac{S_E}{n-2}$, 给出了两个统计量, 分别是 F 和 t,

$$\begin{cases} F = \dfrac{S_R^2/1}{S_E^2/(n-2)} = \dfrac{\sum\limits_{i=1}^{n}(\hat{y}_i - \bar{y})^2/1}{\sum\limits_{i=1}^{n}(y_i - \hat{y}_i)^2/(n-2)} \sim F(1, n-2), \\ t \xrightarrow[\frac{\hat{b}-b}{\sigma/\sqrt{S_{xx}}} \sim N(0,1)]{\hat{b} \sim N(b, \sigma^2/S_{xx})} \dfrac{\hat{b}/(\sigma\sqrt{S_{xx}})}{(S_E/\sigma^2)/(n-2)} = \dfrac{\hat{b}}{\hat{\sigma}^*}\sqrt{S_{xx}} \sim t(n-2). \end{cases}$$

所以, 有两种检验方法, 检验步骤如下:

(1) 设原假设 $H_0: b=0$, 备择假设 $H_1: b \neq 0$;

(2) 计算检验统计量 F 或者 t, 当 H_0 成立时,

$$\begin{cases} F = \dfrac{S_R^2/1}{S_E^2/(n-2)} \sim F(1, n-2), \\ t = \dfrac{\hat{b}}{\hat{\sigma}^*}\sqrt{S_{xx}} \sim t(n-2); \end{cases} \tag{9.18}$$

(3) 给定显著性水平 α, 找出临界值 (上分位点) F_α 或者 $t_{\alpha/2}$;

(4) 若 $F \geqslant F_\alpha$(或 $|t| \geqslant t_{\alpha/2}$) 拒绝原假设 H_0, 表明在显著性水平 α 下, 两个变量之间存在显著线性关系; 否则接受 H_0, 表明在显著性水平 α 下, 两个变量之间无线性关系.

在例 6.11.1 中, 我们曾用 t 统计量, 根据 1936 年哈勃图的 24 个星系退行速度 v 和其距离 L 的数据, 检验出它们之间存在显著的相关性.

3) 区间估计

由于点估计不能给出估计的精度 (或者范围), 因此需要进行区间估计. 区间估计有两种类型: 预测区间估计和置信区间估计.

预测区间估计 利用估计的回归方程, 对于给定值 x_0, 求出 y_0 的估计区间, 这一区间估计称为预测区间估计.

y_0 在显著水平 α 下的预测区间为

$$\hat{y}_0 \pm t_{\alpha/2}(n-2)\,\hat{\sigma}^*\sqrt{1 + \frac{1}{n} + \frac{(x_0 - \bar{x})^2}{S_{xx}}}\,. \tag{9.19}$$

事实上, 根据定理 9.1.5 有 $S_E^2/\sigma^2 \sim \chi^2(n-2)$, 可知

$$\frac{(y_i - \hat{y}_i)/\sqrt{D(\hat{\varepsilon}_i)}}{\sqrt{S_E^2/[\sigma^2(n-2)]}} = \frac{\text{标准正态分布}}{\sqrt{\chi^2(n-2)/(n-2)}} \sim t(n-2).$$

其中, 根据定理 9.1.3 和定理 9.1.4 分别有

$$\begin{cases} D(\hat{\varepsilon}_i) = \left[1 + \dfrac{1}{n} + \dfrac{(x_i - \bar{x})^2}{S_{xx}}\right]\sigma^2, \\ \hat{\sigma}^{*2} = \dfrac{S_E}{n-2}, \end{cases}$$

从而得到

$$\frac{(y_i - \hat{y}_i)}{\hat{\sigma}^* \left[1 + \dfrac{1}{n} + \dfrac{(x_i - \bar{x})^2}{S_{xx}}\right]} \sim t(n-2).$$

置信区间估计 利用回归方程, 对于给定值 x_0, $E(y_0)$ 在显著水平 α 下的置信区间称为置信区间估计. $\hat{y}_0$ 是 $E(y_0)$ 的无偏估计, 且 $E(y_0) - \hat{y}_0 \sim N(0, D(\hat{y}_0))$, 利用前面计算得出的 $D(\hat{a}), D(\hat{b})$, $\hat{a} = \bar{y} - \hat{b}\bar{x}$ 且 $\hat{b}$ 与 $\bar{y}$ 无关, 可以得出

$$D(\hat{y}_0) = D(\hat{a} + \hat{b}x_0) = D(\hat{a}) + x_0^2 D(\hat{b}) + 2\mathrm{cov}(\hat{a}, \hat{b}x_0) = \left[\frac{1}{n} + \frac{(x_0 - \bar{x})^2}{S_{xx}}\right]\sigma^2,$$

于是同上面预测区间的推导得到置信区间为

$$\hat{y}_0 \pm t_{\alpha/2}(n-2)\,\hat{\sigma}^* \sqrt{\frac{1}{n} + \frac{(x_0 - \bar{x})^2}{S_{xx}}}\,, \tag{9.20}$$

它比预测区间要窄.

图 9.5 给出了置信区间、预测区间和回归方程的直观描述.

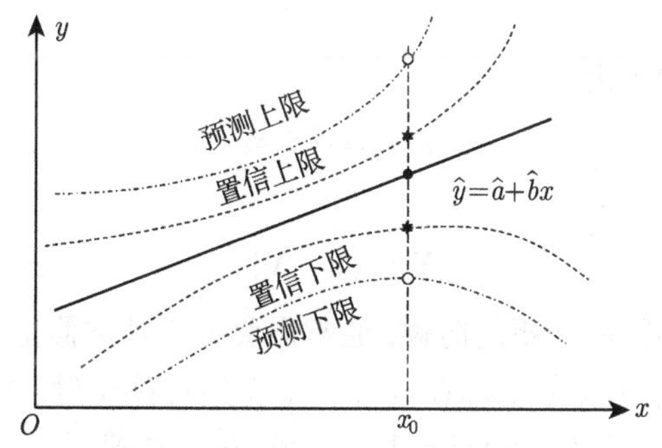

图 9.5 回归方程的置信区间与预测区间示意图

9.2 多元线性回归

在实际问题中, 观测量 y 不一定只和一个解释变量有关, 还可能与多种因素 $x_1, x_2, \cdots, x_p$ 有关, 这就需要考虑 "多元回归" 问题. 例如, 当研究太阳耀斑的流强

y 的时候, 便认为它与黑子面积 x_1、黑子相对数 x_2、日冕综合谱斑指数 x_3、某波段太阳射电辐射流量 x_4 等若干个因素有关.

9.2.1 回归模型

通常地, 在研究一个物理量与两个及两个以上自变量 (解释变量) 之间的回归关系时, 描述 y 如何依赖于自变量 $x_1, x_2, \cdots, x_p$ 和误差项 ε 的方程称为多元线性回归模型, 表示为

$$y = \beta_0 + \beta_1 x_1 + \beta_2 x_2 + \cdots + \beta_p x_p + \varepsilon. \tag{9.21}$$

其中 $\beta_0, \beta_1, \beta_2, \cdots, \beta_p$ 称为偏回归系数. 于是, 理论多元线性回归模型可表为

$$E(y) = \beta_0 + \beta_1 x_1 + \beta_2 x_2 + \cdots + \beta_p x_p. \tag{9.22}$$

对于 n 组实际观测数据 $(y_i; x_{i1}, x_{i2}, \cdots, x_{ip})\,(i = 1, 2, \cdots, n)$, 引入记号

$$\begin{aligned}
&\boldsymbol{y} = \begin{pmatrix} y_1 \\ \vdots \\ y_n \end{pmatrix}, \quad X = \begin{pmatrix} x_{11} & x_{12} & \cdots & x_{1p} \\ x_{21} & x_{22} & \cdots & x_{2p} \\ \vdots & \vdots & & \vdots \\ x_{n1} & x_{n2} & \cdots & x_{np} \end{pmatrix}, \quad \boldsymbol{\beta} = \begin{pmatrix} \beta_0 \\ \beta_1 \\ \vdots \\ \beta_p \end{pmatrix}, \\
&\boldsymbol{\varepsilon} = \begin{pmatrix} \varepsilon_1 \\ \vdots \\ \varepsilon_n \end{pmatrix}, \quad \boldsymbol{\sigma}^2 = \sigma^2 I_n, \quad \mathbf{1}_n = \begin{pmatrix} 1 \\ 1 \\ \vdots \\ 1 \end{pmatrix}_n,
\end{aligned} \tag{9.23}$$

则多元线性回归模型可表示为

$$\boldsymbol{y} = \tilde{X}\boldsymbol{\beta} + \boldsymbol{\varepsilon},$$

其中

$$\tilde{X} = (\mathbf{1}_n, X). \tag{9.24}$$

在处理多元线性回归分析的时候, 通常需要如下基本假定:

(1) 解释变量 $x_{i1}, x_{i2}, \cdots, x_{ip}\,(i = 1, \cdots, n)$ 是可控变量, 不是随机变量;

(2) 随机误差 $\varepsilon_i \sim N\left(0, \sigma^2\right)(i = 1, \cdots, n)$, 且相互独立.

所以

$$\begin{cases} E(\boldsymbol{y}|\,\boldsymbol{x}) = \tilde{X}\boldsymbol{\beta}, \\ \operatorname{cov}(\boldsymbol{y}|\,\boldsymbol{x}) = \boldsymbol{\sigma}^2. \end{cases} \tag{9.25}$$

图 9.6 给出了当 $p = 2$ 时, 二元线性回归方程的直观解释. 其中实际观测值为 y, 理论回归面是 $E(y) = \beta_0 + \beta_1 x_1 + \beta_2 x_2$. 某点 (x_{i1}, x_{i2}) 处 y_i 与 $E(y_i)$ 误差为 ε_i. 其实, 我们并不能得到图 9.6 中的理论回归面, 只能估计得出经验回归方程.

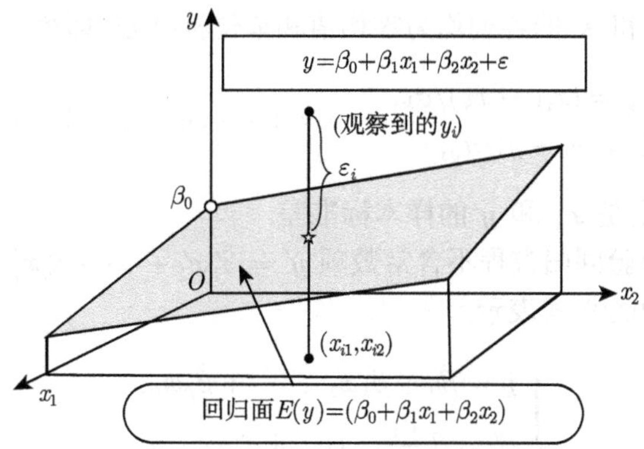

图 9.6 二元线性回归中各个量的直观示意图

9.2.2 参数估计

我们略去推导, 直接给出参数估计的如下结果.

定理 9.2.1 设多元线性回归模型为 $\boldsymbol{y}=\tilde{X}\boldsymbol{\beta}+\boldsymbol{\varepsilon}$, 其中各量满足 9.2.1 节中规定的基本假定, 则参数估计有以下结果:

(1) 偏回归系数 $\boldsymbol{\beta}$ 的最小二乘估计为 $\hat{\boldsymbol{\beta}}=\left(\tilde{X}^{\mathrm{T}}\tilde{X}\right)^{-1}\tilde{X}^{\mathrm{T}}y$, 或者

$$\begin{pmatrix}\hat{\beta}_1\\ \vdots\\ \hat{\beta}_p\end{pmatrix}=S_{\boldsymbol{xx}}^{-1}S_{\boldsymbol{xy}},\quad \hat{\beta}_0=\bar{\boldsymbol{y}}-\bar{\boldsymbol{x}}^{\mathrm{T}}\begin{pmatrix}\hat{\beta}_1\\ \vdots\\ \hat{\beta}_p\end{pmatrix},\tag{9.26}$$

其中 $\bar{\boldsymbol{x}}^{\mathrm{T}}=(\bar{x}_1,\cdots,\bar{x}_p)$, $S_{\boldsymbol{xx}}=X^{\mathrm{T}}\left(I_n-\dfrac{1}{n}\mathbf{1}_n\mathbf{1}_n^{\mathrm{T}}\right)X$, $S_{\boldsymbol{xy}}=X^{\mathrm{T}}\left(I_n-\dfrac{1}{n}\mathbf{1}_n\mathbf{1}_n^{\mathrm{T}}\right)\boldsymbol{y}$;

(2) $E\left(\hat{\boldsymbol{\beta}}\right)=\boldsymbol{\beta}$, $D\left(\hat{\boldsymbol{\beta}}\right)=\sigma^2\left(\tilde{X}^{\mathrm{T}}\tilde{X}\right)^{-1}$;

(3) $\hat{\boldsymbol{\beta}}$ 与 S_E^2 独立, 其中 $S_E^2=(\boldsymbol{y}-\hat{\boldsymbol{y}})^{\mathrm{T}}(\boldsymbol{y}-\hat{\boldsymbol{y}})$ 为残差平方和;

(4) $\hat{\boldsymbol{\beta}}\sim N_{p+1}\left(\boldsymbol{\beta},\sigma^2\left(\tilde{X}^{\mathrm{T}}\tilde{X}\right)^{-1}\right)$;

(5) $S_E^2/\sigma^2\sim\chi^2(n-p-1)$.

证 略. □

根据定理 9.2.1, 得到经验回归方程

$$\hat{\boldsymbol{y}}=\hat{\beta}_0+\hat{\beta}_1\boldsymbol{x}_1+\cdots+\hat{\beta}_p\boldsymbol{x}_p.\tag{9.27}$$

在数据处理过程中, 为了避免由于各自变量量纲不一样而造成的偏回归系数的量级上的差别, 通常将观测数据作标准化变换. 因此可以先将 $\boldsymbol{y}$ 和 X 的各列作标

准化处理, 使得 $\boldsymbol{y}$ 和 X 的各列均为零均值和单位标准差, 即令

$$\begin{cases} x'_{ik} = (x_{ik} - \bar{x}_k)/\sigma_k, \\ y'_i = (y_i - \bar{y})/\sigma_y, \end{cases} \quad i = 1, \cdots, n, \quad k = 1, \cdots, p, \tag{9.28}$$

其中 σ_k 和 σ_y 分别是 $\boldsymbol{x}_k$ 和 $\boldsymbol{y}$ 的样本标准差.

标准化后的经验回归方程不含常数项 $\hat{\boldsymbol{y}}' = \hat{\beta}'_1 \boldsymbol{x}'_1 + \cdots + \hat{\beta}'_p \boldsymbol{x}'_p$, 点估计与原来回归系数的关系如 (9.29) 式表示.

$$\begin{cases} \hat{\boldsymbol{y}} = \hat{\beta}_0 + \hat{\beta}_1 \boldsymbol{x}_1 + \cdots + \hat{\beta}_p \boldsymbol{x}_p, \\ \hat{\beta}'_i = \hat{\beta}_i \dfrac{\sigma_i}{\sigma_y} \quad (i = 1, 2, \cdots, p), \\ \hat{\beta}_0 = \bar{y} - \hat{\beta}_1 \bar{\boldsymbol{x}}_1 - \cdots - \hat{\beta}_p \bar{\boldsymbol{x}}_p. \end{cases} \tag{9.29}$$

回归模型可以用来进行预报, 特别, 当 $n = 1$ 时, 与一元回归的预报类似, 在 $\boldsymbol{x}_t$ 点, 对于 $E(y_t)$ 的置信水平为 α 的置信区间估计为

$$\hat{y}_t \pm t_{1-\alpha/2}(n-p-1) \left\{ \frac{1}{n} + (\boldsymbol{x}_t - \bar{\boldsymbol{x}})^{\mathrm{T}} S_{xx}^{-1} (\boldsymbol{x}_t - \bar{\boldsymbol{x}}) \right\}^{1/2} s, \tag{9.30}$$

对于 y_t 的预报区间估计为

$$\hat{y}_t \pm t_{1-\alpha/2}(n-p-1) \left\{ 1 + \frac{1}{n} + (\boldsymbol{x}_t - \bar{\boldsymbol{x}})^{\mathrm{T}} S_{xx}^{-1} (\boldsymbol{x}_t - \bar{\boldsymbol{x}}) \right\}^{1/2} s, \tag{9.31}$$

其中

$$s = \sqrt{S_E^2/(n-p-1)}\,. \tag{9.32}$$

9.2.3 偏差平方和分解

令残差 $\boldsymbol{r} = \boldsymbol{y} - \hat{\boldsymbol{y}} = (I_n - \tilde{X}(\tilde{X}^{\mathrm{T}}\tilde{X})\tilde{X}^{\mathrm{T}})\boldsymbol{y} \overset{\text{记作}}{=\!=\!=} (I_n - H)\boldsymbol{y}$, 其中 $H = \tilde{X}(\tilde{X}^{\mathrm{T}}\tilde{X})\tilde{X}^{\mathrm{T}}$ 是个投影阵. 于是残差平方和

$$S_E^2 = \boldsymbol{r}^{\mathrm{T}}\boldsymbol{r} = \boldsymbol{y}^{\mathrm{T}}(I_n - H)\boldsymbol{y}. \tag{9.33}$$

类似于一元回归中的离差平方和分解, 不难验证仍有关系式

$$S_T^2 = S_R^2 + S_E^2, \tag{9.34}$$

其中

$$S_R^2 = \hat{\boldsymbol{y}}^{\mathrm{T}}\hat{\boldsymbol{y}} = \left(\hat{\beta}_1, \cdots, \hat{\beta}_p\right) S_{xx} \begin{pmatrix} \hat{\beta}_1 \\ \vdots \\ \hat{\beta}_p \end{pmatrix}, \quad S_T^2 = (\boldsymbol{y} - \bar{\boldsymbol{y}})^{\mathrm{T}}(\boldsymbol{y} - \bar{\boldsymbol{y}}). \tag{9.35}$$

多重判定系数 类似于一元线性回归的判定系数 R^2, 在多元线性回归中, 定义多重判定系数 R^2 为回归平方和占离差平方和的比例, 与相关系数的平方 r^2 一致, R^2 的取值范围为 $[0,1]$. 其越接近 1, 说明拟合得越好; 越接近 0, 说明拟合得越差.

自变量个数增加会使 R^2 增大, 但同时方程的复杂性也变大. 为避免这一影响, 通常使用 R^2 的修正值, 用 n 表示样本容量, p 表示自变量的个数, 记修正的多重判定系数为 $R^2_{修}\ (< R^2)$. 令 $\dfrac{1-R^2_{修}}{1-R^2}=\dfrac{n-1}{n-p-1}$, 得到 $R^2_{修}$ 的计算公式

$$R^2_{修}=1-\left(1-R^2\right)\cdot\frac{n-1}{n-p-1}. \tag{9.36}$$

9.2.4 回归方程和回归系数的假设检验

以下几个假设检验从不同角度来判定多元回归的显著性

1) 回归方程的显著性检验

回归方程的显著性检验用来检验因变量与所有的自变量之间是否存在显著的线性关系, 也被称为总体的显著性检验. 检验方法是用 F 检验分析比较回归离差平方和与剩余离差平方和, 看二者之间的差别是否显著. 若显著, 则因变量与自变量之间存在线性关系; 反之, 因变量与自变量之间不存在线性关系.

检验过程如下:

(1) 提出假设: 设 $H_0:\beta_1=\beta_2=\cdots=\beta_p=0$ (表征线性关系不显著); $H_1:\beta_1,\beta_2,\cdots,\beta_p$ 至少有一个不为 0;

(2) 计算检验统计量 F, 当 H_0 成立时,

$$F=\frac{S_R^2/p}{S_E^2/(n-p-1)}=\frac{\sum\limits_{i=1}^{n}\left(\hat{y}_i-\bar{y}\right)^2/p}{\sum\limits_{i=1}^{n}\left(y_i-\hat{y}_i\right)^2\Big/(n-p-1)}\sim F\left(p,n-p-1\right); \tag{9.37}$$

(3) 给定显著性水平 α, 找出临界值 (上 α 分位点) $F_\alpha\left(p,n-p-1\right)$;

(4) 做出决策. 若 $F\geqslant F_\alpha$, 拒绝原假设 H_0, 表明在显著性水平 α 下, 两个变量之间存在显著线性关系; 否则接受 H_0, 表明在显著性水平 α 下, 两个变量之间无线性关系.

2) 单个回归系数的显著性检验

若 F 检验已经接受回归模型总体上是显著的, 那么回归系数的检验就是要逐一判断每一个自变量对因变量的影响是否显著, 即对每一个自变量单独应用 t 检验. 在多元线性回归中, 回归方程的显著性检验不再等价于回归系数的显著性检验.

检验过程如下.

(1) 提出假设: 设 $H_0 : \beta_k = 0$ (表征自变量 x_k 与因变量 y 无线性关系); $H_1 : \beta_k \neq 0$ (表征自变量 x_k 与因变量 y 有线性关系);

(2) 计算检验统计量 t, 当 H_0 成立时

$$t = \frac{\hat{\beta}_k}{\sqrt{c_{kk}} \cdot \sqrt{\dfrac{S_E^2}{n-p-1}}} \sim t(n-p-1), \tag{9.38}$$

其中 c_{kk} 是矩阵 C 中第 k 行、第 k 列的元素,

$$C = \left(\tilde{X}^{\mathrm{T}}\tilde{X}\right)^{-1} = \begin{pmatrix} c_{00} & c_{01} & \cdots & c_{0p} \\ c_{10} & c_{11} & \cdots & c_{1p} \\ \vdots & \vdots & & \vdots \\ c_{p0} & c_{p1} & \cdots & c_{pp} \end{pmatrix}; \tag{9.39}$$

(3) 给定显著性水平 α, 找出临界值 $t_{\alpha/2}(n-p-1)$;

(4) 做出决策: 若 $|t| \geqslant t_{\alpha/2}$, 拒绝原假设 H_0, 表明在显著性水平 α 下, 两个变量之间存在显著线性关系; 否则接受 H_0, 表明在显著性水平 α 下, 两个变量之间无线性关系.

3) 若干个回归系数的显著性检验

这个检验可以用来判断是否需要增加新的自变量. 检验过程如下.

(1) 设 m 个回归系数为 0, 即 $H_0 : \beta_{p-m+1} = \beta_{p-m+2} = \cdots = \beta_p = 0$, 表征后面 m 个自变量与因变量 y 无线性关系; $H_1 : \beta_{p-m+1}, \beta_{p-m+2}, \cdots, \beta_p$ 不全为 0, 表征后面 m 个自变量与因变量 y 有线性关系;

(2) 记 $S_{E(p)}$ 和 $S_{E(p-m)}$ 分别为 p 个成分和 $p-m$ 个成分的残差平方和, 显然较少成分的回归会有较大的残差, 亦即 $S_{E(p-m)} > S_{E(p)}$. 当 H_0 成立时, 计算统计量 F, 如果

$$F = \frac{\left(S_{E(p-m)} - S_{E(p)}\right)/m}{S_{E(p)}/(n-p-1)} > F_{1-\alpha}(m, n-p-1), \tag{9.40}$$

则拒绝原假设.

9.2.5 非嵌套模型的戴维森-麦金农 J 检验

在实际工作中, 常遇到两种非嵌套多项式模型的选择问题, 例如, 究竟选择 x^2 还是选择 x^4 作为模型. 这两个模型并非嵌套关系, 也就是说并非一个模型经过减少几个参数就变成了另一个模型. 为此, 引入戴维森–麦金农 (Davidson-Mackinnon)J 检验[1].

设模型 A, B 分别为

$$\begin{cases} M_{\mathrm{A}}: y_i = a_1 + a_2 X_i + \varepsilon_i, & X_i = x_i^2, \\ M_{\mathrm{B}}: y_i = b_1 + b_2 Z_i + \varepsilon_i', & Z_i = x_i^4, \end{cases} \quad i = 1, \cdots, n, \tag{9.41}$$

其中 $\varepsilon_i \sim N\left(0, \sigma_{\mathrm{A}}^2\right)$ 和 $\varepsilon_i' \sim N\left(0, \sigma_{\mathrm{B}}^2\right)$ 为模型误差.

(1) 对模型 B 进行估计, 得到 y_i 的估计值 y_i^{B}, 将得到的 y_i^{B} 作为另一解释变量增补到模型 A 中, 并估计下面的模型

$$Y_i = \lambda_1 + \lambda_2 X_i + \lambda_3 y_i^{\mathrm{B}} + u_i,$$

用 t 检验对假设 $H_0: \lambda_3 = 0,\ H_1: \lambda_3 \neq 0$ 进行检验. t 统计量的计算公式为

$$\frac{\lambda_3}{\sqrt{c_{mm} \cdot \sum_{i=1}^{n} (y_i - \bar{y})^2 \Big/ (n - m - 1)}} \sim t\,(n - m - 1), \tag{9.42}$$

其中 n 为样本容量, m 为参数个数 (本例 $m = 3$), c_{mm} 为协方差阵 C 的最后一个对角元素. 记

$$\tilde{X} = \begin{pmatrix} 1 & X_1 & y_1^{\mathrm{B}} \\ 1 & X_2 & y_2^{\mathrm{B}} \\ \vdots & \vdots & \vdots \\ 1 & X_n & y_n^{\mathrm{B}} \end{pmatrix},$$

则

$$C = \left(\tilde{X}^{\mathrm{T}} \tilde{X}\right)^{-1} = \begin{pmatrix} c_{11} & c_{12} & c_{13} \\ c_{21} & c_{22} & c_{23} \\ c_{31} & c_{32} & c_{33} \end{pmatrix}, \tag{9.43}$$

给定置信水平 α, 计算 t 统计量, 如果 $|t| < t_{\alpha/2}\,(n - m - 1)$ 则 H_0 假设不被拒绝, 可接受模型 A 为真模型.

(2) 现在将假设模型 A 和 B 颠倒过来, 重复上面步骤估计下面模型

$$y_i = \beta_1 + \beta_2 y_i^{\mathrm{A}} + \beta_3 Z_i + u_i',$$

用 t 检验对假设 $H_0: \beta_2 = 0, H_1: \beta_2 \neq 0$ 进行检验.

根据以上两个选择模型的显著性检验, 在置信水平 α 下, 可能有如下的结果 (表 9.1).

表 9.1　两个模型的选择判据

		$\lambda_3=0$	
		不拒绝	拒绝
$\beta_3=0$	不拒绝	同时接受	接受 B 拒绝 A
	拒绝	接受 A 拒绝 B	同时拒绝

9.2.6　回归诊断

除了进行前面的检验之外, 回归分析还需要进行 "回归诊断". 回归诊断包括残差分析、贡献分析和共线性诊断. 残差分析的目的是识别离群点. 贡献分析则是通过比对各自变量偏回归平方和的大小来确定该点对回归模型的贡献. 共线性诊断是防止各自变量之间有相关性, 从而引起最小二乘估计的不稳定. 对于回归诊断的具体方法, 可以查阅相关的教材.

1) 残差分析

标准化残差　定义标准化残差为

$$e_i=\frac{r_i}{s\sqrt{1-h_{ii}}}=\frac{y_i-\hat{y}_i}{s\sqrt{1-h_{ii}}}, \tag{9.44}$$

其中 $(h_{ij})=H=\tilde{X}\left(\tilde{X}^{\mathrm{T}}\tilde{X}\right)\tilde{X}^{\mathrm{T}}$ 是前面定义过的投影阵, $s=\sqrt{S_E^2/(n-p-1)}$. 通常规定标准化残差的绝对值大于等于 2 的点为 "可疑点", 大于等于 3 的点为 "离群点". 离群点不能参与回归模型的拟合.

2) 贡献分析

"贡献" 的度量有不同方式, 均是比对去掉某个点前后回归模型参数变化的大小. 变化大的对回归模型的贡献也大. 表 9.2 列出了几个方案, 其中 p 是参数的个数, n 是样本容量, 带有下标 (i) 的参量表示去掉第 i 个点后该参量的取值. 例如, $\hat{\boldsymbol{\beta}}_{(i)}$ 就表示去掉第 i 个点后 $\boldsymbol{\beta}$ 的最小二乘估计.

3) 共线性诊断

因为 $\hat{\boldsymbol{\beta}}=\left(\tilde{X}^{\mathrm{T}}\tilde{X}\right)^{-1}\tilde{X}^{\mathrm{T}}\boldsymbol{y}$, 记实对称阵 $\tilde{X}^{\mathrm{T}}\tilde{X}$ 的 $p+1$ 个非负特征根为 $\lambda_1^2\geqslant\lambda_2^2\geqslant\cdots\geqslant\lambda_{p+1}^2$, 所以如果某个特征根接近 0 时, 会使 $\left(\tilde{X}^{\mathrm{T}}\tilde{X}\right)\boldsymbol{\xi}=\lambda_i^2\boldsymbol{\xi}\approx 0$, 从而 $\xi'\left(\tilde{X}^{\mathrm{T}}\tilde{X}\right)\boldsymbol{\xi}\approx 0\Rightarrow\tilde{X}\boldsymbol{\xi}\approx 0$, 也就是 $\tilde{X}$ 的列向量近似线性相关. 这样解 $\hat{\boldsymbol{\beta}}=\left(\tilde{X}^{\mathrm{T}}\tilde{X}\right)^{-1}\tilde{X}^{\mathrm{T}}\boldsymbol{y}$ 变得极不稳定.

条件指数　定义 $\tilde{X}$ 的条件指数为

$$|\lambda_1/\lambda_i|,\quad i=1,2,\cdots,p+1. \tag{9.45}$$

可以用 $\tilde{X}$ 的条件指数来做共线性诊断, 判据如表 9.3.

表 9.2 贡献分析的判据

名称	计算公式	强影响点判据
影响函数 IF	$\mathrm{IF}_i=\hat{\boldsymbol{\beta}}_{(i)}-\hat{\boldsymbol{\beta}}$	$\Vert\mathrm{IF}_i\Vert$ 大的点
$\mathrm{DFBETAS}_j$	$\dfrac{\hat{\beta}_j-\hat{\beta}_{j(i)}}{\hat{\sigma}_{(i)}\sqrt{(\tilde{X}^{\mathrm{T}}\tilde{X})_{jj}^{-1}}}$	$\lvert\mathrm{DFBETAS}_j\rvert>\begin{cases}2,\\2/\sqrt{n}\end{cases}$
Cook 距离 D_i	$\dfrac{\left(\hat{\boldsymbol{\beta}}(i)-\hat{\boldsymbol{\beta}}\right)^{\mathrm{T}}\tilde{X}^{\mathrm{T}}\tilde{X}\left(\hat{\boldsymbol{\beta}}(i)-\hat{\boldsymbol{\beta}}\right)}{(p+1)\,s^2}$	$\lvert D_i\rvert>\dfrac{4}{n}$
Cook 距离 D_i 等价形式	$\dfrac{r_i^2}{p+1}\dfrac{h_{ii}}{(1-h_{ii})^2\,s^2}$	$\lvert D_i\rvert>\dfrac{4}{n}$
DFFITS_i	$\dfrac{\hat{y}_i-\hat{y}_{i(i)}}{s_{(i)}\sqrt{h_{ii}}}$	$\mathrm{DFFITS}_i>\begin{cases}2,\\2\sqrt{(p+1)/n}\end{cases}$

表 9.3 共线性诊断判据

诊断结果	弱相关	中等相关	强相关	严重相关
条件指数取值	10~30	30~100	100~1000	>1000

9.3 回归分析的 MATLAB 函数

本节主要介绍利用 MATLAB R2016b 版本中的函数实现回归分析过程, 内容主要包括线性回归函数、多项式拟合交互式工具、非线性回归函数和逐步回归函数.

9.3.1 线性回归函数

多元线性回归模型为 $\hat{y}=\hat{\beta}_0+\hat{\beta}_1x_1+\cdots+\hat{\beta}_px_p$, 下面利用 regress 函数来确定回归系数的点估计值、区间估计和模型检验.

调用格式为: `[b, bint, r, rint, stats]= regress(Y,X,alpha)`. 其中 X, Y 分别为自变量矩阵和因变量矩阵, 即

$$X=\begin{pmatrix}1 & x_{11} & \cdots & x_{1p}\\ 1 & x_{21} & \cdots & x_{2p}\\ \vdots & \vdots & & \vdots\\ 1 & x_{n1} & \cdots & x_{np}\end{pmatrix},\quad Y=\begin{pmatrix}y_1\\ y_2\\ \vdots\\ y_n\end{pmatrix}.$$

注意矩阵 X 的第一列是为了计算 $\hat{\beta}_0$, 因此均赋值为 1. alpha 在此表示为置信水平, 缺省值为 5%.

输出的 b 为模型中 $\hat{\beta}_0, \hat{\beta}_1, \hat{\beta}_2, \cdots, \hat{\beta}_p$ 的点估计, bint 为各回归系数的区间估计, r 为残差, rint 是置信区间, stats 中包含用于检验回归模型的统计量, 有 4 个数值: 判定系数 r^2(或 R^2)、F 值、p 值和误差方差 $\hat{\sigma}^{*2}$ 的估计. 判定系数 r^2(或 R^2) 和 F 值越大, 说明回归方程越显著; 与 F 值对应的概率 p 值满足 $p \leqslant \alpha$ 时拒绝 H_0, 回归模型成立.

例 9.3.1　钢的强度和硬度都是反映钢质量的指标. 现有 20 炉碳钢, 它们的抗拉强度 y 与硬度 x 的实验数据如表 9.4.

表 9.4　钢的抗拉强度与硬度的实验数据

编号	x_i	y_i	编号	x_i	y_i	编号	x_i	y_i	编号	x_i	y_i
1	277	103	6	268	98	11	286	108	16	255	94
2	257	99.5	7	285	103.5	12	269	100	17	269	99
3	255	93	8	286	103	13	246	96.5	18	297	109
4	278	105	9	272	104	14	255	92	19	257	95.5
5	306	110	10	285	103	15	253	94	20	250	91

解　用 MATLAB R2016b 编写程序如下 (直接在命令窗键入).

```
>> x = [277;257;255;278;306;268;285;286;272;285; …
286;269;246;255;253;255;269;297;257;250];      % 自变量矩阵值
>> y = [103;99.5;93;105;110;98;103.5;103;104;103; …
108;100;96.5;92;94;94;99;109;95.5;91];         % 因变量矩阵值
>> x = [ones(20,1),x]; % 自变量列加含常数列
>> [b, bint, r, rint, stats] =regress (y, x);
                                % 调用 regress 函数进行线性回归分析
>> stats                        % 输出 stats 中四个量
```

stats 输出的结果依次为 0.8493,101.4339,0.0000 和 5.2661. 由此可以看出 $p = 0.00 < 0.05$, 故拒绝原假设 H_0, 回归模型成立. 判定系数 r^2 和 F 值也很高, 误差方差 $\hat{\sigma}^{*2}$ 比较小, 说明线性关系拟合得很好. 为了更加直观地看其残差的变化, 可以调用 rcoplot 直接画出.

```
>>rcoplot ( r, rint )           %画出残差图
```

输出结果 (调整了灰度) 如图 9.7 所示.

从图 9.7 的残差分布可以看出, 其中每个点对应的圆点位置即为测量点观测值与模型值的误差, 除了一个点, 其余误差棒均压住 0, 虚线的误差棒没有压住 0, 表明此点观测的值在线性拟合的置信区间之外. □

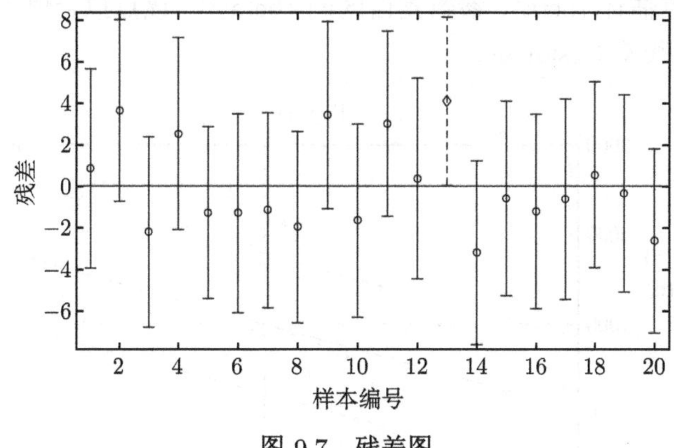

图 9.7 残差图

9.3.2 多项式拟合交互式工具

如果因变量和自变量的拟合关系为多项式, 可调用 MATLAB 中 polytool 工具来实现. 调用格式为: `h = polytool ( X, Y, m, alpha, xname, yname)`. 其中 X, Y 分别为自变量矩阵和因变量矩阵, 即 $X=(x_1,\cdots,x_n)^{\mathrm{T}}, Y=(y_1,\cdots,y_n)^{\mathrm{T}}$, m 为多项式次数, alpha 为显著性水平 (缺省为 0.05), xname 和 yname 分别是 x, y 轴标签. 得到的 h 为对象句柄值.

例 9.3.2 仍取例 6.5.1 的数据. 根据 1936 年哈勃图的 24 个星系退行速度 $v\,[\mathrm{km}\cdot\mathrm{s}^{-1}]$ 和其距离 $L\,[\mathrm{Mpc}]$ 的数据, 求其 0.95 的置信区间.

L	30	190	250	270	260	420	500	500	630	790	890
v	111.1	−83.3	97.2	27.8	−69.4	−208.3	819.4	819.4	958.3	666.7	777.8	194.4
L	890	880	910	1010	1100	1110	1420	1700	2020	2010	2020	2020
v	430.6	888.9	1222.2	1736.1	1472.2	1166.7	1263.9	2111.1	1111.1	1611.1	1763.9	2250.0

解 假设我们已经在 MATLAB 工作区中存储了向量 V 和 L, 则直接调用 polytool 函数.

```
>> h = polytool(L,V,1,0.05,'L(Mpc)','V(km s^(-1))');
```

运行后会进入交互式工具预测图, 如图 9.8, 其中图的正上方为多项式拟合的次数; 下方为横坐标的值, 可以自行调整查看; 回车后便可以从图中看出在当前置信水平下, 纵坐标的拟合值及其置信范围, 如图 9.8 给出: 当多项式拟合的次数为 1, 置信水平取为 0.05, 距离为 1Mpc 时, 退行速度拟合值约为 1000km·s^{-1}, 而其置信区间为 [775.8, 1001.9]. □

为方便使用拟合的模型及其参数, 可以点击左下方 Export 按钮将此时的数据保留至 workspace(工作区), 弹出的界面框如图 9.9, 其中从上到下依次为多项式模型拟合的参数点估计 (beta)、参数置信区间 (betaci)、该点拟合值 (yhat)、该点置信区间 (yci) 和残差 (residuals).

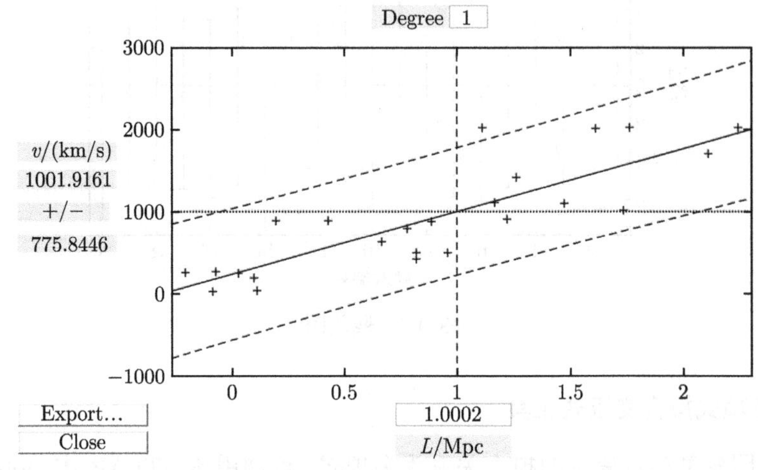

图 9.8　polytool 交互式工具预测图

Export to Workspace

Parameters　beta

Parameter CI　betaci

Prediction　yhat

Prediction CI　yci

Residuals　residuals

确定　取消

图 9.9　polytool 的 Export 窗口

在 MATLAB 中, 也可以利用 CFTool 工具箱进行多项式拟合. 先将需要拟合的数据序列整理好, 再在 MATLAB 命令窗运行 cftool, 对欲拟合的数据, 如 v 和 L, 选择好数据和拟合函数, 比如 Polynomial 中的一次多项式, 即可看到拟合的图像 (图 9.10).

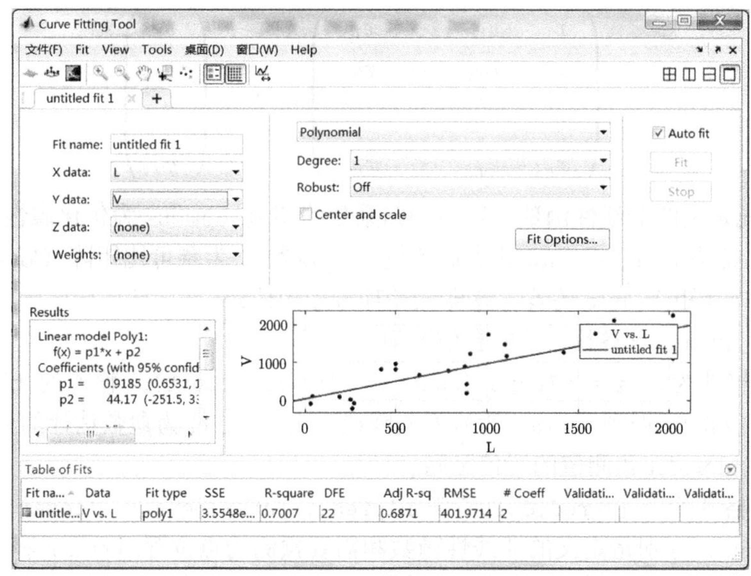

图 9.10 cftool 界面

如果需要保存相关图像或者参数, 可以点击左上方 "文件 (F)" 中的 Generate Code (图 9.11), 则可将拟合以 Function 文件的形式予以保存.

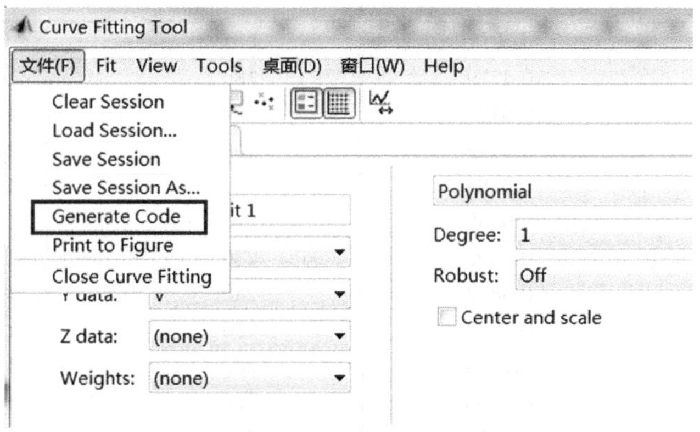

图 9.11 cftool 中对拟合过程用函数形式予以保存

9.3.3 非线性回归函数

除了线性和多项式的回归分析外, 非线性的拟合往往也是考虑的重点, 则其可以用函数式 $y=f(x_1,x_2,\cdots,x_p;a_1,a_2,\cdots,a_k)$ 表示, 调用格式分为三步.

1) 用 nlinfit 求基本参数

调用格式为: `[beta, r, J, Covb, mse]=nlinfit(X, y, fun, b0, options)`. 其中 X, y 分别为自变量矩阵和因变量矩阵, 即

$$X=\begin{pmatrix} x_{11} & x_{12} & \cdots & x_{1p} \\ x_{21} & x_{22} & \cdots & x_{2p} \\ \vdots & \vdots & & \vdots \\ x_{n1} & x_{n2} & \cdots & x_{np} \end{pmatrix},\quad y=\begin{pmatrix} y_1 \\ y_2 \\ \vdots \\ y_n \end{pmatrix}.$$

fun 为事先定义的非线性函数, b0 为回归系数的初值, options 为优化属性设置. 输出的 beta 即为 $\hat{a}_1,\hat{a}_2,\cdots,\hat{a}_k$ 的点估计值, r 为残差, J 为雅可比矩阵, Covb 是拟合系数的协方差矩阵, mse 为均方差即误差项方差的估计.

2) 用 nlparci 求参数估计的置信区间

调用格式为: `ci = nlparci(beta, r, 'covar', Covb)`. 输入的 beta, r 和 Covb 均由 nlinfit 得到, 'covar' 为协方差阵选项. 输出的 ci 为参数估计的置信区间.

3) 用 nlpredci 预测值的置信区间

调用格式为: `[ypred,delta] = nlpredci(fun,x,beta,r, 'covar', Covb)`. 输入的 fun, x 分别是定义的非线性函数和需要预测的点位置, beta, r 和 Covb 均由 nlinfit 得到, 'covar' 为协方差阵选项. 输出的 ypred 为回归方程在 x 处的预测值, delta 为 x 处置信水平为 1−alpha 的误差, alpha 缺省值为 0.05.

例 9.3.3 已知世界时 (UT) 有长期变化、周年变化和半年变化等. 设有取样间隔为 10 天的世界时 (UT) 数据如下:

t/d	UT/s	t/d	UT/s
0	0.4779	180	1.0449
10	0.5123	190	1.0700
20	0.5449	200	1.0960
30	0.5788	210	1.1229
40	0.6139	220	1.1509
50	0.6499	230	1.1799
60	0.6863	240	1.2097
70	0.7227	250	1.2401
80	0.7586	260	1.2707
90	0.7936	270	1.3012
100	0.8272	280	1.3313
110	0.8592	290	1.3610
120	0.8895	300	1.3900
130	0.9180	310	1.4184
140	0.9450	320	1.4465
150	0.9683	330	1.4747
160	0.9972	340	1.4947
170	1.0175	350	1.5425

取 UT 的演化模型为

$$\mathrm{UT}(t)=a+b\cdot t+c\cdot\sin\left(\frac{2\pi t}{365}\right)+d\cdot\cos\left(\frac{2\pi t}{365}\right)+e\sin\left(\frac{2\pi t}{182.5}\right)+f\cos\left(\frac{2\pi t}{182.5}\right).$$

试求模型中的常数项 a, 线性项 b, 周年项系数 c,d 和半年项系数 e,f 以及它们的置信区间 $(\alpha=0.05)$

解 将本例中的数据在当前目录下存为数据文件 data_UT.txt, 其中第一列为 t, 第二列为 UT. 在 MATLAB R2016b 编写程序如下:

```
data = load('data_UT.txt');
t = data(:,1);
UT = data(:,2); P = 2*pi/365;
%定义拟合函数
fun = @(pa,t)[pa(1)+pa(2)*t+pa(3)*sin(P*t)+
pa(4)*cos(P*t)+pa(5)*sin(2*P*t)…+pa(6)*cos(2*P*t)];
[pa, r, J, Covb, mse] = nlinfit(t,UT,fun,[1,1,1,1,1,1]);
%调用 nlinfit 函数
yp = fun(pa, t);
ci = nlparci(pa, r, 'covar', Covb);
%参数的置信区间
[Upred,delta] = nlpredci(fun, t, pa, r, 'covar', Covb);
%预测值的置信区间
plot(t,UT,'ko',t,Upred,'k',t,Upred-delta,'k-',t,Upred+delta,'k-');
xlabel('时间 (d) ');ylabel('UT (s) ')
```

输出的图为图 9.12. 其中圆圈是原始观测数据. 由于预测值的置信区间非常窄, 只有在放大后才能看到, 因此我们将其中的一部分放大嵌在图的右下部. 具体方法是, 键入

```
axes('position',[0.44,0.22,0.43,0.30]);
ii=16:22;
plot(t(ii),UT(ii),'ko',t(ii),Upred(ii),'k',t(ii),Upred(ii)-
delta(ii),'k-', t(ii),Upred(ii)+delta(ii),'k-');
```

参数及其置信区间 $(\alpha=0.05)$ 的计算结果为

$a\pm\sigma$	$b\pm\sigma$	$c\pm\sigma$	$d\pm\sigma$	$e\pm\sigma$	$f\pm\sigma$
0.05±0.002	0.003±0.0000	0.02±0.002	−0.012±0.0008	−0.005±0.001	−0.008±0.0008

判定系数 $r^2=0.9999$, 几乎等于 1, 说明模型非常显著. □

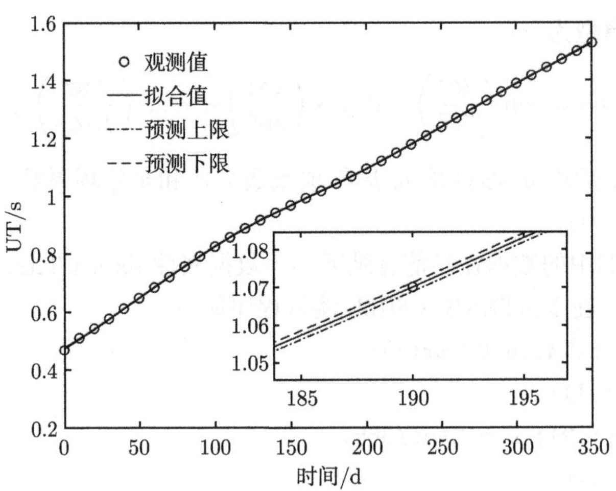

图 9.12　世界时观测数据和预测置信区间

9.3.4　逐步回归

逐步回归 (stepwise) 是一种筛选回归模型自变量的方法. 它通过比对所有候选自变量对 y 的贡献大小, 逐个引入回归方程, 每引入一个自变量都要对方程总体和已入选模型的旧变量进行检验, 剔除不显著的变量, 保证总体和每个引入的自变量都是显著的, 直到既没有新的自变量可以引入, 也没有老的自变量可以剔除为止.

下面我们略去证明过程, 给出逐步回归的步骤和计算公式.

1) 计算相关阵

设有数据 $X = \begin{pmatrix} x_{11} & x_{12} & \cdots & x_{1p} \\ x_{21} & x_{22} & \cdots & x_{2p} \\ \vdots & \vdots & & \vdots \\ x_{n1} & x_{n2} & \cdots & x_{np} \end{pmatrix}$, $\boldsymbol{y} = \begin{pmatrix} y_1 \\ y_2 \\ \vdots \\ y_n \end{pmatrix}$, $\bar{x}_i = \dfrac{1}{n}\sum_{k=1}^{n} x_{ki}$

$$\Updownarrow$$

$$(\boldsymbol{x}_1 \quad \boldsymbol{x}_2 \quad \cdots \quad \boldsymbol{x}_p)$$

$(i = 1, \cdots, p)$, $\bar{\boldsymbol{y}} = \dfrac{1}{n}\sum_{k=1}^{n} y_k$, 记

$$\begin{cases} l_{ij} = \sum_{k=1}^{n} (x_{ki} - \bar{x}_i)(x_{kj} - \bar{x}_j), \ l_{ii} = \sum_{k=1}^{n} (x_{ki} - \bar{x}_i)^2, \\ l_{iy} = \sum_{k=1}^{n} (x_{ki} - \bar{x}_i)(y_k - \bar{y}), \ l_{yy} = \sum_{k=1}^{n} (y_k - \bar{y})^2 \end{cases} \quad (i, j = 1, \cdots, p),$$

则增广阵元素的相关矩阵为

$$R^{(0)}=\begin{pmatrix} r_{11} & r_{12} & \cdots & r_{1p} & r_{1y} \\ r_{21} & r_{22} & \cdots & r_{2p} & r_{2y} \\ \vdots & \vdots & & \vdots & \vdots \\ r_{p1} & r_{p2} & \cdots & r_{pp} & r_{py} \\ r_{y1} & r_{y2} & \cdots & r_{yp} & r_{yy} \end{pmatrix}, \tag{9.46}$$

其中 $r_{ij}=\dfrac{l_{ij}}{\sqrt{l_{ii}l_{jj}}}$, $r_{iy}=\dfrac{l_{iy}}{\sqrt{l_{ii}l_{yy}}}$.

从 $R^{(0)}$ 开始进行逐步回归, 假设进行到了第 $l(\geqslant 1)$ 步, 已经从 p 个待选自变量中引入了 m 个自变量, 接下来给出逐步回归的步骤.

2) 计算全部自变量的贡献

$$\mathrm{SSR}_i^{(l)}=\frac{\left[r_{iy}^{(l-1)}\right]^2}{r_{ii}^{(l-1)}}\quad(i=1,2,\cdots,m). \tag{9.47}$$

3) 剔除变量

令 $\mathrm{SSR}_k^{(l)}=\min\limits_i\left\{\mathrm{SSR}_i^{(l)}\right\}$, 计算统计量

$$F_1=\frac{\mathrm{SSR}_k^{(l)}(n-m-1)}{r_{yy}^{(l-1)}}. \tag{9.48}$$

如果 $F_1\leqslant F_\alpha(1,n-m-2)$, 则剔除自变量 x_k, 相关矩阵 $R^{(l-1)}$ 变换为 $R^{(l)}$; 如果 $F_1>F_\alpha(1,n-m-2)$, 则不能剔除自变量 x_k, 这时相关矩阵 $R^{(l-1)}$ 不改变.

4) 引入变量 (假如已经到 $l+1$ 步)

令 $\mathrm{SSR}_k^{(l+1)}=\max\limits_i\left\{\mathrm{SSR}_i^{(l+1)}\right\}$, 计算统计量

$$F_2=\frac{\mathrm{SSR}_k^{(l+1)}(n-m-2)}{r_{yy}^{(l)}-\mathrm{SSR}_k^{(l+1)}}. \tag{9.49}$$

如果 $F_2>F_\alpha(1,n-l-2)$, 引进自变量 x_k, 相关矩阵 $R^{(l)}$ 变换为 $R^{(l+1)}$; 如果 $F_2\leqslant F_\alpha(1,n-m-2)$, 则不能入选 x_k, 挑选结束. 建立了 m 元线性方程. 我们看到只有引入或者剔除变量 x_k 时, 相关矩阵才发生变化. 假如已经到 $l+1$ 步, 相关矩阵 $R^{(l)}$ 和 $R^{(l+1)}$ 之间的变换关系为

$$r_{ij}^{(l+1)}=\begin{cases} r_{kj}^{(l)}/r_{kk}^{(l)}, & i=k,\quad j\neq k, \\ -r_{ik}^{(l)}/r_{kk}^{(l)}, & i\neq k,\quad j=k, \\ 1/r_{kk}^{(l)}, & i=k,\quad j=k, \\ r_{ij}^{(l)}-\dfrac{r_{ik}^{(l)}r_{kj}^{(l)}}{r_{kk}^{(l)}}, & i\neq k,\quad j\neq k. \end{cases} \tag{9.50}$$

5) 计算偏回归系数和剩余标准差

若总共计算了 $l+1$ 步, 建立了 m 元线性方程, 得到相关矩阵 $R^{(l+1)}$, 则有

$$\begin{cases} \hat{\beta}_i = r_{iy}^{(l+1)}\sqrt{l_{yy}/l_{ii}}\ (i=1,\cdots,m), \quad \hat{\beta}_0 = \bar{y} - \sum_{i=1}^{m}\hat{\beta}_i\bar{x}_i, \\ S_E^2 = l_{yy}r_{yy}^{(l+1)}, \quad S_R^2 = l_{yy}\left[1 - r_{yy}^{(l+1)}\right], \\ \text{剩余标准差 } S_y = \sqrt{\dfrac{S_E^2}{n-m-1}}. \end{cases} \tag{9.51}$$

MATLAB 实现逐步回归的函数是 stepwise.

调用格式: `stepwise(X, y, inmodel, penter, premove)`. 其中分别为自变量矩阵和因变量矩阵, 即 inmodel 为初始模型中所包含变量的指标; penter 为引入变量的最大 P 值, 默认为 0.05; premove 为剔除变量的最小 P 值, 默认为 0.1, 注意 premove ⩾ penter. penter 参量值取得越小, 入选条件越严格. 函数运行后会出现一个交互式界面, 通过该界面进行引入和剔除变量的操作, 还可以导出相关结果.

例 9.3.4　根据表 9.5 提供的激光测月数据, 用逐步回归方法确定台站坐标、月面反射器坐标、月球和地球轨道参数等因素与用地球自转参数的实验观测值和理论值之差 $\Delta\tau$ 的关系. 为简单起见, 仅给出标准化无量纲的数据.

表 9.5　激光测月数据[2]

编号	X_1	X_2	X_3	X_4	X_5	X_6	Y
1	1.2343	−0.6264	0.5875	0.3307	2.3701	1.7310	−1.7252
2	0.8334	0.9613	−0.1537	−0.1814	−0.7171	−1.3875	0.6966
3	0.6737	0.7317	−0.5865	−0.0818	−0.9356	−1.2436	0.5843
4	0.9891	0.7425	−0.6172	−0.0818	−0.9712	1.5135	0.3638
5	0.7148	0.4496	−0.8864	0.0377	−1.0575	−1.2814	0.4480
6	−0.3720	0.1260	−0.4217	0.1714	−1.0785	0.2830	0.3678
7	−0.3852	−0.2280	0.0040	0.3165	−0.9928	0.2707	0.1192
8	1.0945	−0.2111	0.0211	0.3079	−0.9774	1.6098	0.0310
9	0.7645	−0.6126	0.3724	0.4701	−0.8099	−1.3273	0.0110
10	−0.1977	−0.5962	0.3870	0.4616	−1.4289	0.4405	−0.1214
11	0.6425	−0.2659	0.6946	0.6181	−0.5806	−1.2172	−0.2417
12	−0.4859	−0.2828	0.7039	0.6124	−0.5491	0.1797	−0.2296
13	0.8539	0.6886	1.1347	0.9965	0.5641	−1.4096	−0.8431
14	0.4139	0.6514	1.1383	0.9794	0.6476	0.9959	−1.0837
15	0.3901	0.9928	0.8921	1.1245	1.4813	−0.9905	−1.5408
16	−0.3653	0.9710	0.8849	1.1131	1.5247	0.2896	−1.5568
17	−0.4806	−0.6264	1.1900	−0.1018	1.8673	0.1858	−1.4646
18	−0.4654	−0.6264	1.0009	−0.1501	1.4380	0.1994	−1.3363

续表

编号	X_1	X_2	X_3	X_4	X_5	X_6	Y
19	1.1786	1.2179	0.6989	−0.2895	0.9271	1.6960	0.6726
20	−0.4634	1.1485	0.3515	−0.2611	0.5366	0.2006	0.7167
21	1.0434	1.1623	0.3380	−0.4346	0.4843	1.5738	0.5402
22	−2.1352	1.0325	−0.0570	−0.2156	0.1578	−1.3212	0.7528
23	−0.8789	1.0151	−0.0677	−0.2042	0.1191	−0.1766	0.7808
24	−0.7444	−0.6264	−0.0745	−3.5956	0.1151	−0.0546	3.1425
25	1.0348	−2.2841	−0.0861	−0.2070	0.0597	0.1495	0.5843
26	−0.8007	−2.0635	−0.5350	−0.1160	−0.2715	−0.9836	0.4761
27	−0.6682	−0.6264	−0.5286	−2.8957	−0.2746	0.2201	0.2596
28	0.8294	−2.0786	−0.5510	−0.1188	−0.3139	0.1309	0.4681
29	−2.1034	−0.7575	−2.4375	0.4217	−0.8957	−0.1364	0.0270
30	−2.1445	0.6210	−3.3968	0.9737	−0.4386	−0.1403	−0.8992

数据说明: X_1: 望远镜所在位置的经度改正量; X_2: 月面反射器坐标改正量; X_3: 月球平近点角改正量; X_4: 月球三阶引力位函数改正量; X_5: 相对论效应改正项; X_6: 经度长期漂移项的改正量; $Y = \Delta\tau$ 地球自转参数的时延观测值和理论值之差.

我们看到表 9.5 中编号 24 的 Y 值是 3σ 以外的值, 应作为离群值处理, 不参与模型拟合. 去掉这一行的数据, 把其余数据以 $X_1, X_2, X_3, X_4, X_5, X_6, Y$ 七列的形式记录在当前目录的 yx.txt 文件中, 先考虑仅含一次项的回归模型. 在 MATLAB 命令窗键入:

```
>>data = load('yx.txt');
>>x1 = data(:,1);  x2= data(:,2); x3= data(:,3); x4 = data(:,4);
>>x5 = data(:,5); x6 = data(:,6);y= data(:,7);
>>xx = [x1 x2 x3 x4 x5 x6];
>>stepwise(xx,y,[1:6],0.05,0.1)
```

进入初始界面, 如图 9.13 所示.

此时, 可以看到图 9.13 右上角提示可以剔除 X_3, 按 Next Step 直到右上角显示 Move no terms 为止, 说明逐步回归完成, 最终界面如下.

可以从图 9.14 中看到矩形虚化的部分为剔除参量, 系数为 Coeff. 一列, 常数项为 Intercept. 回归模型为 $y = -0.05 - 0.47x_4 - 0.49x_5$. 尽管 F 值和 P 值显示模型是显著的, 但归一化的判定系数不高, 仅为 0.57. 因此我们来尝试不同形式的模型, 考虑更复杂些的模型, 前面的筛选显示自变量 X_4 和 X_5 是显著的. 尝试自变量为 $(X_2, X_4, X_5, X_2^2, X_4^2, X_5^2)$ 的模型. 这时 xx 和初值都要重新设置.

```
>>xx = [x2 x4 x5 x2.^2 x4.^2x 5.^2];
>>stepwise(xx,y,[1:6],0.05,0.1)
```

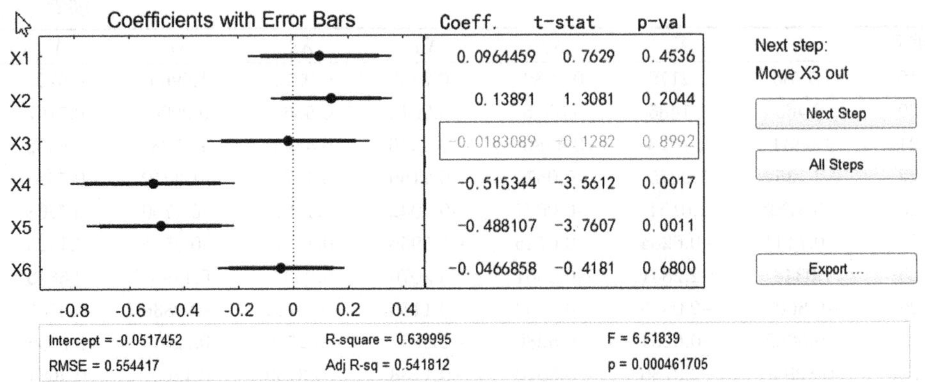

图 9.13 stepwise 初始界面图

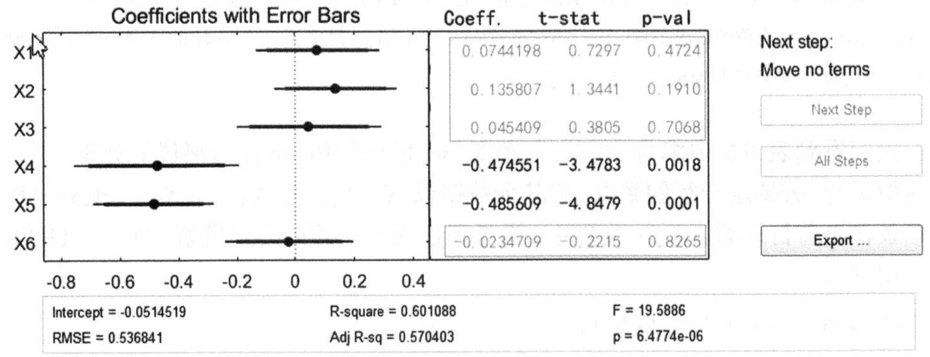

图 9.14 stepwise 结束界面图

运行后, 回归模型变为

$$y = -0.0004 + 0.29x_2 - 0.73x_4 - 0.44x_5 + 0.21x_2^2 - 0.23x_4^2 - 0.11x_5^2.$$

判定系数 $R^2 = 0.94$, 其余统计量也明显向好. 点击 Export... 可将结果输出至 workspace (工作区) 中.

进一步可以画出预测效果图. 键入:

```
>>yp = xx*beta+stats.intercept;
>>plot(y,'k*');hold on;plot(yp,'k')
```

结果如图 9.15 所示, 其中实线为逐步回归拟合值, 圆圈为数据 $\Delta\tau$ 的值. 显然逐步回归的结果可以较好地描述 $\Delta\tau$ 的变化趋势. 如果把第一个模型 (虚线) 以及离群点都画在同一幅图上, 则更加清晰地看出拟合的优劣.

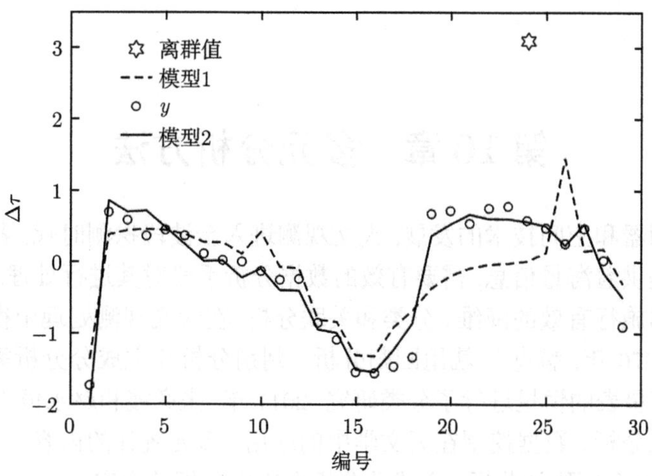

图 9.15 逐步回归拟合效果图

参 考 文 献

[1] Davidson R, Mackinnon J. Several tests for model specification in the presence of alternative hypotheses. Econometrica, 1981. 49(3): 781–793.

[2] 丁月蓉, 郑大伟. 天文测量数据的处理方法. 南京：南京大学出版社, 1990: 123–124.

第 10 章　多元分析方法

随着探测器和空间技术的发展, 天文观测进入全波段探测时代, 各类大型设备和卫星每天提供着海量信息, 需要有效的数据分析手段对其进行处理. 多元统计分析能够对数据施行有效的降维、分类和关联分析, 在天文观测处理中得到了广泛的应用. 早在 1976 年, 赫克[1] 就用回归分析、判别分析和主成分分析等方法对林德曼星表和霍克星表的恒星进行了分类研究. 2011 年, 张彦霞和赵永恒[2] 亦曾撰文详细论述了多元分析、数据挖掘在天文学中的应用. 多元统计的内容十分丰富, 限于篇幅, 我们主要介绍聚类分析、主成分分析和判别分析的内容.

10.1　聚类分析

10.1.1　问题的提出

我们经常面临这样的问题: 对于一组观测样本, 已知它们的某些性质, 要通过这些性质将样本进行分类, 并且要求分在同一类的样本要比分在不同类的样本更加相似. 比如我们对 100 个天体进行研究, 通过观测得到了每个天体的光度、质量、有效温度、红移等性质, 现在通过这些性质将这 100 个天体进行分类, 并认为分到同一组的天体为相同的天体 (如同是星系或同是恒星等). 严太生, 张彦霞, 赵永恒[3] 曾使用自动聚类算法, 对 SDSS DR6 数据库中的 868974 条测光数据进行分类, 判别这些光谱来自于恒星还是星系. 大天区面积多目标光纤光谱天文望远镜 (large sky area multi-object fibre spectroscopic telescope, LAMOST) 投入运行之后, 王光沛、潘景昌、衣振萍等[4] 曾基于线指数特征, 对 LAMOST 恒星光谱数据进行分类.

按 “物以类聚” 的朴素思想, 根据样本之间的相似程度, 把它们分为若干个类, 其中相似的样本构成一类, 这一过程就是聚类过程. 聚类分析技术贵在不受先验知识的约束, 可以把数据对象自动地划分为不同的类. 甚至某些结果对以前的认知可能是颠覆性的. 比如很长时间里, 天文学家习惯把伽马射线暴按其爆发的时间长短分为长暴和短暴两类, 而恰德巴塔依等[5] 运用 K-means 聚类算法, 按流量强弱将长暴一分为二, 从而将伽马射线暴分为了三类, 并用统计检验论证了这样分类的合理性.

1978 年法国天文学家蒙特尼[6] 首次将层次聚类方法应用于天文学研究, 用于识别星系群. 1995 年, 塞尔纳和热巴尔[7] 首次引入束缚能作为等级树的连接标准, 发现星系团内成员可以通过二叉树 (等级树) 直观地显示出来. 等级树直接利用投影位置和视向速度构建天体之间的相对束缚关系, 不需要假定结构的形状和动力学状态. 这对于研究非弛豫星系团非常有利. 1999 年意大利天文学家迪佛里奥[8] 进一步改进了等级树的方法, 提出利用等级树中主干 (main branch) 的弥散速度平台来定位星系团的思路, 让等级树中的结构提取有了一个定量的操作标准. 不过, 弥散速度平台方法主要适用于单个星系团的观测. 对于视场中有多个束缚系统的情况需要一定的人工干预. 2018 年, 余恒[9] 等提出花树算法, 用遍历各个枝干的思路取代了之前的主干识别, 从而能够直接识别视场中的全部束缚系统, 包括与目标星系团没有物理联系的前景/背景星系群, 极大提高了方法的可用性和普适性.

10.1.2 距离和相似系数

如果对 n 个天体的 m 个属性进行观测, 可以得到 n 个观测结果 (也称作 "样品")$\{x_i|i=1,\cdots,n\}$, 每个样品都是 m 维空间的点, 其分量可以用行向量 $x_i=(x_{i1},\cdots,x_{im})$ 表示; 也可以把整个观测结果用一个矩阵表示出来

$$X=\begin{pmatrix}\boldsymbol{x}_1^{\mathrm{T}}\\ \boldsymbol{x}_2^{\mathrm{T}}\\ \vdots\\ \boldsymbol{x}_n^{\mathrm{T}}\end{pmatrix}=\begin{pmatrix}x_{11} & x_{12} & \cdots & x_{1m}\\ x_{21} & x_{22} & \cdots & x_{2m}\\ \vdots & \vdots & & \vdots\\ x_{n1} & x_{n2} & \cdots & x_{nm}\end{pmatrix}. \tag{10.1}$$

数学上用距离 d_{ij} 或相似系数 c_{ij} 来描述样品之间的相似度. 其定义如下.

距离 $\boldsymbol{x}_i$ 和 $\boldsymbol{x}_j$ 之间的距离 d_{ij} 是满足以下三个条件的一个非负数.

(1) 正定性: 对于一切 $i,j,d_{ij}\geqslant 0$, 且 $d_{ij}=0$ 当且仅当 $\boldsymbol{x}_i=\boldsymbol{x}_j$.

(2) 对称性: 对于一切 $i,j,d_{ij}=d_{ji}$.

(3) 三角不等式: 对于一切 $i,j,k,d_{ij}\leqslant d_{ik}+d_{kj}$.

相似系数 $\boldsymbol{x}_i$ 和 $\boldsymbol{x}_j$ 之间的相似系数 c_{ij} 是满足以下三个条件的一个实数.

(1) $c_{ij}=\pm 1$ 当且仅当 $\boldsymbol{x}_i=a\boldsymbol{x}_j+b$, 其中 $a\neq 0,b$ 为常数.

(2) 对于一切 $i,j,|c_{ij}|\leqslant 1$.

(3) 对于一切 $i,j,c_{ij}=c_{ji}$.

聚类分析认为距离近或相似度大的样品为同一类. 表 10.1 列出了常用的样品间距离的定义以及它们在 MATLAB 距离函数 pdist 中的字符串选项. MATLAB 也提供了调用自己定义的距离函数的方法.

表 10.1 中不同的距离适用于不同的样本属性和聚类需求. 每种距离都有自身的特点和局限. 比如最常见的闵氏距离就有两个缺陷, 首先它与指标的量纲有关, 使得距离依赖于各变量计量单位的选择; 其次, 定义没有考虑各个变量之间的相关性. 而马氏距离虽然考虑到了变量之间的相关性, 且和量纲无关, 但是所有观测均用同一个协方差阵的效果往往也不太好.

表 10.1　样品间的距离定义及在 MATLAB 中的表示 (向量均为列向量)

距离名称	字符串	d_{ij} (或C_{ij})的定义及计算公式($i,j=1,2,\cdots,n$)
欧氏	'euclidean'	$d_{ij}^2=(\boldsymbol{x}_i-\boldsymbol{x}_j)^{\mathrm{T}}(\boldsymbol{x}_i-\boldsymbol{x}_j)$
马氏	'mahalanobis'	$d_{ij}^2=(\boldsymbol{x}_i-\boldsymbol{x}_j)^{\mathrm{T}}S^{-1}(\boldsymbol{x}_i-\boldsymbol{x}_j)$，$S$ 是样本协方差阵
标准欧氏	'seuclidean'	$d_{ij}^2=(\boldsymbol{x}_i-\boldsymbol{x}_j)^{\mathrm{T}}V^{-1}(\boldsymbol{x}_i-\boldsymbol{x}_j)$， V 是由协方差阵 S 的对角元素构成的对角阵
城市街区	'cityblock'	$d_{ij}=\sum_{t=1}^{m}\lvert x_{it}-x_{jt}\rvert$
闵氏	'minkowski'	$d_{ij}=\left\{\sum\limits_{t=1}^{m}\lvert x_{it}-x_{jt}\rvert^p\right\}^{1/p}$
切比雪夫	'chebychev'	$d_{ij}=\max\limits_{1\leqslant t\leqslant m}\lvert x_{it}-x_{jt}\rvert$
兰氏距离		$d_{ij}=\frac{1}{m}\sum_{t=1}^{m}\frac{\lvert x_{it}-x_{jt}\rvert}{x_{it}+x_{jt}}$，要求 $x_{ij}>0$
斜交空间距离		$d_{ij}=\sqrt{\frac{1}{m^2}\sum\limits_{k=1}^{m}\sum\limits_{l=1}^{m}(x_{ik}-x_{jk})(x_{il}-x_{jl})r_{kl}}$， r_{kl} 是 x_k 和 x_l 之间的相关系数
夹角余弦	'cosine'	$c_{ij}=1-\left\lvert\boldsymbol{x}_i^{\mathrm{T}}\boldsymbol{x}_j/\sqrt{(\boldsymbol{x}_i^{\mathrm{T}}\boldsymbol{x}_i)\left(\boldsymbol{x}_j^{\mathrm{T}}\boldsymbol{x}_j\right)}\right\rvert$
相关	'correlation'	$c_{ij}=1-\left\lvert\frac{(\boldsymbol{x}_i-\bar{\boldsymbol{x}}_i)^{\mathrm{T}}(\boldsymbol{x}_j-\bar{\boldsymbol{x}}_j)}{\sqrt{(\boldsymbol{x}_i-\bar{\boldsymbol{x}}_i)^{\mathrm{T}}(\boldsymbol{x}_i-\bar{\boldsymbol{x}}_i)}\sqrt{(\boldsymbol{x}_j-\bar{\boldsymbol{x}}_j)^{\mathrm{T}}(\boldsymbol{x}_j-\bar{\boldsymbol{x}}_j)}}\right\rvert$
秩相关	'spearman'	$c_{ij}=1-\lvert$样本的斯皮尔曼秩相关函数$\rvert$

10.1.3　数据的类型及其标准化

根据观测变量的属性, 可以把它们分为区间标度变量、二元变量、标称变量、序数变量等等, 也可能是混合类型变量.

1) 区间标度变量

区间标度变量表示连续变化的量, 如长度、时间间隔、速度等. 其表示如 (10.1) 式. 为了避免量纲不同对聚类带来的影响, 可以事先对数据 X 按列 (也就是按属性) 进行标准化处理. 例如对于 x_i 的任意分量 $x_{ij}, j=1,2,\cdots,m$, 可以令

$$x'_{ij}=\frac{x_{ij}-M_j}{S_j}\quad(i=1,\cdots,n,\ j=1,\cdots,m),\tag{10.2}$$

其中 $M_j=\frac{1}{n}\sum\limits_{i=1}^{n}x_{ij}, S_j=\left[\frac{1}{n-1}\sum\limits_{i=1}^{n}(x_{ij}-M_j)^2\right]^{1/2}$，或者取平均绝对偏差 $S'_j=$

$\frac{1}{n}\sum_{i=1}^{n}|x_{ij}-M_j|$; 也可以用极差的方式做标准化处理

$$x'_{ij}=\frac{x_{ij}-\min\limits_{1\leqslant i\leqslant n}(x_{ij})}{\max\limits_{1\leqslant i\leqslant n}(x_{ij})-\min\limits_{1\leqslant i\leqslant n}(x_{ij})}\quad(i=1,\cdots,n;\ j=1,\cdots,m), \tag{10.3}$$

(10.3) 式对于有噪声的数据比用 (10.2) 式有更好的鲁棒性. 因为在计算平均绝对偏差时, 度量值与平均值的偏差没有被平方, 因此孤立点的影响在一定程度上被减小了.

2) 二元变量

二元变量对应的样本状态只有两种, 分别由取值 0 或者 1 来表征, 例如 "男" 或 "女"、"生" 或 "死". 如果一个二元变量的两种状态有相同的权重, 则称之为对称的二元变量, 否则是非对称的. 在非对称二元变量中, 通常把小概率的, 往往也是对最后结果判定更重要的状态取为 1. 比如在描述病人某项检查结果时, 通常把 "阳性" 取值定为 1, "阴性" 取值定为 0.

对称的二元变量之间的距离由 (10.4) 式给出

$$d_{ij}=\begin{cases}\dfrac{r}{q+r+t}, & \text{对称二元变量},\\ \dfrac{r}{q+r}, & \text{非对称二元变量},\end{cases} \tag{10.4}$$

其中 q 表示 $\boldsymbol{x}_i$ 和 $\boldsymbol{x}_j$ 中均取 1 的二元变量的个数; r 表示 $\boldsymbol{x}_i$ 和 $\boldsymbol{x}_j$ 中取不同值的二元变量个数; t 表示 $\boldsymbol{x}_i$ 和 $\boldsymbol{x}_j$ 中均取 0 的二元变量个数.

例 10.1.1 某观测指标有六种, 每种结果都只显示是或者非, 结果如表 10.2 所示, 判断它们的相似程度.

表 10.2 六种观测指标结果

天体	指标 1	指标 2	指标 3	指标 4	指标 5	指标 6
A	N	Y	N	Y	Y	Y
B	N	Y	N	Y	N	Y
C	N	N	Y	Y	Y	Y

解 从表 10.2 中看出, 各项指标是非对称的, 可记 N 为 1, Y 为 0. 根据 (10.4) 式, 可以得到下式:

$$d_{\mathrm{AB}}=\frac{1}{2+1}=0.33;\quad d_{\mathrm{BC}}=\frac{3}{1+3}=0.75;\quad d_{\mathrm{AC}}=\frac{2}{1+2}=0.67;$$

由于 A 和 B 的距离最小, 说明它们的相似程度最高, 进而推断 A 和 B 是同类天体的可能性较大. □

3) 标称变量

标称变量是二元变量的推广, 它可以有多个状态. 例如, 地图的颜色就是一个标称变量, 它可能有五个值: 红色、黄色、绿色、粉红色和蓝色. 假设一个标称变量的状态数目是 M. 这些状态可以用字母、符号或者一组整数 (如 $1,2,\cdots,M$) 来表示. 要注意这些整数只是用于数据处理, 并不代表任何特定的顺序. 设有 p 个标称变量样本, 两个样本 i 和 j 之间的相异度可以用简单匹配方法来计算

$$d_{ij}=\frac{p-m}{p}, \tag{10.5}$$

这里 m 是样本 i 和 j 取相同值 (即相匹配) 的数目.

4) 序数变量

例如, 由高到低的职称或者比赛名次等等就属于序数变量. 如果将时间范围划分为 M 个区间, 就可以把连续变化的数据离散化为 M 个状态的序数变量. 设有 n 个序数变量 $x_i\ (i=1,\cdots,n)$, 其中 x_i 有 M 个状态, 取值为 $x_i=(x_{i1},x_{i2},\cdots,x_{iM})$, 则可以建立 x_i 的分量到秩 $(1,\cdots,M)$ 的一个映射$f\left(x_{ik}\right)\ \ =r_{ik},r_{ik}\in(1,\cdots,M)$, $k=1,\cdots,M$. 于是 $f\left(x_i\right)=\left(r_{i1},r_{i2},\cdots,r_{iM}\right)$. 再令 $z_{ik}=\dfrac{r_{ik}-1}{M-1}$, 将 r_{ik} 映射到 $[0,1]$ 上, 完成了变量的归一化. 用归一化后的数据计算距离.

5) 混合类型变量

利用前面的方法把所有变量均变换到 $[0,1]$ 上. 假设数据集包含 p 个不同类型的变量, 对象 i 和 j 之间的距离 d_{ij} 定义为

$$d_{ij}=\sum_{k=1}^{p}\delta_{ij}^{(k)}d_{ij}^{(k)}\Bigg/\sum_{k=1}^{p}\delta_{ij}^{(k)}, \tag{10.6}$$

其中, 若 x_{ik} 或 x_{jk} 缺失, 或者 $x_{ik}=x_{jk}=0$, 且第 k 类变量是不对称的二元变量, 则权重 $\delta_{ij}^{(k)}=0$, 否则等于 1. 若第 k 类变量是二元变量或枚举类型变量, 则当 $x_{ik}=x_{jk}$ 时, $\delta_{ij}^{(k)}=0$, 否则等于 1. 若第 k 类变量是区间标度类型变量, 则 $d_{ij}^{(k)}=\dfrac{|x_{ik}-x_{jk}|}{\max_h\{x_{hk}\}-\min_h\{x_{hk}\}}$; 若第 k 类变量是序数类型变量, 则需要计算秩 r_{ik}, 再作变换 $z_{ik}=\dfrac{r_{ik}-1}{M_k-1}$.

10.1.4　系统聚类法

系统聚类法, 也称多层分类法. 其做法是: 开始将 n 个样品各自作为一类, 同时规定样品之间的距离和类与类之间的距离, 然后将距离最近的两类合并成一个新类. 重复上面的过程, 再次确定两个最近距离的类进行合并, 每次减少一个类, 直至

所有的样品合并为一类为止. 根据类间距离规定的方法, 可以把系统聚类法分为最短距离法、最长距离法、中间距离法、类平均法、重心法和离差平方和法等等.

系统聚类法的主要步骤为:

(1) 将 n 个样品 $\boldsymbol{x}_i$ $(i=1,\cdots,n)$ 各自作为一类, 即令 $G_i=\boldsymbol{x}_i, i=1,\cdots,n$. 规定样品之间的距离 d_{ij} 和类与类之间的距离取法, 计算 n 个样品的距离矩阵

$$D(0)=\begin{pmatrix} d_{12} & & & \\ d_{13} & d_{23} & & \\ \vdots & \vdots & \ddots & \\ d_{1n} & d_{2n} & \cdots & d_{n-1,n} \end{pmatrix}.$$

(2) 选择 $D(0)$ 中的最小元素, 设为 D_{KL}, 则将 G_K 和 G_L 合并成一个新类, 记为 G_M, 即 $G_M=G_K\cup G_L$; 如果最小元素不止一个 (这种现象称为 "结"), 即有 $D_{K_1L_1}=D_{K_2L_2}$, 则逐一合并.

(3) 根据类间距离的选取方法, 求出新类 G_M 与任一类 G_J 之间距离 D_{MJ} 的递推公式; 将 $D(0)$ 的 K,L 行和 K,L 列删除, 增加 D_{MJ} 的结果, 得到新的距离矩阵 $D(1)$.

重复前面的步骤, 直至所有的样品合并为一类, 并以之为最终的节点, 做成一个分类树. 这样做的好处在于可以按照需求截取想要的聚类结果.

当然方法不同, 步骤 (3) 中的递推公式也不同 (表 10.3), 适合的聚类需求也不一样.

表 10.3　系统聚类法类间距离及递推公式

名称	G_K 与 G_L 类间距离的定义	距离 D_{MJ} 的递推公式 $(G_M=G_K\cup G_L)$
最短距离法	$D_{KL}=\min\limits_{i\in G_K,j\in G_L} d_{ij}$ 两类最近样品间的距离	$D_{MJ}=\min\{D_{KJ},D_{LJ}\}$ $=\min\left\{\min\limits_{i\in G_K,j\in G_J} d_{ij}, \min\limits_{i\in G_L,j\in G_J} d_{ij}\right\}$
特点: 易产生 "结" 现象, 不适合对分离得很差的群体进行聚类		
最长距离法	$D_{KL}=\max\limits_{i\in G_K,j\in G_L} d_{ij}$ 两类最远样品间的距离	$D_{MJ}=\max\{D_{KJ},D_{LJ}\}$ $=\max\left\{\max\limits_{i\in G_K,j\in G_J} d_{ij}, \max\limits_{i\in G_L,j\in G_J} d_{ij}\right\}$
特点: 容易被离群值严重地扭曲, 因此先要去掉异常值再进行分类		
中间距离法	$D_{KL}=\operatorname*{median}\limits_{i\in G_K,j\in G_L} d_{ij}$ 各样品距离的中值	$D_{MJ}^2=\frac{1}{2}D_{KJ}^2+\frac{1}{2}D_{LJ}^2-\frac{1}{2}D_{KL}^2$
类平均法1	$D_{KL}^2=\frac{1}{n_K n_L}\sum\limits_{i\in G_K,j\in G_L} d_{ij}^2$ 平方距离为样品对之间平方距离的平均值	$D_{MJ}^2=\frac{n_K}{n_M}D_{KJ}^2+\frac{n_L}{n_M}D_{LJ}^2$

续表

名称	G_K 与 G_L 类间距离的定义	距离 D_{MJ} 的递推公式 ($G_M=G_K\cup G_L$)
类平均法2	$D_{KL}=\dfrac{1}{n_K n_L}\sum_{i\in G_K,j\in G_L} d_{ij}$ 所有样品对之间的平均距离	$D_{MJ}=\dfrac{1}{n_M n_J}\sum_{i\in G_M,j\in G_J} d_{ij}=\dfrac{1}{n_M n_J}\left(\sum_{i\in G_K,j\in G_J} d_{ij}+\sum_{i\in G_L,j\in G_J} d_{ij}\right)=\dfrac{n_K}{n_M}D_{KJ}+\dfrac{n_L}{n_M}D_{LJ}$
特点: 较好地利用了所有样品之间的信息, 多数情况下是一种比较好的系统聚类法		
重心法	$D_{KL}^2=(\bar{\boldsymbol{x}}_K-\bar{\boldsymbol{x}}_L)^{\mathrm{T}}(\bar{\boldsymbol{x}}_K-\bar{\boldsymbol{x}}_L)$ 即均值之间的欧氏距离	$D_{MJ}^2=\dfrac{n_K}{n_M}D_{KJ}^2+\dfrac{n_L}{n_M}D_{LJ}^2-\dfrac{n_K n_L}{n_M^2}D_{KL}^2$
特点: 在处理异常值方面更稳健		
离差平方和法	$D_{KL}^2=\dfrac{n_K n_L}{n_M}(\bar{\boldsymbol{x}}_K-\bar{\boldsymbol{x}}_L)^{\mathrm{T}}(\bar{\boldsymbol{x}}_K-\bar{\boldsymbol{x}}_L)$	$D_{MJ}^2=\dfrac{n_J+n_K}{n_J+n_M}D_{KJ}^2+\dfrac{n_J+n_L}{n_J+n_M}D_{LJ}^2-\dfrac{n_J}{n_J+n_M}D_{KL}^2$
特点: 离差平方和法使得两个大的类倾向于有较大的距离, 因而不易合并; 相反, 两个小的类却因倾向于有较小的距离而易于合并, 这往往符合我们对聚类的实际要求		

例 10.1.2　设有五个样品, 每个只测了一个指标, 分别是 1, 2, 6, 8, 11, 13 试用最短距离法将它们分类.

解　记 $G_1=\{1\},G_2=\{2\},G_3=\{6\},G_4=\{8\},G_5=\{11\}$, 按照最短距离法的原理, 针对样品间采用绝对值距离, 容易得到 $D(0)$(其中最小值用黑色字体标出):

$D(0)$	G_1	G_2	G_3	G_4	G_5
G_1	0				
G_2	**1**	0			
G_3	5	4	0		
G_4	7	6	2	0	
G_5	10	9	5	3	0

因此, $G_6=G_1\cup G_2=\{1,2\}$, 去掉原来的 G_1 和 G_2, 代之以 G_6, 得到 $D(1)$:

$D(1)$	G_6	G_3	G_4	G_5
G_6	0			
G_3	4	0		
G_4	6	**2**	0	
G_5	9	5	3	0

同样地, 可以得到 $G_7 = G_3 \cup G_4 = \{6, 8\}$, 去掉原来的 G_3 和 G_4, 代之以 G_7, 得到 $D(2)$:

$D(2)$	G_6	G_7	G_5
G_6	0		
G_7	4		
G_5	9	**3**	0

接着, $G_8 = G_5 \cup G_7 = \{6, 8, 11\}$, 然后得到 $D(3)$.

$D(3)$	G_6	G_8
G_6	0	
G_8	4	0

至此, $G_9 = G_6 \bigcup G_8$ 涵盖了所有的值. 梳理整个过程得到用最短距离法的树形图, 如图 10.1 所示.

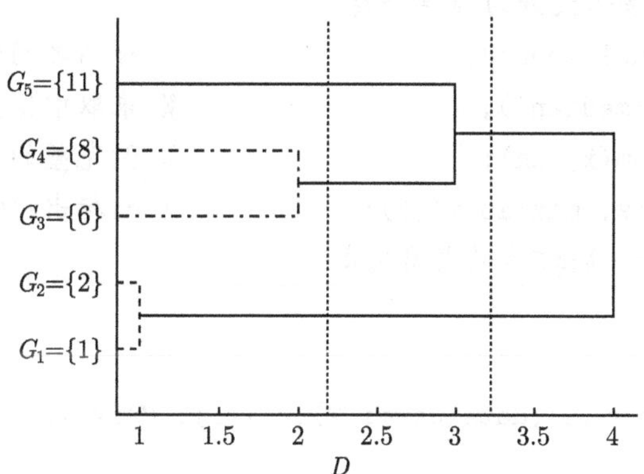

图 10.1 例 10.1.2 中最短距离法的树形图

图 10.1 中的点线表示主观截取聚类的位置. 如果取距离 $2 < D < 3$, 一共可以分成三类, 分别是 $\{1, 2\}$, $\{6, 8\}$ 和 $\{11\}$; 如果取 $3 < D < 4$, 可分为两类, 分别是 $\{1, 2\}$ 和 $\{6, 8, 11\}$. □

单调性 令 D_i 是系统聚类法中第 i 次并类时的距离, 如果一种系统聚类法能满足 $D_1 \leqslant D_2 \leqslant \cdots$, 则称该聚类法具有单调性.

最短距离法、最长距离法、类平均法和离差平方和法都具有单调性, 但中间距离法和重心法不具有单调性.

例 10.1.3 本例的数据来自网站[10] 的数据文件 COMBO17_lowz.dat. COMBO (Classifying Objects by Medium-Band Observations in 17 Filters) 描述的是正常

星系巡天测光观测得到的二维颜色星等图 (图 10.2). 该数据略去了原始数据大部分无关紧要的分量, 仅保留了 $z < 0.3$ 的低红移星系的两列分量, 即第一列蓝波段绝对星等 M_B 和第 2 列色指数 $M_{280} - M_B$. 下面用系统聚类法对数据进行分类, 并对分为 5 类的聚类情况可视化. MATLAB 的系统聚类法需要调用距离函数、聚类函数 linkage、分类树形图函数 dendrogram 和聚类标记函数 cluster. 这些函数有很多选项, 详细情况可查阅 MATLAB 的帮助文件.

将数据[10] 存入当前目录下的数据文件 COMBO.txt 中 (矩阵 572×2), 运行下面的语句:

```
clear
clf
load('COMBO.txt')
nn = length(COMBO(:,1));
z=zscore(COMBO);                              % 将数据按列标准化
col={'k^' 'ko' 'k*' 'ks' 'kh'};               % 为画图设计不同的标记
k=5;        % 按题设分为 k = 5类
y=pdist(z,'euclidean');                       % 样品之间的距离取欧氏距离
x=linkage(y,'median');                        % 采取中值聚类法
H = dendrogram(x, nn);                        % 做完整的系统聚类
ci = cluster(x,'maxclust',k);                 % ci标出x所在的分类
figure;     % 画出5类的聚类的图
hold on
fori =1:k
plot(data(ci==i,1),data(ci==i,2),col{i},'MarkerSize',5)
end
hold off
xlabel('M_B (mag)','Fontsize',16)
ylabel('M_{280}-M_B (mag)','Fontsize',16)
```

运行程序得到图 10.3, 展示了聚类数为 5 的情形. 其中比较密集的 "o" 和 "*" 分别对应着红色星系和蓝色星系, 其他记号可能是另外的星系. 图 10.4 给出了完整的 COMBO 聚类树形图, 可以按照需要的聚类数截取距离. 分类数目可以从 1 到 572 中选取. 这里用虚线给出了分为 5 类时对应的距离和树形分支.

10.1.5 动态聚类法

K-means 分类法亦称为快速聚类法, 它将样本点按照一定的特征自动地分为 k 组, 使得任意样本点与本组所有样本点的相似性都高于它与外组样本点的相似性,

该方法要求事先给定要分的组数, 多用于观测个数较多的情形.

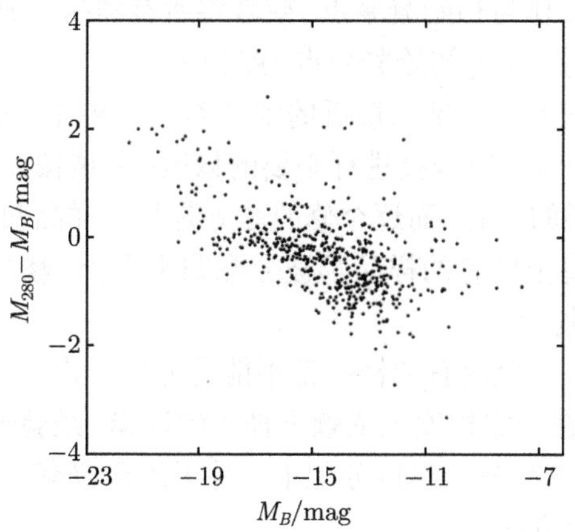

图 10.2 COMBO 颜色星等图

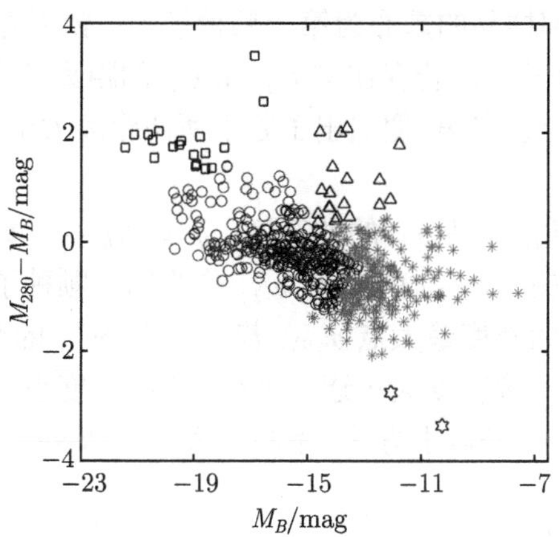

图 10.3 COMBO 分成 5 类的聚类图, 分别用空心方块、圆圈、三角、星号和六角形表示, 其中比较密集的 ∘ 和 ∗ 分别对应差红色星系和蓝色星系

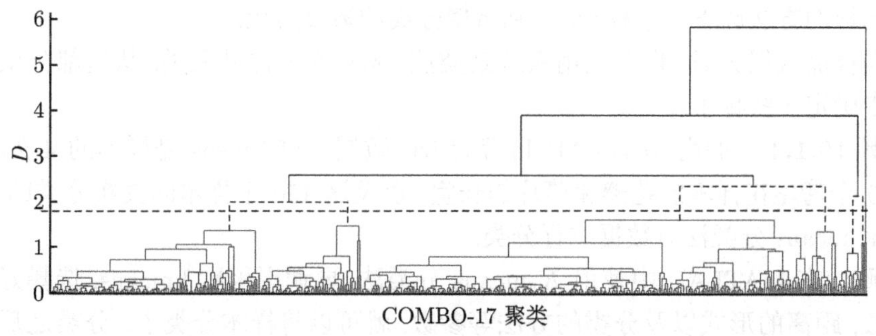

图 10.4 完整的 COMBO 聚类树形图, 其中虚线对应着分为 5 类的位置

K-means 分类法的步骤为:

(1) 选择 k 个样品作为初始凝聚点, 或者将所有样品分成 k 个初始类, 然后将这 k 个类的重心 (均值) 作为初始凝聚点 (或种子);

(2) 将每个样品归入离凝聚点最近的那个类, 形成临时分类; 再用 "按批修改法" 或 "逐个修改法" 对临时分类进行必要的修改; 所谓按批修改法是指所有样品都归类后, 再计算各类的重心; 而逐个修改法则是每个样品归类后都要对该类计算重心, 通过迭代过程直至所有的样品都被分配归类为止. 修改完成后, 将类的凝聚点更新为目前各类的均值;

(3) 重复步骤 (2), 直至所有的样品都不能再分配为止.

最终的聚类结果在一定程度上依赖于种子的选择. 经验表明, 聚类过程中的绝大多数重要变化均发生在第一次再分配中. 种子的选取有一定的经验性和人为因素, 可采用下面的几个方法.

1) 半径法

选择 $d>0$, 以全部样品的重心为第一颗种子 C_1, 如果存在与之距离大于 d 的样品, 则该点作为新种子 C_2, 若存在与 C_1 和 C_2 的距离都大于 d 的样品, 则作为 $C_3,\cdots$ 直到全部样品考察完毕, 便选出了若干两两距离大于 d 的种子.

2) 密度法

选择 $d_1>0$, 计算各样品 $\boldsymbol{x}_k$ 的数密度: $p_k=N_k$—— 如果有 N_k 个样品属于空心球 $\overline{N'_{d_1}}(\boldsymbol{x}_k)$ 内; 取 $\max(p_k)$ 的样品 $\boldsymbol{x}_{(1)}$ 作为第一颗种子 C_1, 再令 $d_2>d_1$, 例如取 $d_2=2d_1$, 选出新的密度最大点 $\boldsymbol{x}_{(2)}$, 若 $\boldsymbol{x}_{(2)}$ 与 $\boldsymbol{x}_{(1)}$ 的距离大于 d_2, 则取其为 C_2, 否则舍去这个样品, 按密度大小逐一考察, 选取密度小于它, 但与 $\boldsymbol{x}_{(1)}$ 的距离大于 d_2 的样品作为 C_2. 按以上方法, 不断扩大密度球半径, 直到全部样品考察完毕为止.

3) 最小距离最大法

先选择所有样品中距离最远的两个样品 $\boldsymbol{x}_{(1)}$ 和 $\boldsymbol{x}_{(2)}$ 作为种子 C_1 和 C_2, 计算其余样品到 $\boldsymbol{x}_{(1)}$ 和 $\boldsymbol{x}_{(2)}$ 的较小距离, 选择使这个距离最大的样品点 $\boldsymbol{x}_{(3)}$ 作为 C_3, 再按同样的方法选下一个种子, 直到希望分类的数目为止.

当样品数很大时, 也可利用系统聚类法, 先对部分样品聚类, 从这部分聚类的结果中确定一些种子.

例 10.1.4　调用 MATLAB 自带的 Iris 数据, 其中 meas 是样本的 4 列数据, 即 150 个鸢尾花样本的花瓣和萼片的长宽, 以及这 150 个样本的真实分类的情况. 使用 K-means 分类法对数据进行分类.

解　在 MATLAB 中使用 K-means 分类法, 要调用函数 kmeans, 选择好要分的组数, 距离的形式以及分类的方法等参数, 就可以将样本分类了. 分类之后可以使用 silhouette 函数 (剪影函数) 给出的剪影图来判断分类的好坏. silhouette 值的

绝对值为 (0,1), 如果分类合理, silhouette 的绝对值应接近 1.

在 MATLAB 中编写程序如下:

```
load fisheriris  %载入 MATLAB 内置 Iris 数据
subplot(121)
[cidx2,cmeans2]=kmeans(meas,2,'dist','sqeuclidean');
                                        %按 sqeulidean 距离分作2类
% cidx2是各样本所属类的标号, cmeans2是各类的均值
[S,h]=silhouette(meas,cidx2,'sqeuclidean');% h是画图的句柄
% silhouette画出各类的剪影 S 值属于[0,1]
% 指标 S 的值越接近 1 说明其性质与本组所有样本点的相似性越高
subplot(122)
[cidx2,cmeans2]=kmeans(meas,3,'dist','sqeuclidean');
                                        % 按 sqeulidean 距离分作3类
[S,h]=silhouette(meas,cidx2,'sqeuclidean');
```

运行后得到分成两类和三类的聚类结果图 (图 10.5).

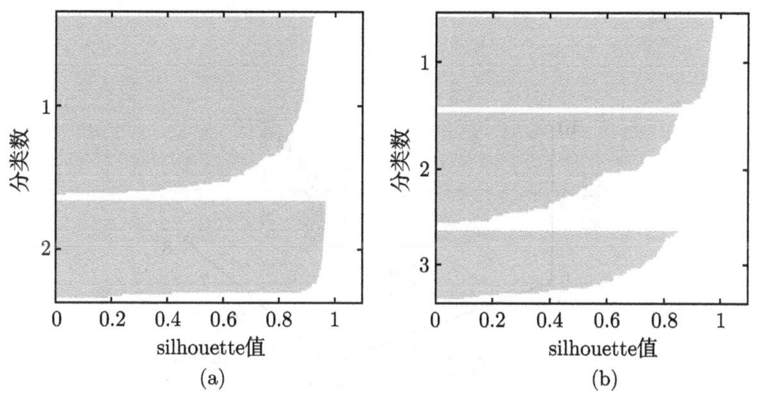

图 10.5 K-means 对 Iris 数据结果聚类图, (a) 为分成两类, (b) 为分成三类

从图 10.5 可以看出, 分成两类时, 每一类大多数样本点的 silhouette 值都接近于 1, 而分成三类时, 情况远不如前, 只有一类是合理的, 暗示分为两类更加合理. 下面将分类结果可视化, 运行如下程序:

```
load fisheriris  %载入 Iris 数据
[cidx2,cmeans2]=kmeans(meas,2,'dist','sqeuclidean');
ptsymb={'ks','k^'};           % 两类点的形状: 方块和三角
for i=1:2
  clust=find(cidx2==i); %找出类中第i类对应的下标
```

```
  plot3(meas(clust,1),meas(clust,2),meas(clust,3),ptsymb{i},
'Markersize',8);  %选择 meas 的前3列画图（也可以选择其他列）
hold on
end
plot3(cmeans2(:,1),cmeans2(:,2),cmeans2(:,3),'ko','Markersize',
    12);
plot3(cmeans2(:,1),cmeans2(:,2),cmeans2(:,3),'kh','Markersize',
    12);
% 重心处先画上圈再画上叉
xlabel('Sepal Length');ylabel('Sepal Width');zlabel('Petal
    Length');
grid on
hold off
```

得到三维聚类图 (图 10.6), 其中三角和方块分别代表两个不同的类, 六角形则是类的重心.

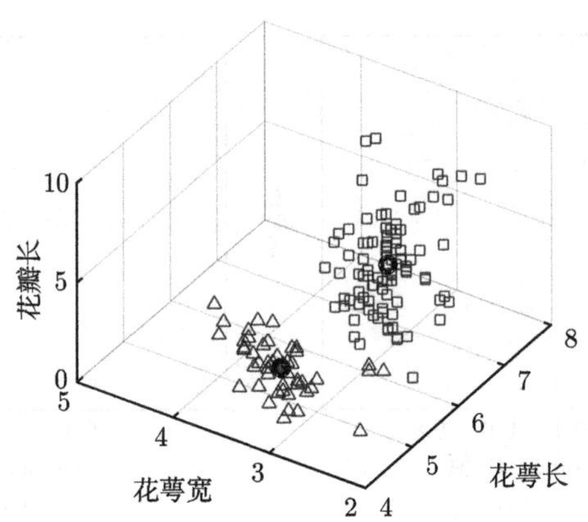

图 10.6　K-means 两类聚类分析结果分布

由于 Iris 数据中包含了已知的分类结果 (species 列), 如果硬将样本分成三类, 则可以与正确的分类进行比对, 标记出错分的样本点, 程序如下, 得到的结果为图 10.7.

```
[cidx3,cmeans3]=kmeans(meas,3,'dist','sqeuclidean');
ptsymb={'ks','k^','kd'}; % 三类点的形状: □, △,◇
fori =1:3
clust=find(cidx3==i);
    plot3(meas(clust,1),meas(clust,2),meas(clust,3),ptsymb{i});
```

```
hold on
end
xlabel('Sepal Length');ylabel('Sepal Width');zlabel('Petal
   Length');
grid on
sidx=grp2idx(species); %将 species 的种类映射为真正类的数
miss=find(cidx3~=sidx); %找出分类的数和真正类的数不符合的下标
plot3(meas(miss,1),meas(miss,2),meas(miss,3),'k.');
hold off
```

图 10.7 中所有含黑点的样品分类都是错误的, □ 和 ◊ 这两类错误率很高, 只有 △ 这类基本正确, 这与图 10.5 中剪影图给出的结果一致.

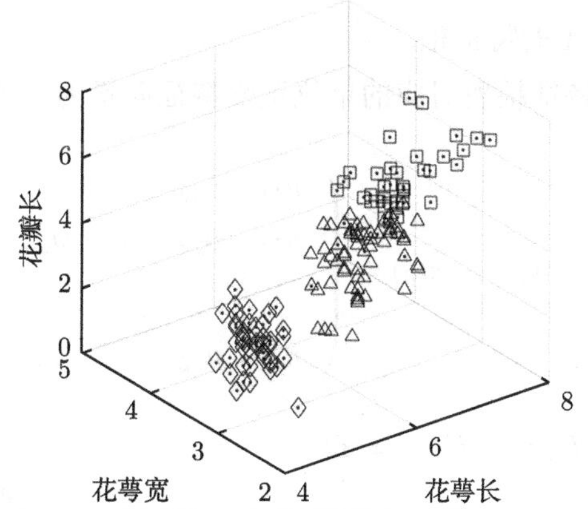

图 10.7 K-means 三类聚类分析结果与正确分类的比对, 其中含黑点的都是错误分类

10.2 主成分分析

主成分分析 (principal component analysis) 由皮尔逊在 1901 年首提出, 后来霍特林在此基础之上作了进一步的发展. 主成分分析通过降维技术把多个变量化为少数几个 "主成分", 即综合变量. 这些主成分能够反映原始变量的绝大部分信息, 它们通常表示为原始变量的某种线性组合.

一个著名的例子是美国统计学家斯通关于国民经济的研究结果. 他曾利用美国 1929—1938 年各年的数据, 得到了 17 个反映国民收入与支出的变量要素, 例如, 雇主补贴、消费资料和生产资料、纯公共支出、净增库存、股息、利息、外贸平衡等等. 在进行主成分分析后, 竟以 97.4%的精度, 用 3 个新变量就取代了原来的 17 个变量.

一般来说, 如果原始变量 $\boldsymbol{x}_1, \boldsymbol{x}_2, \cdots, \boldsymbol{x}_p$ 之间存在强相关系 (甚至共线), 就说明变量的实际维数并不是 p, 故在实际应用中应当降维, 选用 $m\,(<p)$ 个主分量.

10.2.1 总体的主成分

在对主成分 (principle component) 定义和推导之前, 先回顾几个关于线性代数的结论.

设 A 是 p 阶实对称阵, 则

(1) 一定可以找到正交阵 U, 使得 $U^{-1}AU = \begin{pmatrix} \lambda_1 & 0 & \cdots & 0 \\ 0 & \lambda_2 & \cdots & 0 \\ \vdots & \vdots & & \vdots \\ 0 & 0 & \cdots & \lambda_p \end{pmatrix}_{p\times p}$, 其中 $\lambda_i\,(i=1,2,\cdots,p)$ 是 A 的特征根.

(2) 若矩阵 A 的特征根所对应的单位正交特征向量为 $u_i\,(i=1,2,\cdots,p)$, 令

$$U = (\boldsymbol{u}_1, \cdots, \boldsymbol{u}_p) = \begin{pmatrix} u_{11} & u_{12} & \cdots & u_{1p} \\ u_{21} & u_{22} & \cdots & u_{2p} \\ \vdots & \vdots & & \vdots \\ u_{p1} & u_{p2} & \cdots & u_{pp} \end{pmatrix},$$

则 U 为正交阵, 即有 $U^{\mathrm{T}}U = UU^{\mathrm{T}} = I$.

(3) 设 $\lambda_i\,(i=1,2,\cdots,p)$ 是 A 的特征值, 则迹 $\operatorname{tr}(A) = \sum_{i=1}^{p}\lambda_i$. 特别地, 当 $A = U^{\mathrm{T}}AU$ 时, 有 $\operatorname{tr}(A) = \operatorname{tr}\left(U^{\mathrm{T}}AU\right)$, 此时$\operatorname{tr}\left(U^{\mathrm{T}}AU\right) = \sum_{i=1}^{p}\sigma_i^2$, 因此 $\sum_{i=1}^{p}\lambda_i = \sum_{i=1}^{p}\sigma_i^2$.

(4) 对称矩阵 A 是正定 (或非负定) 矩阵, 当且仅当 A 的所有特征值均为正 (或非负).

主成分 设 $\boldsymbol{x} = (x_1, \cdots, x_p)^{\mathrm{T}}$ 为 p 维随机变量, $E(\boldsymbol{x}) = \boldsymbol{\mu} = 0, \operatorname{cov}(\boldsymbol{x}) = \Sigma$,

$$\boldsymbol{z} = \begin{pmatrix} z_1 \\ z_2 \\ \vdots \\ z_p \end{pmatrix} = \begin{pmatrix} u_{11} & u_{21} & \cdots & u_{p1} \\ u_{12} & u_{22} & \cdots & u_{p2} \\ \vdots & \vdots & & \vdots \\ u_{1p} & u_{2p} & \cdots & u_{pp} \end{pmatrix} \begin{pmatrix} x_1 \\ x_2 \\ \vdots \\ x_p \end{pmatrix} = \begin{pmatrix} \boldsymbol{u}_1^{\mathrm{T}} \\ \boldsymbol{u}_2^{\mathrm{T}} \\ \vdots \\ \boldsymbol{u}_p^{\mathrm{T}} \end{pmatrix} \boldsymbol{x} \equiv U^{\mathrm{T}}\boldsymbol{x},$$

称 $z_i = \boldsymbol{u}_i^{\mathrm{T}}\boldsymbol{x}\,(i=1,\cdots,p)$ 是 $\boldsymbol{x}$ 的第 i 个主成分, 如果满足:

$$\begin{array}{llll}(1) & \boldsymbol{u}_i^{\mathrm{T}}\boldsymbol{u}_i=1 \quad (i=1,2,\cdots,p) & & (\text{归一性}),\\ (2) & \text{当}i>1\text{ 时}, \boldsymbol{u}_i^{\mathrm{T}}\Sigma\boldsymbol{u}_j=0 \quad (j=1,2,\cdots,i-1) & & (\text{正交性}),\\ (3) & \operatorname{var}(z_i)=\max\limits_{\substack{\boldsymbol{\beta}^{\mathrm{T}}\boldsymbol{\beta}=1,\ \boldsymbol{\beta}^{\mathrm{T}}\Sigma\boldsymbol{u}_j=0\\ (j=1,2,\cdots,i-1)}} \operatorname{var}\left(\boldsymbol{\beta}^{\mathrm{T}}\boldsymbol{x}\right) & & (\text{方差最大}).\end{array} \tag{10.7}$$

根据代数的知识, 有定理 10.2.1.

定理 10.2.1 设 $\boldsymbol{x}=(x_1,\cdots,x_p)^{\mathrm{T}}$ 是 p 维随机变量, $\operatorname{cov}(\boldsymbol{x})=\Sigma$, Σ 的特征值为 $\lambda_1\geqslant\lambda_2\geqslant\cdots\geqslant\lambda_p$, $\boldsymbol{u}_1,\boldsymbol{u}_2,\cdots,\boldsymbol{u}_p$ 是相应的单位正交特征向量, 则 $\boldsymbol{x}$ 的第 i 个主成分为 $z_i=\boldsymbol{u}_i^{\mathrm{T}}\boldsymbol{x}\,(i=1,\cdots,p)$

证 由于 $\boldsymbol{x}$ 的协方差阵Σ 是非负定的对称阵, 根据 (1) 知必存在正交阵 U, 使得 $U^{-1}\Sigma U=\begin{pmatrix}\lambda_1 & 0 & \cdots & 0\\ 0 & \lambda_2 & \cdots & 0\\ \vdots & \vdots & & \vdots\\ 0 & 0 & \cdots & \lambda_p\end{pmatrix}_{p\times p}$, 其中 $\lambda_1\geqslant\lambda_2\geqslant\cdots\geqslant\lambda_p\geqslant 0$ 为 Σ 的特征根. 而 U 的各列恰是与特征根相对应的单位正交特征向量. 下面说明 $z_1=\boldsymbol{u}_1^{\mathrm{T}}\boldsymbol{x}$ 具有最大的方差. 事实上, 因为对于任何满足 $\boldsymbol{\beta}^{\mathrm{T}}\boldsymbol{\beta}=1$ 的向量 $\boldsymbol{\beta}$, 均有

$$\begin{aligned}\operatorname{var}\left(\boldsymbol{\beta}^{\mathrm{T}}\boldsymbol{x}\right)&=\boldsymbol{\beta}^{\mathrm{T}}\Sigma\boldsymbol{\beta}=\boldsymbol{\beta}^{\mathrm{T}}U\begin{pmatrix}\lambda_1 & & \\ & \ddots & \\ & & \lambda_p\end{pmatrix}U^{\mathrm{T}}\boldsymbol{\beta}\\ &=\boldsymbol{\beta}^{\mathrm{T}}(\boldsymbol{u}_1,\cdots,\boldsymbol{u}_p)\begin{pmatrix}\lambda_1 & & \\ & \ddots & \\ & & \lambda_p\end{pmatrix}\begin{pmatrix}\boldsymbol{u}_1^{\mathrm{T}}\\ \vdots\\ \boldsymbol{u}_p^{\mathrm{T}}\end{pmatrix}\boldsymbol{\beta}\\ &=\sum_{i=1}^{p}\lambda_i\boldsymbol{\beta}^{\mathrm{T}}\boldsymbol{u}_i\boldsymbol{u}_i^{\mathrm{T}}\boldsymbol{\beta}=\sum_{i=1}^{p}\lambda_i\left(\boldsymbol{\beta}^{\mathrm{T}}\boldsymbol{u}_i\right)^2\leqslant\lambda_1\sum_{i=1}^{p}\left(\boldsymbol{\beta}^{\mathrm{T}}\boldsymbol{u}_i\right)^2\\ &=\lambda_1\boldsymbol{\beta}^{\mathrm{T}}UU^{\mathrm{T}}\boldsymbol{\beta}=\lambda_1\boldsymbol{\beta}^{\mathrm{T}}\boldsymbol{\beta}=\lambda_1,\end{aligned}$$

特别当 $\boldsymbol{\beta}=u_1$ 时, $\boldsymbol{\beta}^{\mathrm{T}}(\boldsymbol{u}_1,\cdots,\boldsymbol{u}_p)=(1,0,\cdots,0)$, 即 $\boldsymbol{u}_1^{\mathrm{T}}\Sigma\boldsymbol{u}_1=\lambda_1$, 因此 $z_1=\boldsymbol{u}_1^{\mathrm{T}}\boldsymbol{x}$ 有最大的方差 λ_1.

如果第一主成分的信息不够, 则需要寻找第二主成分. 在约束条件 $\operatorname{cov}(z_1, z_2)=0$ 下寻找第二主成分. 因为 $\operatorname{cov}(z_1,\boldsymbol{u}_2^{\mathrm{T}}\boldsymbol{x})=\operatorname{cov}(\boldsymbol{u}_1^{\mathrm{T}}\boldsymbol{x},\boldsymbol{u}_2^{\mathrm{T}}\boldsymbol{x})=\boldsymbol{u}_2^{\mathrm{T}}\Sigma\boldsymbol{u}_1=\lambda_1\boldsymbol{u}_2^{\mathrm{T}}\boldsymbol{u}_1=0$, 故可取第二主成分为 $z_2=\boldsymbol{u}_2^{\mathrm{T}}\boldsymbol{x}$, 这时 $\operatorname{var}(z_2)=\boldsymbol{u}_2^{\mathrm{T}}\Sigma\boldsymbol{u}_2=\lambda_2$. 类推有 $\boldsymbol{x}$ 的第 i 个主成分为 $z_i=\boldsymbol{u}_i^{\mathrm{T}}\boldsymbol{x}\,(i=1,\cdots,p)$. □

当变量数为 p 时, 最多能萃取出 $m\,(m\leqslant p)$ 个主成分. 主成分分析的目的就是

变量的降维, 使得主分量尽可能多地反映原变量的信息 (方差大), 且主分量之间的信息不重复 (方向正交, 协方差为 0). 如果前面几个主成分解释的方差已经足够大, 其余的便可忽略.

10.2.2　主成分的性质

(1) 主成分的均值满足

$$E(\boldsymbol{z})=E\left(U^{\mathrm{T}}\boldsymbol{x}\right)=U^{\mathrm{T}}E(\boldsymbol{x})=U^{\mathrm{T}}\boldsymbol{\mu}. \tag{10.8}$$

(2) 主成分的方差满足

$$\sum_{i=1}^{p}\operatorname{var}(z_i)=\lambda_1+\lambda_2+\cdots+\lambda_p=\sigma_1^2+\sigma_2^2+\cdots+\sigma_p^2. \tag{10.9}$$

这表明主成分没有改变原来变量的 "重心"; 另外, 主成分分析把 p 个随机变量的总方差分解成为 p 个不相关的随机变量 $z_1,\cdots,z_p$ 的方差之和.

(3) 精度分析.

贡献率　第 i 个主成分的方差在总方差中所占比重 $\lambda_i\Big/\sum\limits_{i=1}^{p}\lambda_i$, 称为贡献率, 反映了它占原来 p 个指标多大比重的信息.

累积贡献率　前 k 个主成分共有多大的综合能力, 用这 k 个主成分的方差和在总方差中所占比重

$$\sum_{i=1}^{k}\lambda_i\Big/\sum_{i=1}^{p}\lambda_i \tag{10.10}$$

来描述, 称为累积贡献率.

主成分分析的目的之一是希望用尽可能少的主成分 $z_1,z_2,\cdots,z_k$ $(k\leqslant p)$ 代替原来的 p 个分量. 在实际工作中, 主成分的选择原则是既要累积贡献率足够高, 又要每个主成分的贡献足够大, 量化来看, 一般可取

(i) 前 k 个主成分的累积贡献率为 80%—90%;

(ii) $\lambda_k\geqslant\dfrac{1}{p}\sum\limits_{i=1}^{p}\operatorname{var}(x_i)$, 而$\lambda_{k+1}<\dfrac{1}{p}\sum\limits_{i=1}^{p}\operatorname{var}(x_i)$.

(4) 原始变量与主成分之间的相关系数为

$$\rho(x_i,z_j)=u_{ij}\sqrt{\lambda_j}/\sigma_i. \tag{10.11}$$

事实上, 由于 $\boldsymbol{z}=U^{\mathrm{T}}\boldsymbol{x}$, 且 U 是正交阵, 有 $\boldsymbol{x}=U\boldsymbol{z}$. 利用 $z_1,z_2,\cdots,z_p$ 之间的独立性, $\operatorname{cov}(x_i,z_j)=\operatorname{cov}(u_{i1}z_1+u_{i2}z_2+\cdots+u_{ip}z_p,z_j)=u_{ij}\lambda_j\Rightarrow\rho(x_i,z_j)=\dfrac{u_{ij}\lambda_j}{\sigma_i\sqrt{\lambda_j}}=\dfrac{u_{ij}\sqrt{\lambda_j}}{\sigma_i}$.

(5) 原始变量被主成分提取的提取率.

主成分的贡献率和累积贡献率度量了 $z_1, z_2, \cdots, z_m\,(m \leqslant p)$ 分别从原始变量 x 中提取了多少信息. 那么 $x_1, x_2, \cdots, x_p$ 各有多少信息分别被 $z_1, z_2, \cdots, z_m$ 提取了呢? 显然可以考虑讨论 z_i 与 x 的相关系数, 但由于相关系数有正有负, 所以只有考虑相关系数的平方. 根据 $\operatorname{var}(x_i) = \operatorname{var}(u_{i1}z_1 + u_{i2}z_2 + \cdots + u_{ip}z_p)$, 得到 $\sigma_i^2 = \sum\limits_{j=1}^{p} u_{ij}^2 \lambda_j$. 可见, $u_{ij}^2\lambda_j$ 是 z_j 能说明第 i 个原始变量的方差, 而 $u_{ij}^2\lambda_j/\sigma_i^2$ 则是 z_j 提取的第 i 个原始变量信息的比重.

信息的被提取率 如果仅提取了 m 个主成分 $z_j, j = 1, \cdots, m\,(m < p)$, 则第 i 个原始变量信息的被提取率可以表示为 (10.12) 式

$$\Omega_i = \sum_{j=1}^{m} \lambda_j u_{ij}^2/\sigma_i^2 = \sum_{j=1}^{m} \rho_{ij}^2. \tag{10.12}$$

例 10.2.1 设 x_1, x_2, x_3 的协方差矩阵为 $\Sigma = \begin{pmatrix} 1 & -2 & 0 \\ -2 & 5 & 0 \\ 0 & 0 & 2 \end{pmatrix}$, 试对其做主成分分析.

解 首先根据协方差矩阵解得相应的特征根为$\lambda_1 = 5.83, \lambda_2 = 2.00, \lambda_3 = 0.17$. 与特征根相对应的单位正交特征向量为 $\boldsymbol{u}_1 = \begin{pmatrix} 0.383 \\ -0.924 \\ 0 \end{pmatrix}, \boldsymbol{u}_2 = \begin{pmatrix} 0 \\ 0 \\ 1 \end{pmatrix}, \boldsymbol{u}_3 = \begin{pmatrix} 0.924 \\ 0.383 \\ 0 \end{pmatrix}$.

根据 (10.10)—(10.12) 式我们可以列出表 10.4.

表 10.4 主成分分析结果

	$\rho(x_i, z_1)$	ρ_{i1}^2	$\rho(x_i, z_2)$	ρ_{i2}^2	累积贡献率	被提取率 Ω_i
x_1	0.925	0.855	0	0	72.88%	0.855
x_2	−0.998	0.996	0	0	97.88%	0.996
x_3	0	0	1	1	100%	1

从表 10.4 中看到, 尽管第一个主成分的贡献很大, 但因 $\rho_{13} = 0$, 所以它对第三个原始变量的提取率为 0, 因此, 应该取两个主成分 $z_1 = \boldsymbol{u}_1^{\mathrm{T}}\boldsymbol{x}$ 和 $z_2 = \boldsymbol{u}_2^{\mathrm{T}}\boldsymbol{x}$. □

公共成分 (公共因子) 如果一个主成分仅仅对某一个原始变量有作用, 则称为特殊成分. 就像本例中的 z_2, 它仅对 x_3 有作用. 如果一个主成分对所有的原始

变量都起作用, 则称其为公共成分. 本例中没有公共成分.

需要说明的是, 通常方差大的随机变量对前面的主成分贡献也大. 而经过标准化 zscore 之后, 协方差阵变成了相关阵, 因此得出的主成分一般也会不同.

例 10.2.2 试对协方差阵为 $\Sigma = \begin{pmatrix} 1 & 4 \\ 4 & 100 \end{pmatrix}$ 和相应的相关阵 $C = \begin{pmatrix} 1 & 0.4 \\ 0.4 & 1 \end{pmatrix}$ 进行主成分分析.

解 (1) 对于协方差阵 Σ, 计算得到特征值 $\begin{cases} \lambda_1 = 0.84, \\ \lambda_2 = 100.16 \end{cases}$ 和相应的单位正交阵 $U = \begin{pmatrix} -0.9992 & 0.0403 \\ 0.0403 & 0.9992 \end{pmatrix}$.

由此得到的主成分为 $\begin{cases} z_1 = 0.040x_1 + 0.999x_2, \\ z_2 = 0.999x_1 - 0.040x_2, \end{cases}$ 第一主成分主要提取 x_2 的信息.

(2) 对于相关阵 C, 则有 $\begin{cases} \lambda_1 = 1.4, \\ \lambda_2 = 0.6, \end{cases}$ $U = \begin{pmatrix} 0.707 & 0.707 \\ 0.707 & -0.707 \end{pmatrix}$. 由此得到的主成分为

$$\begin{cases} z_1 = 0.707\left(\dfrac{x_1-\mu_1}{1}\right) + 0.707\left(\dfrac{x_2-\mu_2}{10}\right) = 0.707\,(x_1-\mu_1) + 0.0707\,(x_2-\mu_2), \\ z_2 = 0.707\left(\dfrac{x_1-\mu_1}{1}\right) - 0.707\left(\dfrac{x_2-\mu_2}{10}\right) = 0.707\,(x_1-\mu_1) - 0.0707\,(x_2-\mu_2), \end{cases}$$

可见第一主成分主要提取 x_1 的信息. 这说明标准化与否的结果可能不相同, 二者之间并没有简单的函数关系. 因此要结合实际问题背景来考虑是否需要对变量进行标准化. □

10.2.3 样本的主成分

为了能够较为直观地表示主成分分析的过程, 下面给出一组身高和体重的测量实例进行说明.

例 10.2.3 学校开展体检, 现抽调 15 名学生的身高和体重的测量结果如表 10.5, 试提取信息的主要成分.

表 10.5 15 名学生的身高 X_1(cm) 与体重 X_2(kg) 测量结果

序号	X_1	X_2	序号	X_1	X_2	序号	X_1	X_2
1	173	66	6	167	64	11	166	61
2	155	49	7	163	61	12	169	73
3	175	72	8	155	52	13	159	57
4	171	68	9	159	55	14	154	49
5	166	63	10	168	65	15	160	60

解　根据表 10.5 中数据计算可得总样本方差为 $S_{X_1}^2 + S_{X_2}^2 = 102$. 若画出 X_1 和 X_2 的散点图 (图 10.8), 不难发现几乎呈线性状态.

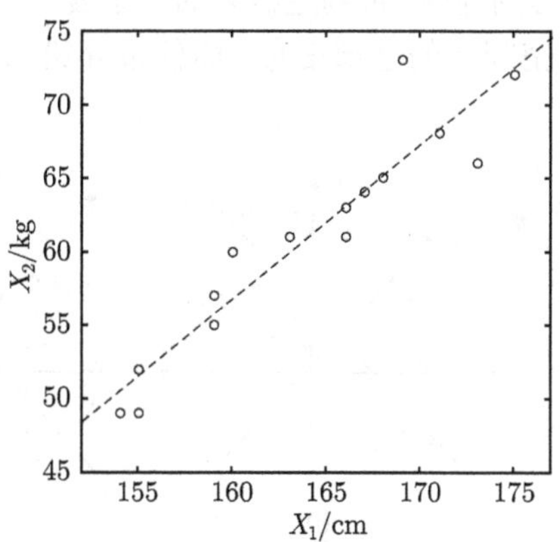

图 10.8　身高与体重测量结果散点图

数据分布的形状暗示我们, 对于这个具体问题, 也许不必用二维数据, 而用 X_1 和 X_2 的线性组合 $Y = w_1 \cdot X_1 + w_2 \cdot X_2$ 便能够刻画出数据的特征. 这个新的变量也许是表示 "强壮" 的程度. 而对多维分量的降维正是主成分分析的功能.

令 $Y = w_1 \cdot X_1 + w_2 \cdot X_2$, 其中权重因子 w_1 与 w_2 有可能为负并且满足 $w_1^2 + w_2^2 = 1$.

找出变异最大的组合, 也就是选取 w_1 和 w_2, 使得 $\operatorname{var}(Y)$ 达最大. 利用拉格朗日乘子法, 即令目标函数 $Q(w_1, w_2) = D(w_1 X_1 + w_2 X_2) + \lambda(w_1^2 + w_2^2 - 1)$, 整理方程 $\dfrac{\partial Q}{\partial w_1} = \dfrac{\partial Q}{\partial w_2} = 0$ 有

$$\begin{pmatrix} D(X_1) - \lambda & \operatorname{cov}(X_1, X_2) \\ \operatorname{cov}(X_1, X_2) & D(X_2) - \lambda \end{pmatrix} \begin{pmatrix} w_1 \\ w_2 \end{pmatrix} = \begin{pmatrix} 0 \\ 0 \end{pmatrix}.$$

因此, $\begin{pmatrix} w_1 \\ w_2 \end{pmatrix}$ 是协方差阵 Σ 的单位特征向量. 取样本协方差阵为 Σ 的估计值, 即 $\hat{\Sigma} \approx S = \begin{pmatrix} 45.5714 & 47.6429 \\ 47.6429 & 56.4286 \end{pmatrix}$, 两个特征值分别为 98.9512 和 3.0488; 相应的正交单位特征向量分别为 $\begin{pmatrix} 0.6659 \\ 0.7461 \end{pmatrix}$ 和 $\begin{pmatrix} -0.7461 \\ 0.6659 \end{pmatrix}$. 取线性变换 $\begin{pmatrix} Y_1 \\ Y_2 \end{pmatrix} = \begin{pmatrix} 0.6659 & 0.7461 \\ -0.7461 & 0.6659 \end{pmatrix} \begin{pmatrix} X_1 \\ X_2 \end{pmatrix}$, 从几何上看, 这个线性变换使得新的坐标轴分别沿着数据最弥散的方向及其垂直的方向, 于是分别得到极大值 $\operatorname{var}(Y_1) = 98.9512$ 和极小值 $\operatorname{var}(Y_2) = 3.0488$, $\operatorname{var}(Y_1) + \operatorname{var}(Y_2) = 102$. Y_1 这个成分就被称为第一个样

本的主成分, 它占据了总样本的方差 (102) 约 97 %, 而剩下的 3% 由第二个主成分 Y_2 贡献.

当点的分布区域由圆到椭圆, 再到达极限的一条线时 (图 10.9(c), (b), (a)), 第一主成分便包含了二维空间点的全部信息, 即使舍弃第二个主成分, 也没有信息损失. □

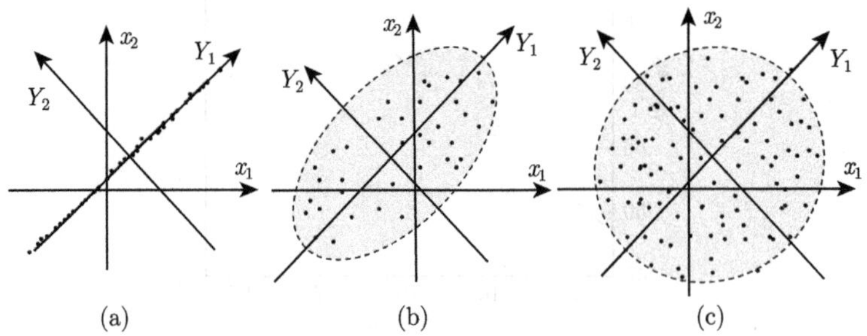

图 10.9 主成分方向示意图（以二维为例）自左往右，主成分 Y_1 越来越弱

设 $x_{(k)} = (x_{k1}, \cdots, x_{kp})^{\mathrm{T}}$ $(k = 1, \cdots, n)$ 是来自总体 x 的样本, 即有样本矩阵 (注意, $x_{(k)}$ 表示来自 x 的第 k 个样本, 是 p 维列向量, 而 $\boldsymbol{x}_k$ 表示由 n 个样本的第 k 个分量构成的 n 维列向量)

$$X = \begin{pmatrix} x_{11} & x_{12} & \cdots & x_{1p} \\ x_{21} & x_{22} & \cdots & x_{2p} \\ \vdots & \vdots & & \vdots \\ x_{n1} & x_{n2} & \cdots & x_{np} \end{pmatrix} = \begin{pmatrix} \boldsymbol{x}_{(1)}^{\mathrm{T}} \\ \boldsymbol{x}_{(2)}^{\mathrm{T}} \\ \vdots \\ \boldsymbol{x}_{(n)}^{\mathrm{T}} \end{pmatrix} \equiv (\boldsymbol{x}_1 \ \ \boldsymbol{x}_2 \ \ \cdots \ \ \boldsymbol{x}_p),$$

于是, 样本均值 $\bar{\boldsymbol{x}}$, 离差阵 E 和样本相关阵 R 分别为

$$\begin{aligned} \bar{\boldsymbol{x}} &= \frac{1}{n}\sum_{k=1}^{n} \boldsymbol{x}_{(k)} = (\bar{\boldsymbol{x}}_1, \cdots, \bar{\boldsymbol{x}}_p)^{\mathrm{T}}, \\ E &= (e_{ij}) \quad \text{和} \quad R = (r_{ij}), \end{aligned} \tag{10.13}$$

其中

$$e_{ij} = \sum_{k=1}^{n} (x_{ki} - \bar{x}_i)(x_{kj} - \bar{x}_j), \quad r_{ij} = \frac{e_{ij}}{\sqrt{e_{ii}e_{jj}}}.$$

用样本协方差阵作为协方差阵 Σ 的估计值: $\hat{\Sigma} = S = \dfrac{E}{n-1} \equiv (\hat{\sigma}_{ij})$, 令 $\Lambda = \operatorname{diag}(\lambda_1, \cdots, \lambda_p)$, 其中 $\lambda_1 \geqslant \lambda_2 \geqslant \cdots \geqslant \lambda_p$ 是 $\hat{\Sigma}$ 的特征根, $\boldsymbol{u}_1, \boldsymbol{u}_2, \cdots, \boldsymbol{u}_p$ 是相应的单位正交特征向量, $\boldsymbol{u}_i = (u_{1i}, \cdots, u_{pi})^{\mathrm{T}}\,(i = 1, \cdots, p)$, 则 x 的第 i 个主成分为 $\boldsymbol{z}_i = \boldsymbol{u}_i^{\mathrm{T}}\boldsymbol{x}\,(i = 1, \cdots, p)$. 称 $z_{ki} = \boldsymbol{u}_i^{\mathrm{T}}\boldsymbol{x}_{(k)}\,(i = 1, \cdots, p)$ 为样本 $\boldsymbol{x}_{(k)}$ 在第 i 个主成分的得分. 据此可得原始数据和样本主成分的得分 (表 10.6).

表 10.6 原始数据 X 和样本主成分得分 Z

原始数据	样本主成分
$X=(\boldsymbol{x}_1\quad \boldsymbol{x}_2\quad \cdots\quad \boldsymbol{x}_p)=\begin{pmatrix}\boldsymbol{x}_{(1)}^{\mathrm{T}}\\ \boldsymbol{x}_{(2)}^{\mathrm{T}}\\ \vdots\\ \boldsymbol{x}_{(n)}^{\mathrm{T}}\end{pmatrix}=\begin{pmatrix}x_{11} & x_{12} & \cdots & x_{1p}\\ x_{21} & x_{22} & \cdots & x_{2p}\\ \vdots & \vdots & & \vdots\\ x_{n1} & x_{n2} & \cdots & x_{np}\end{pmatrix}$	$Z=(\boldsymbol{z}_1\quad \boldsymbol{z}_2\quad \cdots\quad \boldsymbol{z}_p)=\begin{pmatrix}\boldsymbol{z}_{(1)}^{\mathrm{T}}\\ \boldsymbol{z}_{(2)}^{\mathrm{T}}\\ \vdots\\ \boldsymbol{z}_{(n)}^{\mathrm{T}}\end{pmatrix}=\begin{pmatrix}z_{11} & z_{12} & \cdots & z_{1p}\\ z_{21} & z_{22} & \cdots & z_{2p}\\ \vdots & \vdots & & \vdots\\ z_{n1} & z_{n2} & \cdots & z_{np}\end{pmatrix}$

根据 $z_{ki}=\boldsymbol{u}_i^{\mathrm{T}}\boldsymbol{x}_{(k)}\ (i=1,\cdots,p)$, 有

$$Z=\begin{pmatrix}\boldsymbol{u}_1^{\mathrm{T}}\boldsymbol{x}_{(1)} & \boldsymbol{u}_2^{\mathrm{T}}\boldsymbol{x}_{(1)} & \cdots & \boldsymbol{u}_p^{\mathrm{T}}\boldsymbol{x}_{(1)}\\ \boldsymbol{u}_1^{\mathrm{T}}\boldsymbol{x}_{(2)} & \boldsymbol{u}_2^{\mathrm{T}}\boldsymbol{x}_{(2)} & \cdots & \boldsymbol{u}_p^{\mathrm{T}}\boldsymbol{x}_{(2)}\\ \vdots & \vdots & & \vdots\\ \boldsymbol{u}_1^{\mathrm{T}}\boldsymbol{x}_{(n)} & \boldsymbol{u}_2^{\mathrm{T}}\boldsymbol{x}_{(n)} & \cdots & \boldsymbol{u}_p^{\mathrm{T}}\boldsymbol{x}_{(n)}\end{pmatrix}$$

$$=\begin{pmatrix}\boldsymbol{x}_{(1)}^{\mathrm{T}}\boldsymbol{u}_1 & \boldsymbol{x}_{(1)}^{\mathrm{T}}\boldsymbol{u}_2 & \cdots & \boldsymbol{x}_{(1)}^{\mathrm{T}}\boldsymbol{u}_p\\ \boldsymbol{x}_{(2)}^{\mathrm{T}}\boldsymbol{u}_1 & \boldsymbol{x}_{(2)}^{\mathrm{T}}\boldsymbol{u}_2 & \cdots & \boldsymbol{x}_{(2)}^{\mathrm{T}}\boldsymbol{u}_p\\ \vdots & \vdots & & \vdots\\ \boldsymbol{x}_{(n)}^{\mathrm{T}}\boldsymbol{u}_1 & \boldsymbol{x}_{(n)}^{\mathrm{T}}\boldsymbol{u}_2 & \cdots & \boldsymbol{x}_{(n)}^{\mathrm{T}}\boldsymbol{u}_p\end{pmatrix}$$

$$=\begin{pmatrix}\boldsymbol{x}_{(1)}^{\mathrm{T}}\\ \boldsymbol{x}_{(2)}^{\mathrm{T}}\\ \vdots\\ \boldsymbol{x}_{(n)}^{\mathrm{T}}\end{pmatrix}\begin{pmatrix}\boldsymbol{u}_1 & \cdots & \boldsymbol{u}_p\end{pmatrix}=XU,\quad \boldsymbol{z}_i=X\boldsymbol{u}_i. \tag{10.14}$$

如果我们仅取前 $k(<p)$ 个主成分, 则可以根据得分矩阵的前 k 列构造出 $\boldsymbol{x}_{(t)}$ 关于主成分的综合得分 $Z_{(t)}$. 它是一个以特征根为权重的加权平均: $Z_{(t)}=\dfrac{1}{k}\left(\sum\limits_{j=1}^{k}\lambda_j z_{ij}\right), t=1,\cdots,n$. 因为数据 X 经过了标准化, 所以 $\sum\limits_{j=1}^{k}\lambda_j=k$, $Z_{(t)}$ 的值反映出各样本对主成分贡献的大小, 较大的 $Z_{(t)}$ 说明该样本对主成分贡献较大, 反之则贡献较小.

因为零均值化不影响主成分分析的结果, 不失一般性, 可认为样本具有零均值. 这时样本主成分具有下列性质 (证略):

(1) $\bar{Z}=0$, 且各主成分彼此正交, 即有 $\boldsymbol{z}_i^{\mathrm{T}}\boldsymbol{z}_j=\begin{cases}0, & i\neq j,\\ (n-1)\lambda_i, & i=j.\end{cases}$

(2) $\sum\limits_{i=1}^{p}\lambda_i=p$ 与总体中的定义类似, 称 λ_k/p 为样本主分量 $\boldsymbol{z}_k$ 的贡献率; $\sum\limits_{i=1}^{m}\lambda_i/p$

为样本主成分 $\boldsymbol{z}_1,\cdots,\boldsymbol{z}_m\ (m\leqslant p)$ 的累积贡献率.

(3) 样本主成分使残差平方和最小, 即有

$$\begin{aligned}&\|\boldsymbol{x}_j-(u_{j1}\boldsymbol{z}_1+u_{j2}\boldsymbol{z}_2+\cdots+u_{jm}\boldsymbol{z}_m)\|^2\\=&\min_{\alpha_{jk}(k=1,2,\cdots,m)}\|\boldsymbol{x}_j-(\alpha_{j1}\boldsymbol{z}_1+\alpha_{j2}\boldsymbol{z}_2+\cdots+\alpha_{jm}\boldsymbol{z}_m)\|^2.\end{aligned}\tag{10.15}$$

10.2.4 样本主成分分析的 MATLAB 实现

MATLAB 中主成分分析由函数 pca 实现, 语法为

```
coeff = pca(X)
coeff = pca(X,Name,Value)
[coeff,score,latent,__] = pca(__)
```

输入的 X 是待分析的样本数据矩阵, 输出的 coeff 是按方差大小排列的特征向量矩阵. pca 可以通过指定参数 Name,Value 改变输出或者算法, 输出有多种选项, 例如

```
[coeff,score,latent,tsquare,explained,mu] = pca(X,
  'NumComponents',5);
```

输出有: coeff——$p\times 5$ 矩阵 (p 是成分的维数), 按特征值大小排列的正交特征向量; score——$n\times 5$ 矩阵 (n 是样本个数), 样本主成分得分, 分数的行对应观测样本, 列对应成分; latent——特征值; tsquare——卡方检验的 t 统计量; explained——每个主成分解释的总方差的百分比; mu——X 中每个变量的均值. 需要注意的是, 左边输出的顺序是固定的. 如果有某个量不需要输出, 就用 $\sim$ 代替之. Name 和 Value 的选项为 'NumComponents', 5 表明在执行主成分分析时, 输出的主成分个数为 5. pca 函数甚至可以对有缺失的数据进行主成分分析, 具体方法请参考 MATLAB 的帮助文档.

例 10.2.4 对弗朗西斯和威尔 1999 年公布的类星体数据样本进行主成分分析. 用自举法或刀切法计算误差.

数据列于表 10.7, 它包括 18 个类星体的 PG 命名及其各类指标. 其中第 2 列 $\log L_{1216}$ 是光度 [erg $\cdot\,\mathrm{s}^{-1}$] 在连续谱 1216Å的对数值; 第 3 列 α 是 X-射线在 0.15~2keV 内的幂率谱指数 ($F_v\propto\nu^{-\alpha}$); FWHM 是对应元素发射线的半高全宽 [$\mathrm{km}\cdot\mathrm{s}^{-1}$]; EW 是相应元素在静止坐标系的等价宽度 [Å]; 等等.

将数据的后 13 列存为 data4point3.txt, 在 MATLAB 中编写程序如下:

```
load data4point3.txt -ascii
X = zscore(data4point3);     % 因为数据量纲各异, 故做了标准化处理
[PC,score,latent, ~, E] = pca(X,'NumComponents',5);
```

输出中得到前 5 个主成分 PC 的系数、主成分的得分 score、特征根 latent 和贡献率百分比 E.

表 10.7 类星体数据样本[11]

PG Name	log L_{1216}	α	logFWHM $H\beta$	FeII/ $H\beta$	logEW [OIII]	logFWHM [CIII]	logEW Lyα	logEW CIV	CIV/ Lyα	logEW [CIII]	SiIII/ [CIII]	NV/ Lyα	λ1400A/ Lyα
0947+396	45.66	1.51	3.684	0.23	1.18	3.520	28	1.78	0.45	1.24	0.306	0.179	0.143
0953+414	45.83	1.57	3.496	0.25	1.26	3.432	2.19	1.78	0.40	1.24	0.164	0.189	093
1114+445	44.99	0.88	3.660	0.20	1.23	3.654	2.27	1.85	0.42	1.48	0.222	0.175	092
1115+407	45.41	1.89	3.236	0.54	0.78	3.403	1.90	1.51	0.33	1.14	0.385	0.228	0.134
1116+215	460	1.73	3.465	0.47	10	3.446	2.14	1.71	0.34	1.20	0.440	0.254	0.126
1202+281	44.77	1.22	3.703	0.29	1.56	3.434	2.72	2.41	0.69	1.87	0.164	0.154	098
1216+069	463	1.36	3.715	0.20	10	3.514	2.12	1.95	0.54	1.20	037	0.121	056
1226+023	46.74	0.94	3.547	0.57	0.70	3.477	1.64	1.44	0.45	10	0.280	0.174	018
1309+355	45.55	1.51	3.468	0.28	1.28	3.406	21	1.68	0.41	1.15	0.303	0.131	064
1322+659	45.42	1.69	3.446	0.59	0.90	3.351	2.19	1.85	0.41	1.30	0.291	0.135	097
1352+183	45.34	1.52	3.556	0.46	10	3.548	2.14	1.80	0.41	1.29	0.357	0.203	0.116
1402+261	45.74	1.93	3.281	1.23	0.30	3.229	1.91	1.59	0.39	19	0.568	0.227	0.161
1415+451	458	1.74	3.418	1.25	0.30	3.434	2.32	1.78	0.29	1.40	0.688	0.210	0.142
1427+480	45.54	1.41	3.405	0.36	1.76	3.300	23	1.82	0.49	1.21	0.265	0.126	0.117
1440+356	45.23	28	3.161	1.19	10	3.192	2.14	1.54	0.21	15	0.747	0.141	092
1444+407	45.92	1.91	3.394	1.45	0.30	3.479	1.99	1.34	0.21	16	0.809	0.335	0.164
1512+370	464	1.21	3.833	0.16	1.76	3.546	22	25	0.75	1.28	0.228	0.182	050
1626+554	45.48	1.94	3.652	0.32	0.95	3.631	2.14	1.80	0.39	1.36	0.197	0.217	0.118

把上述计算结果列于表 10.8.

表 10.8　例 10.2.4 主成分分析结果

	λ_1	λ_2	λ_3	λ_4	λ_5
特征根 λ	6.451	2.820	1.589	0.624	0.565
贡献率比例 E/%	49.62	21.69	12.22	4.80	4.34
累积贡献率/%	49.62	71.31	83.53	88.33	92.68
原始成分	$PC1$	$PC2$	$PC3$	$PC4$	$PC5$
log L_{1216}	055	0.534	0.126	−018	0.408
α	0.294	−0.197	−082	0.490	0.151
log FWHM Hβ	−0.330	077	0.357	−081	0.149
FeII Hβ	0.342	−0.139	−006	−0.484	0.222
log EW [OIII]	−0.310	016	−0.252	0.396	093
log FWHM [CIII]	−0.198	075	0.624	044	−0.399
log EW Lyα	−0.177	−0.503	005	−0.138	−026
log EW CIV	−0.336	−0.262	−051	−046	0.302
CIV / Lyα	−0.342	064	−031	−067	0.581
log EW [CIII]	−0.261	−0.414	0.124	−0.177	012
SiIII/ [CIII]	0.342	−0.149	015	−0.310	0.125
NV/Lyα	0.231	−053	0.571	0.112	0.288
λ1400/Lyα	0.223	−0.351	0.225	0.441	0.207

接着在命令区键入

```
>> vlabs = {'1','2','3','4','5','6','7','8','9','10','11','12',
'13'};
>> biplot(PC(:,1:3), 'scores',score(:,1:3), 'varlabels',vlabs);
```

可以画出图 10.10. 图中三条实线为前三个主成分的方向, 标着 1 至 13 的 13 条虚线是 13 个原始成分在这三个主成分构成的三维空间的表示. 18 个圆圈是 18 个样本在主成分空间的表示.

计算结果表明前 5 个成分贡献率占了 90%以上. 但从主成分的系数上来看, 这 5 个主成分几乎是所有原始成分贡献的, 并没有哪个成分显著的起作用或不起作用.

下面用 Bootstrap 方法对前 5 个特征值的显著性进行计算: 编写函数 significant.m.

```
function ee = significant(d)
d1 = zscore(d);                          % 将数据标准化
CC = corrcoef(d1);                       % 求相关系数矩阵 CC
[~,DD] = eig(CC);  % 求特征根 DD
ei = sort(diag(DD),'descend');           % 将特征根按降序排列
```

```
ee = ei(1:5);                              % 仅保留前5个特征根
```

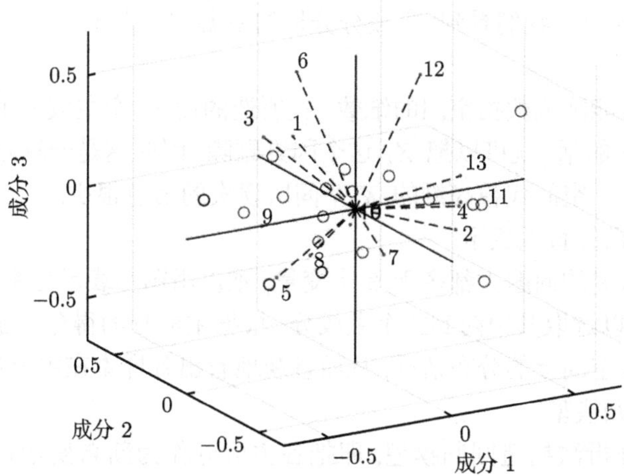

图 10.10 原始成分和样本在三维主成分空间中的表示

运行以下程序.

```
>>ee = bootstrp(1e5,@significant,data4point3);
                     % 求前5个特征根的 Bootstrap 样本值
>> hist(ee,100)
                     % 画出前5个特征根的 Bootstrap 样本分布 (图10.11)
```

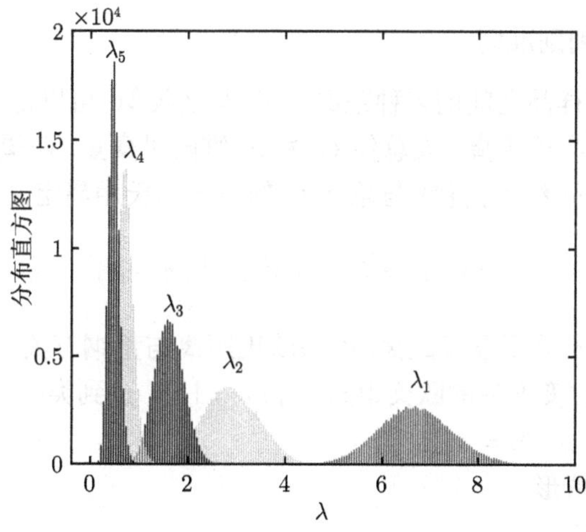

图 10.11 前 5 个特征根的 Bootstrap 样本分布

图 10.11 给出了前 5 个特征根的 Bootstrap 样本分布, 分布的半高全宽可以作为特征根误差的估计.

从 10.2 节的内容我们看到, 主成分分析的主要应用在于:

(1) 降维.

主成分分析能降低数据空间的维数. 在所选的前 m 个主成分中, 如果某个 X_i 的系数近似为 0 的话, 就可以把 X_i 这个因素删除, 因此这是一种删除多余变量的方法, 且低维的 Y 空间代替高维的 X 空间所损失的信息很少.

(2) 多维数据的直观表示.

多元统计研究的问题大都多于 3 个变量, 难以用图形表示出来. 然而, 经过主成分分析后, 可以选取其中两到三个主成分, 根据主成分的得分, 画出 n 个样本在二维平面或三维空间上的分布情况, 从而直观地看出各样本在主分量中的地位.

(3) 构造回归模型.

由主成分分析法构造回归模型, 即把各主成分作为新自变量代替原来自变量 X 做回归分析. 为了使模型本身易于做物理分析、控制和预报, 需从原始变量所构成的子集合中筛选出最佳变量. 而主成分分析恰为获得最佳变量子集合提供了有力的工具.

10.3 判别分析

如果我们已经根据先验或者样本训练的结果把研究对象分成 k 类 (即 k 个总体) $G_1, \cdots, G_k$, 判别分析要解决的问题是, 建立一种判别准则 (例如, 依据距离大小、最大似然、最大后验等等), 判别一个新的观测样品 x 应归属哪一个类别.

10.3.1 距离最小判别准则

表 10.1 给出了样品之间的多种距离定义, 与之类似, 可以定义样本与总体之间的距离, 例如, 采用马氏距离. 设总体 G 为 m 维随机变量, 期望值向量为 $\boldsymbol{\mu}$, 协差阵为 Σ, 则样品 $\boldsymbol{x}$ (m 维列向量) 与总体 G 的平方马氏距离定义为

$$d^2(\boldsymbol{x}, G) = (\boldsymbol{x} - \boldsymbol{\mu})^{\mathrm{T}} \Sigma^{-1} (\boldsymbol{x} - \boldsymbol{\mu}). \tag{10.16}$$

在判别分析时一般不采用欧氏距离, 因为欧氏距离与量纲有关. 事实上, 马氏距离是对变量进行标准化变换后的欧氏距离. 当 $m = 1$ 时, 点到类的马氏距离 $d(x, G) = |x - \mu|/\sigma$ (因为 $\boldsymbol{\mu} = \mu$, $\Sigma = \sigma$).

下面考虑两种情形.

1) $\Sigma_1 = \Sigma_2 = \Sigma$

判别函数 定义判别函数 $W(\boldsymbol{x})$ 为

$$W(\boldsymbol{x}) = \left[d^2(\boldsymbol{x}, G_2) - d^2(\boldsymbol{x}, G_1)\right]/2, \tag{10.17}$$

代入 (10.16) 式整理后可得

$$W(\boldsymbol{x}) = (\boldsymbol{x} - \bar{\boldsymbol{\mu}})^{\mathrm{T}} \boldsymbol{a}, \tag{10.18}$$

其中

$$\bar{\boldsymbol{\mu}} = \frac{1}{2}(\boldsymbol{\mu}_1 + \boldsymbol{\mu}_2), \quad \boldsymbol{a} = \Sigma^{-1}(\boldsymbol{\mu}_1 - \boldsymbol{\mu}_2).$$

这时的 $W(\boldsymbol{x})$ 为线性判别函数, 称 $\boldsymbol{a}$ 为判别系数向量. 判别准则为

$$\begin{cases} \boldsymbol{x} \in G_1, & W(\boldsymbol{x}) > 0, \\ \boldsymbol{x} \in G_2, & W(\boldsymbol{x}) < 0, \\ \text{待判}, & W(\boldsymbol{x}) = 0. \end{cases} \tag{10.19}$$

特别当 $m = 1$ 时,

$$W(x) = \left(x - \frac{\mu_1 + \mu_2}{2}\right) \frac{1}{\sigma^2}(\mu_1 - \mu_2) = a(x - \bar{\mu}), \tag{10.20}$$

其中

$$\bar{\mu} = \frac{\mu_1 + \mu_2}{2}, \quad a = \frac{1}{\sigma^2}(\mu_1 - \mu_2).$$

因此判别准则为

$$\begin{cases} x \in G_1, & x > \bar{\mu}, \\ x \in G_2, & x < \bar{\mu}, \\ \text{待判}, & x = \bar{\mu}. \end{cases} \tag{10.21}$$

如果 G_1 和 G_2 是两个方差相等的一维正态总体, 容易得出错判概率为

$$\begin{cases} P(2|1) = P_{G_1}(x \leqslant \bar{\mu}) = \Phi\left(\dfrac{\bar{\mu} - \mu_1}{\sigma}\right) = \Phi\left(\dfrac{\mu_2 - \mu_1}{2\sigma}\right) = 1 - \Phi\left(\dfrac{\mu_1 - \mu_2}{2\sigma}\right), \\ P(1|2) = 1 - \Phi\left(\dfrac{\mu_1 - \mu_2}{2\sigma}\right) = P(2|1). \end{cases} \tag{10.22}$$

两个方差相等的一维正态总体 G_1 和 G_2 的错判概率如图 10.12 所示. 这时两个总体的分界线恰好在 μ_1 和 μ_2 的平均值处.

2) $\Sigma_1 \neq \Sigma_2$

定义判别函数 $W(\boldsymbol{x}) = (\boldsymbol{x} - \boldsymbol{\mu}_2)^{\mathrm{T}} \Sigma_2^{-1}(\boldsymbol{x} - \boldsymbol{\mu}_2) - (\boldsymbol{x} - \boldsymbol{\mu}_1)^{\mathrm{T}} \Sigma_1^{-1}(\boldsymbol{x} - \boldsymbol{\mu}_1)$, 这时 $W(\boldsymbol{x})$ 为二次函数, 判别规则仍为 (10.19) 式. 当 $m = 1$ 时, 不妨设 $\mu_2 < \mu_1$, $\sigma_1 < \sigma_2$, 只需对 $\mu_2 < x < \mu_1$ 的观测值 x 进行判别.

$$d_2(x) - d_1(x) = \frac{x - \mu_2}{\sigma_2} - \frac{\mu_1 - x}{\sigma_1} = \frac{\sigma_1 + \sigma_2}{\sigma_1 \sigma_2}(x - \bar{\mu}),$$

其中 $\bar{\mu}=\dfrac{\mu_1\sigma_2+\mu_2\sigma_1}{\sigma_1+\sigma_2}$ 判别规则仍为 (10.21) 式, 只是这时的 $\bar{\mu}$ 为加权平均值.

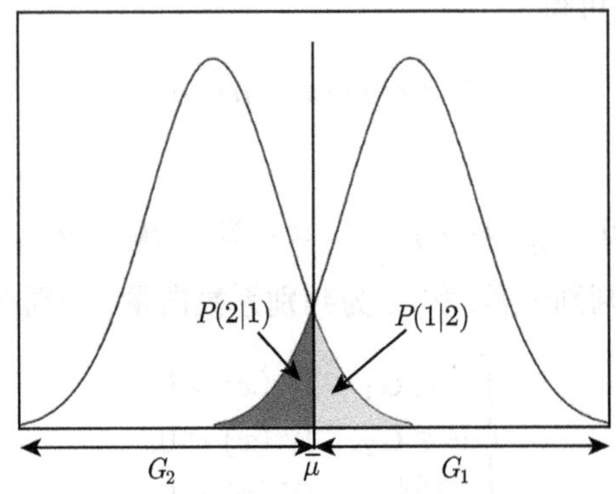

图 10.12　方差相等时两个一维正态总体的错判概率

错判概率　记概率 $P(j|i)$ 为将 $X\in G_i$ 误判为 $X\in G_j$ 的错判概率, 则有 (图 10.13)

$$\left\{\begin{array}{l}P(2|1)=P_{G_1}(x\leqslant\bar{\mu})=\Phi\left(\dfrac{\bar{\mu}-\mu_1}{\sigma_1}\right)=\Phi\left(\dfrac{\mu_2-\mu_1}{\sigma_1+\sigma_2}\right)=1-\Phi\left(\dfrac{\mu_1-\mu_2}{\sigma_1+\sigma_2}\right),\\ P(1|2)=P_{G_2}(x>\bar{\mu})=1-\Phi\left(\dfrac{\bar{\mu}-\mu_2}{\sigma_2}\right)=1-\Phi\left(\dfrac{\mu_1-\mu_2}{\sigma_1+\sigma_2}\right)=P(2|1).\end{array}\right. \tag{10.23}$$

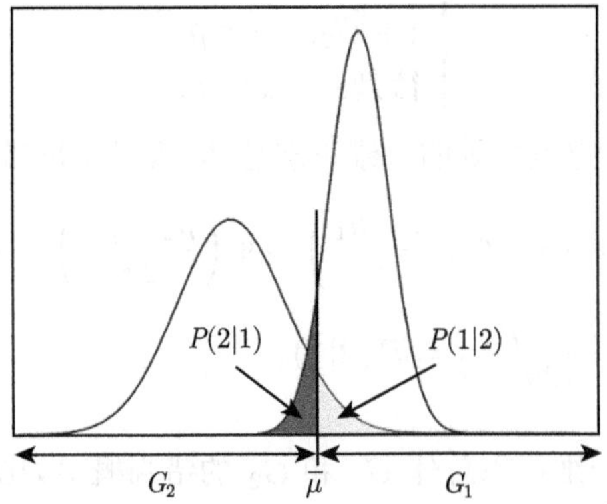

图 10.13　方差不相等时两个一维正态总体的错判概率

判别的显著性检验.

如果 G_1 和 G_2 均为正态总体, $H_0:\boldsymbol{\mu}_1=\boldsymbol{\mu}_2$,　$H_1:\boldsymbol{\mu}_1\neq\boldsymbol{\mu}_2$. H_0 的拒绝域是 $P(F>F_0)<\alpha$, 其中统计量

$$F_0=\frac{n_1n_2(n_1+n_2-m-1)}{m(n_1+n_2)}(\bar{\boldsymbol{x}}^{(1)}-\bar{\boldsymbol{x}}^{(2)})^{\mathrm{T}}(A_1+A_2)^{-1}(\bar{\boldsymbol{x}}^{(1)}-\bar{\boldsymbol{x}}^{(2)})$$

$$\sim F\left(m, n_1+n_2-m-1\right), \tag{10.24}$$

n_1 和 n_2 是 G_1 和 G_2 中样本个数, $\bar{\boldsymbol{x}}^{(i)}$ 是 G_i 的样本均值, $A_i=\left(n_i-1\right) S_i\,(i=1,2)$, S_i 是 G_i 的样本协方差阵.

如果有多个总体 $G_1, \cdots, G_k\,(k>2)$, 仍可以用 $\boldsymbol{x}$ 到 k 个总体的马氏距离进行判别.

(1) 当 $\Sigma_1=\Sigma_2=\cdots=\Sigma_k=\Sigma$ 时, 令判别函数为

$$\begin{aligned} W_{ji}(\boldsymbol{x}) &= \left[d^2\left(\boldsymbol{x}, G_j\right)-d^2\left(\boldsymbol{x}, G_i\right)\right]/2 \\ &= \left(\boldsymbol{x}-\frac{\boldsymbol{\mu}_j+\boldsymbol{\mu}_i}{2}\right)^{\mathrm{T}} \Sigma^{-1}\left(\boldsymbol{\mu}_j-\boldsymbol{\mu}_i\right), \quad i, j=1, \cdots, k. \end{aligned}$$

判别规则为

$$\begin{cases}\boldsymbol{x} \in G_i, W_{ji}(\boldsymbol{x})>0, & \forall j \neq i; \\ \text{待判}, & \text{其他}.\end{cases} \tag{10.25}$$

如果 $\boldsymbol{\mu}_i$ 和 Σ 未知, 可以用训练样本的均值和样本协方差阵替代. 设训练样本

$$\boldsymbol{x}_{(l)}^{(i)}=\left(\begin{array}{llll}x_{l1}^{(i)} & x_{l2}^{(i)} & \cdots & x_{lm}^{(i)}\end{array}\right)^{\mathrm{T}} \in G_i \quad\left(i=1, \cdots, k ; \quad l=1,2, \cdots, n_i\right),$$

估计值

$$\begin{cases}\hat{\mu}_i=\bar{\boldsymbol{x}}^{(i)}=\dfrac{1}{n_i} \displaystyle\sum_{l=1}^{n_i} \boldsymbol{x}_{(l)}^{(i)}, \quad i=1, \cdots, k, \\ \hat{\Sigma}=\dfrac{1}{n-k} \displaystyle\sum_{i=1}^{k} A_i,\end{cases} \tag{10.26}$$

其中 $n=n_1+n_2+\cdots+n_k, \quad A_i=\displaystyle\sum_{l=1}^{n_i}\left(\boldsymbol{x}_{(l)}^{(i)}-\bar{\boldsymbol{x}}^{(i)}\right)\left(\boldsymbol{x}_{(l)}^{(i)}-\bar{\boldsymbol{x}}^{(i)}\right)^{\mathrm{T}}, \quad i=1, \cdots, k.$

(2) 当 $\Sigma_1, \Sigma_2, \cdots, \Sigma_k$ 不相等时, 令

$$W_{ji}(\boldsymbol{x})=\left(\boldsymbol{x}-\boldsymbol{\mu}_j\right)^{\mathrm{T}} \Sigma_j^{-1}\left(\boldsymbol{x}-\boldsymbol{\mu}_j\right)-\left(\boldsymbol{x}-\boldsymbol{\mu}_i\right)^{\mathrm{T}} \Sigma_i^{-1}\left(\boldsymbol{x}-\boldsymbol{\mu}_i\right),$$

判定规则同 (10.25) 式. 如果 $\boldsymbol{\mu}_i, \Sigma_i(i=1, \cdots, k)$ 未知, 可以用估计值 $\hat{\boldsymbol{\mu}}_i$ 和样本协方差阵 $\hat{\Sigma}_i=A_i/\left(n_i-1\right)$ 替代.

10.3.2 贝叶斯判别

距离判别并不是所有情况都适用的. 例如, 考虑 A 类天体 G_1 和 B 类天体 G_2 两个群组. 设已观测到 A 类有 200 个样品, 质量平均值为 $20M_{\odot}$, 其中超过 $20M_{\odot}$ 的有 100 个样品; B 类已观测到 800 个样品, 质量平均值为 $15M_{\odot}$, 超过 $20M_{\odot}$ 的有 200 个样品. 现观测新天体的质量为 $20M_{\odot}$, 它该属于哪一类? 这里直接用距离判断显然是不合理的, 需要考虑先验概率 $P\left(x \in G_1\right)=0.2$, $P\left(x \in G_2\right)=0.8$.

最大验后准则　设有 k 个总体 $G_1,\cdots,G_k$, G_i 的密度为 $p_i(\boldsymbol{x})$, 样本 $\boldsymbol{x}$ 来自 G_i 的先验概率为 π_i, 满足 $\sum\limits_{i=1}^{k}\pi_i=1$. 则 $\boldsymbol{x}\in G_i$ 的后验概率为 $P(G_i|\boldsymbol{x})=\dfrac{P(\boldsymbol{x}|G_i)\pi_i}{\sum\limits_{l=1}^{k}\pi_l P(\boldsymbol{x}|G_l)}$, 则最大验后准则为

$$\begin{cases}\boldsymbol{x}\in G_i,\ P(G_i|\boldsymbol{x})>P(G_j|\boldsymbol{x}), & \forall j\neq i,\\ \text{待判}, & \text{其他}.\end{cases}\tag{10.27}$$

或者计算 $\boldsymbol{x}$ 的后验密度 $P(G_i|\boldsymbol{x})=\dfrac{\pi_i p_i(\boldsymbol{x})}{\sum\limits_{j=1}^{k}\pi_j p_j(\boldsymbol{x})}$, $i=1,2,\cdots,k$, $x\in G_l$, 若 $P(G_l|\boldsymbol{x})=\max\limits_{1\leqslant i\leqslant k}P(G_i|\boldsymbol{x})$. 这等价于

$$\boldsymbol{x}\in G_l,\quad \pi_l p_l(\boldsymbol{x})>\pi_j p_j(\boldsymbol{x}),\quad \forall j\neq l.\tag{10.28}$$

定理 10.3.1　如果 $G_i\ (i=1,\cdots,k)$ 为正态总体, 其密度为

$$p_i(\boldsymbol{x})=(2\pi)^{-m/2}|\Sigma_i|^{-1/2}\exp\left(-d_i^2(\boldsymbol{x})/2\right),$$

则 $\boldsymbol{x}$ 属于 G_i 的后验概率为

$$P(G_i|\boldsymbol{x})=\frac{\exp\left(-D_i^2(\boldsymbol{x})/2\right)}{\sum\limits_{j=1}^{k}\exp\left(-D_j^2(\boldsymbol{x})/2\right)},\quad i=1,\cdots,k.\tag{10.29}$$

其中 $D_i^2(\boldsymbol{x})$ 是 $\boldsymbol{x}$ 到 G_i 的广义平方距离

$$D_i^2(\boldsymbol{x})=d_i^2(\boldsymbol{x})+g_i+h_i,\tag{10.30}$$

$$g_i=\begin{cases}\ln|\Sigma_i|, & \Sigma_1,\Sigma_2,\cdots,\Sigma_k\text{不全相等},\\ 0, & \Sigma_1=\Sigma_2=\cdots=\Sigma_k=\Sigma,\end{cases}$$

$$h_i=\begin{cases}-2\ln\pi_i, & \pi_1,\pi_2,\cdots,\pi_k\text{不全相等},\\ 0, & \pi_1=\pi_2=\cdots=\pi_k=\dfrac{1}{k}.\end{cases}$$

证　略. □

既然验后分布有着同样的分母, 所以判别规则为

$$\boldsymbol{x}\in G_l,\ \text{若}\ D^2(\boldsymbol{x},G_l)=\min_{1\leqslant i\leqslant k}D^2(\boldsymbol{x},G_i).\tag{10.31}$$

例 10.3.1 设有 A 类天体和 B 类天体两个群组. 设已观测到 A 类有 200 个样品, 质量平均值为 $20M_{\odot}$, 其中超过 $40M_{\odot}$ 的有 20 个样品; B 类已观测到 800 个样品, 质量平均值为 $15M_{\odot}$, 超过 $20M_{\odot}$ 的有 200 个样品. 假设两类天体都服从正态分布, 现观测新天体的质量为 $20M_{\odot}$, 它该属于哪一类?

解 首先, $\pi_{\mathrm{A}} = 200/(200+800) = 0.2$, $\pi_{\mathrm{B}} = 0.8$. 其次由题设, $X_{\mathrm{A}} \sim N\left(20, \sigma_1^2\right), X_{\mathrm{B}} \sim N\left(15, \sigma_2^2\right)$.

因为 $P\left(X_{\mathrm{A}} > 40\right) = 20/200 = 0.1$, 即 $\Phi\left(\dfrac{40-20}{\sigma_1}\right) = 1 - 0.1 = 0.9$, 所以 $\dfrac{20}{\sigma_1} = 1.2816 \Rightarrow \sigma_1 = 15.61$.

因为 $P\left(X_{\mathrm{B}} > 20\right) = 200/800 = 0.25$, 即 $\Phi\left(\dfrac{20-15}{\sigma_2}\right) = 1 - 0.25 = 0.75$, 所以 $\dfrac{5}{\sigma_2} = 0.6745 \Rightarrow \sigma_2 = 7.413$.

$$D_{\mathrm{A}}^2(x) = 0 + \ln\sigma_1 - 2\ln\pi_1 = 5.96, \quad D_{\mathrm{B}}^2(x) = 25/7.413 + \ln\sigma_2 - 2\ln\pi_2 = 5.82,$$

根据判定规则 (10.31), $x \in \mathrm{B}$. □

当密度未知时, 可以用 4.4 节介绍的核函数的方法估计密度.

最小平均误判代价准则 设 $\boldsymbol{x}$ 为 m 维随机变量, 可以利用空间 R^m 的一个划分 $D = \{D_1, \cdots, D_k\}$ 进行归类判别. 划分满足 $R^m = \bigcup\limits_{l=1}^{k} D_l, D_i \bigcap D_j = \varnothing, i \neq j, i, j = 1, \cdots, k$, 如果 $\boldsymbol{x}$ 落入区域 D_i, 就判定 $\boldsymbol{x} \in G_i$. 我们的目的是寻找合理的划分, 使得 "平均误判代价"(expected cost of misclassification, ECM) 最小.

设 $\boldsymbol{x} \in G_i$, 但用划分 D 判别时, 错判为 $\boldsymbol{x} \in G_j$ (即 x 落入区域 $D_j, j \neq i$), 则错判概率

$$P(j|i) = \int_{D_j} p_i(\boldsymbol{x})\,\mathrm{d}\boldsymbol{x}. \tag{10.32}$$

在实际问题中误判一个样本的后果是不同的, 比如判别某种药物是有用还是没用, 如果没用的药物误判为有用, 其危害与相反的误判是不同的. 因此引入误判代价的概念.

误判代价 记来自 G_i 的样本被误判为来自 G_j 的代价为 $c(j|i)$, 满足

$$c(i|i) = 0, \quad c(j|i) > 0 \quad (i \neq j).$$

$c(j|i)$ 与划分没有关系, 它的给出应符合实际情况, 在不清楚的时候, 也可以认为全相等.

设有 k 个总体 $G_1, \cdots, G_k$, 其概率密度分别为 $p_1(\boldsymbol{x}), \cdots, p_k(\boldsymbol{x})$, 先验概率分别为 $\pi_1, \cdots, \pi_k (\pi_1 + \cdots + \pi_k = 1)$, 对于一个给定的划分 $D = \{D_1, \cdots, D_k\}$, 平均误判代价为

$$
\begin{aligned}
\mathrm{ECM}(D) = E(c(j|i)) &= \sum_{i=1}^{k}\sum_{j=1}^{k} c(j|i)\, P(\boldsymbol{x}\in G_i, \boldsymbol{x}\in G_j) \\
&= \sum_{i=1}^{k}\sum_{j=1}^{k} c(j|i)\, P(\boldsymbol{x}\in G_j | \boldsymbol{x}\in G_i)\, P(\boldsymbol{x}\in G_i) \\
&= \sum_{i=1}^{k} \pi_i \left[\sum_{j=1}^{k} P(j|i)\, c(j|i)\right].
\end{aligned}
$$

最小平均误判代价准则即寻找判别法 D^*, 使得 ECM 达到最小, 即 $\mathrm{ECM}(D^*) = \min\limits_{\forall D} \mathrm{ECM}(D)$. 下面不加证明地给出定理 10.3.2.

定理 10.3.2　在如上假设下, 最小平均误判代价准则的解 $D^* = \{D_1^*, \cdots, D_k^*\}$ 为

$$
D_i^* = \{X | h_i(\boldsymbol{x}) < h_j(\boldsymbol{x}), j \neq i, j = 1, \cdots, k\} \quad (i = 1, \cdots, k), \tag{10.33}
$$

其中

$$
h_j(\boldsymbol{x}) = \sum_{i=1}^{k} \pi_i c(j|i)\, p_i(\boldsymbol{x}) \tag{10.34}
$$

表示将观测 $\boldsymbol{x}$ 判归 G_j 的平均损失.

最小平均误判代价准则　根据定理 10.3.2, 有最小平均误判代价准则

$$
\boldsymbol{x} \in G_i \Leftrightarrow h_i(\boldsymbol{x}) < h_j(\boldsymbol{x}), \quad \forall j \neq i. \tag{10.35}
$$

我们来看几个特殊情形:

(1) 当错判代价都相等, 为常数 c 时, 因为 $h_j(\boldsymbol{x}) = c\sum\limits_{i=1}^{k} \pi_i p_i(\boldsymbol{x}) - c\pi_j p_j(\boldsymbol{x})$, 所以 $h_i(\boldsymbol{x}) < h_j(\boldsymbol{x}) \Leftrightarrow \pi_i p_i(\boldsymbol{x}) < \pi_j p_j(\boldsymbol{x})$. 这个判别式与最大验后准则 (10.27) 式是一致的.

(2) 当错判代价都相等, 且先验概率也相等时, 判别式进一步简化为 $p_i(\boldsymbol{x}) < p_j(\boldsymbol{x})$, 与极大似然的思想一致.

(3) 当错判代价都相等, 总体为正态分布时, 判别式 $\pi_i p_i(\boldsymbol{x}) < \pi_j p_j(\boldsymbol{x})$ 具体表示为 $\exp\left(-D_i^2(\boldsymbol{x})/2\right) < \exp\left(-D_j^2(\boldsymbol{x})/2\right)$, 与广义距离判别式一致.

(4) 当 (1)—(3) 的条件全都满足时, $\exp\left(-D_i^2(\boldsymbol{x})/2\right) < \exp\left(-D_j^2(\boldsymbol{x})/2\right)$ 简化为 $d_i^2(\boldsymbol{x}) < d_j^2(\boldsymbol{x})$, 与线性判别式一致.

10.3.3　费希尔判别准则

费希尔判别亦称为典型判别, 是一种线性判别法. 其基本思想是将原来的 m 维向量 $\boldsymbol{x} = (x_1, \cdots, x_m)^{\mathrm{T}}$ 投影到较低维的空间, 使投影具有较大的组间离差、较

小的组内离差的特性. 设总体 $G_t\,(t=1,\cdots,k)$ 满足 $\Sigma_1=\Sigma_2=\cdots=\Sigma_k$. 从总体 $G_t\,(t=1,\cdots,k)$ 分别取 m 维样本 $\boldsymbol{x}_{(i)}^{(t)}=\left(x_{i1}^{(t)}\ \ \cdots\ \ x_{im}^{(t)}\right)^{\mathrm{T}}$ $(t=1,\cdots,k;\ \ i=1,\cdots,n_t)$. 若任取 m 维向量 $\boldsymbol{a}=(a_1,\cdots,a_m)^{\mathrm{T}}$, 则 $\boldsymbol{x}$ 在 $\boldsymbol{a}$ 上的投影为 $u(\boldsymbol{x})=\boldsymbol{a}^{\mathrm{T}}\boldsymbol{x}$. G_t 的样本投影后的数据分别为 $G_1:\boldsymbol{a}^{\mathrm{T}}\boldsymbol{x}_{(1)}^{(1)},\cdots,\boldsymbol{a}^{\mathrm{T}}\boldsymbol{x}_{(n_1)}^{(1)},G_2:\boldsymbol{a}^{\mathrm{T}}\boldsymbol{x}_{(1)}^{(2)},\cdots,\boldsymbol{a}^{\mathrm{T}}\boldsymbol{x}_{(n_2)}^{(2)},\cdots,G_k:\boldsymbol{a}^{\mathrm{T}}\boldsymbol{x}_{(1)}^{(k)},\cdots,\boldsymbol{a}^{\mathrm{T}}\boldsymbol{x}_{(n_k)}^{(k)}$.

组间偏离平方和 组间偏离平方和 B_0 定义为

$$B_0=\sum_{t=1}^{k}n_t\left(\boldsymbol{a}^{\mathrm{T}}\bar{\boldsymbol{x}}^{(t)}-\boldsymbol{a}^{\mathrm{T}}\bar{\boldsymbol{x}}\right)^2=\boldsymbol{a}^{\mathrm{T}}B\boldsymbol{a}, \tag{10.36}$$

其中 $\bar{\boldsymbol{x}}^{(t)}$ 是 G_t 组的样本均值 $(t=1,\cdots,k)$, $\bar{\boldsymbol{x}}=\dfrac{1}{n}\displaystyle\sum_{t=1}^{k}n_t\bar{\boldsymbol{x}}^{(t)}$ 是总样本均值. B 为组间离差阵

$$B=\sum_{t=1}^{k}n_t\left(\bar{\boldsymbol{x}}^{(t)}-\bar{\boldsymbol{x}}\right)\left(\bar{\boldsymbol{x}}^{(t)}-\bar{\boldsymbol{x}}\right)^{\mathrm{T}}. \tag{10.37}$$

合并的组内平方和 定义合并的组内平方和

$$E_0=\sum_{t=1}^{k}\sum_{j=1}^{n_t}\left(\boldsymbol{a}^{\mathrm{T}}\boldsymbol{x}_j^{(t)}-\boldsymbol{a}^{\mathrm{T}}\bar{\boldsymbol{x}}^{(t)}\right)^2=\boldsymbol{a}^{\mathrm{T}}E\boldsymbol{a},$$

其中 E 为合并的组内离差阵

$$E=\sum_{t=1}^{k}\sum_{j=1}^{n_t}\left(\boldsymbol{x}_j^{(t)}-\bar{\boldsymbol{x}}^{(t)}\right)\left(\boldsymbol{x}_j^{(t)}-\bar{\boldsymbol{x}}^{(t)}\right)^{\mathrm{T}}. \tag{10.38}$$

从几何上不难设想, 应选择使得投影值有极大弥散的方向作为投影方向 $\boldsymbol{a}$, 以保证组间更容易区分, 或者说组间的平方和 B_0 应远大于组内平方和 E_0. 因此, 令比值 $\dfrac{B_0}{E_0}=\dfrac{\boldsymbol{a}^{\mathrm{T}}B\boldsymbol{a}}{\boldsymbol{a}^{\mathrm{T}}E\boldsymbol{a}}$达极大所对应的 $\boldsymbol{a}$ 就是投影方向. 为了解的唯一性, 需要加上约束条件 $\boldsymbol{a}^{\mathrm{T}}E\boldsymbol{a}=1$. 利用拉格朗日乘子法可得条件极值为 $E^{-1}B$ 的最大特征值, $\boldsymbol{a}$ 为对应的特征向量. 既然 B 和 E 都是对称正定阵, 所以 $\lambda\geqslant 0$, 且 B,E 存在分解 $B=B_1^{\mathrm{T}}B_1\equiv(B^{1/2})^{\mathrm{T}}B^{1/2},E=(E^{1/2})^{\mathrm{T}}E^{1/2}$, 于是

$$\begin{cases}\left(E^{-1/2}BE^{-1/2}\right)E^{1/2}\boldsymbol{a}=E^{-1/2}B\boldsymbol{a}=\lambda E^{-1/2}\left(E\boldsymbol{a}\right)=\lambda E^{1/2}\boldsymbol{a},\\ \boldsymbol{a}^{\mathrm{T}}E\boldsymbol{a}=1,\end{cases}$$

可见 λ 是 $E^{-1/2}BE^{-1/2}$ 的特征根, 因此有如下定理.

定理 10.3.3 设 $\lambda_1 \geqslant \cdots \geqslant \lambda_s > 0 = \lambda_{s+1} = \cdots = \lambda_m$ 为 $E^{-1/2}BE^{-1/2}$ 的特征根, $\boldsymbol{u}_1, \cdots, \boldsymbol{u}_s$ 为相应的单位正交特征向量, 取 $\boldsymbol{a} = E^{-1/2}\boldsymbol{u}_1$, 则可使 $\boldsymbol{a}^{\mathrm{T}}B\boldsymbol{a}$ 达极大值 λ_1, 且满足 $\boldsymbol{a}^{\mathrm{T}}E\boldsymbol{a} = 1$.

称 $y_i = \boldsymbol{a}_i^{\mathrm{T}}\boldsymbol{x}$ (或者$\boldsymbol{a}_i^{\mathrm{T}}(\boldsymbol{x} - \bar{\boldsymbol{x}})$) 为第 i 个典型变量, 或第 i 判别式, 其判别效率为 $\lambda_i\,(i = 1, \cdots, s)$. 特征值 λ_i 是第 i 判别式对区分各组的贡献. 贡献率为 $\lambda_i \Big/ \sum\limits_{l=1}^{s} \lambda_l$. 如果选出 r 个主成分, 使得它们的累积贡献率达到比较高, 比如 80%~90%, 则可在 r 个典型变量构成的 r 维空间中利用前面的距离判别法或者贝叶斯方法进行判别. 比如距离判别法的判别规则可以表示为

$$\boldsymbol{x} \in G_l,\ 若\ \sum_{j=1}^{r} \left[\boldsymbol{a}_j^{\mathrm{T}}(\boldsymbol{x} - \bar{\boldsymbol{x}}_l)\right]^2 = \min_{1 \leqslant i \leqslant k} \sum_{j=1}^{r} \left[\boldsymbol{a}_j^{\mathrm{T}}(\boldsymbol{x} - \bar{\boldsymbol{x}}_i)\right]^2. \tag{10.39}$$

特别当 $r = 1$ 时, 上述判别规则可简化为 $x \in G_l$, 若 $|y - \bar{y}_l| = \min\limits_{1 \leqslant i \leqslant k} |y - \bar{y}_i|$.

与逐步回归分析类似, 也可建立逐步判别分析. 其基本思路是, 逐个筛选变量, 将判别效率最显著的变量引入判别式, 每次引入后都要对老变量进行显著性检验, 决定是否剔除, 一直到判别函数中仅保留那些足够显著的变量为止. 限于篇幅, 我们不在这里介绍.

10.3.4 判别效果的检验和判别准则的评价

判别分析是基于假设总体 $G_1, \cdots, G_k$ 是不同的组别. 所以要对总体的期望值向量是否相等做出检验. 检验的根据是以下定理.

定理 10.3.4 设有 k 个 m 维正态总体 $G_1 \sim N_m(\boldsymbol{\mu}_1, \Sigma), \cdots, G_k \sim N_m(\boldsymbol{\mu}_k, \Sigma)$, $H_0: \boldsymbol{\mu}_1 = \boldsymbol{\mu}_2 = \cdots = \boldsymbol{\mu}_k$; H_1: 至少存在 $i \neq j$, 使 $\boldsymbol{\mu}_i \neq \boldsymbol{\mu}_j$, 则当 H_0 成立时, 检验统计量

$$\Lambda = \frac{|E|}{|B + E|} \sim \Lambda_m(n - k, k - 1)\,[\text{Wilks 分布}], \tag{10.40}$$

式中 B 和 E 分别是组间离差阵和合并的组内离差阵. 由于 Wilks 分布比较难以计算, 可以用 Bartlett 近似表达式

$$V = -\left(n - 1 - \frac{m - k}{2}\right)\ln\Lambda \sim \chi^2(m(k - 1))\ (\text{近似}) \tag{10.41}$$

证 略. □

我们经常利用回代误判率和交叉误判率的方法来评价某一判别准则的可靠性.

回代误判率 设 $\boldsymbol{x}_1, \cdots, \boldsymbol{x}_m$ 和 $\boldsymbol{y}_1, \cdots, \boldsymbol{y}_n$ 分别是来自 G_1 和 G_2 的训练样本, 若属于 G_1 的样本被误判为属于 G_2 的个数为 M 个, 属于 G_2 的样本被误判为属于 G_1 的个数为 N 个, 则可得出误判率的估计值, 也就是回代误判率 $\hat{p} = \dfrac{M + N}{m + n}$.

交叉误判率 逐一从 G_1 的训练样本中剔除一个样本, 用其余的 $m-1$ 个样本与 G_2 的 n 个训练样本建立判别函数, 用所建立的判别函数对 G_1 剔除的样本进行判别, 将误判的样本数记为 M; 对称地, 对 G_2 的样本重复上面的过程, 将误判的样本数记为 N, 则得出交叉误判率估计 $\hat{p}=\dfrac{M+N}{m+n}$.

10.3.5 判别分析的 MATLAB 实现

MATLAB 给出了函数 classify 和 fitcnb 进行距离判别和贝叶斯判别.

(1) classify—— 距离判别函数, 最简单的调用格式为

class = classify(sample, training, group)

sample——$n\times k$ 维矩阵, 是待判的样本数据, 其中 n 为样本个数, k 为变量个数; training——$m\times k$ 维矩阵, 是训练样本数据, 对应于 m 次观测, 用于构造判别函数; group——m 维向量, 是分组变量, 给出训练样本各观测所属的组别.

表 10.9 中 B2: G31 列出了本系两个年级 30 名学生 6 门课程的成绩. 这 6 门课程的学分约占总学分的十分之一, 其中既有理论课程, 也有观测和计算类的应用课程. 根据实际保研情况, 把学生分为两组, 标为组别 1 的学生毕业时符合保研条件, 而其余的未取得保研资格. 那么, 这 6 门课程的成绩能否作为学生是否符合保研条件的判据呢?

表 10.9 学生成绩表

编号	天文学导论	天文数据处理	FORTRAN	原子物理	计算方法	实测天体物理	分组结果	Class
1	76	78	90	70	83	72	2	2
2	87	78	76	75	75	77	2	2
3	90	92	91	91	96	89	1	1
4	88	92	85	83	80	82	1	1
5	92	78	95	76	78	75	2	**1**
6	90	69	77	71	70	78	2	2
7	96	91	95	95	94	87	1	1
8	94	89	97	86	90	82	1	1
9	75	60	67	69	64	57	2	2
10	72	76	85	70	69	62	2	2
11	81	77	92	71	58	64	2	2
12	80	68	81	63	64	73	2	2
13	95	93	97	80	90	86	1	1
14	70	67	69	70	67	60	2	2
15	89	67	91	61	42	60	2	2
16	85	76	95	60	75	61	2	2
17	88	89	96	90	82	60	1	1
18	64	60	62	66	53	57	2	2

续表

编号	天文学导论	天文数据处理	FORTRAN	原子物理	计算方法	实测天体物理	分组结果	Class
19	92	86	72	74	84	79	2	2
20	89	81	98	82	85	87	1	1
21	92	93	87	90	92	85	1	1
22	75	68	69	67	63	65	2	2
23	92	79	80	85	86	85	1	1
24	75	82	75	74	67	77	2	2
25	78	79	74	77	77	87	2	2
26	89	88	73	75	83	75	2	2
27	91	93	80	92	87	80	1	1
28	93	90	93	91	96	87	1	1
29	86	80	81	68	69	69	2	2
30	92	84	73	64	76	75	1	**2**
31	86	90	70	60	70	60	待判	2
32	84	91	90	72	82	79	待判	2
33	93	93	94	95	85	89	待判	1
34	95	86	81	85	87	68	待判	1
35	89	79	66	75	80	71	待判	2
36	84	76	82	63	75	64	待判	2
37	88	82	78	72	83	79	待判	2
38	92	93	90	90	91	86	待判	1
39	75	82	88	82	75	73	待判	2
40	86	80	72	61	78	77	待判	2
41	92	82	96	91	91	72	待判	1
42	89	80	91	80	98	70	待判	1
43	85	78	75	86	84	72	待判	**1**
44	91	83	60	76	69	86	待判	2

以 30 位学生的成绩为已知分组的训练样本, 对待判的 14 个数据进行判别.

下面将全部数据赋值给 sample 进行判别, 比对分类结果和训练样本中的已知分组, 得出错判率.

```
>>group = xlsread('score.xlsx','H2:H31');  % 将组号读入变量group
>> sample = xlsread('score.xlsx','B2:G45');
                                        % 将全部成绩读入变量sample
>> training= xlsread('score.xlsx','B2:G31');
                                  % 将训练样本数据读入变量training
>> Class = classify(sample,training,group); % 判别结果 = Class;
```

将结果 Class 列在表 10.9 的最后一列, 比对可知, 样本 5 和 30 是误判的. 因此有 $\hat{P}(2|1) = 1/12$, $\hat{P}(1|2) = 1/18$. 当先验概率按实际情况取为 $P(1) = 1/3$, $P(2) = 2/3$ 时, 可以得到误判率为 $\text{err} = \dfrac{1}{3} \times \dfrac{1}{12} + \dfrac{2}{3} \times \dfrac{1}{18} \approx 0.07$. 事实上, 后 14 位学生中, Class 判定的组号为 2 的学生的确未达标, 而 6 位组号为 "1" 的学生中, 43 号没有达标, 不难看出 43 号的成绩在 6 人中偏低, 错误率为 $1/14 \approx 0.07$. 看来这 6 门课程的成绩大体可以作为保研资格的判据.

(2) fitcnb——用 "朴素贝叶斯分类器" 拟合数据样本, 并返回分类对象, 用以对待判别的样本进行分类. 一般调用格式为

```
Mdl =fitcnb(TBL,Y),
```

其中 Mdl 是根据 TBL 中的响应变量 Y 返回的贝叶斯分类器模型. TBL 需包括预测变量, 响应变量 Y 则可以是下面的任一种形式:

(i) 类标签数组. Y 的类型可以逻辑分类数组, 字符串的向量、数字向量或单元格数组.

(ii) TBL 中的某个变量名, 该变量作为响应变量, TBL 中的其他变量用作预测变量.

(iii) 公式字符串, 如 $'y{\sim}x1 + x2 + x3'$, 指定变量 y 为响应变量, 公式中的其他变量是预测变量. 公式中不能使用表中未列出的变量.

我们仍用 MATLAB 自带的鸢尾花 (*Iris*) 分类的例子. MATLAB 中内置了 Fisher 早年发表的 150 个鸢尾花样本的数据文件 fisheriris.mat, 该文件含有两个变量: meas (自变量或预测变量) 和 species (响应变量). 其中 meas 是个 150×4 的矩阵, 1 至 4 列分别为花萼长、花萼宽、花瓣长和花瓣宽, 列向量 species 是对应样本的分类 (150×1, 有 setosa, versicolor 和 virginica 三种类型).

第一步, 载入数据并利用函数 fitcnb 得出贝叶斯分类器 Mdl.

```
load fisheriris                         % 载入数据
X = meas;Y = species;
classNames = {'setosa','versicolor','virginica'};
                                        % 定义分类名称及顺序
prior = [0.5 0.2 0.3];                  % 设定 3 类的先验概率
% 按分类名称及先验概率, 以分类Y为响应变量训练得出贝叶斯分类器模型:
Mdl = fitcnb(X,Y,'ClassNames',classNames,'Prior',prior)
```

第二步, 以贝叶斯分类器 Mdl 的分类方法 predict 对训练数据 (meas) 分类, 计分类结果为 Yhat. 再利用函数 confusionmat 把响应变量 Y 和 Yhat 综合成一个用来比对的信息矩阵, 由之可以给出误判率.

```
>> Yhat = Mdl.predict(X);
```

```
>> [Yhat,Posterior,Cost] = predict(Mdl,X);
>> [C,order] = confusionmat(Y,Yhat);
>> [['Y/Yhat',order'];order,num2cell(C)]
                                        % 用元胞数组形式显示综合结果
ans =
  4×4 cell 数组
    'Y/Yhat'          'setosa'    'versicolor'    'virginica'
    'setosa'          [   50]     [         0]    [        0]
    'versicolor'      [    0]     [        47]    [        3]
    'virginica'       [    0]     [         3]    [       47]
```

结果说明后两类各有 3 个样本发生错判. Posterior 为后验概率, Cost 为误判代价.

假设有待判样本如下:

花萼长	花萼宽	花瓣长	花瓣宽
5.8	2.7	1.8	0.7
6.1	2.5	4.7	1.1
6.8	3.5	7.9	1.0
5.1	3.1	6.5	0.6

则可定义待判定矩阵 x, 并得出待判类型 Pclass:

```
>> x = [5.8 2.7 1.8 0.7;6.1 2.5 4.7 1.1;6.8 3.5 7.9 1.0;5.1 3.1
        6.5 0.6];
>> Pclass = predict(Mdl,x)
Pclass =
  4×1 cell 数组
    'setosa'
    'versicolor'
    'virginica'
    'virginica'
```

我们还可以按照指定的验前分布产生贝叶斯分类器, 例如, 假设前两个预测变量服从正态分布, 后两个为核函数分布, 则可在命令窗键入

```
>>load fisheriris;
>>Mdl = fitcnb(meas, species, 'DistributionNames', {'normal',
'normal', 'kernel', 'kernel'});
```

MATLAB 的贝叶斯分类器提供了许多函数选项, 建议参看相应的文献. 关于

费希尔判别法的案例, 建议读者参考谢中华编撰的《MATLAB 统计分析与应用 40 个案例分析》[12] 一书第 10 章的内容.

参 考 文 献

[1] Heck A. An application of multivariate statistical analysis to a photometric catalogue. Astronomy and Astrophysics, 1976, 47: 129–135.

[2] 张彦霞, 赵永恒. 数据挖掘技术在天文学中的应用. 科研信息化技术与应用, 2011, 2(3): 13–27.

[3] 严太生, 张彦霞, 赵永恒. 基于自动聚类算法 AutoClass 的恒星/星系分类. 中国科学, 2009, 39(12): 1794–1799.

[4] 王光沛, 潘景昌, 衣振萍, 等. 基于线指数特征的海量恒星光谱聚类分析研究. 光谱学与光谱分析, 2016, 8: 2646–2650.

[5] Chattopadhyay T, Misra R, Chattopadhyay A K, Naskar M. Statistical evidence for three classes of Gamma-ray bursts. The Astrophysical Journal, 2007, 667(2): 1017–1023.

[6] Materne J. The structure of nearby clusters of galaxies-Hierarchical clustering and an application to the Leo region. Astronomy and Astrophysics, 1978, 63(3): 401–409.

[7] Serna A, Gerbal D. Dynamical search for substructures in galaxy clusters: A hierarchical clustering method. Astronomy and Astrophysics, 1995, 309: 65–74.

[8] Diaferio A. Mass estimation in the outer regions of galaxy clusters. Monthly Notices of the Royal Astronomical Society, 1999, 309(3): 610–622.

[9] Yu H, Diaferio A, Serra A L, Baldi M. Blooming trees: Substructures and surrounding groups of galaxy clusters. The Astrophysical Journal, 2018, 860(2): 118–134.

[10] http://astrostatistics.psu.edu/MSMA/datasets/.

[11] Paul J, Francis P J, Wills B J. Introduction to principal components analysis. Quasars and Cosmology ASP Conference Series, 1999, 162: 363–372.

[12] 谢中华. MATLAB 统计分析与应用 40 个案例分析. 北京: 北京航空航天大学出版社, 2010.